全国高等院校土木与建筑专业十二五创新规划教材

材料力学
(第2版)

邹建奇　崔　健　主　编
周显波　蒋　鑫　副主编

清华大学出版社
北　京

内容简介

本书根据高等学校土木工程专业材料力学课程的基本要求编写，注重基本理论和基本方法的讲授，并在此基础上注重能力的培养。可供教学学时为60～96课时的材料力学课程选用。

全书共分为11章，主要内容包括绪论、轴向拉伸和压缩、扭转与剪切、弯曲内力、弯曲应力、弯曲变形、应力状态和强度理论、组合变形的强度计算、压杆稳定、能量法及动荷载与交变应力等。

本书适合于高等学校土建、机械工程、航空及水利等专业教学用，也可供其他专业及有关工程技术人员参考。

图书在版编目(CIP)数据

材料力学/邹建奇，崔健主编. --2版. --北京：清华大学出版社，2015（2024.7重印）
全国高等院校土木与建筑专业十二五创新规划教材
ISBN 978-7-302-40587-0

Ⅰ.①材… Ⅱ.①邹… ②崔… Ⅲ.①材料力学—高等学校—教材 Ⅳ.①TB301

中国版本图书馆CIP数据核字(2014)第144666号

责任编辑：桑任松
装帧设计：刘孝琼
责任校对：周剑云
责任印制：杨 艳
出版发行：清华大学出版社
网 址：https://www.tup.com.cn, https://www.wqxuetang.com
地 址：北京清华大学学研大厦A座 **邮 编：**100084
社 总 机：010-83470000 **邮 购：**010-62786544
投稿与读者服务：010-62776969, c-service@tup.tsinghua.edu.cn
质量反馈：010-62772015, zhiliang@tup.tsinghua.edu.cn
课件下载：https://www.tup.com.cn, 010-62791865
印 装 者：涿州市般润文化传播有限公司
经 销：全国新华书店
开 本：185mm×260mm **印 张：**21 **字 数：**508千字
版 次：2007年4月第1版 2015年8月第2版 **印 次：**2024年7月第9次印刷
定 价：59.00元

产品编号：062551-03

前　　言

《材料力学》(第2版)是根据教育部高等学校力学指导委员会2014年4月最新颁布的《理工科非力学专业力学检查课程教学基本要求》，以及根据《过硬地方本科高校转型发展的指导意见》的文件要求，再版教材注重基本理论、基本方法和基本计算的掌握，注重工程应用，培养创新能力的基础上，对书中的部分内容进行了调整、修改和补充。比如，对例题的选择上更注重实际应用，在解题方法上更注重思路清晰、步骤简练，习题类型的覆盖面更广等。

全书共分为11章及5个附录，采用了最新的国家标准规定的符号。在内容结构上，前6章是基础部分，包括4种基本变形(拉伸和压缩变形、扭转变形、剪切变形、弯曲变形)的内力、应力、变形及超静定计算。后5章是扩展和深入讨论部分，包括应力状态和强度理论、压杆稳定、能量法及动荷载与交变应力。对于中等学时的材料力学课程，后5章的内容可适当选用。

本书由邹建奇、崔健主编，邹建奇负责全书统稿。其中第1～3、8章由崔健编写，第4～7、9、10章由邹建奇编写，第11章、附录、各章习题及答案由蒋鑫编写。长春建筑学院周显波副教授审阅了全书。

在本书的编写过程中，得到了长春建筑学院和吉林建筑大学领导及该院力学教研室全体老师的全力支持，在此一并表示感谢。

由于编者学识、水平有限，错误不妥之处在所难免，恳请教者、读者不吝赐教，以利于本书的进一步完善和提高。

编　者

目　录

第1章　绪　　论

1.1　材料力学的任务

任何建筑物或机器设备都是由若干构件或零件组成的。建筑物和机器设备在正常工作的情况下，组成它们的各个构件通常都受到各种外力的作用。例如，房屋中的梁要承受楼板传给它的重量，轧钢机受到钢坯变形时的阻力等，这些力统称为作用在构件上的**荷载**。

要想使建筑物和机器设备正常工作，就必须保证组成它们的每一个构件在荷载作用下都能正常工作，这样才能保证整个建筑物或机械的正常工作。为了保证构件正常安全地工作，对所设计的构件在力学上有一定的要求，这里归纳如下。

1. 强度要求

强度是指材料或构件抵抗破坏的能力。材料强度高，是指这种材料比较坚固，不易被破坏；材料强度低，则是指这种材料不够坚固，较易被破坏。在一定荷载作用下，如果构件的尺寸、材料的性能与所受的荷载不相适应，如机器中传动轴的直径太小、起吊货物的绳索过细，当传递的功率较大、货物过重时，就可能因强度不够而发生断裂，使机器无法正常工作，甚至造成灾难性的事故。显然这是工程上绝不允许的。

2. 刚度要求

刚度是指构件抵抗变形的能力。构件的刚度大，是指构件在荷载作用下不易变形，即抵抗变形的能力大；构件的刚度小，是指构件在荷载作用下，较易变形，即抵抗变形的能力小。任何物体在外力作用下，都要产生不同程度的变形。在工程中，即使构件强度足够，如果变形过大，也会影响其正常工作。例如，楼板梁在荷载作用下产生的变形过大，下面的抹灰层就会开裂、脱落；车床主轴变形过大，则影响加工精度，破坏齿轮的正常啮合，引起轴承的不均匀磨损，从而造成机器不能正常工作。因此，在工程中，根据不同的用途，使构件在荷载作用下产生的变形不能超过一定的范围，即要求构件具有一定的刚度。

3. 稳定性要求

受压的细长杆和薄壁构件，当荷载增加时，还可能出现突然失去初始平衡形态的现象，称为**丧失稳定**，简称**失稳**。例如，房屋中受压柱如果是细长的，当压力超过一定限度后，就有可能显著地变弯，甚至弯曲折断，由此酿成严重事故。因此，细长的受压构件，必须保证其具有足够的稳定性。测量稳定性的目的就是要求这类受压构件不能丧失稳定。

满足了上述要求，才能保证构件安全地正常工作。

材料力学就是一门研究构件强度、刚度和稳定性计算的学科。

构件的强度、刚度和稳定性均与所用材料的**力学性能**(材料受外力作用后在强度和变形方面所表现出来的性能)有关，这些材料的力学性能均需通过试验来测定。工程中还有些单靠理论分析解决不了的问题也需要借助于试验来解决。因此，在材料力学中，试验研究与理论分析同等重要，都是完成材料力学的任务所必需的。

当设计的构件具有足够的强度、刚度和稳定性时，便能在荷载的作用下安全、可靠地工作，说明设计满足了安全性要求。但是，合理的设计还应很好地发挥材料的潜能，以减少材料的消耗。因此，既安全适用又经济节约是合理设计的标志。

综上所述，材料力学的研究对象是构件，材料力学的任务是在保证构件既安全又经济的前提下，为构件选择合适材料、确定合理截面形状和尺寸，提供必要的理论基础和计算方法。当然，在工程设计中解决安全适用和经济间的矛盾，仅仅从力学观点考虑是不够的，还需综合考虑其他方面的条件，如便于加工、拆装和使用等。

另外，随着生产的发展、新材料的使用、荷载情况以及工作条件的复杂化等，对构件的设计不断提出新的要求。例如，很多构件需要在随时间而交替变化的荷载作用下，或长期在高温环境下工作等，在这些情况下，对构件进行强度、刚度和稳定性的计算时，就得考虑更多的影响因素。又如，航天、航空事业的发展，出现了复合材料。为了解决这些新的问题，近年来产生了断裂力学和复合材料力学。这些学科的产生，既促进了生产的发展，又丰富了材料力学的内容。因此，生产的发展全面地推动着材料力学的发展。

1.2 可变形固体的性质及其基本假设

现实中事物往往是很复杂的。为了便于研究，每门学科均采用抓主要矛盾的科学抽象法——略去对所研究问题影响不大的次要因素，只保留事物的主要性质，将实际物体抽象、简化为理想模型作为研究对象。例如，在理论力学的静力学中，讨论力系作用下物体的平衡时，是把固体看成刚体，即不考虑固体形状和尺寸的改变。实际上，自然界中的任何物体在外力作用下，都要或大或小地产生变形。由于固体的可变形性质，所以又称为变形固体。严格地讲，自然界中的一切固体均属变形固体。

材料力学主要研究构件的强度、刚度、稳定性等方面的问题，这些问题的研究，都要与构件在荷载作用下产生的变形相联系，因此，材料力学的研究对象必须看成为可变形的固体。

变形固体在外力作用下产生的变形，就其变形性质可分为**弹性变形**和**塑性变形**。弹性是指变形固体在去掉其所受外力后能恢复原来形状和尺寸的性质。工程中所用的材料，当所受荷载不超过一定的范围时，绝大多数的材料在撤去荷载后均可恢复原状，但当荷载过大时，则在荷载撤去后只能部分地复原而残留下一部分不能消失的变形。在撤去荷载后能完全消失的那一部分变形称为弹性变形，不能消失的那一部分变形则称为塑性变形。

在材料力学的研究中，对变形固体做了以下的基本假设。

1. 连续均匀假设

连续是指材料内部没有空隙，均匀是指材料的性质各处都一样。连续均匀假设认为变形固体内毫无间隙地充满了物质，而且各处力学性能都相同。

2. 各向同性假设

各向同性假设认为材料沿不同的方向具有相同的力学性质。常用的工程材料如钢、铸铁、玻璃以及浇筑很好的混凝土等，都可以认为是各向同性材料。有些材料如轧制钢材、竹、木材等，沿不同方向的力学性质是不同的，称为各向异性材料。本书主要研究各向同性材料。

按照连续均匀、各向同性假设而理想化了的变形固体称为理想变形固体。采用理想变形固体模型不但使理论分析和计算得到简化，而且计算所得的结果，在大多数情况下能满足工程精度要求。

工程中大多数构件在荷载作用下，其几何尺寸的改变量与构件本身的尺寸相比都很微小，称这类变形为“小变形”。由于变形很微小，所以在研究构件的平衡、运动等问题时，可忽略其变形，采用构件变形前的原始尺寸进行计算，从而使计算大为简化。但是，有些构件在荷载作用下其几何尺寸的改变量可能很大，称其为“大变形”。在材料力学中，将限于研究小变形问题。

综上所述，在材料力学中，是把实际材料看作均匀、连续、各向同性的可变形固体，且在大多数情况下局限在弹性变形范围内和小变形条件下进行研究。

1.3 内力及应力的概念

1.3.1 内力的概念

如前所述，材料力学的研究对象是构件，对于所研究的构件而言，其他物体作用于该构件上的力均为**外力**。

构件在受到外力作用而变形时，其内部各部分之间将产生相互作用力，这种由外力的作用而引起的物体内部的相互作用力，称为材料力学中所研究的**内力**。内力随着外力的变化而变化，外力增加，内力也增加，外力去掉后，内力也将随之消失。显然，作用在构件上的外力使其产生变形，而内力的作用则力图使受力构件恢复原状，内力对变形起抵抗和阻止作用。由于假设物体是连续均匀的，因此在物体内部相邻部分之间相互作用的内力，实际上是一个连续分布的内力系，而将分布内力系的合成结果(力或力偶)，简称为内力。

在研究构件的强度、刚度、稳定性等问题时，经常需要知道构件在已知外力作用下某一截面上的内力值。与理论力学中计算物系内力的方法相仿，为了显示和计算某一截面上的内力，可在该截面处用一假想的平面将构件截为两部分，取其中任一部分为研究对象，弃去另一部分，将弃去部分对研究对象的作用以力的形式来表示，此力就是该截面上的内力。下面举例说明求解任一截面上内力值的方法。

【例题 1.1】 活塞在力 $\boldsymbol{F}_1$、$\boldsymbol{F}_2$ 和 $\boldsymbol{F}_3$ 的作用下处于平衡状态，如图 1.1(a)所示。试求 1—1 截面上的内力。设 $F_1 = 80\text{kN}$，$F_2 = 45\text{kN}$，$F_3 = 35\text{kN}$。

解：(1) 取研究对象。假想沿 1—1 截面将活塞分为两部分，取其中任一部分为研究对象。现取左端为研究对象。

(2) 画受力图。内力系用其合力表示。由于研究对象处于平衡，所以 1—1 截面的内力应与 $\boldsymbol{F}_1$ 共线，如图 1.1(b)所示，并组成共线力系。

(3) 列平衡方程。由

$$\sum F = 0，\quad F_1 - F_{N1} = 0$$

得

$$F_{N1} = F_1 = 80\text{kN}$$

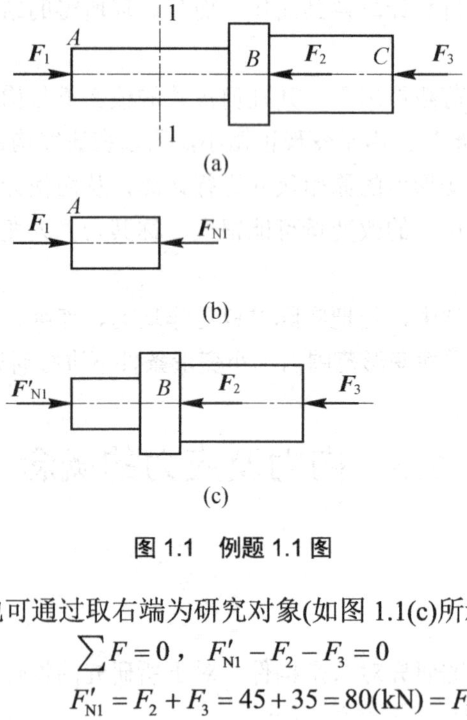

(a)

(b)

(c)

图 1.1 例题 1.1 图

1—1 截面的内力，也可通过取右端为研究对象(如图 1.1(c)所示)求解，由平衡方程

$$\sum F = 0，\quad F'_{N1} - F_2 - F_3 = 0$$

得

$$F'_{N1} = F_2 + F_3 = 45 + 35 = 80(\text{kN}) = F_{N1}$$

$\boldsymbol{F}_N$ 与 $\boldsymbol{F}'_N$ 是互为作用与反作用关系，数值相等，同为 1—1 截面的内力。因此，为了方便，求内力时可取受力情况简单的一端为研究对象。

请读者思考，当 $\boldsymbol{F}_1$ 的作用点沿其作用线从 A 点移至 B 点时(力的可传性原理)，1—1 截面的内力等于多少？说明了什么问题？

这里需指明一点：在研究内力与变形时，对“等效力系”的应用应该慎重，不能机械地不加分析地任意应用。一个力(或力系)用别的等效力系代替，虽然对整体平衡没有影响，但对构件的内力与变形来说则有很大差别。

以上分析计算内力的方法，称为**截面法**。其步骤如下。

(1) 假想沿所求内力的截面将构件分为两部分。

(2) 取其中任一部分为研究对象，并画其受力图。

(3) 列研究对象的平衡方程，并求解内力。

1.3.2　应力的概念

上面讨论了构件内力的概念及计算方法。但是，知道内力的大小还不能判断构件的强度是否足够。经验告诉我们，有两根材料相同的拉杆，一根较粗，一根较细，在相同的轴向拉力 $\boldsymbol{F}$ 作用下，内力相等，当力 $\boldsymbol{F}$ 增大时，细杆必先断。这是由于内力仅代表内力系的总和，而不能表明截面上各点受力的强弱程度。为了解决强度问题，不仅需要知道构件可能沿哪个截面破坏，而且还需要知道截面上哪个点处最危险。这样，就需要进一步研究内力在截面上各点处的分布情况，因而引入了**应力**的概念。

图 1.2(a)所示为任一受力构件，在 $m—m$ 截面上任一点 K 的周围取一微小面 ΔA，并设作用在该面积上的内力为 $\Delta\boldsymbol{F}$，那么 ΔF 与 ΔA 的比值，称为 ΔA 上的**平均应力**，并用 $p_{\rm m}$ 表示，即

$$p_{\rm m}=\frac{\Delta F}{\Delta A} \tag{1-1}$$

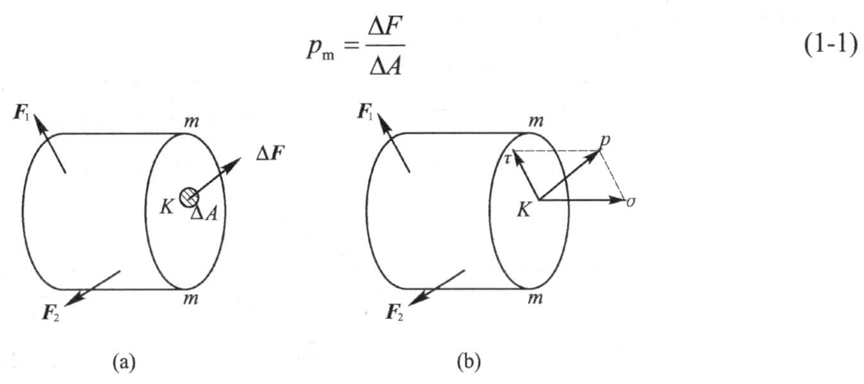

图 1.2　截面上任一点的应力

当内力沿截面分布不均匀时，平均应力 $p_{\rm m}$ 的值随 ΔA 的大小而变化，它不能确切表示 K 点受力强弱的程度，只有当 ΔA 趋于零时，$p_{\rm m}$ 的极限 p 才代表 K 点受力强弱的程度，即

$$p=\lim_{\Delta A\to 0}\frac{\Delta F}{\Delta A} \tag{1-2}$$

p 称为截面 $m—m$ 上点 K 处的**总应力**。显然，应力 p 的方向即 $\Delta\boldsymbol{F}$ 的极限方向。应力 p 是矢量，通常沿截面的法向与切向分解为两个分量。沿截面法向的应力分量 σ 称为**正应力**；沿截面切向的应力分量 τ 称为**切应力**。它们可以分别反映垂直于截面与切于截面作用的两种内力系的分布情况。

从应力的定义可见，应力具有以下特征。

(1) 应力定义在受力物体的某一截面上的某一点处，因此，讨论应力时必须明确是哪一

个截面上的哪一个点处。

(2) 在某一截面上一点处的应力是矢量。对于应力分量，通常规定，正应力方向是离开截面的为正，指向截面的为负；切应力对截面内部(靠近截面)的一点产生顺时针方向的力矩时为正，反之为负，图 1.2(b)所示的正应力为正，切应力为负。

(3) 应力的量纲为 $ML^{-1}T^{-2}$。其国际单位是牛/米^2(N/m^2)，称为帕斯卡(Pa)，即 $1Pa = 1N/m^2$。应力常用的单位为MPa，$1MPa = 10^6 Pa$。

1.4 杆件的基本变形形式

实际工程中，构件的几何形状是各种各样的，简化后可大致归纳为 4 种：杆、板、壳和块，如图 1.3 所示。本书主要研究其中的杆件。凡是长度方向尺寸远大于其他两个方向尺寸的构件称为**杆件**，如建筑工程中的梁、柱以及机器上的传动轴等均属于杆类。杆的几何形状可用其轴线(截面形心的连线)和垂直轴线的几何图形(横截面)表示。就轴线来分类，杆可分为直杆、曲杆和折杆。轴线为曲线的杆称为曲杆(如图 1.3(a)所示)，轴线为直线的杆称为直杆(如图 1.3(b)所示)，轴线为折线的杆称为折杆。就横截面来分类，杆件又可分为变截面(横截面是变化的)杆(如图1.3(a)所示)和等截面(各横截面均相同)杆(如图1.3(b)所示)。材料力学将着重讨论等截面的直杆(等直杆)。

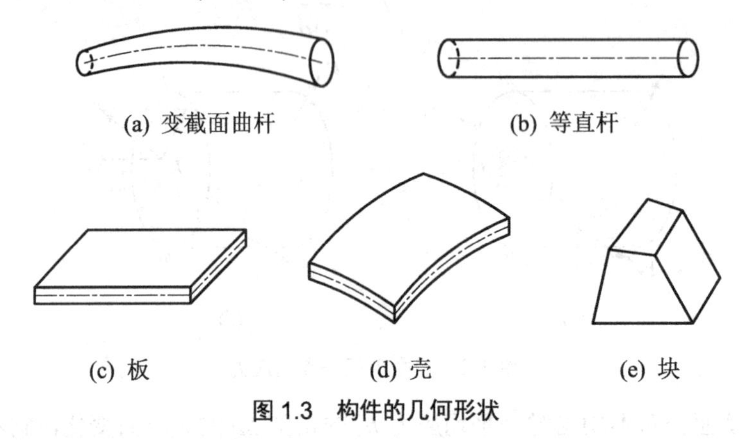

图 1.3 构件的几何形状

工程中的杆件所受的外力是多种多样的，因此，杆的变形也是各种各样的，但杆件变形的基本形式总不外乎以下 4 种。

1. 轴向拉伸或压缩变形

在一对大小相等方向相反、作用线与杆轴线重合的外力作用下，杆件的主要变形是长度的改变。这种变形形式称为轴向拉伸(如图 1.4(a)所示)或轴向压缩(如图 1.4(b)所示)。

2. 剪切变形

在一对相距很近、大小相等、方向相反的横向外力作用下，杆件的横截面将沿外力作用方向发生错动(如图 1.4(c)所示)，这种变形形式称为剪切。

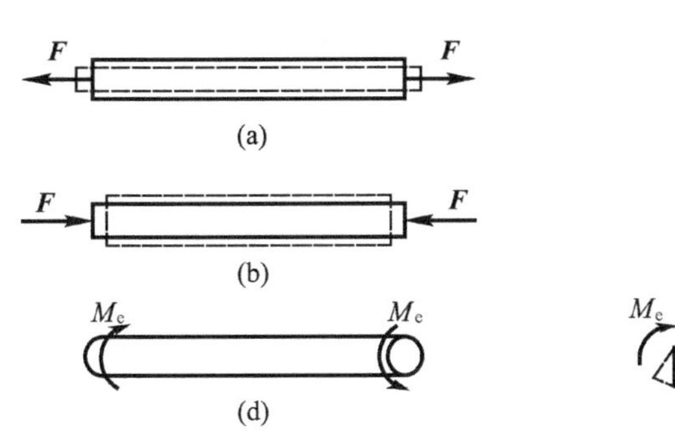

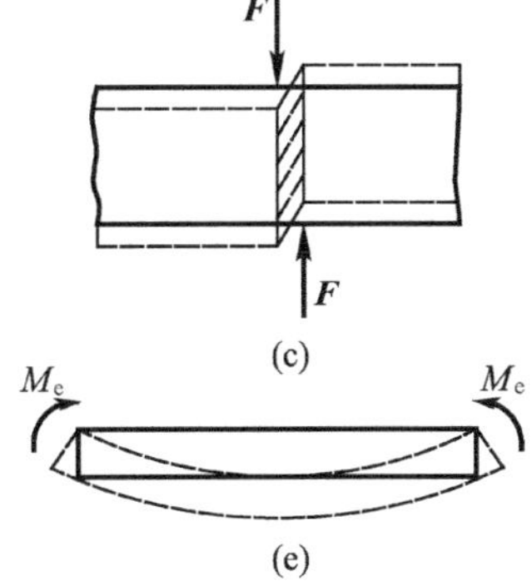

图 1.4　杆件的基本变形

3. 扭转变形

在一对转向相反、作用面垂直于杆轴线的外力偶作用下，杆的任意两横截面将发生相对转动，而轴线仍维持直线。这种变形形式称为扭转(如图 1.4(d)所示)。

4. 弯曲变形

在一对转向相反、作用面在杆件的纵向平面(即包含杆轴线在内的平面)内的外力偶作用下，杆件将在纵向平面内发生弯曲。这种变形形式称为弯曲(如图 1.4(e)所示)。

工程实际中的杆件可能同时承受不同形式的外力，常常同时发生两种或两种以上的基本变形，这种变形情况称为组合变形。本书首先分别讨论杆件的每一种基本变形，然后再分析比较复杂的组合变形问题。

第2章　轴向拉伸和压缩

2.1　轴向拉伸和压缩的概念

工程实际中，发生轴向拉伸或压缩变形的构件很多。例如，钢木组合桁架中的钢拉杆(见图2.1)和三角支架 *ABC*(见图2.2)中的杆，作用于杆上的外力(或外力合力)的作用线与杆的轴线重合。在这种轴向荷载作用下，杆件以轴向伸长或缩短为主要变形形式，称为**轴向拉伸或轴向压缩**。以轴向拉(压)为主要变形的杆件，称为**拉(压)杆**。

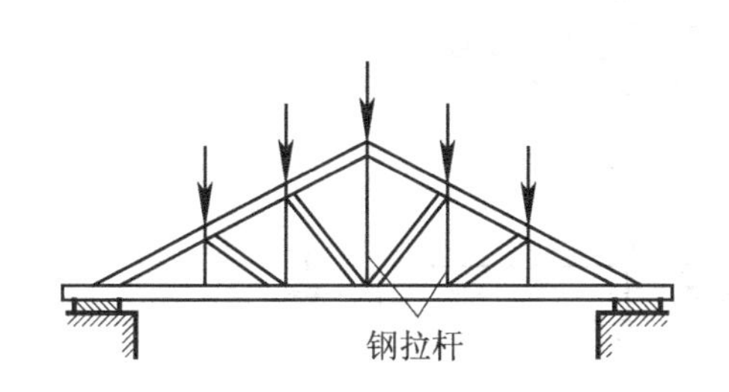

图2.1　钢木组合桁架

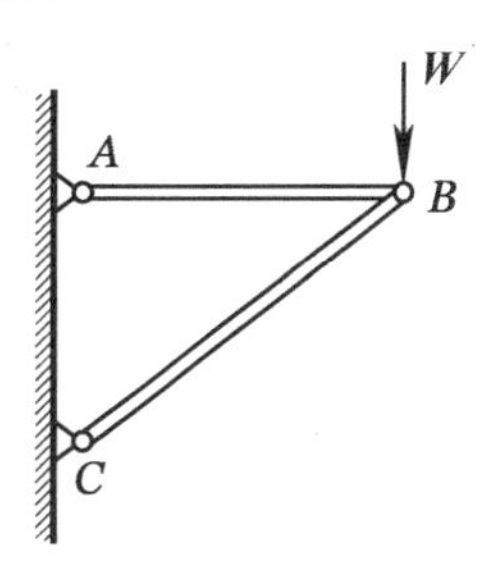

图2.2　三角支架

实际拉(压)杆的端部连接情况和传力方式是各不相同的，但在讨论时可以将它们简化为一根等截面的直杆(等直杆)，两端的力系用合力代替，其作用线与杆的轴线重合，则其计算简图如图2.3所示。

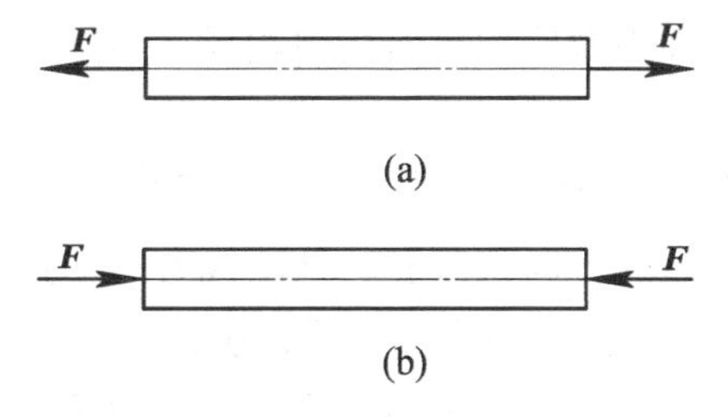

图2.3　拉(压)杆计算简图

本章主要研究拉(压)杆的内力、应力及变形的计算，同时还将通过拉伸和压缩试验，来研究材料在拉伸与压缩时的力学性能。

2.2 轴力、轴力图

在研究杆件的强度、刚度等问题时，都需要首先求出杆件的内力。关于内力的概念及其计算方法，已在第1章中阐述。如图2.4(a)所示，等直杆在拉力的作用下处于平衡，欲求某横截面 $m-m$ 上的内力，按截面法，先假想将杆沿 $m-m$ 截面截开，留下任一部分作为脱离体进行分析，并将去掉部分对留下部分的作用以分布在截面 $m-m$ 上各点的内力来代替(如图2.4(b)所示)。对于留下部分而言，截面 $m-m$ 上的内力就成为外力。由于整个杆件处于平衡状态，杆件的任一部分均应保持平衡。于是，杆件横截面 $m-m$ 上内力系的合力(轴力) $\boldsymbol{F}_N$ 与其左端外力 F 形成共线力系，由平衡条件

$$\sum F_x=0,\quad F_N-F=0$$

得

$$F_N=F$$

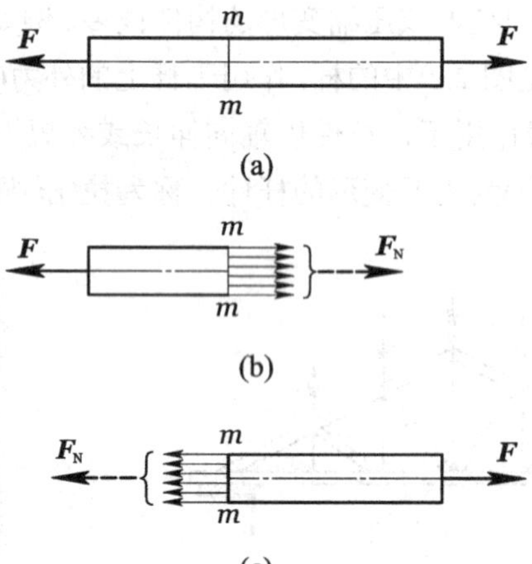

(a)

(b)

(c)

图2.4 轴力

$\boldsymbol{F}_N$ 为杆件任一横截面上的内力，其作用线与杆的轴线重合，即垂直于横截面并通过其形心。这种内力称为轴力，用 $\boldsymbol{F}_N$ 表示。

若在分析时取右段为脱离体(如图2.4(c)所示)，则由作用与反作用原理可知，右段在截面上的轴力与前述左段上的轴力数值相等而指向相反。当然，同样也可以从右段的平衡条件来确定轴力。

对于压杆，同样可以通过上述过程求得其任一横截面上的轴力 $\boldsymbol{F}_N$。为了研究方便，给轴力规定一个正负号：当轴力的方向与截面的外法线方向一致时，杆件受拉，规定轴力为正，称为**拉力**；反之，杆件受压，轴力为负，称为**压力**。

当杆受到多个轴向外力作用时，在杆不同位置的横截面上，轴力往往不同。为了形象而清晰地表示横截面上的轴力沿轴线变化的情况，可用平行于轴线的坐标表示横截面的位置，称为基线，用垂直于轴线的坐标表示横截面上轴力的数值，正的轴力(拉力)画在基线的

上侧，负的轴力(压力)画在基线的下侧。这样绘出的轴力沿杆件轴线变化的图线，称为**轴力图**。

【例题 2.1】 一等直杆所受外力如图 2.5(a)所示，试求各段截面上的轴力，并作杆的轴力图。

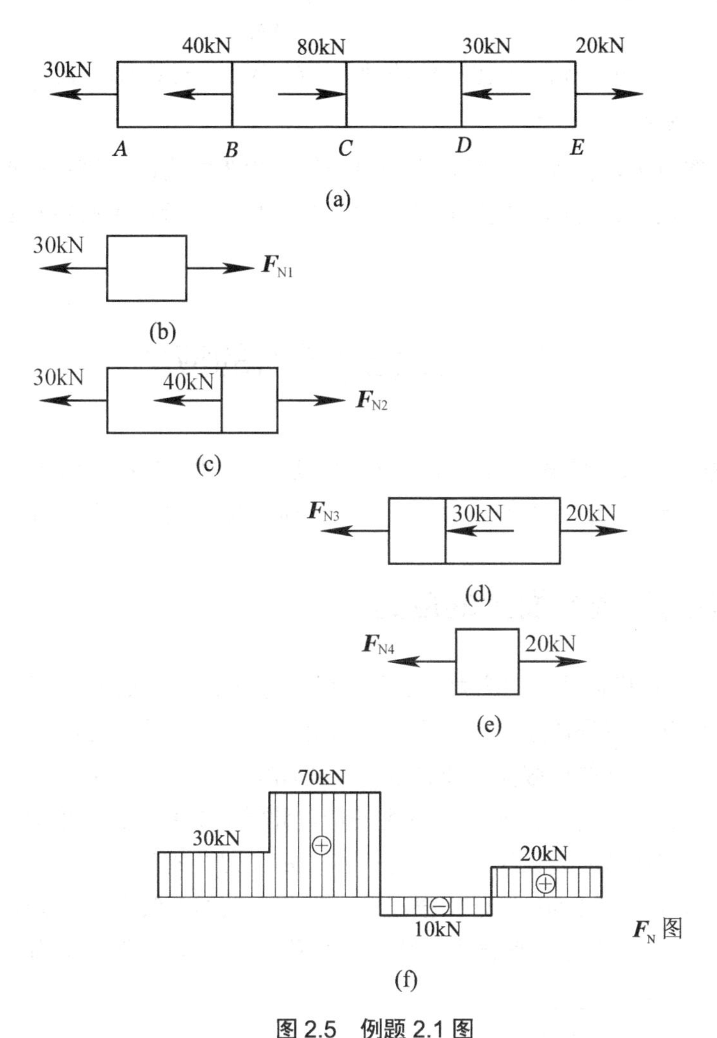

图 2.5　例题 2.1 图

解：在 AB 段范围内任一横截面处将杆截开，取左段为脱离体(如图 2.5(b)所示)，假定轴力 $\boldsymbol{F}_{N1}$ 为拉力(以后轴力都按拉力假设)，由平衡方程

$$\sum F_x = 0\text{，}\quad F_{N1} - 30 = 0$$

得

$$F_{N1} = 30\text{kN}$$

结果为正值，故 $\boldsymbol{F}_{N1}$ 为拉力。

同理，可求得 BC 段内任一横截面上的轴力(如图 2.5(c)所示)为

$$F_{N2} = 30 + 40 = 70(\text{kN})$$

在求 CD 段内的轴力时，将杆截开后取右段为脱离体(如图 2.5(d)所示)，因为右段杆上包含的外力较少。由平衡方程

$$\sum F_x = 0\text{，}\quad -F_{N3} - 30 + 20 = 0$$

得

$$F_{N3} = -30 + 20 = -10(\text{kN})$$

结果为负值，说明 $\boldsymbol{F}_{N3}$ 为压力。

同理，可得 DE 段内任一横截面上的轴力 $\boldsymbol{F}_{N4}$ 为

$$F_{N4} = 20\text{kN}$$

按上述作轴力图的规则，作出杆件的轴力图(如图 2.5(f)所示)。$\boldsymbol{F}_{N,max}$ 发生在 BC 段内的任一横截面上，其值为 70kN。

由上述计算可见，在求轴力时，先假设未知轴力为拉力时，则得数前的正负号，既表明所设轴力的方向是否正确，也符合轴力的正负号规定，因而不必在得数后再注“压”或“拉”字。

2.3 拉(压)杆内的应力

由第 1 章知，要判断受力构件能否发生强度破坏，仅知道某个截面上内力的大小是不够的，还需要求出截面上各点的应力。下面首先研究拉(压)杆横截面上的应力。

2.3.1 拉(压)杆横截面上的应力

要确定拉(压)杆横截面上的应力，必须了解其内力系在横截面上的分布规律。由于内力与变形有关，因此，首先通过实验来观察杆的变形。取一等截面直杆，如图2.6(a)所示，事先在其表面刻两条相邻的横截面的边界线(ab 和 cd)和若干条与轴线平行的纵向线，然后在杆的两端沿轴线施加一对拉力 $\boldsymbol{F}$ 使杆发生变形，此时可观察到：①所有纵向线发生伸长，且伸长量相等；②横截面边界线发生相对平移。ab、cd 分别移至 a_1b_1、c_1d_1，但仍为直线，并仍与纵向线垂直(如图 2.6(b)所示)，根据这一现象可做如下假设：变形前为平面的横截面，变形后仍为平面，只是相对地沿轴向发生了平移，这个假设称为**平面假设**。

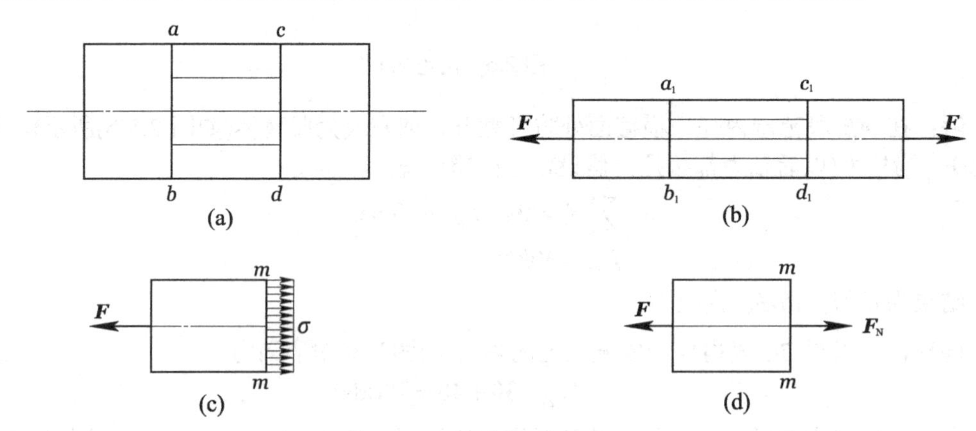

图 2.6 横截面上的应力

根据这一假设，任意两横截面间的各纵向纤维的伸长均相等。根据材料均匀性假设，在弹性变形范围内，变形相同时，受力也相同，于是可知，内力系在横截面上均匀分布，即横截面上各点的应力可用求平均值的方法得到。由于拉(压)杆横截面上的内力为轴力，其方向垂直于横截面，且通过截面的形心，而截面上各点处应力与微面积 dA 之乘积的合成即为该截面上的内力。显然，截面上各点处的切应力不可能合成为一个垂直于截面的轴力。所以，与轴力相应的只可能是垂直于截面的正应力 $\boldsymbol{\sigma}$，设轴力为 $\boldsymbol{F}_{\mathrm{N}}$，横截面面积为 A，由此可得

$$\boldsymbol{\sigma}=\frac{F_{\mathrm{N}}}{A} \tag{2-1}$$

式中，若 $\boldsymbol{F}_{\mathrm{N}}$ 为拉力，则 $\boldsymbol{\sigma}$ 为拉应力；若 $\boldsymbol{F}_{\mathrm{N}}$ 为压力，则 $\boldsymbol{\sigma}$ 为压应力。$\boldsymbol{\sigma}$ 的正负规定与轴力相同，拉应力为正，压应力为负，如图 2.6(c)和图 2.6(d)所示。

2.3.2 拉(压)杆斜截面上的应力

以上研究了拉(压)杆横截面上的应力，为了更全面地了解杆内的应力情况，现在研究斜截面上的应力。如图 2.7(a)所示的拉杆，利用截面法，沿任一斜截面 m—m 将杆截开，取左段杆为研究对象，该截面的方位以其外法线 On 与 x 轴的夹角 α 表示。由平衡条件可得斜截面 $\boldsymbol{m}$—$\boldsymbol{m}$ 上的内力 $\boldsymbol{F}_{\alpha}$ 为

$$F_{\alpha}=F \tag{a}$$

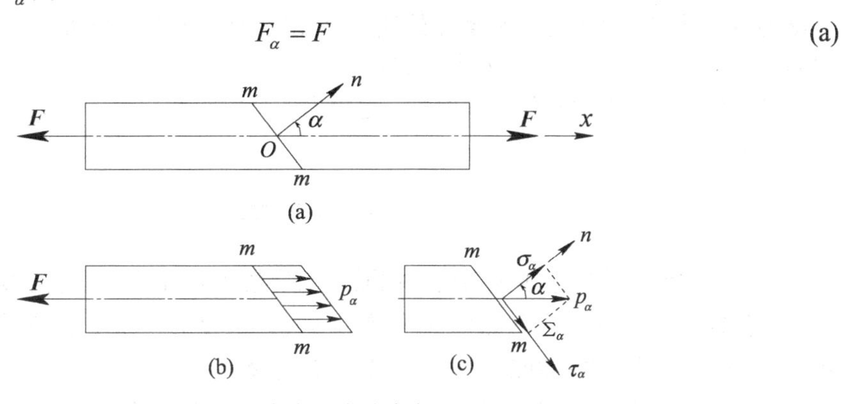

图 2.7 斜截面上的应力

由前述分析可知，杆件横截面上的应力均匀分布，由此可以推断，斜截面 m—m 上的总应力 $\boldsymbol{p}_{\alpha}$ 也为均匀分布(如图 2.7(b)所示)，且其方向必与杆轴平行。设斜截面的面积为 A_{α}，A_{α} 与横截面面积 A 的关系为 $A_{\alpha}=A/\cos\alpha$。于是

$$p_{\alpha}=\frac{F_{\alpha}}{A_{\alpha}}=\frac{F}{A}\cos\alpha=\sigma_{0}\cos\alpha \tag{b}$$

式中，σ_{0} 为拉杆在横截面($\alpha=0$)上的正应力，$\sigma_{0}=\dfrac{F}{A}$。

将总应力 p_{α} 沿截面法向与切向分解(如图 2.7(c)所示)，得斜截面上的正应力与切应力分别为

$$\sigma_\alpha = p_\alpha \cos\alpha = \sigma_0 \cos^2\alpha \tag{c}$$

$$\tau_\alpha = p_\alpha \sin\alpha = \frac{\sigma_0}{2}\sin 2\alpha \tag{d}$$

上列两式表达了通过拉(压)杆内任一点处不同方位截面上的正应力σ_α和切应力τ_α随截面方位角α的变化而变化。通过一点的所有不同方位截面上的应力的集合，称为该点处的**应力状态**。由式(c)、式(d)可知，在所研究的拉杆中，一点处的应力状态由其横截面上的正应力σ_0即可完全确定，这样的应力状态称为**单轴应力状态**。关于应力状态的问题将在第7章中详细讨论。

由式(c)、式(d)可知，通过拉(压)杆内任一点不同方位截面上的正应力σ_α和切应力τ_α，随α角做周期性变化。

(1) 当$\alpha = 0$时，正应力最大，其值为

$$\sigma_{\max} = \sigma_0 \tag{e}$$

即拉(压)杆的最大正应力发生在横截面上。

(2) 当$\alpha = 45^\circ$时，切应力最大，其值为

$$\tau_{\max} = \frac{\sigma_0}{2} \tag{f}$$

即拉(压)杆的最大切应力发生在与杆轴线成45°的斜截面上。

为便于应用上述公式，现对方位角与切应力的正负号作如下规定：以x轴为始边，方位角α为逆时针转向者为正；斜截面外法线On沿顺时针方向旋转90°，与该方向同向的切应力为正。按此规定，如图2.7(c)所示的α与τ_α均为正。

当等直杆受几个轴向外力作用时，由轴力图可求得其最大轴力$F_{\mathrm{N,max}}$，那么杆内的最大正应力为

$$\sigma_{\max} = \frac{F_{\mathrm{N,max}}}{A} \tag{2-2}$$

最大轴力所在的横截面称为**危险截面**，危险截面上的正应力称为**最大工作应力**。

【例题 2.2】 一正方形截面的阶梯形砖柱，其受力情况、各段长度及横截面尺寸如图2.8(a)所示。已知$P = 40\mathrm{kN}$。试求荷载引起的最大工作应力。

解：首先作柱的轴力图，如图2.8(b)所示。由于此柱为变截面杆，应分别求出每段柱的横截面上的正应力，从而确定全柱的最大工作应力。

Ⅰ、Ⅱ两段柱横截面上的正应力，分别由已求得的轴力和已知的横截面尺寸算得

$$\sigma_1 = \frac{F_{\mathrm{N1}}}{A_1} = \frac{-40\times10^3\,\mathrm{N}}{(240\mathrm{mm})\times(240\mathrm{mm})} = -0.69\mathrm{MPa}\ (\text{压应力})$$

$$\sigma_2 = \frac{F_{\mathrm{N2}}}{A_2} = \frac{-120\times10^3\,\mathrm{N}}{(370\mathrm{mm})\times(370\mathrm{mm})} = -0.88\mathrm{MPa}\ (\text{压应力})$$

由上述结果可见，砖柱的最大工作应力在柱的下段，其值为$0.88\mathrm{MPa}$，是压应力。

【例题 2.3】 一钻杆简图如图2.9(a)所示，上端固定，下端自由，长为l，截面面积为A，材料容重为γ。试分析该杆由自重引起的横截面上的应力沿杆长的分布规律。

解：应用截面法，在距下端距离为 x 处将杆截开，取下段为脱离体(如图 2.8(b)所示)，设下段杆的重量为 $G(x)$，则有

$$G(x)=xA\gamma \tag{a}$$

设横截面上的轴力为 $F_N(x)$，则由平衡条件

$$\sum F_x=0，\quad F_N(x)-G(x)=0 \tag{b}$$

将式(a)代入式(b)，得

$$F_N(x)=A\cdot\gamma\cdot x \tag{c}$$

即 $F_N(x)$ 为 x 的线性函数。

当 $x=0$ 时，$F_N(0)=0$。

当 $x=l$ 时，$F_N(l)=F_{N,max}=A\cdot\gamma\cdot l$。

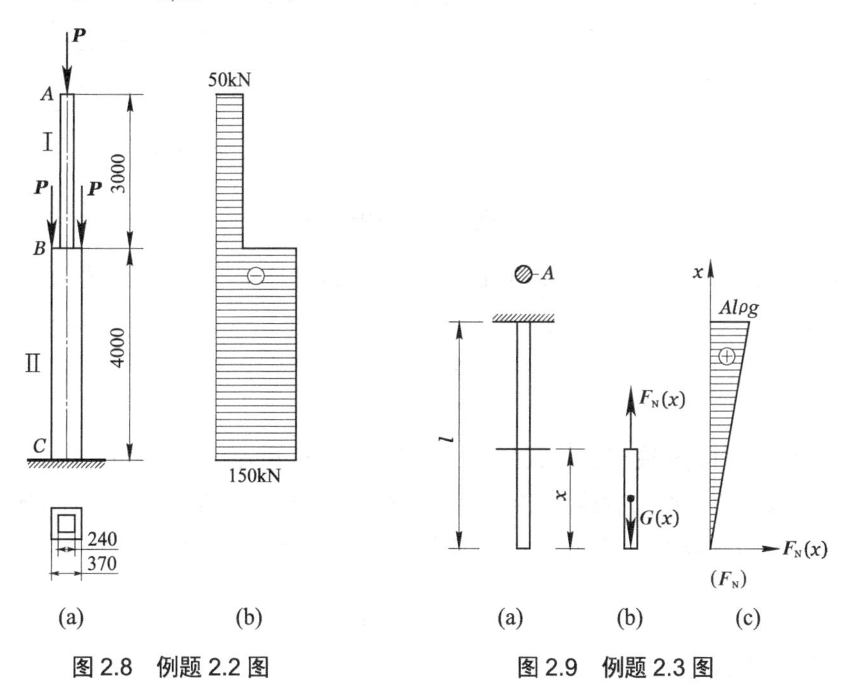

图 2.8　例题 2.2 图　　图 2.9　例题 2.3 图

式中 $F_{N,max}$ 为轴力的最大值，即在上端截面轴力最大，轴力图如图 2.9(c)所示。那么横截面上的应力为

$$\sigma(x)=\frac{F_N(x)}{A}=\gamma\cdot x \tag{d}$$

即应力沿杆长是 x 的线性函数。

当 $x=0$ 时，$\sigma(0)=0$。

当 $x=l$ 时，$\sigma(l)=\sigma_{max}=\gamma\cdot l$。

式中 σ_{max} 为应力的最大值，它发生在上端截面，其分布类似于轴力图。

2.4 拉(压)杆的变形

2.4.1 绝对变形胡克定律

试验表明，当拉杆沿其轴向伸长时，其横向将缩短(如图 2.10(a)所示)；压杆则相反，轴向缩短时，横向增大(如图 2.10(b)所示)。

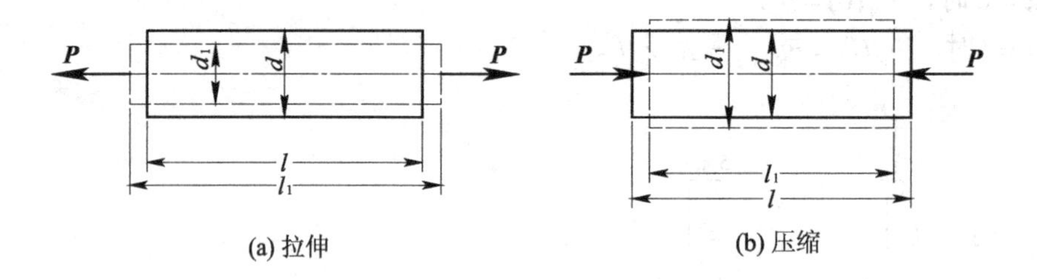

图 2.10 拉(压)变形

设l、d为直杆变形前的长度与直径，l_1、d_1为直杆变形后的长度与直径，则轴向和横向变形分别为

$$\Delta l = l_1 - l \tag{a}$$

$$\Delta d = d_1 - d \tag{b}$$

Δl 与 Δd 称为**绝对变形**。由式(a)、式(b)可知，Δl 与 Δd 符号相反。

试验结果表明，如果所施加的荷载使杆件的变形处于弹性范围内，杆的轴向变形Δl与杆所承受的轴向荷载$\boldsymbol{P}$、杆的原长l成正比，而与其横截面面积A成反比，写成关系式为

$$\Delta l \propto \frac{Pl}{A}$$

引进比例常数E，则有

$$\Delta l = \frac{Pl}{EA} \tag{2-3a}$$

由于$P = F_{\mathrm{N}}$，故式(2-3a)可改写为

$$\Delta l = \frac{F_{\mathrm{N}} l}{EA} \tag{2-3b}$$

这一关系式称为**胡克定律**。式中的比例常数E称为杆材料的**弹性模量**，其量纲为$\mathrm{ML^{-1}T^{-2}}$，其单位为Pa。E的数值随材料而异，是通过试验测定的，其值表征材料抵抗弹性变形的能力。EA称为杆的**拉伸(压缩)刚度**，对于长度相等且受力相同的杆件，其拉伸(压缩)刚度越大则杆件的变形越小。Δl的正负与轴力$\boldsymbol{F}_{\mathrm{N}}$一致。

当拉(压)杆有两个以上的外力作用时，需先画出轴力图，然后按式(2-3b)分段计算各段的变形，各段变形的代数和即为杆的总变形力，即

$$\Delta l = \sum_i \frac{F_{Ni} l_i}{(EA)_i} \tag{2-4}$$

2.4.2　相对变形、泊松比

绝对变形的大小只反映杆的总变形量，而无法说明杆的变形程度。因此，为了度量杆的变形程度，还需计算单位长度内的变形量。对于轴力为常量的等截面直杆，其变形处处相等。可将 Δl 除以 l，Δd 除以 d 表示单位长度的变形量，即

$$\varepsilon = \frac{\Delta l}{l} \tag{c}$$

$$\varepsilon' = \frac{\Delta d}{d} \tag{d}$$

ε 称为纵向线应变；ε' 称为横向线应变。应变是单位长度的变形，是无量纲响的量。由于 Δl 与 Δd 符号相反，因此 ε 与 ε' 也具有相反的符号。将式(2-3b)代入式(c)，得胡克定律的另一表达形式为

$$\varepsilon = \frac{\sigma}{E} \tag{2-5}$$

显然，式(2-5)中的纵向线应变 ε 和横截面上正应力的正负号也是相对应的。式(2-5)是经过改写后的胡克定律，它不仅适用于拉(压)杆，而且还可以更普遍地用于所有的单轴应力状态，故通常又称为**单轴应力状态下的胡克定律**。

试验表明，当拉(压)杆内应力不超过某一限度时，横向线应变 ε' 与纵向线应变 ε 之比的绝对值为一常数，即

$$\mu = \left|\frac{\varepsilon'}{\varepsilon}\right| \tag{2-6}$$

μ 称为**横向变形因数或泊松(S.-D.Poisson)比**，是无量纲的量，其数值随材料而异，也是通过实验测定的。

弹性模量 E 和泊松比 μ 都是材料的弹性常数。几种常用材料的 E 和 μ 值可参阅表 2.1。

表 2.1　常用金属材料的 E、μ 的数值

材料名称	E/GPa	μ
低碳钢	196～216	0.25～0.33
中碳钢	205	
合金钢	186～216	0.24～0.33
灰口铸铁	78.5～157	0.23～0.27
球墨铸铁	150～180	
铜及其合金	72.6～128	0.31～0.742
铝合金	70	0.33
混凝土	15.2～36	0.16～0.18
木材(顺纹)	9～12	

必须指出，当沿杆长度为非均匀变形时，式(c)并不反映沿长度各点处的纵向线应变。对于各处变形不均匀的情形(见图 2.11)，则必须考核杆件上沿轴向的微段 dx 的变形，并以微段 dx 的相对变形来度量杆件局部的变形程度。这时有

$$\varepsilon_x=\frac{\Delta \mathrm{d}x}{\mathrm{d}x}=\frac{\dfrac{F_{\mathrm{N}}\mathrm{d}x}{EA(x)}}{\mathrm{d}x}=\frac{\sigma_x}{E} \tag{2-7}$$

可见，无论变形均匀还是不均匀，正应力与正应变之间的关系都是相同的。

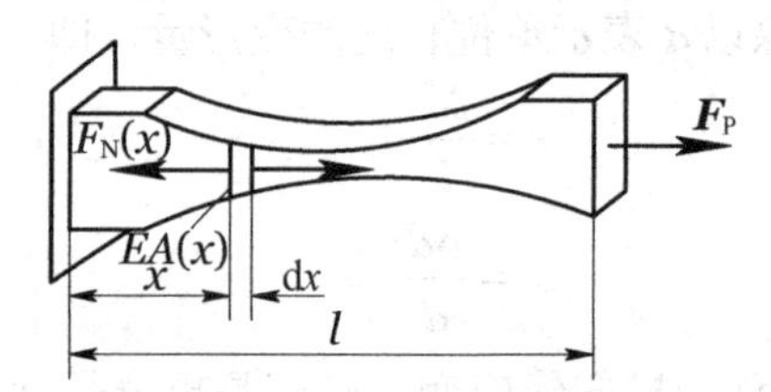

图 2.11　杆件轴向变形不均匀的情形

【例题 2.4】 已知阶梯形直杆受力如图 2.12(a)所示，材料的弹性模量 $E=200\text{GPa}$，杆各段的横截面面积分别为 $A_{AB}=A_{BC}=1500\text{mm}^2$，$A_{CD}=1000\text{mm}^2$。要求：(1) 作轴力图；(2) 计算杆的总伸长量。

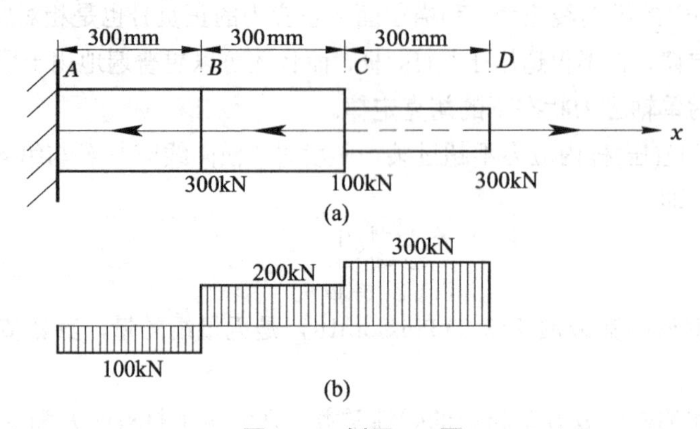

图 2.12　例题 2.4 图

解：(1) 画轴力图。因为在 A、B、C、D 处都有集中力作用，所以 AB、BC 和 CD 三段杆的轴力各不相同。应用截面法得

$$F_{\mathrm{N}AB}=300-100-300=-100(\text{kN})$$
$$F_{\mathrm{N}BC}=300-100=200(\text{kN})$$
$$F_{\mathrm{N}CD}=300\text{kN}$$

轴力图如图 2.12(b)所示。

(2) 求杆的总伸长量。因为杆各段轴力不等，且横截面面积也不完全相同，因而必须分段计算各段的变形，然后求和。各段杆的轴向变形分别为

$$\Delta l_{AB}=\frac{F_{\mathrm{N}AB}l_{AB}}{EA_{AB}}=\frac{-100\times10^3\times300}{200\times10^3\times1500}=-0.1(\text{mm})$$

$$\Delta l_{BC}=\frac{F_{NBC}l_{BC}}{EA_{BC}}=\frac{200\times10^3\times300}{200\times10^3\times1500}=0.2(\text{mm})$$

$$\Delta l_{CD}=\frac{F_{NCD}l_{CD}}{EA_{CD}}=\frac{300\times10^3\times300}{200\times10^3\times1000}=0.45(\text{mm})$$

杆的总伸长量为

$$\Delta l=\sum_{i=1}^{3}\Delta l_i=-0.1+0.2+0.45=0.55(\text{mm})$$

【例题 2.5】 图 2.13(a)所示为实心圆钢杆 AB 和 AC 在杆端 A 铰接，在 A 点作用有铅垂向下的力 F 。已知 $F=30\text{kN}$，d_{AB}=10mm，d_{AC}=14mm，钢的弹性模量 $E=200\text{GPa}$。试求 A 点在铅垂方向的位移。

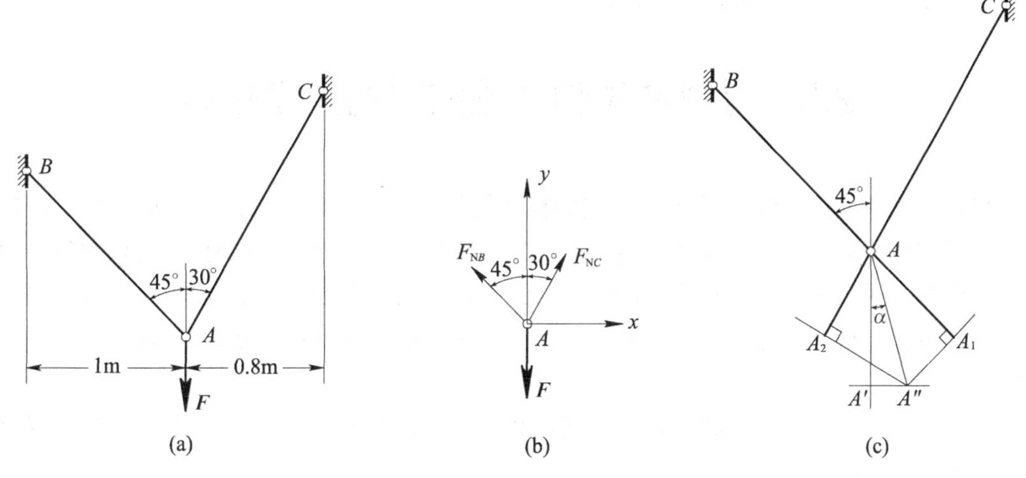

图 2.13　例题 2.5 图

解：(1) 利用静力平衡条件求二杆的轴力。由于两杆受力后伸长，而使 A 点有位移，为求出各杆的伸长，先求出各杆的轴力。在微小变形情况下，求各杆的轴力时可将角度的微小变化忽略不计。以节点 A 为研究对象，受力如图 2.13(b)所示，由节点 A 的平衡条件，有

$$\sum F_x=0\text{，}\quad F_{NC}\sin30^\circ-F_{NB}\sin45^\circ=0$$

$$\sum F_y=0\text{，}\quad F_{NC}\cos30^\circ+F_{NB}\cos45^\circ-F=0$$

解得各杆的轴力为

$$F_{NB}=0.518F=15.53\text{kN}\text{，}\quad F_{NC}=0.732F=21.96\text{kN}$$

(2) 计算杆 AB 和 AC 的伸长。利用胡克定律，有

$$\Delta l_B=\frac{F_{NB}l_B}{EA_B}=\frac{15.53\times10^3\times\sqrt{2}}{200\times10^9\times\dfrac{\pi}{4}\times(0.01)^2}=1.399\times10^3\text{m}=1.399\text{mm}$$

$$\Delta l_C=\frac{F_{NC}l_C}{EA_C}=\frac{21.96\times10^3\times0.8\times2}{200\times10^9\times\dfrac{\pi}{4}\times(0.014)^2}=1.142\times10^3\text{m}=1.142\text{mm}$$

(3) 利用图解法求 A 点在铅垂方向的位移。如图 2.13(c)所示，分别过 AB 和 AC 伸长后

的点 A_1 和 A_2 作两杆的垂线，相交于点 A''，再过点 A'' 作水平线，与过点 A 的铅垂线交于点 A'，则 $\overline{AA'}$ 便是点 A 的铅垂位移。由图中的几何关系得

$$\frac{\Delta l_B}{\overline{AA''}} = \cos(45^\circ - \alpha)，\quad \frac{\Delta l_C}{\overline{AA''}} = \cos(30^\circ + \alpha)$$

可得

$$\tan\alpha = 0.27，\quad \alpha = 15^\circ$$

$$\overline{AA''} = 1.615\text{mm}$$

所以点 A 的铅垂位移为

$$\Delta = \overline{AA''}\cos\alpha = 1.615\cos 15^\circ = 1.56(\text{mm})$$

从上述计算可见，变形与位移既有联系又有区别。位移是指其位置的移动，而变形是指构件尺寸的改变量。变形是标量，位移是矢量。

2.5 材料在拉伸和压缩时的力学性能

如第 1 章所述，材料力学是研究受力构件的强度和刚度等问题的。而构件的强度和刚度，除了与构件的几何尺寸及受力情况有关外，还与材料的力学性能有关。试验指出，材料的力学性能不仅取决于材料本身的成分、组织以及冶炼、加工、热处理等过程，而且取决于加载方式、应力状态和温度。本节主要介绍工程中常用材料在常温、静载条件下的力学性能。

在常温、静载条件下，材料常分为塑性和脆性材料两大类，本节重点讨论它们在拉伸和压缩时的力学性能。

2.5.1 材料的拉伸和压缩试验

在进行拉伸试验时，先将材料加工成符合国家标准(如《金属材料室温拉伸试验方法》(GB 228—2002))的试样。为了避开试样两端受力部分对测试结果的影响，试验前先在试样的中间等直部分上画两条横线(见图 2.14)，当试样受力时，横线之间的一段杆中任何横截面上的应力均相等，这一段即为杆的工作段，其长度称为**标距**。在试验时就量测工作段的变形。常用的试样有圆截面和矩形截面两种。为了能比较不同粗细的试样在拉断后工作段的变形程度，通常对圆截面标准试样的标距长度 l 与其横截面直径 d 的比例加以规定。矩形截面标准试样，则规定其标距长度 l 与横截面面积 A 的比例。常用的标准比例有两种。对圆截面试样，有

$$l = 10d \text{ 和 } l = 5d$$

对矩形截面试样，有

$$l = 11.3\sqrt{A} \text{ 和 } l = 5.65\sqrt{A}$$

压缩试样通常用圆形截面或正方形截面的短柱体(见图 2.15)，其长度 l 与横截面直径 d

或边长 b 的比值一般规定为 1～3，这样才能避免试样在试验过程中被压弯。

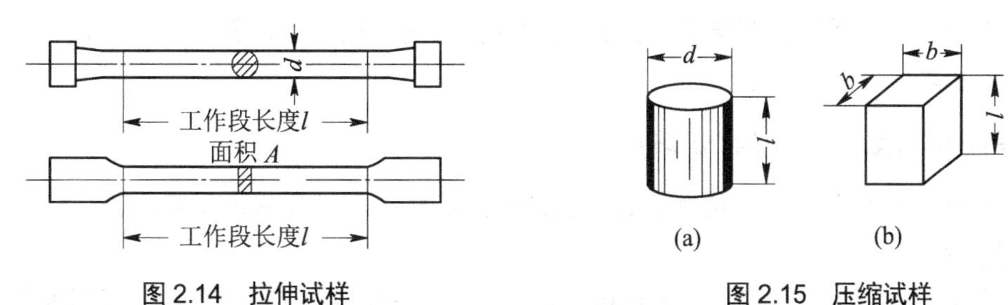

图 2.14　拉伸试样　　　　图 2.15　压缩试样

拉伸或压缩试验时使用的设备是多功能**万能试验机**。万能试验机由机架、加载系统、测力示值系统、载荷位移记录系统以及夹具、附具等 5 个基本部分组成。关于试验机的具体构造和原理，可参阅有关材料力学试验书籍。

2.5.2　低碳钢拉伸时的力学性能

将准备好的低碳钢试样装到试验机上，开动试验机使试样两端受轴向拉力 $\boldsymbol{F}$ 的作用。当力 $\boldsymbol{F}$ 由零逐渐增加时，试样逐渐伸长，用仪器测量标距 l 的伸长 Δl，将各 F 值与相应的 Δl 之值记录下来，直到试样被拉断为止。然后，以 Δl 为横坐标，力 $\boldsymbol{F}$ 为纵坐标，在纸上标出若干个点，以曲线相连，可得一条 $\boldsymbol{F}$-Δl 曲线，如图 2.16 所示，称为低碳钢的拉伸曲线或**拉伸图**。一般万能试验机可以自动绘出拉伸曲线。

低碳钢试样的拉伸图只能代表试样的力学性能，因为该图的横坐标和纵坐标均与试样的几何尺寸有关。为了消除试样尺寸的影响，将拉伸图中的 $\boldsymbol{F}$ 值除以试样横截面的原面积，即用应力来表示：$\sigma=\dfrac{F}{A}$；将 Δl 除以试样工作段的原长 l，即用应变来表示：$\varepsilon=\dfrac{\Delta l}{l}$。这样，所得曲线即与试样的尺寸无关，而可以代表材料的力学性质，称为**应力-应变曲线**或 **σ-ε 曲线**，如图 2.17 所示。

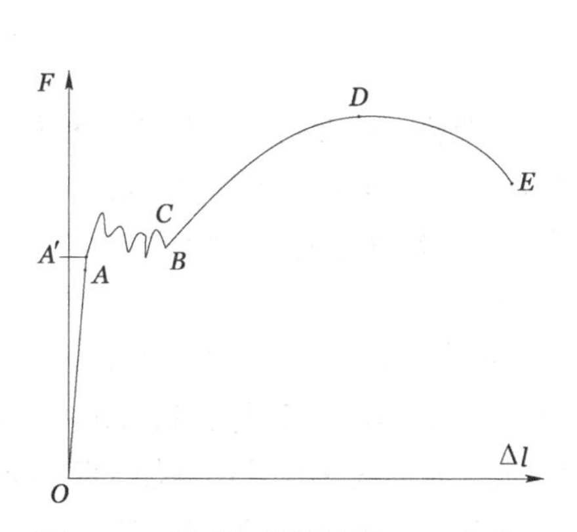

图 2.16　低碳钢的拉伸图(F-Δl 曲线)

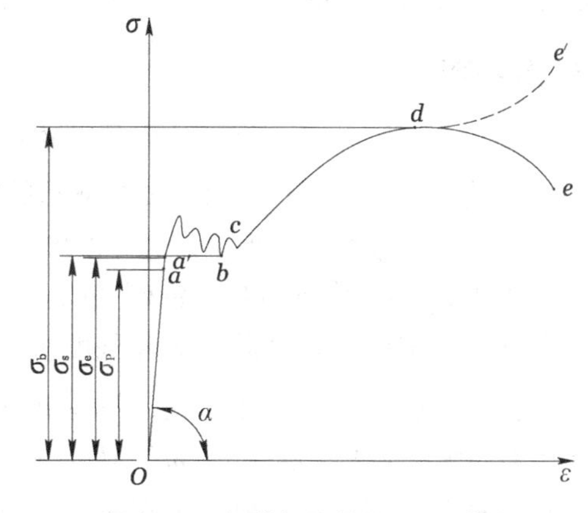

图 2.17　低碳钢的拉伸 σ-ε 曲线

低碳钢是工程中使用最广泛的材料之一，同时，低碳钢试样在拉伸试验中所表现出的变形与抗力之间的关系也比较典型。由σ-ε曲线图可见，低碳钢在整个拉伸试验过程中大致可分为4个阶段。

1. 弹性阶段(图2.17中的Oa'段)

这一阶段试样的变形完全是弹性的，全部卸除荷载后，试样将恢复其原长，这一阶段称为**弹性阶段**。

这一阶段曲线有两个特点：一个特点是Oa段是一条直线，它表明在这段范围内应力与应变成正比，即

$$\sigma = E\varepsilon$$

比例系数E即为弹性模量，在图2.17中$E=\tan\alpha$。此式所表明的关系即胡克定律。成正比关系的最高点a所对应的应力值σ_{P}，称为**比例极限**，Oa段称为线性弹性区。低碳钢的$\sigma_{\mathrm{P}}=200\mathrm{MPa}$。

另一个特点是aa'段为非直线段，它表明应力与应变呈非线性关系。试验表明，只要应力不超过a'点所对应的应力σ_{e}，其变形是完全弹性的，称σ_{e}为**弹性极限**，其值与σ_{P}接近，所以在应用上，对比例极限和弹性极限不做严格区别。

2. 屈服阶段

在应力超过弹性极限后，试样的伸长急剧地增加，而万能试验机的荷载读数却在很小的范围内波动，即试样的荷载基本不变而试样却不断伸长，好像材料暂时失去了抵抗变形的能力，这种现象称为**屈服**，这一阶段则称为**屈服阶段**。屈服阶段出现的变形，是不可恢复的塑性变形。若试样经过抛光，则在试样表面可以看到一些与试样轴线成45°角的条纹(见图2.18)，这是由材料沿试样的最大切应力面发生滑移而出现的现象，称为**滑移线**。

在屈服阶段内，应力σ有幅度不大的波动，称最高点C为上屈服点，称最低点D为下屈服点。试验指出，加载速度等很多因素对上屈服值的影响较大，而下屈服值则较为稳定。因此将下屈服点所对应的应力σ_{s}称为**屈服强度或屈服极限**。低碳钢的$\sigma_{\mathrm{s}}\approx 240\,\mathrm{MPa}$。

3. 强化阶段

试样经过屈服阶段后，材料的内部结构得到了重新调整。在此过程中材料不断发生强化，试样中的抗力不断增长，材料抵抗变形的能力有所提高，表现为变形曲线自c点开始又继续上升，直到最高点d为止，这一现象称为**强化**，这一阶段称为**强化阶段**。其最高点d所对应的应力σ_{b}称为**强度极限**。低碳钢的$\sigma_{\mathrm{b}}\approx 400\,\mathrm{MPa}$。

对于低碳钢来讲，屈服极限σ_{s}和强度极限σ_{b}是衡量材料强度的两个重要指标。

若在强化阶段某点m停止加载，并逐渐卸除荷载(见图2.19)，变形将退到点n。如果立即重新加载，变形将重新沿直线nm到达点m，然后大致沿着曲线mde继续增加，直到拉断。材料经过这样处理后，其比例极限和屈服极限将得到提高，而拉断时的塑性变形减少，即塑性降低了。这种通过卸载的方式而使材料的性质获得改变的做法称为**冷作硬化**。在工程中常利用冷作硬化来提高钢筋和钢缆绳等构件在线弹性范围内所能承受的最大荷载。值得

注意的是，若试样拉伸至强化阶段后卸载，经过一段时间后再受拉，则其线弹性范围的最大荷载还有所提高，如图 2.19 中 *nfgh* 所示。这种现象称为**冷作时效**。

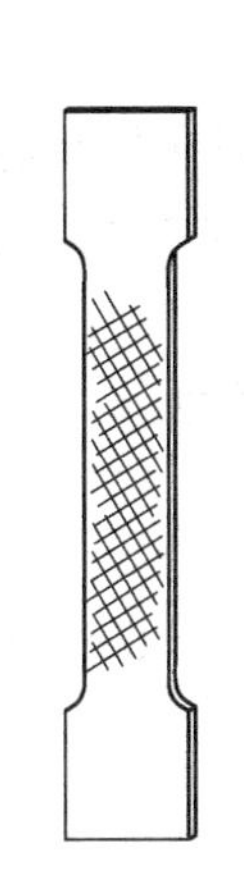

图 2.18　屈服现象

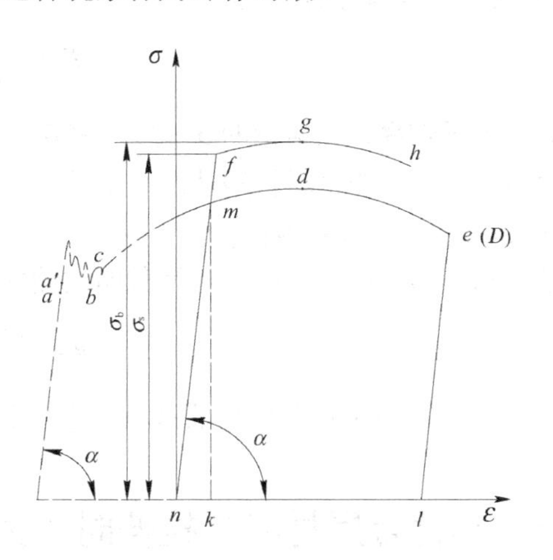

图 2.19　冷作硬化与冷作时效

钢筋冷拉后，其抗压的强度指标并不提高，所以在钢筋混凝土中受压钢筋不用冷拉。

4. 局部变形阶段

试样从开始变形到 σ-ε 曲线的最高点 d，在工作长度 l 范围内沿横纵向的变形是均匀的。但自 d 点开始，到 e 点断裂时为止，变形将集中在试样的某一个较薄弱的区域内，如图 2.20 所示，该处的横截面面积显著地收缩，出现“**缩颈**”现象。在试样继续变形的过程中，由于“缩颈”部分的横截面面积急剧缩小，因此，荷载读数(即试样的抗力)反而降低，如图 2.16 中的 *DE* 线段。在图 2.17 中的实线 *de* 是以变形前的横截面面积除拉力 $\boldsymbol{F}$ 后得到的，所以其形状与图 2.16 中的 *DE* 线段相似，也是下降。但实际缩颈处的应力仍是增长的，如图 2.17 中虚线 *de′* 所示。

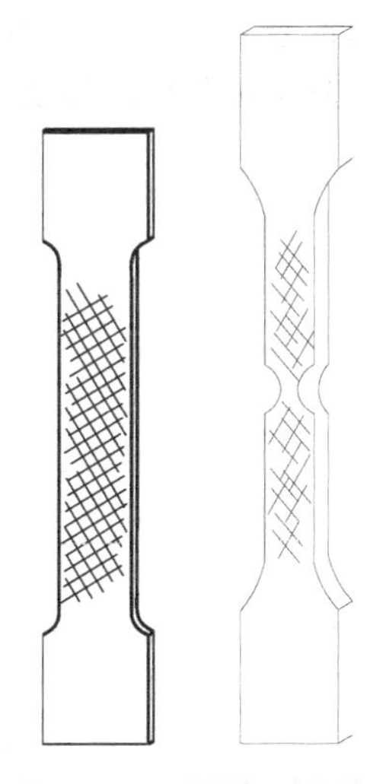

图 2.20　“局部破坏”

为了衡量材料的塑性性能，通常以试样拉断后的标距长度l_1与其原长l之差除以l的比值(表示成百分数)来表示，即

$$\delta=\frac{l_1-l}{l}\times100\%$$

δ称为**延伸率**，低碳钢的$\delta=20\%\sim30\%$。此值的大小表示材料在拉断前能发生的最大塑性变形程度，是衡量材料塑性的一个重要指标。工程上一般认为$\delta\geqslant5\%$的材料为塑性材料，$\delta<5\%$的材料为脆性材料。

衡量材料塑性的另一个指标为截面收缩率，用ψ表示，其定义为

$$\psi=\frac{A-A_1}{A}\times100\%$$

其中，A_1为试样拉断后断口处的最小横截面面积。低碳钢的ψ一般在60%左右。

2.5.3　其他金属材料在拉伸时的力学性能

对于其他金属材料，σ-ε曲线并不都像低碳钢那样具备4个阶段。图2.21所示为另外几种典型的金属材料在拉伸时的σ-ε曲线。可以看出，这些材料的共同特点是延伸率δ均较大，它们和低碳钢一样都属于塑性材料。但是有些材料(如铝合金)没有明显的屈服阶段，国家标准《金属拉伸实验方法》(GB 228－87)规定，取塑性应变为0.2%时所对应的应力值作为**名义屈服极限**，以$\sigma_{0.2}$表示(见图2.22)。确定$\sigma_{0.2}$的方法是：在ε轴上取0.2%的点，过此点作平行于σ-ε曲线的直线段的直线(斜率亦为E)，与σ-ε曲线相交的点所对应的应力即为$\sigma_{0.2}$。

有些材料，如铸铁、陶瓷等发生断裂前没有明显的塑性变形，这类材料称为脆性材料。图2.23所示为铸铁在拉伸时的σ-ε曲线，这是一条微弯曲线，即应力与应变不成正比。但由于直到拉断时试样的变形都非常小，且没有屈服阶段、强化阶段和局部变形阶段，因此，在工程计算中，通常取总应变为0.1%时σ-ε曲线的割线(见图2.23中的虚线)斜率来确定其弹性模量，称为**割线弹性模量**。衡量脆性材料拉伸强度的唯一指标是材料的拉伸强度σ_b。

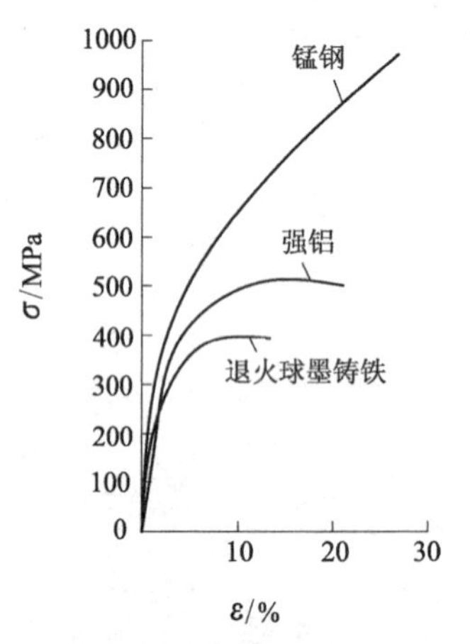

图2.21　其他金属材料的拉伸σ-ε曲线

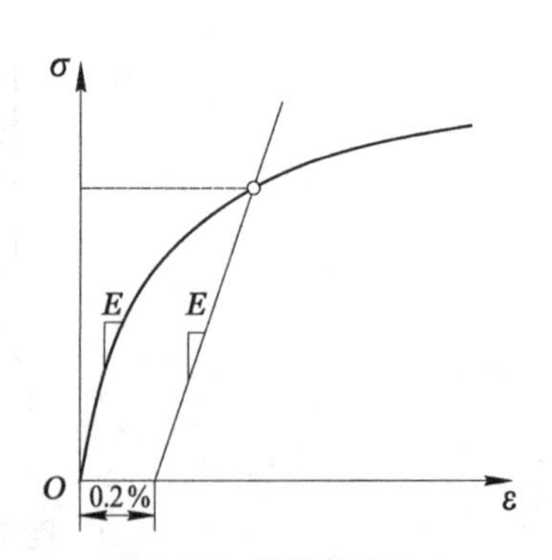

图2.22　条件屈服应力

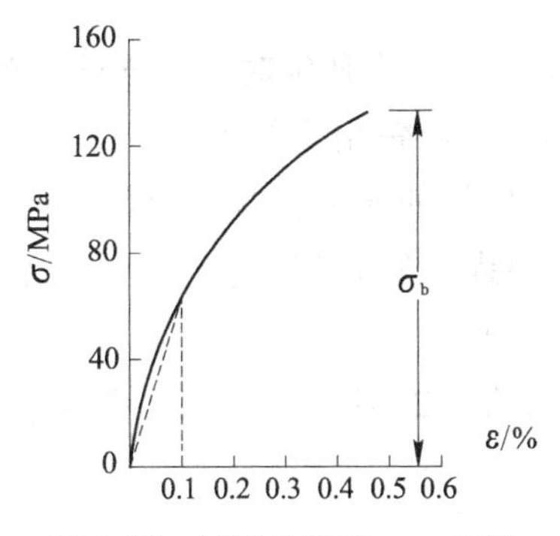

图 2.23　铸铁的拉伸 σ-ε 曲线

2.5.4　金属材料在压缩时的力学性能

下面介绍低碳钢在压缩时的力学性能。将短圆柱体压缩试样置于万能试验机的承压平台间，并使之发生压缩变形。与拉伸试验相同，可绘出试样在试验过程的缩短量 Δl 与抗力 $\boldsymbol{F}$ 之间的关系曲线，称为试样的**压缩图**。为了使得到的曲线与所用试样的横截面面积和长度无关，同样可以将压缩图改画成 σ-ε 曲线，如图 2.24 中的实线所示。为了便于比较材料在拉伸和压缩时的力学性能，在图中以虚线绘出了低碳钢在拉伸时的 σ-ε 曲线。

由图 2.24 可以看出，低碳钢在压缩时的弹性模量、弹性极限和屈服极限等与拉伸时基本相同，但过了屈服极限后，曲线逐渐上升，这是因为在试验过程中，试样的长度不断缩短，横截面面积不断增大，而计算名义应力时仍采用试样的原面积。此外，由于试样的横截面面积越来越大，使得低碳钢试样的压缩强度 σ_{bc} 无法测定。

从图 2.24 所示的低碳钢拉伸试验的结果可以了解其在压缩时的力学性能。多数金属都有类似低碳钢的性质，所以塑性材料压缩时，在屈服阶段以前的特征值，都可用拉伸时的特征值，只是把拉换成压而已。但也有一些金属，如铬钼硅合金钢，在拉伸和压缩时的屈服极限并不相同，因此，对这些材料需要做压缩试验，以确定其压缩屈服极限。

塑性材料的试样在压缩后的变形如图 2.25 所示。试样的两端面由于受到摩擦力的影响，变形后呈鼓状。

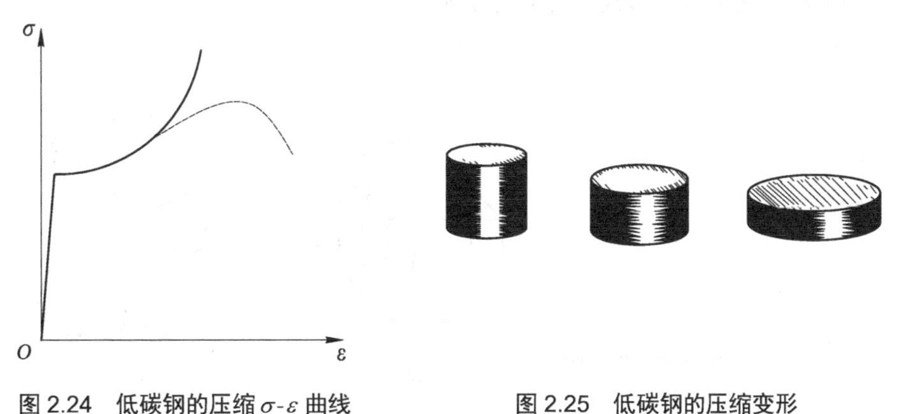

图 2.24　低碳钢的压缩 σ-ε 曲线

图 2.25　低碳钢的压缩变形

与塑性材料不同，脆性材料在拉伸和压缩时的力学性能有较大的区别。如图 2.26 所示，绘出了铸铁在拉伸(用虚线表示)和压缩(用实线表示)时的 σ-ε 曲线，比较这两条曲线可以看出：①无论是拉伸还是压缩，铸铁的 σ-ε 曲线都没有明显的直线阶段，所以应力-应变关系只是近似地符合胡克定律；②铸铁在压缩时无论是强度还是延伸率都比在拉伸时要大得多，因此这种材料宜用作受压构件。

铸铁试样受压破坏的情形如图 2.27 所示，其破坏面与轴线大致成 35°～40°倾角。

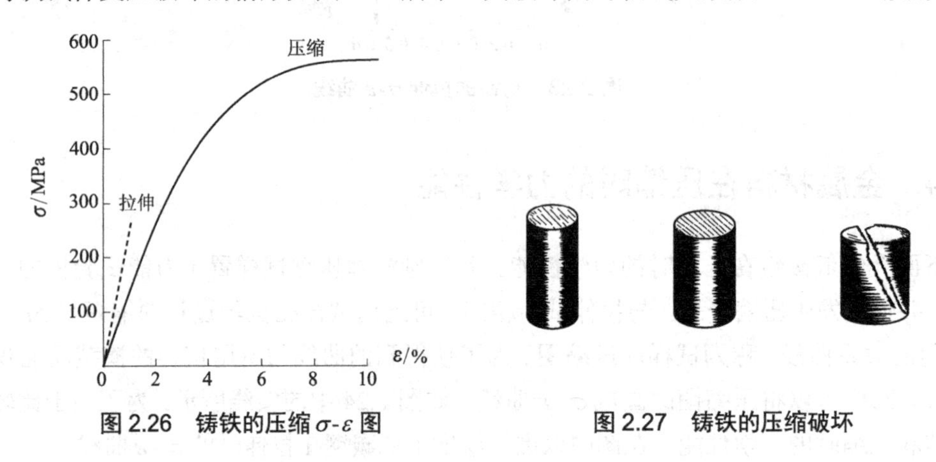

图 2.26　铸铁的压缩 σ-ε 图　　　图 2.27　铸铁的压缩破坏

2.5.5　几种非金属材料的力学性能

1. 混凝土

混凝土是由水泥、石子和砂加水搅拌均匀经水化作用后而成的人造材料，是典型的脆性材料。混凝土的拉伸强度很小，为压缩强度的 1/20～1/25(见图 2.28)，因此，一般都用作压缩构件。混凝土的标号也是根据其压缩强度标定的。

试验时将混凝土做成正立方体试样，两端由压板传递压力，压坏时有两种形式：①压板与试样端面间加润滑剂以减小摩擦力，压坏时沿纵向开裂，如图 2.29(a)所示；②压板与试样端面间不加润滑剂，由于摩擦力大，压坏时是靠近中间剥落而形成两个对接的截锥体，如图 2.29(b)所示。两种破坏形式所对应的压缩强度也有差异。

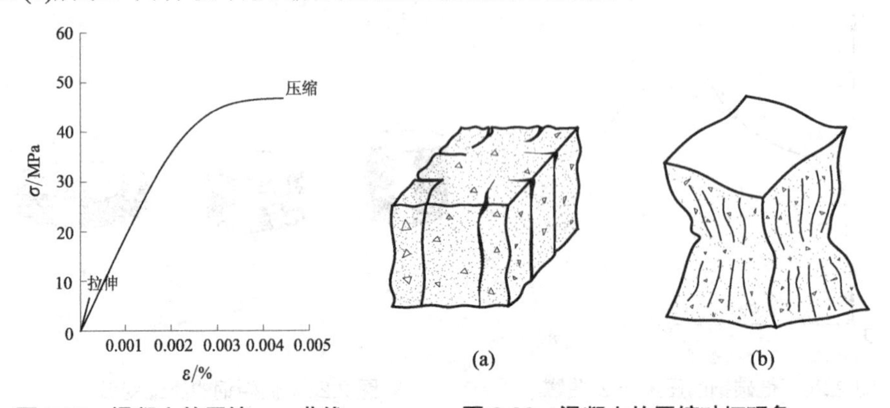

图 2.28　混凝土的压缩 σ-ε 曲线　　　图 2.29　混凝土的压缩破坏现象

2. 木材

木材的力学性能随应力方向与木纹方向间倾角大小的不同而有很大的差异，即木材的力学性能具有方向性，称为各向异性材料。图 2.30 所示为木材在顺纹拉伸、顺纹压缩和横纹压缩的σ-ε曲线，由图可见，顺纹压缩的强度要比横纹压缩的高，顺纹压缩的强度稍低于顺纹的拉伸强度，但受木节等缺陷的影响较小，因此在工程中广泛用作柱、斜撑等承压构件。由于木材的力学性能具有方向性，因而在设计计算中，其弹性模量E和许用应力$[\sigma]$，都应随应力方向与木纹方向间倾角的不同而采用不同的数量，详情可参阅《木结构设计规范》(GBJ 5—74)。

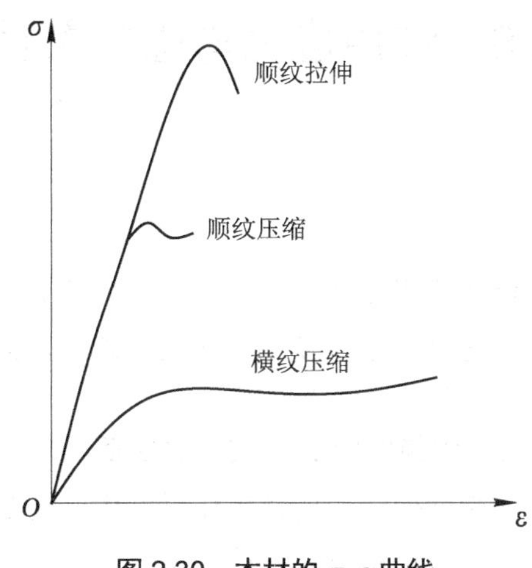

图 2.30　木材的σ-ε曲线

3. 玻璃钢

玻璃钢是由玻璃纤维作为增强材料，与热固性树脂黏合而成的一种复合材料。玻璃钢的主要优点是重量轻、强度高、成型工艺简单、耐腐蚀、抗震性能好，且拉、压时的力学性能基本相同。因此，玻璃钢作为结构材料在工程中得到广泛应用。

2.5.6　塑性材料和脆性材料的主要区别

综合上述关于塑性材料和脆性材料的力学性能，归纳其区别如下。

(1) 多数塑性材料在弹性变形范围内，应力与应变成正比关系，符合胡克定律；多数脆性材料在拉伸或压缩时σ-ε图一开始就是一条微弯曲线，即应力与应变不成正比关系，不符合胡克定律，但由于σ-ε曲线的曲率较小，所以在应用上假设它们成正比关系。

(2) 塑性材料断裂时延伸率大，塑性性能好；脆性材料断裂时延伸率很小，塑性性能很差。所以塑性材料可以压成薄片或抽成细丝，而脆性材料则不能。

(3) 表征塑性材料力学性能的指标有弹性模量、弹性极限、屈服极限、强度极限、延伸率和截面收缩率等；表征脆性材料力学性能的只有弹性模量和强度极限。

(4) 多数塑性材料在屈服阶段以前，抗拉和抗压的性能基本相同，所以应用范围广；多数脆性材料抗压性能远大于抗拉性能，且价格低廉又便于就地取材，所以主要用于制作受压构件。

(5) 塑性材料承受动荷载的能力强，脆性材料承受动荷载的能力很差，所以承受动荷载作用的构件多由塑性材料制作。

值得注意的是，在常温、静载条件下，根据拉伸试验所得材料的延伸率，将材料区分为塑性材料和脆性材料。但是，材料是塑性的还是脆性的，将随材料所处的温度、加载速度和应力状态等条件的变化而不同。例如，具有尖锐切槽的低碳钢试样，在轴向拉伸时将在切槽处发生突然的脆性断裂。又如，将铸铁放在高压介质下做拉伸试验，拉断时也会发生塑性变形和颈缩现象。

2.6 许用应力与强度条件

2.6.1 许用应力

前面已经介绍了杆件在拉伸或压缩时最大工作应力的计算，以及材料在荷载作用下所表现的力学性能。但是，杆件是否会因强度不够而发生破坏，只有把杆件的最大工作应力与材料的强度指标联系起来，才有可能做出判断。

前述试验表明，当正应力达到强度极限σ_b时，会引起断裂；当正应力达到屈服极限σ_s时，将产生屈服或出现显著的塑性变形。构件工作时发生断裂是不允许的，构件工作时发生屈服或出现显著的塑性变形一般也是不允许的。所以，从强度方面考虑，断裂是构件破坏或失效的一种形式，同样，屈服也是构件失效的一种形式，是一种广义的破坏。

根据上述情况，通常将强度极限与屈服极限统称为**极限应力**，并用σ_u表示。对于脆性材料，强度极限是唯一强度指标，因此以强度极限作为极限应力；对于塑性材料，由于其屈服应力σ_s小于强度极限σ_b，故通常以屈服应力作为极限应力。对于无明显屈服阶段的塑性材料，则用$\sigma_{0.2}$作为σ_u。

在理想情况下，为了充分利用材料的强度，似应使材料的工作应力接近于材料的极限应力，但实际上这是不可能的，原因是有以下一些不确定因素。

(1) 用在构件上的外力常常估计不准确。

(2) 计算简图往往不能精确地符合实际构件的工作情况。

(3) 实际材料的组成与品质等难免存在差异，不能保证构件所用材料完全符合计算时所做的理想均匀假设。

(4) 结构在使用过程中偶尔会遇到超载的情况，即受到的荷载有可能超过设计时所规定的荷载。

(5) 极限应力值是根据材料试验结果按统计方法得到的，材料产品的合格与否也只能凭抽样检查来确定，所以实际使用材料的极限应力有可能低于给定值。

所有这些不确定的因素，都有可能使构件的实际工作条件比设想的要偏于危险。除以上原因外，为了确保安全，构件还应具有适当的强度储备，特别是对于因破坏将带来严重后果的构件，更应给予较大的强度储备。

由此可见，杆件的最大工作应力 σ_{max} 应小于材料的极限应力 σ_u，而且还要有一定的安全裕度。因此，在选定材料的极限应力后，除以一个大于 1 的系数 n，所得结果称为**许用应力**，即

$$[\sigma]=\frac{\sigma_u}{n}$$

式中，n 为**安全因数**。

确定材料的许用应力就是确定材料的安全因数。确定安全因数是一项严肃的工作，安全因数定低了，构件不安全，定高了则浪费材料。各种材料在不同工作条件下的安全因数或许用应力，可从有关规范或设计手册中查到。在一般静强度计算中，对于塑性材料，按屈服应力所规定的安全因数 n_s，通常取为 1.5～2.2；对于脆性材料，按强度极限所规定的安全因数 n_b，通常取为 3.0～5.0，甚至更大。

2.6.2　强度条件

根据以上分析，为了保证拉(压)杆在工作时不致因强度不够而破坏，杆内的最大工作应力 σ_{max} 不得超过材料的许用应力 $[\sigma]$，即

$$\sigma_{max}=\left(\frac{F_N}{A}\right)_{max}\leqslant[\sigma] \tag{2-8}$$

式(2-8)即为拉(压)杆的**强度条件**。对于等截面杆，式(2-8)即变为

$$\sigma_{max}=\frac{F_{N,max}}{A}\leqslant[\sigma] \tag{2-9}$$

利用上述强度条件，可以解决下列 3 种强度计算问题。

(1) 强度校核。已知荷载、杆件尺寸及材料的许用应力，根据强度条件校核是否满足强度要求。

(2) 选择截面尺寸。已知荷载及材料的许用应力，确定杆件所需的最小横截面面积。对于等截面拉(压)杆，其所需横截面面积为

$$A\geqslant\frac{F_{N,max}}{[\sigma]}$$

(3) 确定承载能力。已知杆件的横截面面积及材料的许用应力，根据强度条件可以确定杆能承受的最大轴力，即

$$F_{N,max}\leqslant A[\sigma]$$

然后即可求出承载力。

最后还需指出，如果最大工作应力 σ_{max} 超过了许用应力 $[\sigma]$，但只要不超过许用应力的 5%，在工程计算中仍然是允许的。

在以上计算中，都要用到材料的许用应力。几种常用材料在一般情况下的许用应力值见表 2.2。

表 2.2　几种常用材料的许用应力约值

材料名称	牌　号	轴向拉伸/MPa	轴向压缩/MPa
低碳钢	Q235	140～170	140～170
低合金钢	16Mn	230	230
灰口铸铁		35～55	160～200
木材(顺纹)		5.5～10.0	8～16
混凝土	C20	0.44	7
混凝土	C30	0.6	10.3

注：适用于常温、静载和一般工作条件下的拉杆和压杆。

下面通过例题来说明上述 3 类问题的具体解法。

【例题 2.6】 螺纹内径 $d=15\text{mm}$ 的螺栓，紧固时所承受的预紧力为 $F=22\text{kN}$。若已知螺栓的许用应力 $[\sigma]=150\,\text{MPa}$。试校核螺栓的强度是否足够。

解：(1) 确定螺栓所受轴力。应用截面法，很容易求得螺栓所受的轴力即为预紧力，有

$$F_{\text{N}}=F=22\text{kN}$$

(2) 计算螺栓横截面上的正应力。根据拉伸与压缩杆件横截面上正应力计算式(2-1)，螺栓在预紧力作用下，横截面上的正应力为

$$\sigma=\frac{F_{\text{N}}}{A}=\frac{F}{\dfrac{\pi d^2}{4}}=\frac{4\times 22\times 10^3}{3.14\times 15^2}=124.6\,(\text{MPa})$$

(3) 应用强度条件进行校核。已知许用应力为

$$[\sigma]=150\text{MPa}$$

螺栓横截面上的实际应力为

$$\sigma=124.6\,\text{MPa}<[\sigma]=150\,\text{MPa}$$

所以，螺栓的强度是足够的。

【例题 2.7】 一钢筋混凝土组合屋架，如图 2.31(a)所示，受均布荷载 q 作用，屋架的上弦杆 AC 和 BC 由钢筋混凝土制成，下弦杆 AB 为 Q235 钢制成的圆截面钢拉杆。已知：$q=10\text{kN/m}$，$l=8.8\text{m}$，$h=1.6\text{m}$，钢的许用应力 $[\sigma]=170\,\text{MPa}$。试设计钢拉杆 AB 横截面的直径。

解：(1) 求支反力 $\boldsymbol{F}_A$ 和 $\boldsymbol{F}_B$，因屋架及荷载左右对称，所以

$$F_A=F_B=\frac{1}{2}ql=\frac{1}{2}\times 10\times 8.8=44(\text{kN})$$

(2) 用截面法求拉杆内力 $\boldsymbol{F}_{\text{N}AB}$，取左半个屋架为脱离体，受力如图 2.31(b)所示。由

$$\sum M_C=0\text{，}\ F_A\times 4.4-q\times\frac{l}{2}\times\frac{l}{4}-F_{\text{N}AB}\times 1.6=0$$

得

$$F_{\text{N}AB}=\left(F_A\times 4.4-\frac{1}{8}ql^2\right)/1.6=\frac{44\times 4.4-\dfrac{1}{8}\times 10\times 8.8^2}{1.6}=60.5(\text{kN})$$

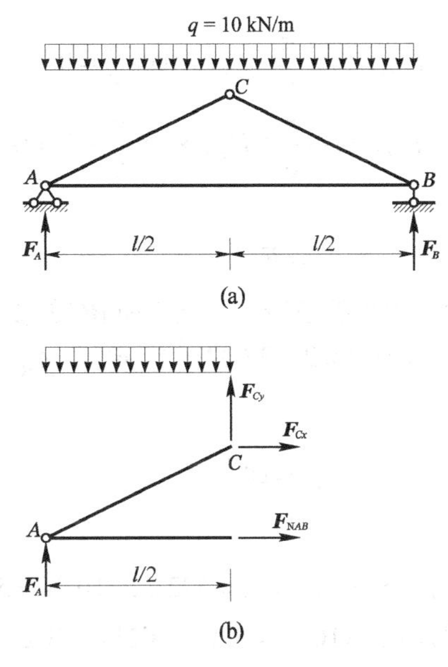

图 2.31　例题 2.7 图

(3) 设计 Q235 钢拉杆的截面直径。

由强度条件

$$\frac{F_{NAB}}{A}=\frac{4F_{NAB}}{\pi d^2}\leqslant[\sigma]$$

得

$$d\geqslant\sqrt{\frac{4F_{NAB}}{\pi[\sigma]}}=\sqrt{\frac{4\times 60.5\times 10^3}{\pi\times 170}}=21.29(\mathrm{mm})$$

【例题 2.8】 三角架 ABC 由 AC 和 BC 两根杆组成，如图 2.32(a)所示。杆 AC 由两根 No.14a 的槽钢组成，许用应力$[\sigma]=160\,\mathrm{MPa}$；杆 BC 为一根 No.22a 的工字钢，许用应力为$[\sigma]=100\,\mathrm{MPa}$。求荷载 F 的许可值$[\boldsymbol{F}]$。

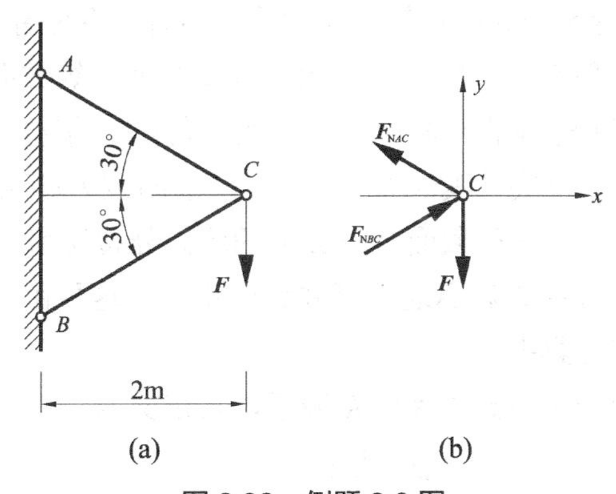

图 2.32　例题 2.8 图

解：(1) 求两杆内力与力 $\boldsymbol{F}$ 的关系。取节点 C 为研究对象，其受力如图 2.32(b)所示。节点 C 的平衡方程为

$$\sum F_x = 0, \quad F_{NBC} \times \cos\frac{\pi}{6} - F_{NAC} \times \cos\frac{\pi}{6} = 0$$

$$\sum F_y = 0, \quad F_{NBC} \times \sin\frac{\pi}{6} + F_{NAC} \times \sin\frac{\pi}{6} - F = 0$$

解得

$$F_{NBC} = F_{NAC} = F \tag{a}$$

(2) 计算各杆的许可轴力。由型钢表查得杆 AC 和 BC 的横截面面积分别为

$$A_{AC} = 18.51\times10^{-4}\times2 = 37.02\times10^{-4}\,\mathrm{m}^2, \quad A_{BC} = 42\times10^{-4}\,\mathrm{m}^2$$

根据强度条件

$$\sigma = \frac{F_N}{A} \leqslant [\sigma]$$

得两杆的许可轴力为

$$[F_N]_{AC} = (160\times10^6)\times(37.02\times10^{-4}) = 592.32\times10^3\,\mathrm{N} = 592.32\mathrm{kN}$$

$$[F_N]_{BC} = (100\times10^6)\times(42\times10^{-4}) = 420\times10^3\,\mathrm{N} = 420\mathrm{kN}$$

(3) 求许可荷载。将 $[F_N]_{AC}$ 和 $[F_N]_{BC}$ 分别代入式(a)，便得到按各杆强度要求所算出的许可荷载为

$$[F]_{AC} = [F_N]_{AC} = 592.32\mathrm{kN}$$

$$[F]_{BC} = [F_N]_{BC} = 420\mathrm{kN}$$

所以该结构的许可荷载应取 $[F] = 420\mathrm{kN}$。

2.7 应力集中

2.7.1 应力集中

由2.3节可知，对于等截面直杆在轴向拉伸或压缩时，除两端受力的局部区域外，截面上的应力是均匀分布的。但在工程实际中，由于构造与使用等方面的需要，许多构件常常带有沟槽(如螺纹)、孔和圆角(构件由粗到细的过渡圆角)等，情况就不一样了。在外力作用下，构件在形状或截面尺寸有突然变化处，将出现局部的应力骤增现象。例如，如图2.33(a)所示的含圆孔的受拉薄板，圆孔处截面 $A—A$ 上的应力分布如图2.33(b)所示，在孔的附近处应力骤增，而离孔稍远处应力就迅速下降并趋于均匀。这种由杆件截面骤变而引起的局部应力骤增现象，称为**应力集中**。

应力集中的程度用理论应力集中因数 K 表示，其定义为

$$K = \frac{\sigma_{\max}}{\sigma_{\mathrm{nom}}}$$

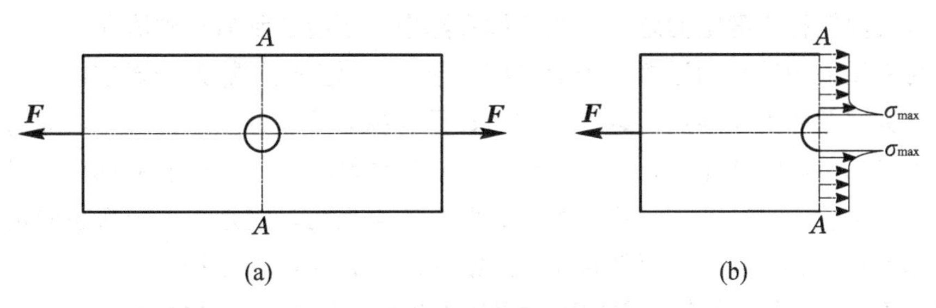

图 2.33　应力集中现象

式中，σ_{max} 为最大局部应力；σ_{nom} 为该截面上的名义应力(轴向拉压时即为截面上的平均应力)。

值得注意的是，杆件外形的骤变越剧烈，应力集中的程度越严重。同时，应力集中是一种局部的应力骤增现象，如图 2.33(b)中具有小孔的均匀受拉平板，在孔边处的最大应力约为平均应力的 3 倍，而距孔稍远处，应力即趋于均匀。而且应力集中处不仅最大应力急剧增加，其应力状态也与无应力集中时不同。

2.7.2　应力集中对构件强度的影响

对于由脆性材料制成的构件，当由应力集中所形成的最大局部应力到达强度极限时，构件即发生破坏。因此，在设计脆性材料构件时，应考虑应力集中的影响。

对于由塑性材料制成的构件，应力集中对其在静荷载作用下的强度则几乎无影响。因为当最大应力 σ_{max} 达到屈服应力 σ_s 后，如果继续增大荷载，则所增加的荷载将由同一截面的未屈服部分承担，以至屈服区域不断扩大(见图 2.34)，应力分布逐渐趋于均匀化。所以，在研究塑性材料构件的静强度问题时，通常可以不考虑应力集中的影响。但在动荷载作用下，则不论是塑性材料还是脆性材料制成的杆件，都应考虑应力集中的影响。

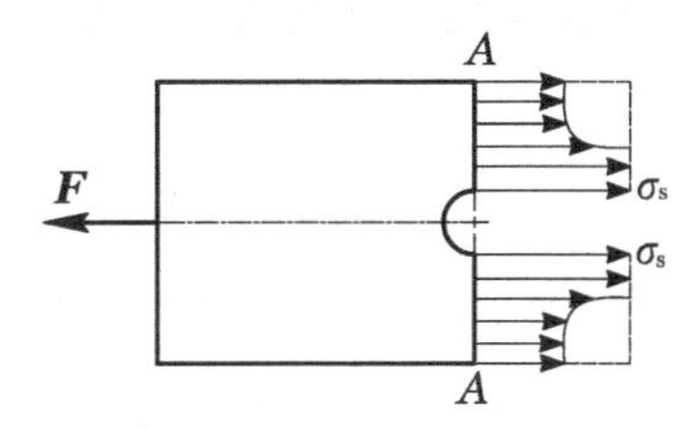

图 2.34　应力集中图

2.8　拉(压)杆的超静定问题

2.8.1　超静定问题的提出及其求解方法

在前面所讨论的问题中，杆件或杆系的约束反力以及内力只要通过静力平衡方程就可以求得，这类问题称为**静定问题**。但在工程实际中，还会遇到另一种情况，其杆件的内力或结构的约束反力的数目超过静力平衡方程的数目，以至仅凭静力平衡方程不能求出全部未知力，这类问题称为**超静定问题**。未知力数目与独立平衡方程数目之差，称为**超静定次数**。如图2.35(a)所示的杆件，上端A固定，下端B也固定，上、下两端各有一个约束反力，但只能列出一个静力平衡方程，不能解出这两个约束反力，这是一个一次超静定问题。如图2.35(b)所示的杆系结构，三杆铰接于A，铅垂外力$\boldsymbol{F}$作用于A铰。由于平面汇交力系仅有两个独立的平衡方程，显然，仅由静力平衡方程不可能求出3根杆的内力，故也为一次超静定问题。再如图2.35(c)所示的水平刚性杆AB，A端铰支，还有两拉杆约束，此也为一次超静定问题。

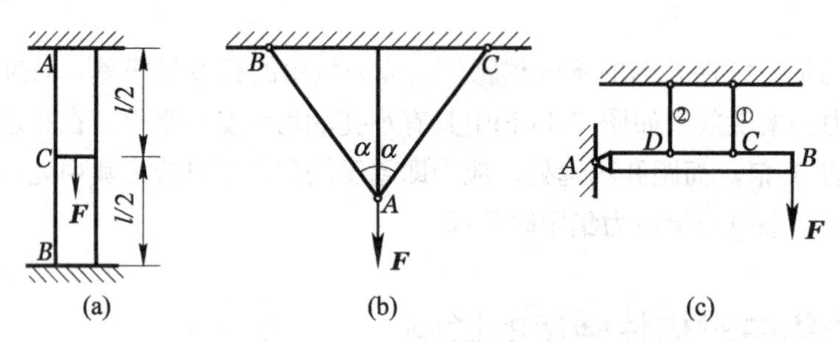

图2.35 超静定结构

在求解超静定问题时，除了利用静力平衡方程外，还必须考虑杆件的实际变形情况，列出变形的补充方程，并使补充方程的数目等于超静定次数。结构在正常工作时，其各部分的变形之间必然存在着一定的几何关系，称为**变形协调条件**。解超静定问题的关键在于根据变形协调条件写出几何方程，然后将联系杆件的变形与内力之间的物理关系(如胡克定律)代入变形几何方程，即得所需的补充方程。下面通过具体例子来加以说明。

【例题2.9】 两端固定的等直杆AB，在C处承受轴向力$\boldsymbol{F}$(如图2.36(a)所示)，杆的拉压刚度为EA。试求两端的支反力。

解： 根据前面的分析可知，该结构为一次超静定问题，须找一个补充方程。为此，从下列3个方面来分析。

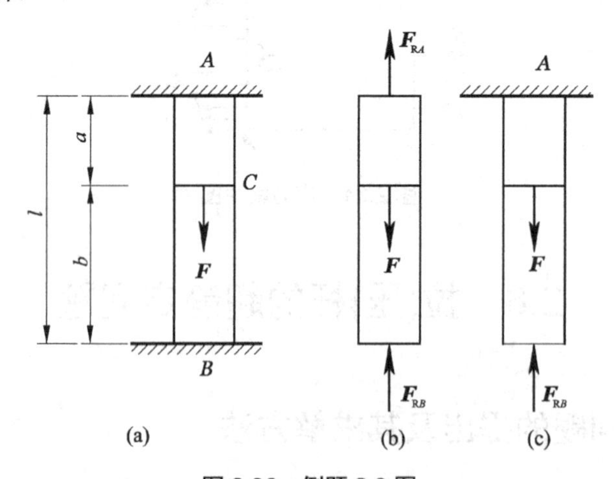

图2.36 例题2.9图

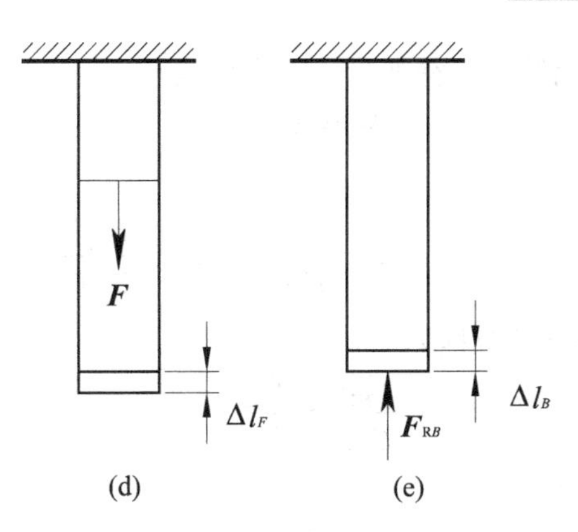

图 2.36　例题 2.9 图(续)

(1) 静力方面。杆的受力如图 2.36(b)所示。可写出一个平衡方程为

$$\sum F_y = 0, \quad F_{RA} + F_{RB} - F = 0 \tag{a}$$

(2) 几何方面。由于是一次超静定问题，所以有一个多余约束，设取下固定端 B 为多余约束，暂时将它解除，以未知力 $\boldsymbol{F}_{RB}$ 来代替此约束对杆 AB 的作用，则得一静定杆(如图 2.36(c)所示)，受已知力 $\boldsymbol{F}$ 和未知力 $\boldsymbol{F}_{RB}$ 作用，并引起变形。设杆由力 $\boldsymbol{F}$ 引起的变形为 Δl_F (如图 2.36(d)所示)，由 $\boldsymbol{F}_{RB}$ 引起的变形为 Δl_B (如图 2.36(e)所示)。但由于 B 端原是固定的，不能上下移动，由此应有下列几何关系，即

$$\Delta l_F + \Delta l_B = 0 \tag{b}$$

(3) 物理方面。由胡克定律，有

$$\Delta l_F = \frac{Fa}{EA}, \quad \Delta l_B = -\frac{F_{RB} l}{EA} \tag{c}$$

将式(c)代入式(b)即得补充方程

$$\frac{Fa}{EA} - \frac{F_{RB} l}{EA} = 0 \tag{d}$$

最后，联立解方程(a)和(d)得

$$F_{RA} = \frac{Fb}{l}, \quad F_{RB} = \frac{Fa}{l}$$

求出反力后，即可用截面法分别求得 AC 段和 BC 段的轴力。

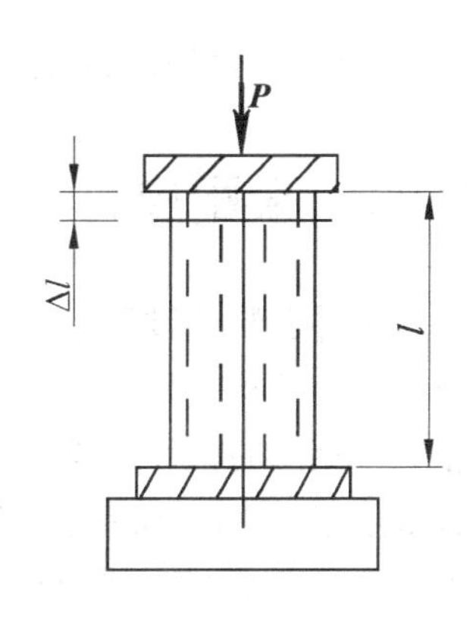

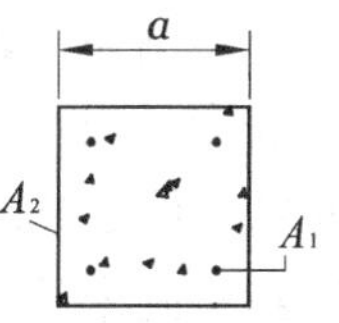

图 2.37　例题 2.10 图

【例题 2.10】 有一钢筋混凝土立柱，受轴向压力 $\boldsymbol{P}$ 的作用，如图 2.37 所示。E_1、A_1 和 E_2、A_2 分别表示钢筋和混凝土的弹性模量及横截面面积。试求钢筋和混凝土的内力和应力各为多少？

解：设钢筋和混凝土的内力分别为 $\boldsymbol{F}_{N1}$ 和 $\boldsymbol{F}_{N2}$，利用截面法，根据平衡方程，有

$$\sum F_y = 0, \quad F_{N1} + F_{N2} = P \tag{a}$$

这是一次超静定问题，必须根据变形协调条件再列出一个补充方程。由于立柱受力后缩短 Δl，刚性顶盖向下平移，所以

柱内两种材料的缩短量应相等，可得变形几何方程为

$$\Delta l_1 = \Delta l_2 \tag{b}$$

由物理关系知

$$\Delta l_1 = \frac{F_{N1} l}{E_1 A_1},\quad \Delta l_2 = \frac{F_{N2} l}{E_2 A_2} \tag{c}$$

将式(c)代入式(b)得到补充方程为

$$\frac{F_{N1} l}{E_1 A_1} = \frac{F_{N2} l}{E_2 A_2} \tag{d}$$

联立解方程(a)和(d)，得

$$F_{N1} = \frac{E_1 A_1}{E_1 A_1 + E_2 A_2} P = \frac{P}{1 + \dfrac{E_2 A_2}{E_1 A_1}}$$

$$F_{N2} = \frac{E_2 A_2}{E_1 A_1 + E_2 A_2} P = \frac{P}{1 + \dfrac{E_1 A_1}{E_2 A_2}}$$

可见

$$\frac{F_{N1}}{F_{N2}} = \frac{E_1 A_1}{E_2 A_2}$$

即两种材料所受内力之比等于它们的抗拉(压)刚度之比。

又

$$\sigma_1 = \frac{F_{N1}}{A_1} = \frac{E_1}{E_1 A_1 + E_2 A_2} P$$

$$\sigma_2 = \frac{F_{N2}}{A_2} = \frac{E_2}{E_1 A_1 + E_2 A_2} P$$

可见

$$\frac{\sigma_1}{\sigma_2} = \frac{E_1}{E_2}$$

即两种材料所受应力之比等于它们的弹性模量之比。

2.8.2 装配应力

杆件在制造过程中，其尺寸有微小的误差是在所难免的。在静定问题中，这种误差本身只会使结构的几何形状略有改变，并不会在杆中产生附加的内力。如图 2.38(a)所示的两根长度相同的杆件组成一个简单构架，若由于两根杆制成后的长度(图中用实线表示)均比设计长度(图中用虚线表示)超出了δ，则装配好以后，只是两杆原应有的交点C下移一个微小的距离$\varDelta$至C'点，两杆的夹角略有改变，但杆内不会产生内力。但在超静定问题中，情况就不同了。例如，如图 2.38(b)所示的超静定桁架，若由于两斜杆的长度制造得不准确，均比设计长度长出些，这样就会使三杆交不到一起，而实际装配往往需强行完成，装配后的结构形状如图 2.38(b)所示，设三杆交于C''点(介于C与C'之间)，由于各杆长度均有所变化，因而在结构尚未承受荷载作用时，各杆就已经有了应力，这种应力称为**装配应力**(或**初应力**)。计算装配应力的关键仍然是根据变形协调条件列出变形几何方程。下面通过具体例子来加以说明。

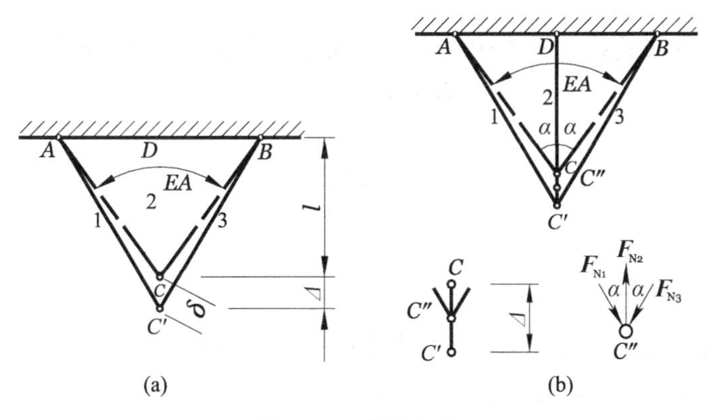

图 2.38　装配应力

【例题 2.11】 两铸件用两钢杆 1、2 连接，其间距为$l = 200\text{mm}$(如图 2.39(a)所示)，现需将制造的过长$\Delta e = 0.11\text{mm}$的铜杆 3(如图 2.39(b)所示)装入铸件之间，并保持三杆的轴线平行且有间距a。试计算各杆内的装配应力。已知：钢杆直径$d = 10\text{mm}$，铜杆横截面为$20\text{mm} \times 30\text{mm}$的矩形，钢的弹性模量$E = 210\text{GPa}$，铜的弹性模量$E_3 = 100\text{GPa}$。铸铁很厚，其变形可略去不计。

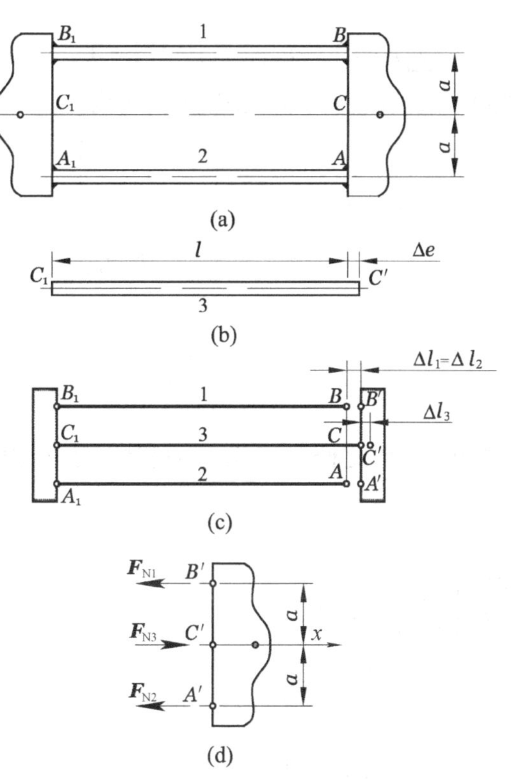

图 2.39　例题 2.11 图

解：本题中 3 根杆的轴力均为未知，但平面平行力系只有两个独立的平衡方程，故为一次超静定问题。

因铸铁可视为刚体，其变形协调条件是三杆变形后的端点须在同一直线上。由于结构

对称于杆3，故其变形关系如图2.39(c)所示。从而可得变形几何方程为

$$\Delta l_3 = \Delta e - \Delta l_1 \tag{a}$$

物理关系为

$$\Delta l_1 = \frac{F_{N1} l}{EA} \tag{b}$$

$$\Delta l_3 = \frac{F_{N3} l}{E_3 A_3} \tag{c}$$

以上两式中的 A 和 A_3 分别为钢杆和铜杆的横截面面积。式(c)中的 l 在理论上应是杆 3 的原长 $l + \Delta e$，但由于 Δe 与 l 相比甚小，故用 l 代替。

将式(b)、式(c)代入式(a)，即得补充方程为

$$\frac{F_{N3} l}{E_3 A_3} = \Delta e - \frac{F_{N1} l}{EA} \tag{d}$$

在建立平衡方程时，由于上面已判定1、2两杆伸长而杆3缩短，故须相应地假设杆1、2的轴力为拉力而杆3的轴力为压力。于是，铸铁的受力如图2.39(d)所示。由对称关系可知

$$F_{N1} = F_{N2} \tag{e}$$

另一平衡方程为

$$\sum F_x = 0, \quad F_{N3} - F_{N1} - F_{N2} = 0 \tag{f}$$

联立求解式(d)、式(e)、式(f)，整理后即得装配内力为

$$F_{N1} = F_{N2} = \frac{\Delta e EA}{l}\left(\frac{1}{1 + 2\dfrac{EA}{E_3 A_3}}\right)$$

$$F_{N3} = \frac{\Delta e E_3 A_3}{l}\left(\frac{1}{1 + \dfrac{E_3 A_3}{2EA}}\right)$$

所得结果均为正，说明原先假定杆1、2为拉力和杆3为压力是正确的。

各杆的装配应力为

$$\sigma_1 = \sigma_2 = \frac{F_{N1}}{A} = \frac{\Delta e E}{l}\left(\frac{1}{1 + 2\dfrac{EA}{E_3 A_3}}\right)$$

$$= \frac{(0.11 \times 10^{-3}\,\text{m}) \times (210 \times 10^9\,\text{Pa})}{0.2\text{m}} \times \left[\frac{1}{1 + \dfrac{2 \times (210 \times 10^9\,\text{Pa}) \times \dfrac{\pi}{4} \times (10 \times 10^{-3}\,\text{m})^2}{(100 \times 10^9\,\text{Pa}) \times (20 \times 10^{-3}\,\text{m}) \times (30 \times 10^{-3}\,\text{m})}}\right]$$

$$= 74.53 \times 10^6\,\text{Pa} = 74.53\text{MPa}$$

$$\sigma_3 = \frac{F_{N3}}{A_3} = \frac{\Delta e E_3}{l}\left(\frac{1}{1+\frac{E_3 A_3}{2EA}}\right) = 19.51\text{MPa}$$

从上面的例题可以看出，在超静定问题里，杆件尺寸的微小误差会产生相当可观的装配应力。这种装配应力既可能引起不利的后果，也可能带来有利的影响。土建工程中的预应力钢筋混凝土构件，就是利用装配应力来提高构件承载能力的例子。

2.8.3　温度应力

在工程实际中，结构物或其部分杆件往往会遇到因温度的升降而产生伸缩。在均匀温度场中，静定杆件或杆系由温度引起的变形伸缩自由，一般不会在杆中产生内力。但在超静定问题中，由于有了多余约束，由温度变化所引起的变形将受到限制，从而在杆内产生内力及与之相应的应力，这种应力称为**温度应力或热应力**。计算温度应力的关键也是根据杆件或杆系的变形协调条件及物理关系列出变形补充方程式。与前面不同的是，杆的变形包括两部分，即由温度变化所引起的变形和与温度内力相应的弹性变形。

【例题 2.12】 如图 2.40(a)所示，杆①、②、③用铰相连接，当温度升高 Δt =20℃时，求各杆的温度应力。已知：杆①与杆②由铜制成，$E_1 = E_2 = 100$ GPa，$\varphi = 30°$，线胀系数 $\alpha_1 = \alpha_2 = 16.5\times10^{-6}$ /℃，$A_1 = A_2 = 200\text{mm}^2$；杆③由钢制成，其长度 $l = 1\text{m}$，$E_3 = 200$ GPa，$A_3 = 100\text{mm}^2$，$\alpha_3 = 12.5\times10^{-6}$ /℃。

解：设 $\boldsymbol{F}_{N1}$、$\boldsymbol{F}_{N2}$、$\boldsymbol{F}_{N3}$ 分别代表三杆因温度升高所产生的内力，假设均为拉力，考虑 A 铰的平衡(如图 2.40(b)所示)，则有

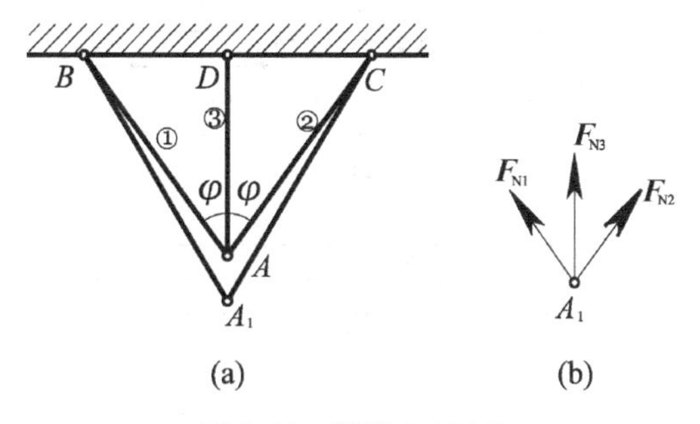

图 2.40　例题 2.12 图

$$\sum F_x = 0，\ F_{N1}\sin\varphi - F_{N2}\sin\varphi = 0，得 F_{N1} = F_{N2} \tag{a}$$

$$\sum F_y = 0，\ 2F_{N1}\cos\varphi + F_{N3} = 0，得 F_{N1} = -\frac{F_{N3}}{2\cos\varphi} \tag{b}$$

变形几何关系为

$$\Delta l_1 = \Delta l_3 \cos\varphi \tag{c}$$

物理关系(温度变形与内力弹性变形)为

$$\Delta l_1 = \alpha_1 \Delta t \frac{l}{\cos\varphi} + \frac{F_{N1}\dfrac{l}{\cos\varphi}}{E_1 A_1} \tag{d}$$

$$\Delta l_3 = \alpha_3 \Delta t l + \frac{F_{N1} l}{E_3 A_3} \tag{e}$$

将式(d)、式(e)代入式(c)得

$$\alpha_1 \Delta t \frac{l}{\cos\varphi} + \frac{F_{N1} l}{E_1 A_1 \cos\varphi} = \left(\alpha_3 \Delta t l + \frac{F_{N3} l}{E_3 A_3}\right)\cos\varphi \tag{f}$$

联立求解式(a)、式(b)、式(f)，得各杆轴力

$$F_{N3} = 1492\text{N}$$

$$F_{N1} = F_{N2} = -\frac{F_{N3}}{2\cos\varphi} = -860\text{N}$$

杆①与杆②承受的是压力，杆③承受的是拉力，各杆的温度应力为

$$\sigma_1 = \sigma_2 = \frac{F_{N1}}{A_1} = -\frac{860}{200} = -4.3\,(\text{MPa})$$

$$\sigma_3 = \frac{F_{N3}}{A_3} = \frac{1492}{100} = 14.92\,(\text{MPa})$$

2.9 习　　题

(1) 试求图 2.41 所示各杆 1—1、2—2、3—3 截面上的轴力，并作轴力图。

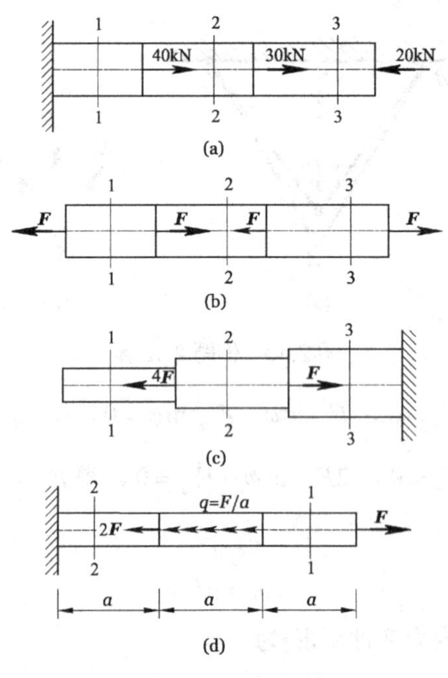

图 2.41　习题(1)图

(2) 试求图 2.42 所示阶梯状直杆横截面 1—1、2—2 和 3—3 上的轴力，并作轴力图。若横截面面积 A_1=200mm^2，A_2=300mm^2，A_3=400mm^2，求横截面上的应力。

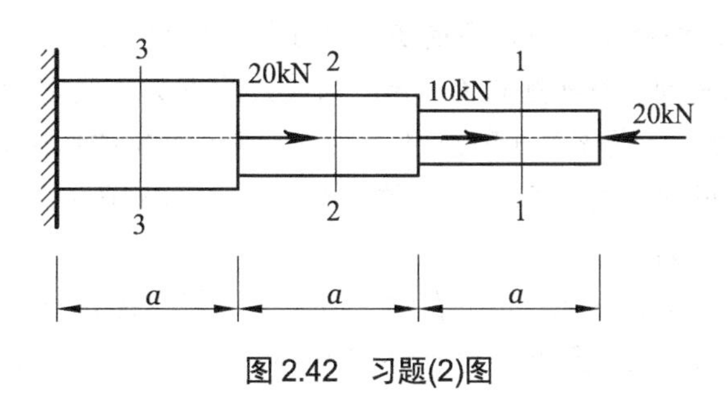

图 2.42　习题(2)图

(3) 在如图 2.43 所示的结构中，所有各杆都是钢制的，横截面面积均等于 3×10^{-3}m^2，力 F=100kN。试求各杆的应力。

(4) 图 2.44 所示拉杆承受轴向拉力 F=10kN，杆的横截面面积 A=100mm^2。如以 α 表示斜截面与横截面的夹角。试求当 $\alpha=0°$ 、30° 、45° 、60° 、90° 时各斜截面上的正应力和切应力，并用图表示其方向。

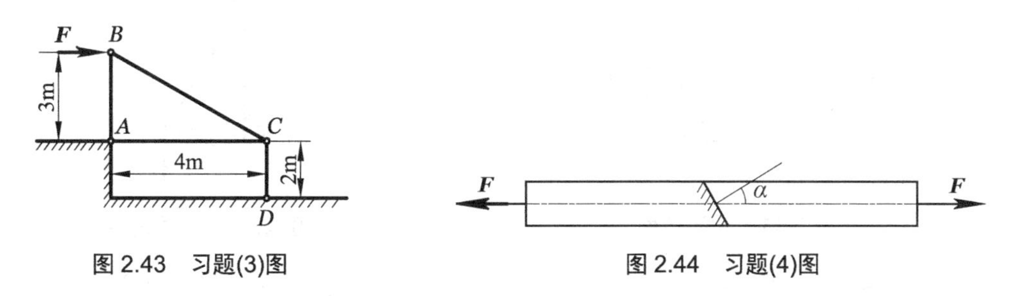

图 2.43　习题(3)图　　　　图 2.44　习题(4)图

(5) 一根等直杆受力如图 2.45 所示。已知杆的横截面面积 A 和材料的弹性模量 E。试作轴力图，并求杆端 D 的位移。

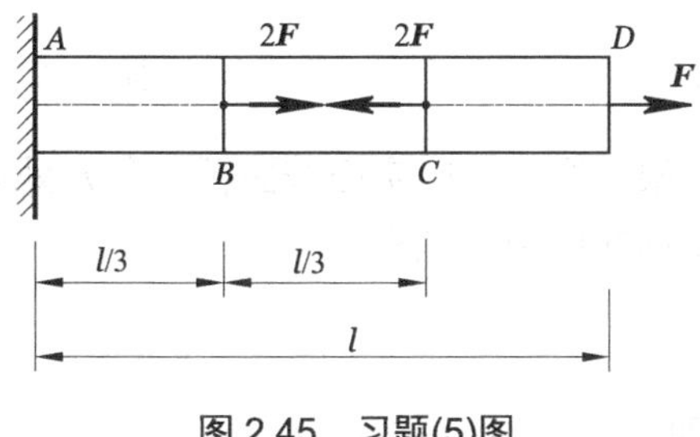

图 2.45　习题(5)图

(6) 已知钢和混凝土的弹性模量分别为 E_{ste}=200GPa，E_{con}=28GPa，一钢杆和混凝土杆分别受轴向压力作用，试问：

① 当两杆应力相等时，混凝土杆的应变 ε_{con} 为钢杆的应变 ε_{ste} 的多少倍？

② 当两杆应变相等时，钢杆的应力 ε_{ste} 为混凝土的应力 σ_{con} 的多少倍？

③ 当 $\varepsilon_{ste}=\varepsilon_{con}=-0.001$ 时，两杆的应力各是多少？

(7) 吊架结构的尺寸及受力情况如图 2.46 所示。水平梁 AB 为变形可忽略的粗钢梁，CA

是钢杆，杆长$l_1 = 2\text{m}$，横截面面积A_1=2cm^2，弹性模量E_1=200GPa；DB是铜杆，杆长$l_2 = 1\text{m}$，横截面面积A_2=8cm^2，弹性模量E_2=100GPa。试求：

① 使刚性梁AB仍保持水平时，载荷$\boldsymbol{F}$离DB杆的距离x。

② 如使水平梁的竖向位移不超过0.2cm，则最大的$\boldsymbol{F}$力应为多少？

(8) 图2.47所示为一三角架，在节点A受铅垂力F=20kN的作用力。设杆AB为圆截面钢杆，直径d=8mm，杆AC为空心圆管，横截面面积$A=40\times10^{-6}\text{m}^2$，两杆的$E$=200GPa。试求节点$A$的位移值及其方向。

(9) 图2.48所示A和B两点之间原有水平方向的一根直径d =1mm的钢丝，在钢丝的中点 C 加一竖直荷载 $\boldsymbol{F}$。已知钢丝产生的线应变为ε=0.0035，其材料的弹性模量E=210GPa，钢丝的自重不计。试求：

① 钢丝横截面上的应力(假设钢丝经过冷拉，在断裂前可认为符合胡克定律)。

② 钢丝在C点下降的距离$\varDelta$。

③ 荷载$\boldsymbol{F}$的值。

(10) 如图2.49所示的圆锥形杆受轴向拉力作用。试求杆的伸长。

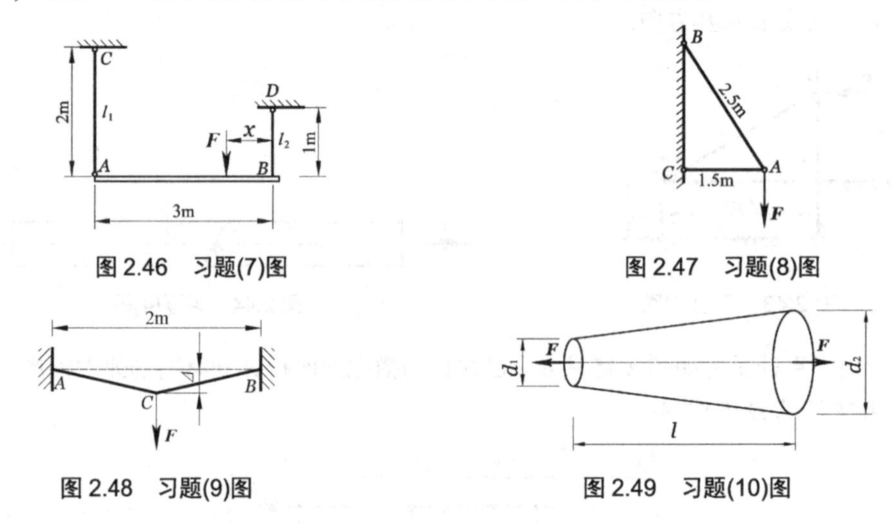

图2.46 习题(7)图

图2.47 习题(8)图

图2.48 习题(9)图

图2.49 习题(10)图

(11) 如图2.50所示，两根直径不同的实心截面杆，在B处焊接在一起，弹性模量均为E=200GPa，受力和尺寸等均标在图中。试求：

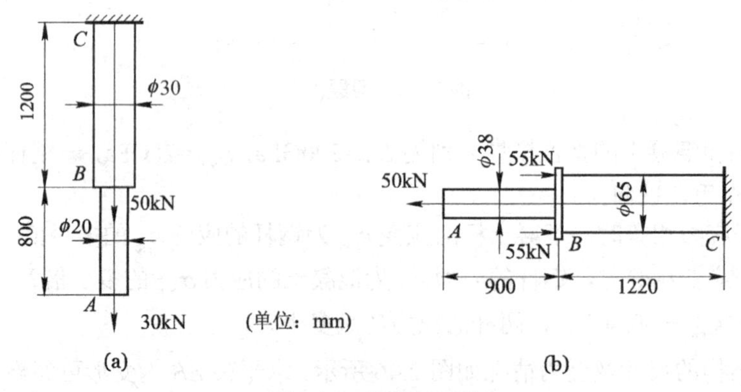

图2.50 习题(11)图

① 画轴力图。

② 段杆横截面上的工作应力。

③ 杆的轴向变形总量。

(12) 图2.51所示等截面直杆由钢杆 *ABC* 与铜杆 *CD* 在 *C* 处黏结而成。直杆各部分的直径均为 d=36mm，受力情况如图所示。若不考虑杆的自重，试求 *AC* 段和 *AD* 段杆的轴向形变量 Δl_{AC} 和 Δl_{AD}。

(13) 受轴向拉力 $\boldsymbol{F}$ 作用的箱形薄壁杆如图2.52所示。已知该杆的弹性常数为 E、μ。试求 *C* 与 *D* 两点间的距离改变量 Δ_{CD}。

(14) ① 试证明受轴向拉伸(压缩)的圆截面杆横截面沿圆周方向的线应变 ε_s 等于直径方向的线应变 ε_d。

② 一根直径为 d=10mm 的圆截面杆，在轴向拉力 $\boldsymbol{F}$ 作用下，直径减少0.0025mm。如材料的弹性模量 E=210GPa，泊松比 $\mu=0.3$。试求轴向拉力 $\boldsymbol{F}$。

③ 空心圆截面钢杆，外直径 D=120mm，内直径 d=60mm，材料的泊松比 $\mu=0.3$。当其受轴向拉伸时，已知纵向线应变 $\varepsilon=0.001$。试求其壁厚 δ。

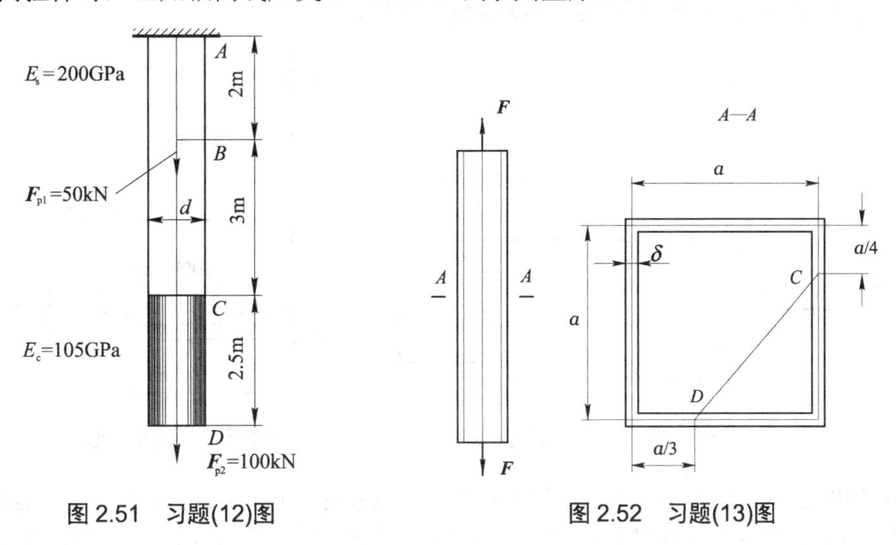

图2.51　习题(12)图　　　　图2.52　习题(13)图

(15) 横截面为正方形的木杆，弹性模量 $E=1\times10^4$ MPa，截面边长 a=20cm，杆总长 $3l$=150cm，中段开有长为 l、宽为 $\frac{a}{2}$ 的槽，杆的左端固定，受力如图2.53所示。求：

① 各段杆内力和正应力。

② 作杆的轴力图。

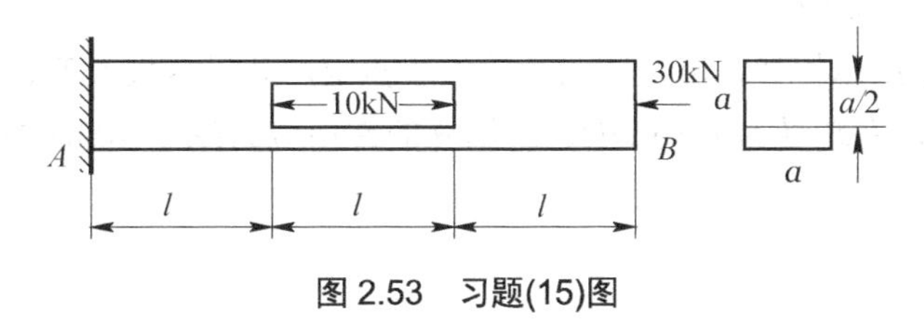

图2.53　习题(15)图

(16) 如图2.54所示，油缸盖与缸体采用8个螺栓连接。已知油缸内径 D=350mm，油

压 p=1MPa。若螺栓材料的许用应力[σ]= 40MPa。求螺栓的内径。

(17) 图 2.55 所示桁架的两杆材料相同，[σ]=150MPa。杆 1 直径 $d_1 = 15$ mm，杆 2 直径 d_2 =20mm。试求此结构所能承受的最大荷载。

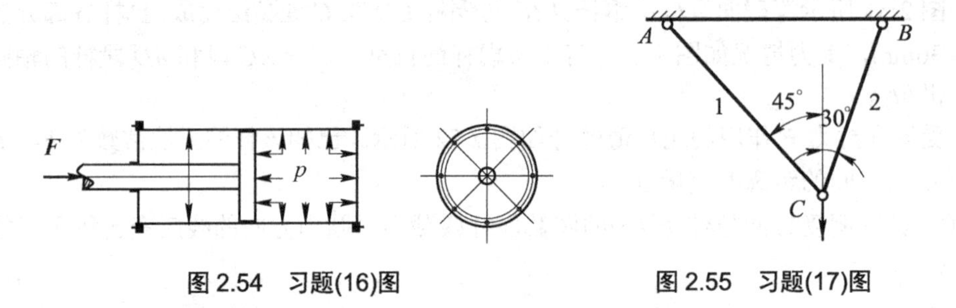

图 2.54　习题(16)图　　图 2.55　习题(17)图

(18) 图 2.56 所示为双杠杆夹紧机构，需产生一对 20kN 的夹紧力。试求水平杆 *AB* 及两斜杆 *BC* 和 *BD* 的横截面直径。已知：该三杆的材料相同，[σ]=100MPa，$\alpha = 30°$。

(19) 一结构受力如图 2.57 所示，杆件 *AB*、*AD* 均由两根等边角钢组成。已知材料的许用应力[σ]=170MPa。试选择杆 *AB*、*AD* 的角钢型号。

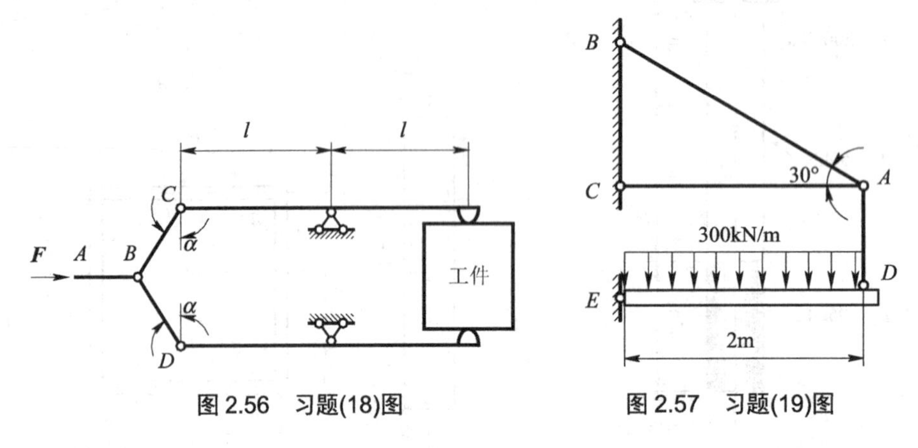

图 2.56　习题(18)图　　图 2.57　习题(19)图

(20) 如图 2.58 所示，木制短柱的四角用 4 个 40mm×40mm×4mm 的等边角钢加固。已知角钢的许用应力$[\sigma]_{钢}$=160MPa，E=200GPa；木材的许用应力$[\sigma]_{木}$=12MPa，E=10GPa。试求许可荷载 ***F***。

(21) 图 2.59 所示为一正方形截面的阶梯形混凝土柱。设混凝土的密度 $\rho = 2.04\times10^3 \text{kg/m}^3$，$F$=100kN，许用应力[$\sigma$]=2MPa。试根据强度条件选择截面宽度 a 和 b。

(22) 一桁架受力如图 2.60 所示，各杆都由等边角钢组成。已知材料的许用应力[σ]=170MPa。试选择杆 *AB*、*CD* 的角钢型号。

(23) 如图 2.61 所示构架，刚性梁 *AD* 铰支于点 *A*，并以两根长度、截面积都相同的钢杆悬吊于水平位置，右端受力 P =50kN，若钢杆的许用应力[σ]=100MPa，求两杆的内力及所需截面面积 A。

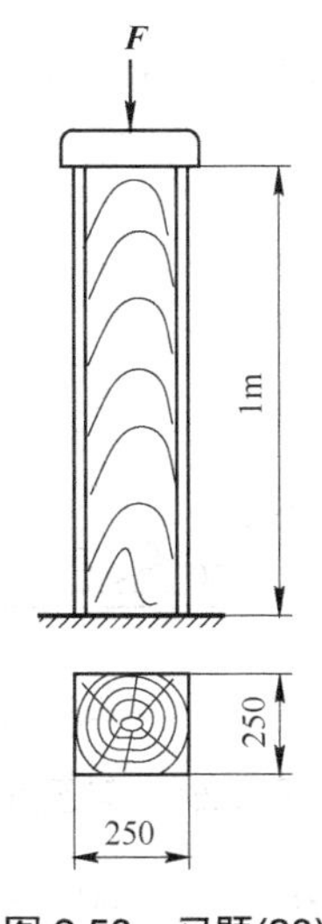

图 2.58　习题(20)图

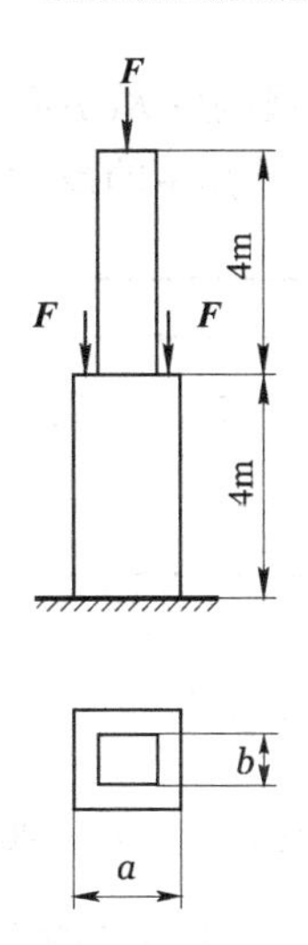

图 2.59　习题(21)图

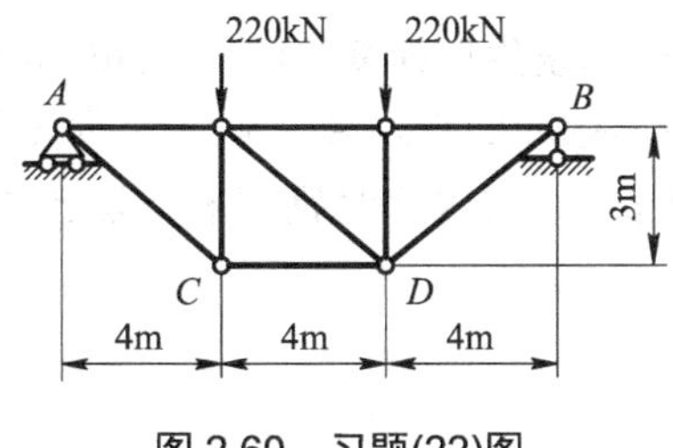

图 2.60　习题(22)图

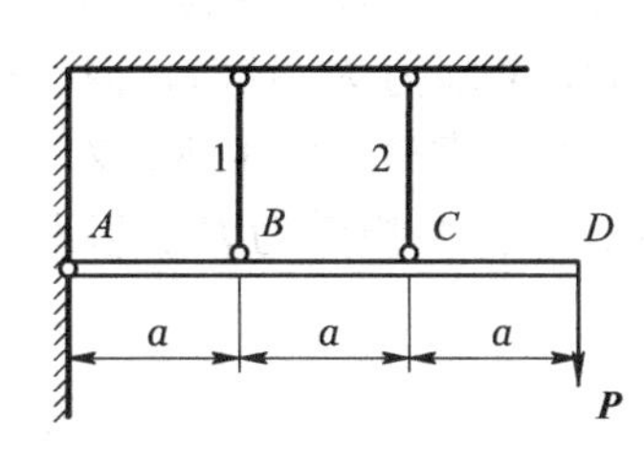

图 2.61　习题(23)图

(24) 阶梯形杆的两端在 $T_1=5℃$ 时被固定，杆件上下两段的横截面面积分别是 $A_{上}=5\text{cm}^2$、$A_{下}=10\text{cm}^2$。当温度升高至 $T_2=25℃$时，试求杆内部各部分的温度应力。钢材的 $\alpha_1=12.5\times10^{-6}/℃$，$E$=200GPa，如图 2.62 所示。

(25) 在如图 2.63 所示的结构中，1、2 两杆的抗拉刚度同为 E_1A_1，3 杆的长度为 $l+\delta$，其中 δ 为加工误差。试求将 3 杆装入 AC 位置后，1、2、3 三杆的内力。

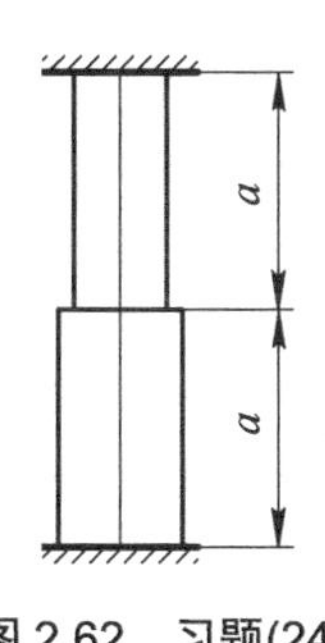

图 2.62　习题(24)图

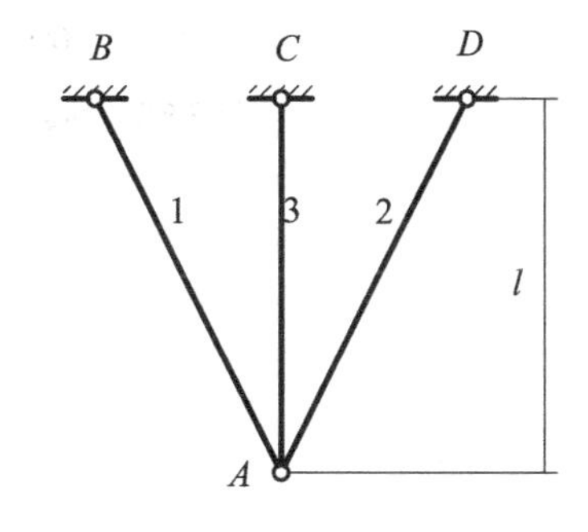

图 2.63　习题(25)图

(26) 图 2.64 所示两端固定的等直杆件，受力和尺寸如图所示。试计算其支反力，并画杆的轴力图。

(27) 刚性梁 AB 如图 2.65 所示，CD 为钢圆杆，直径 d=2cm，E=210GPa。刚性梁 B 端

支承在弹簧上，弹簧刚度 K(引起单位变形所需的力)为 40kN/cm，l=1m，F=10kN。试求 CD 杆的内力和 B 端支承弹簧的反力。

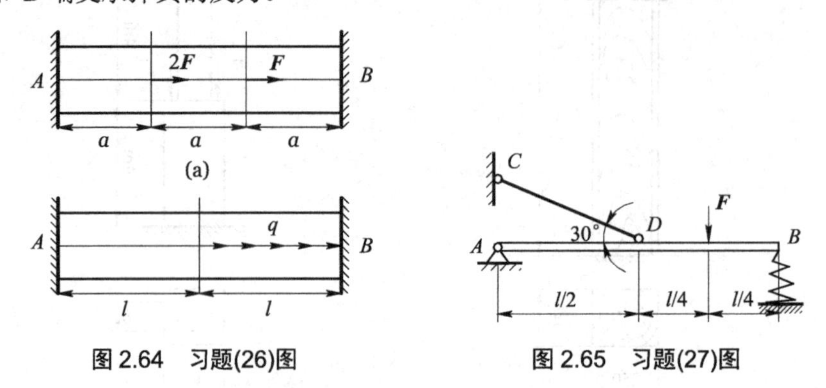

图 2.64　习题(26)图　　图 2.65　习题(27)图

(28) 图 2.66 所示为一预应力钢筋混凝土杆。该杆在未浇筑混凝土前，把钢筋用力 $\boldsymbol{F}$ 拉伸，使其具有拉应力，然后保持力 $\boldsymbol{F}$ 不变浇筑混凝土(如图 2.66(a)所示)。待混凝土与钢筋凝结成整体后，撤除力 $\boldsymbol{F}$，这时，钢筋与混凝土一起发生压缩变形(如图 2.66(b)所示)。于是钢筋的应力减小，混凝土产生压应力。已知：钢筋截面面积为 A_1，弹性模量为 E_1，混凝土截面面积为 A_2，弹性模量为 E_2，以及力 $\boldsymbol{F}$ 和杆长 l。试求此时钢筋和混凝土内的应力 σ_1 和 σ_2。

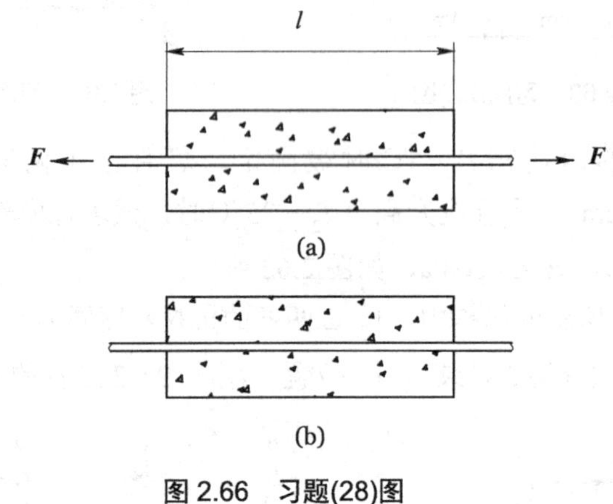

图 2.66　习题(28)图

第3章　扭转与剪切

3.1　扭转的概念及实例

工程中有一类等直杆，其受力和变形特点是：杆件受力偶系作用，这些力偶的作用面都垂直于杆轴(见图3.1)，截面B相对于截面A转了一个角度φ，称为**扭转角**。同时，杆表面的纵向线将变成螺旋线。具有以上受力和变形特点的变形，称为**扭转变形**。

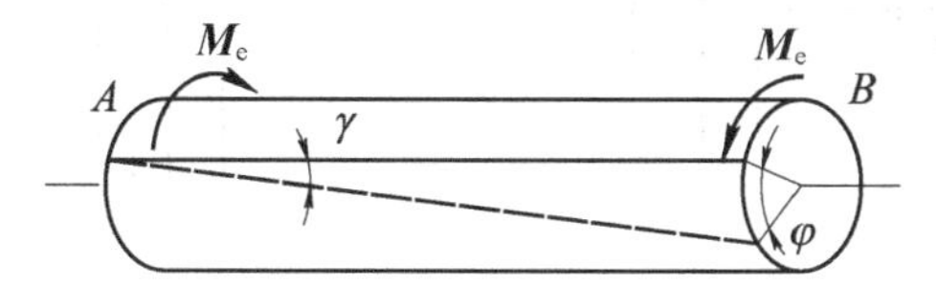

图3.1　扭转杆

工程中发生扭转变形的杆件很多。例如，汽车方向盘的操纵杆(见图3.2)，当驾驶员转动方向盘时，把力偶矩$M_e = Fd$作用在操纵杆的B端，在杆的A端则受到转向器的转向相反的阻抗力偶的作用，于是操纵杆发生扭转。单纯发生扭转的杆件不多，但以扭转为其主要变形之一的则不少，如钻探机的钻杆(见图3.3)、机器中的传动轴(见图3.4)、房屋的雨篷梁(见图3.5)等，都存在不同程度的扭转变形。工程中把以扭转为主要变形的直杆称为**轴**。

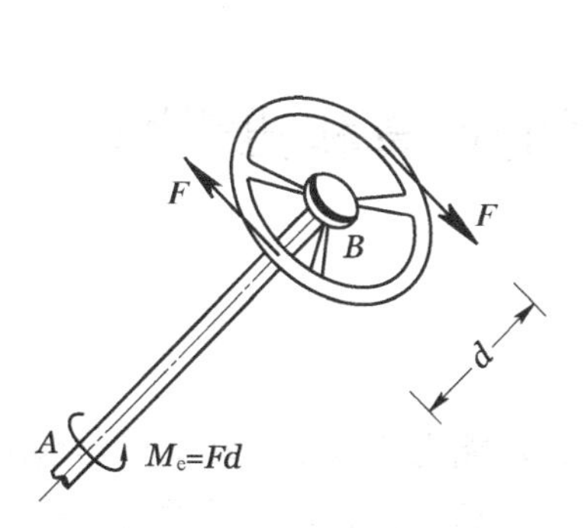

图3.2　方向盘操纵杆

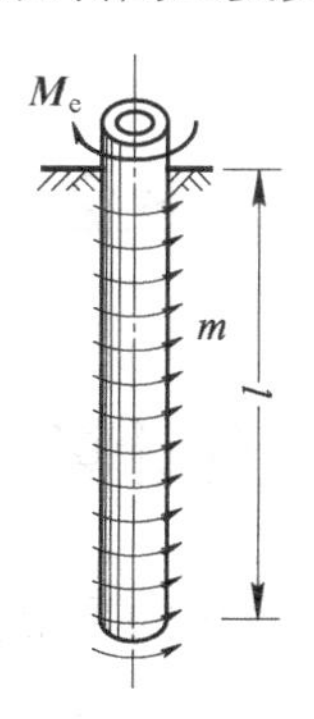

图3.3　钻探机的钻杆

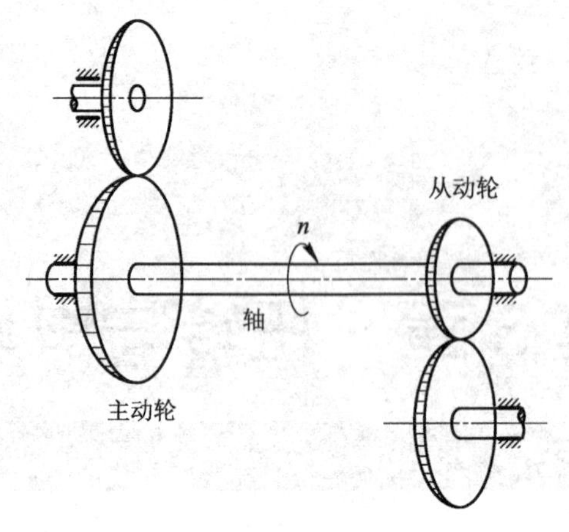

图 3.4　传动轴

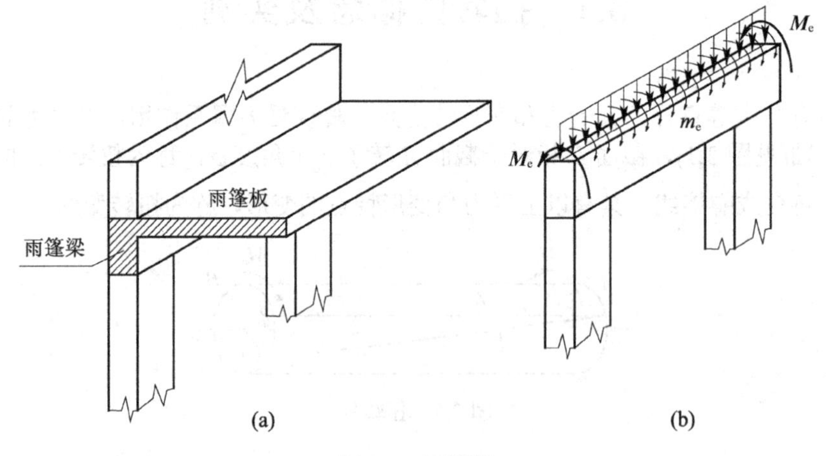

图 3.5　雨篷梁

本章只讨论薄壁圆管及实心圆截面杆扭转时的应力和变形计算，这是由于等直圆杆的物性和横截面的几何形状具有极对称性，在发生扭转变形时，可以用材料力学的方法来求解。对于非圆截面杆，如矩形截面杆的受扭问题，因需用到弹性力学的研究方法，故不多论述。

3.2　扭矩的计算和扭矩图

3.2.1　外力偶矩的计算

传动轴为机械设备中的重要构件，其功能为通过轴的转动以传递动力。对于传动轴等转动构件，往往只知道它所传递的功率和转速。为此，需根据所传递的功率和转速，求出使轴发生扭转的外力偶矩。

设一传动轴(见图 3.6)的转速为 n，轴传递的功率由主动轮输入，然后通过从动轮分配出去。设通过某一轮所传递的功率为 P，由动力学可知，力偶在单位时间内所做的功即为功率 P，等于该轮处力偶之矩 M_e 与相应角速度 ω 的乘积，即

$$P = M_e\omega$$

工程实际中，功率 P 的常用单位为 kW，力偶矩 M_e 与转速 n 的常用单位分别为 N·m 与 r/min。此外，又由于

$$1\text{W} = 1\text{N}\cdot\text{m}/\text{s}$$

于是在采用上述单位时，式(a)变为

$$P\times 10^3 = M_e \times \frac{2\pi n}{60}$$

由此得

$$\{M_e\}\text{N}\cdot\text{m} = 9550\frac{\{P\}\text{kW}}{\{n\}\text{r/min}} \tag{3-1}$$

如果功率 P 的单位用马力($1\text{马力} = 735.5\text{N}\cdot\text{m}/\text{s}$)，则

$$\{M_e\}\text{N}\cdot\text{m} = 7024\frac{\{P\}\text{kW}}{\{n\}\text{r/min}} \tag{3-2}$$

对于外力偶的转向，主动轮上的外力偶的转向与轴的转向相同，而从动轮上的外力偶的转向则与轴的转动方向相反，如图 3.6 所示。

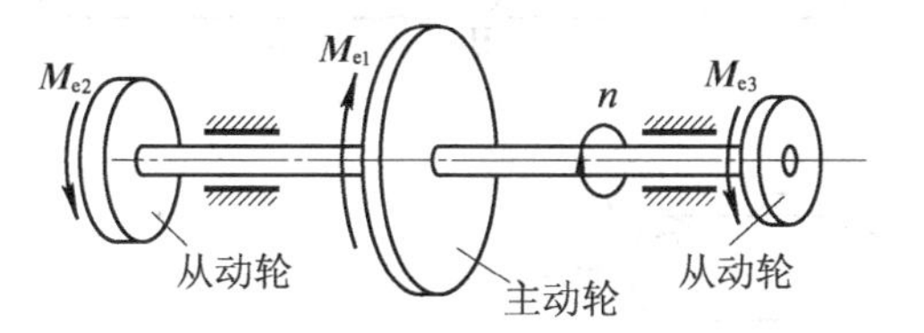

图 3.6　传动轴

3.2.2　扭矩及扭矩图

要研究受扭杆件的应力和变形，首先要计算内力。设有一圆轴 AB (如图 3.7(a)所示)，受外力偶矩 M_e 作用。由截面法可知，圆轴任一横截面 m — m 上的内力系必形成为一力偶(如图 3.7(b)所示)，该内力偶矩称为**扭矩**，并用 T 来表示。为使从两段杆所求得的同一截面上的扭矩在正负号上一致，可将扭矩按右手螺旋法则用力偶矢来表示，并规定当力偶矢指向截面的外法线时扭矩为正，反之为负。据此，如图 3.7(b)和图 3.7(c)所示中同一横截面上的扭矩均为正。

作用在传动轴上的外力偶往往有多个，因此，不同轴段上的扭矩也各不相同，可用截面法来计算轴横截面上的扭矩。

如图 3.8(a)所示，轴 AD 受外力偶矩 M_{e1}、M_{e2}、M_{e3}、M_{e4} 的作用。设 $M_{e3} = M_{e1} + M_{e2} + M_{e4}$，求截面Ⅰ—Ⅰ、Ⅱ—Ⅱ、Ⅲ—Ⅲ上的内力。

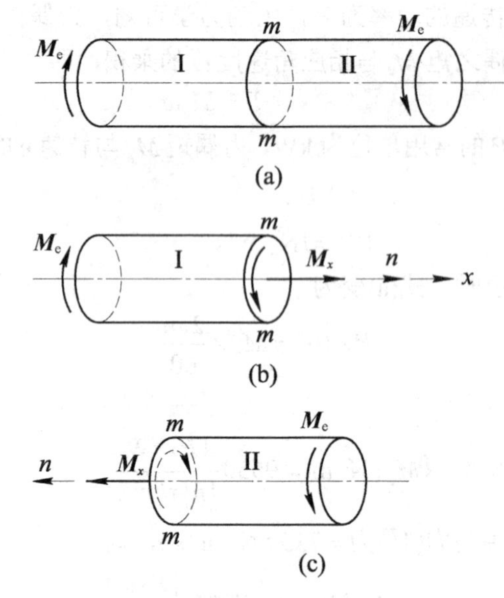

图 3.7　扭矩的正负规定

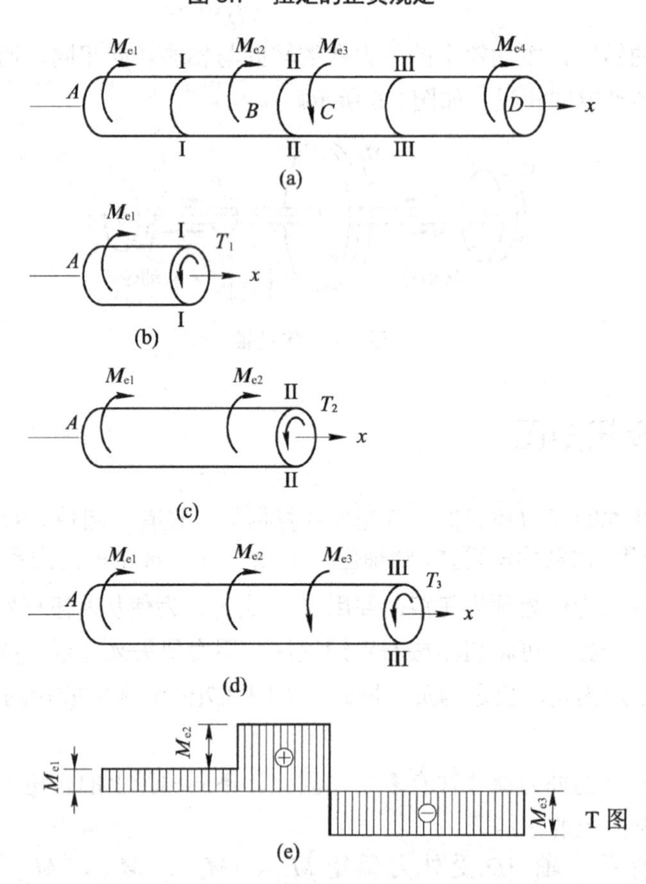

图 3.8　截面法计算扭矩

(1) 假想用一个垂直于杆轴的平面沿 I — I 截面截开，任取一段为脱离体(如图 3.8(b)所示)。由平衡方程

$$\sum M_x = 0, \qquad T_1 - M_{e1} = 0$$

得

$$T_1 = M_{e1}$$

(2) 沿 II — II 截面处截开，取左段为脱离体(如图 3.8(c)所示)，由平衡方程

$$\sum M_x = 0, \qquad T_2 - M_{e1} - M_{e2} = 0$$

得

$$T_2 = M_{e1} + M_{e2}$$

(3) 沿III—III截面处截开，仍取左段为脱离体(如图 3.8(d)所示)，由平衡方程

$$\sum M_x = 0, \qquad T_3 - M_{e1} - M_{e2} + M_{e3} = 0$$

得

$$T_3 = M_{e1} + M_{e2} - M_{e3}$$

将 $M_{e3} = M_{e1} + M_{e2} + M_{e4}$ 代入上式，得

$$T_3 = -M_{e4}$$

为了表明沿杆轴线各横截面上扭矩的变化情况，从而确定最大扭矩及其所在截面的位置，常需画出扭矩随截面位置变化的函数图像，这种图像称为**扭矩图**(图 3.8(e))，可仿照轴力图的做法绘制。

【例题 3.1】 传动轴如图 3.9(a)所示，其转速 $n = 200\text{r/min}$，功率由 A 轮输入，B、C 两轮输出。若不计轴承摩擦所耗的功率，已知：$P_1 = 500\text{kW}$，$P_2 = 150\text{kW}$，$P_3 = 150\text{kW}$ 及 $P_4 = 200\text{kW}$。试作轴的扭矩图。

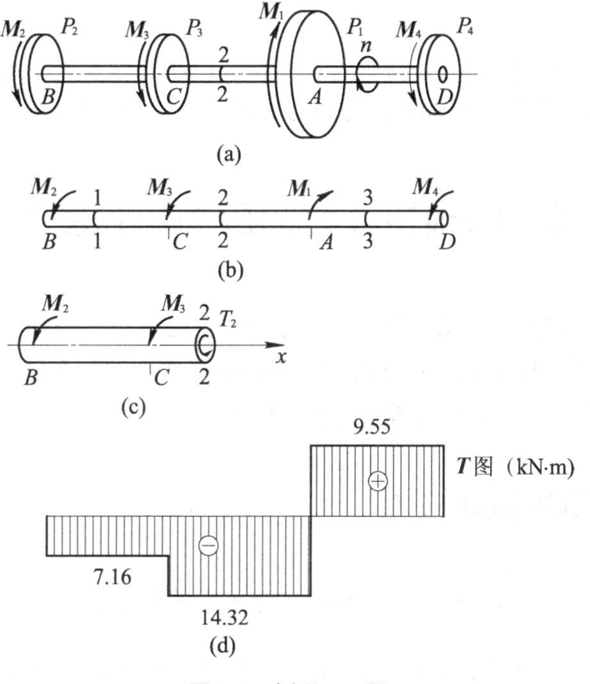

图 3.9　例题 3.1 图

解：(1) 计算外力偶矩。各轮作用于轴上的外力偶矩分别为

$$M_1=\left(9550\times\frac{500}{200}\right)\text{N}\cdot\text{m}=23.88\times10^3\,\text{N}\cdot\text{m}=23.88\text{kN}\cdot\text{m}$$

$$M_2=M_3=\left(9550\times\frac{150}{200}\right)\text{N}\cdot\text{m}=7.16\times10^3\,\text{N}\cdot\text{m}=7.16\text{kN}\cdot\text{m}$$

$$M_4=\left(9550\times\frac{200}{200}\right)\text{N}\cdot\text{m}=9.55\times10^3\,\text{N}\cdot\text{m}=9.55\text{kN}\cdot\text{m}$$

(2) 由轴的计算简图(如图3.9(b)所示)，计算各段轴的扭矩。先计算 CA 段内任一横截面2—2上的扭矩。沿截面2—2将轴截开，并研究左边一段的平衡，由图3.9(c)可知

$$\sum M_x=0,\quad T_2+M_2+M_3=0$$

得

$$T_2=-M_2-M_3=-14.32\text{kN}\cdot\text{m}$$

同理，在 BC 段内

$$T_1=-M_2=-7.16\text{kN}\cdot\text{m}$$

在 AD 段内

$$T_3=M_4=9.55\text{kN}\cdot\text{m}$$

(3) 根据以上数据，作扭矩图(如图3.9(d)所示)。由扭矩图可知，T_{max} 发生在 CA 段内，其值为 $14.32\text{kN}\cdot\text{m}$。

扭矩图表明：①当所取截面从左向右无限趋近截面 C 时，其扭矩为 T_1，一旦越过截面 C，则为 T_2，扭矩在外力偶作用处发生突变，突变的大小和方向与外力偶矩相同；②外力偶之间的各截面(如 CA 段)扭矩相同。根据上述规律，可直接按外力偶矩画扭矩图。作图时，自左向右，遇到正视图中箭头向上的外力偶时，向上画，反之向下画。无外力偶处作轴的平行线。

请读者思考，若将 A 轮与 B 轮位置对调，试分析扭矩图是否有变化？如何变化？最大扭矩 T_{max} 的值为多少？两种不同的荷载分布形式哪一种较为合理？

3.3 圆轴扭转时的应力与强度条件

3.2节阐明了圆轴扭转时，横截面上内力系合成的结果是一力偶，并建立了其力偶矩(扭矩)与外力偶矩的关系。现在进一步分析内力系在横截面上的分布情况，以便建立横截面上的应力与扭矩的关系。下面先研究薄壁圆筒的扭转应力。

3.3.1 薄壁圆筒的扭转应力

设一薄壁圆筒(如图 3.10(a)所示)，壁厚 δ 远小于其平均半径 $r_0\left(\delta\leqslant\frac{r_0}{10}\right)$，两端受一对大小相等、转向相反的外力偶作用。加力偶前，在圆筒表面刻上一系列的纵向线和圆周线，从而形成一系列的矩形格子。扭转后，可看到下列变形情况(如图3.10(b)所示)。

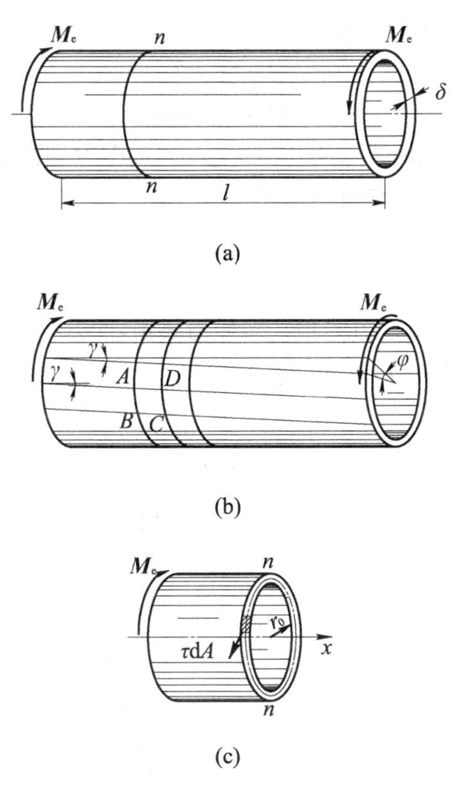

图 3.10　薄壁圆筒的扭转

(1) 各圆周线绕轴线发生了相对转动，但形状、大小及相互之间的距离均无变化，且仍在原来的平面内。

(2) 所有的纵向线倾斜了同一微小角度γ，变为平行的螺旋线。在小变形时，纵向线仍看作为直线。

由(1)可知，扭转变形时，横截面的大小、形状及轴向间距不变，说明圆筒纵向与横向均无变形，线应变ε为零，由胡克定律$\sigma = E\varepsilon$，可得横截面上正应力σ为零。由(2)可知，扭转变形时，相邻横截面间相对转动，截面上各点相对错动，发生剪切变形，故横截面上有切应力，其方向沿各点相对错动的方向，与半径垂直。

圆筒表面上每个格子的直角也都改变了相同的角度γ，这种直角的改变量γ称为**切应变**。这个切应变和横截面上沿圆周切线方向的切应力是相对应的。由于相邻两圆周线间每个格子的直角改变量相等，并根据材料均匀连续的假设，可以推知沿圆周各点处切应力的方向与圆周相切，且其数值相等。至于切应力沿壁厚方向的变化规律，由于壁厚δ远小于其平均半径r_0，故可近似地认为沿壁厚方向各点处切应力的数值无变化。

根据上述分析可得，薄壁圆筒扭转时横截面上各点处的切应力τ值均相等，其方向与圆周相切(如图 3.10(c)所示)。于是，由横截面上内力与应力间的静力关系，得

$$\int_A \tau \mathrm{d}A \cdot r = T$$

由于τ为常数，且对于薄壁圆筒，r可用其平均半径r_0代替，而积分$\int_A \mathrm{d}A = A = 2\pi r_0 \delta$为

圆筒横截面面积，将其代入上式，得

$$\tau = \frac{T}{2\pi r_0^2 \delta} = \frac{T}{2A_0\delta} \tag{3-3}$$

这里 $A_0 = \pi r_0^2$。由图3.10(b)所示的几何关系，可得薄壁圆筒表面上的切应变 γ 和相距为 l 的两端面间的相对扭转角 φ 之间的关系式为

$$\gamma = \varphi r / l \tag{3-4}$$

式中，r 为薄壁圆筒的外半径。

通过薄壁圆筒的扭转试验可以发现，当外力偶矩在某一范围内时，相对扭转角 φ 与扭矩 T 成正比，如图3.11(a)所示。利用式(3-3)和式(3-4)，即得 τ 与 γ 间的线性关系(如图3.11(b)所示)为

$$\tau = G\gamma \tag{3-5}$$

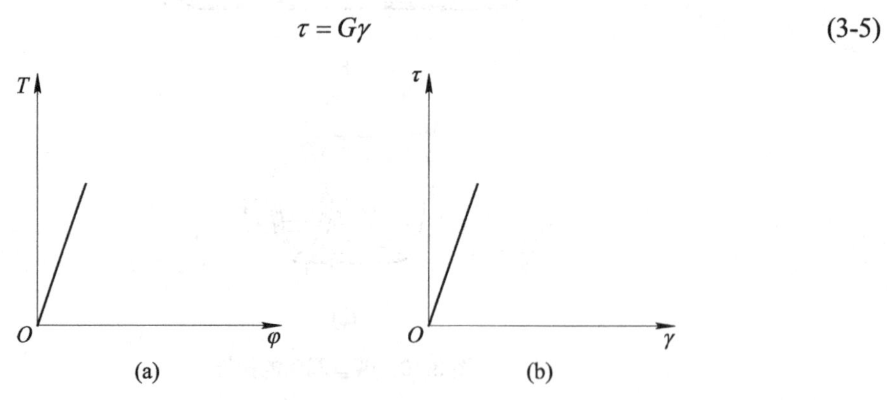

图3.11　剪切胡克定律

式(3-5)称为材料的**剪切胡克定律**，式中的比例常数 G 称为材料的**切变模量**，其量纲与弹性模量 E 的相同。钢材的切变模量约为80GPa。

应该注意，剪切胡克定律只有在切应力不超过材料的剪切比例极限 τ_p 时才适用。

3.3.2　圆截面轴扭转时横截面上的应力

为了分析圆截面轴的扭转应力，首先观察其变形。

取一等截面圆轴，并在其表面等间距地画上一系列的纵向线和圆周线，从而形成一系列的矩形格子。然后在轴两端施加一对大小相等、转向相反的外力偶。可观察到下列变形情况(见图3.12)：各圆周线绕轴线发生了相对旋转，但形状、大小及相互之间的距离均无变化，所有的纵向线倾斜了同一微小角度 γ。

根据上述现象，对轴内变形做如下假设：变形后，横截面仍保持平面，其形状、大小与横截面间的距离均不改变，而且半径仍为直线。简言之，圆轴扭转时各横截面如同刚性圆片，仅绕轴线做相对旋转。此假设称为圆轴扭转时的**平面假设**。

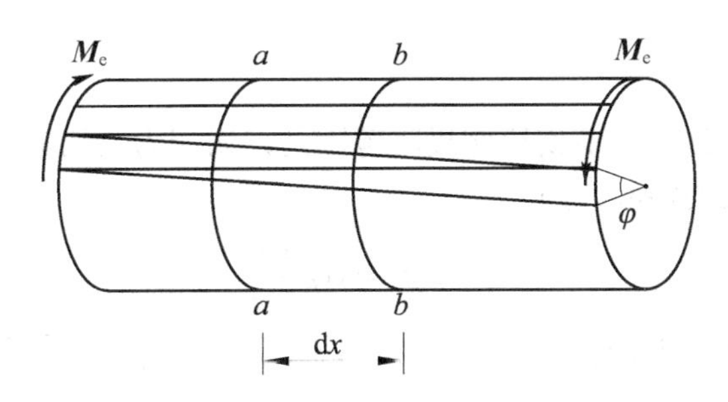

图 3.12　圆轴的扭转

由此可得以下推论：横截面上只有切应力而无正应力。横截面上任一点处的切应力均沿其相对错动的方向，即与半径垂直。

下面将从几何、物理与静力学 3 个方面来研究切应力的大小、分布规律及计算。

1. 几何方面

为了确定横截面上各点处的应力，从圆杆内截取长为 $\mathrm{d}x$ 的微段(见图 3.13)进行分析。根据变形现象，右截面相对于左截面转了一个微扭转角 $\mathrm{d}\varphi$，因此其上的任意半径 O_2D 也转动了同一角度 $\mathrm{d}\varphi$。由于截面转动，杆表面上的纵向线 AD 倾斜了一个角度 γ 。由切应变的定义可知，γ 就是横截面周边上任一点 A 处的切应变。同时，经过半径 O_2D 上任意点 G 的纵向线 EG 在杆变形后也倾斜了一个角度 γ_ρ，即为横截面半径上任一点 E 处的切应变。设 G 点至横截面圆心点的距离为 ρ，由如图 3.13(a)所示的几何关系可得

$$\gamma_\rho \approx \tan\gamma_\rho = \frac{\overline{GG'}}{\overline{EG}} = \frac{\rho\mathrm{d}\varphi}{\mathrm{d}x}$$

即

$$\gamma_\rho = \rho\frac{\mathrm{d}\varphi}{\mathrm{d}x}$$

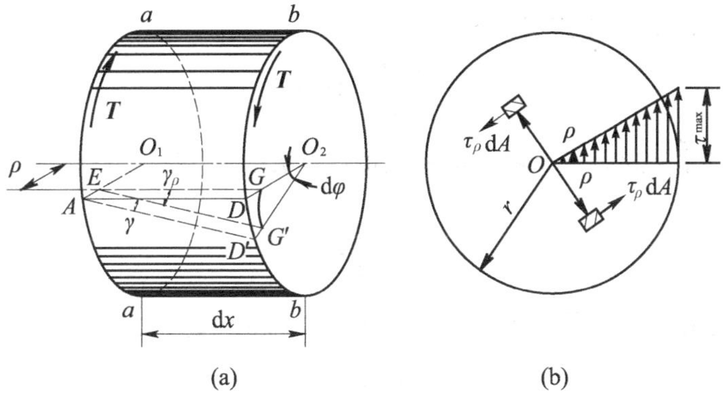

(a)　　(b)

图 3.13　横截面上的应力分析

上式中，$\dfrac{\mathrm{d}\varphi}{\mathrm{d}x}$ 为扭转角沿杆长的变化率，对于给定的横截面，该值是个常量，所以，此式表明切应变 γ_ρ 与 ρ 成正比，即沿半径按直线规律变化。

2. 物理方面

由剪切胡克定律可知，在剪切比例极限范围内，切应力与切应变成正比，所以，横截面上距圆心距离为ρ处的切应力为

$$\tau_\rho = G\gamma_\rho = G\rho\frac{\mathrm{d}\varphi}{\mathrm{d}x} \tag{a}$$

由式(a)可知，在同一半径ρ的圆周上各点处的切应力τ_ρ值均相等，其值与ρ成正比。实心圆截面杆扭转切应力沿任一半径的变化情况如图 3.14(a)所示。由于平面假设同样适用于空心圆截面杆，因此空心圆截面杆扭转切应力沿任一半径的变化情况如图 3.14(b)所示。

3. 静力学方面

横截面上切应力变化规律表达式(a)中的$\mathrm{d}\varphi/\mathrm{d}x$是个待定参数，通过静力学方面的考虑来确定该参数。在距圆心ρ处的微面积$\mathrm{d}A$上，作用有微剪力$\tau_\rho \mathrm{d}A$(见图 3.15)，它对圆心O的力矩为$\rho\tau_\rho \mathrm{d}A$。在整个横截面上，所有微力矩之和等于该截面的扭矩，即

$$\int_A \rho\tau_\rho \mathrm{d}A = T \tag{b}$$

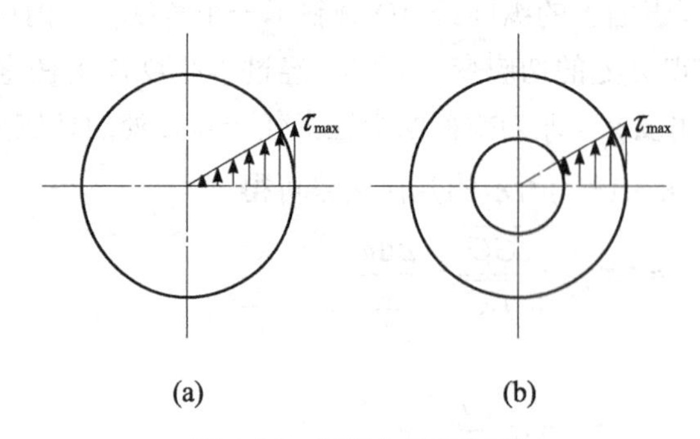

图 3.14　切应力分布规律

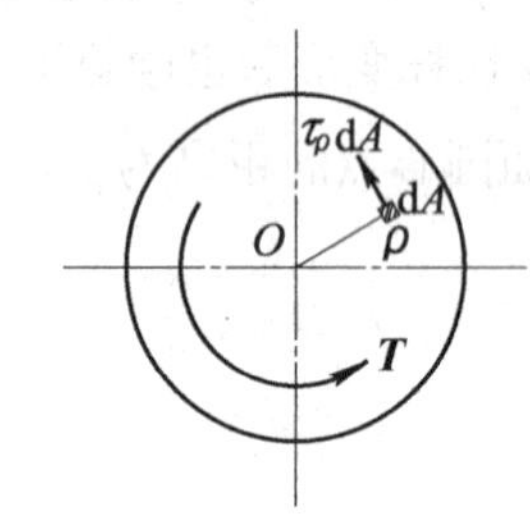

图 3.15　切应力与扭转的关系

将式(a)代入式(b)，经整理后即得

$$G\frac{\mathrm{d}\varphi}{\mathrm{d}x}\int_A \rho^2 \mathrm{d}A = T$$

上式中的积分$\int_A \rho^2 \mathrm{d}A$，即为横截面的**极惯性矩**$I_\mathrm{P}$，则有

$$\frac{\mathrm{d}\varphi}{\mathrm{d}x} = \frac{T}{GI_\mathrm{P}} \tag{3-6}$$

式(3-6)为圆轴扭转变形的基本公式，将其代入式(a)，即得

$$\tau_\rho = \frac{T}{I_\mathrm{P}}\rho \tag{3-7}$$

此即圆轴扭转时横截面上任一点处切应力的计算公式。

由式(3-7)可知，当ρ等于最大值$d/2$时，即在横截面周边上的各点处，切应力将达到最大，其值为

$$\tau_{\max}=\frac{T}{I_{\mathrm{P}}}\cdot\frac{d}{2}$$

在上式中，极惯性矩与半径都为横截面的几何量，令

$$W_{\mathrm{P}}=\frac{I_{\mathrm{P}}}{d/2}$$

那么

$$\tau_{\max}=\frac{T}{W_{\mathrm{P}}} \tag{3-8}$$

式中，W_{P} 为**扭转截面系数**(m^3)。

圆截面的扭转截面系数为

$$W_{\mathrm{P}}=\frac{I_{\mathrm{P}}}{d/2}=\frac{\pi d^3}{16}$$

空心圆截面的扭转截面系数为

$$W_{\mathrm{P}}=\frac{I_{\mathrm{P}}}{D/2}=\frac{\pi(D^4-d^4)}{16D}=\frac{\pi D^3}{16}(1-\alpha^4)$$

这里，$\alpha=d/D$。

应该指出，式(3-6)与式(3-7)仅适用于圆截面轴，而且横截面上的最大切应力不得超过材料的剪切比例极限。

另外，由横截面上切应力的分布规律可知，越是靠近杆轴处切应力越小，故该处材料强度没有得到充分利用。如果将这部分材料挖下来放到周边处，就可以较充分地发挥材料的作用，达到经济的效果。从这方面看，空心圆截面杆比实心圆截面杆合理。

3.3.3　斜截面上的应力

前面研究了等直圆杆扭转时横截面上的应力。为了全面了解杆内任一点的所有截面上的应力情况，下面研究任意斜截面上的应力，从而找出最大应力及其作用面的方位，为强度计算提供依据。

在圆杆的表面处任取一单元体，如图 3.16(a)所示。图中左、右两侧面为杆的横截面，上、下两侧面为径向截面，前、后两侧面为圆柱面。在其前、后两侧面上无任何应力，故可将其改为用平面图表示(如图 3.16(b)所示)。由于单元体处于平衡状态，故由平衡条件 $\sum F_y=0$ 可知，单元体在左、右两侧面上的内力元素 $\tau_x\mathrm{d}y\mathrm{d}z$ 为大小相等、指向相反的一对力，并组成一个力偶，其矩为($\tau_x\mathrm{d}y\mathrm{d}z$)$\mathrm{d}x$。为了满足另两个平衡条件 $\sum F_x=0$ 和 $\sum M_z=0$，在单元体的上、下两平面上将有大小相等、指向相反的一对内力元素 $\tau_y\mathrm{d}x\mathrm{d}z$，并组成其矩为($\tau_y\mathrm{d}x\mathrm{d}z$)$\mathrm{d}y$ 的力偶。由($\tau_x\mathrm{d}y\mathrm{d}z$)$\mathrm{d}x$=($\tau_y\mathrm{d}x\mathrm{d}z$)$\mathrm{d}y$，得

$$\tau_x=\tau_y \tag{3-9}$$

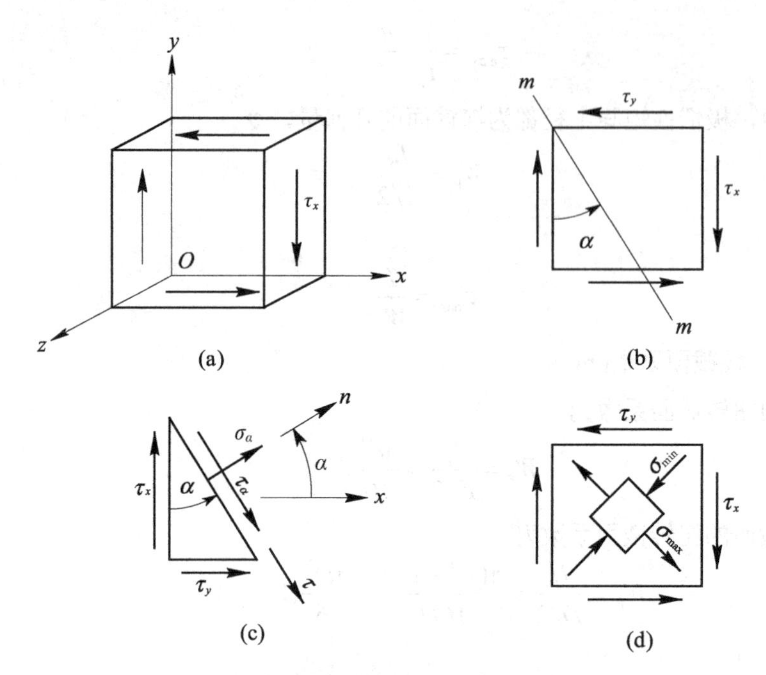

图 3.16 斜截面上的应力

式(3-9)表明，两相互垂直平面上的切应力τ_x和τ_y数值相等，且均指向(或背离)这两平面的交线，称为**切应力互等定理**。该定理具有普遍意义，在同时有正应力的情况下同样成立。单元体在其两对互相垂直的平面上只有切应力而无正应力的这种状态，称为**纯剪切应力状态**，如图 3.16(b)所示。为方便起见，称左、右两面为x面(法线为x的截面)，上、下两面为y面(法线为y的截面)。

现在分析与x面成任意角α的斜截面$m-m$上的应力。取截面左部分为脱离体，设斜截面上的应力为σ_α和τ_α，如图 3.16(c)所示。

单元体在τ_x、τ_y及σ_α、τ_α的共同作用下处于平衡状态。选取斜截面的外法线n及切线t为投影轴，写出平衡方程为

$$\sum F_n = 0,\quad \sigma_\alpha \mathrm{d}A + \tau_x \mathrm{d}A\cos\alpha \cdot \sin\alpha + \tau_y \mathrm{d}A\sin\alpha \cdot \cos\alpha = 0$$

和

$$\sum F_t = 0,\quad \tau_\alpha \mathrm{d}A - \tau_x \mathrm{d}A\cos\alpha \cdot \cos\alpha + \tau_y \mathrm{d}A\sin\alpha \cdot \sin\alpha = 0$$

利用切应力互等定理公式，经整理得

$$\sigma_\alpha = -\tau_x \sin 2\alpha \tag{3-10}$$

和

$$\tau_\alpha = \tau_x \cos 2\alpha \tag{3-11}$$

由式(3-11)可知，当$\alpha = 0^\circ$和90°时，切应力绝对值最大，均等于τ_x。而由式(3-10)可知，在$\alpha = \pm 45^\circ$(α角由x轴起算，逆时针转向截面外法线n时为正)的两斜截面上正应力达到极值，分别为

$$\sigma_{-45^\circ} = \sigma_{\max} = +\tau_x$$

和

$$\sigma_{45^\circ} = \sigma_{\min} = -\tau_x$$

即该两截面上的正应力，一为拉应力，另一为压应力，其绝对值均为τ_x，且最大、最小正应力的作用面与最大切应力的作用面之间互成45°，如图 3.16(d)所示。

上述分析结果，在圆周扭转破坏现象中亦可得到证实。对于剪切强度低于拉伸强度的材料(如低碳钢)，是从杆的最外层沿横截面发生剪切破坏的，如图 3.17(a)所示，而对于拉伸强度低于剪切强度的材料(如铸铁)，是从杆的最外层沿与杆轴线成45°倾角的斜截面拉断的，如图 3.17(b)所示。再如木材这种材料，它的顺纹抗剪强度最低，所以当受扭而破坏时，是沿纵向截面破坏的。

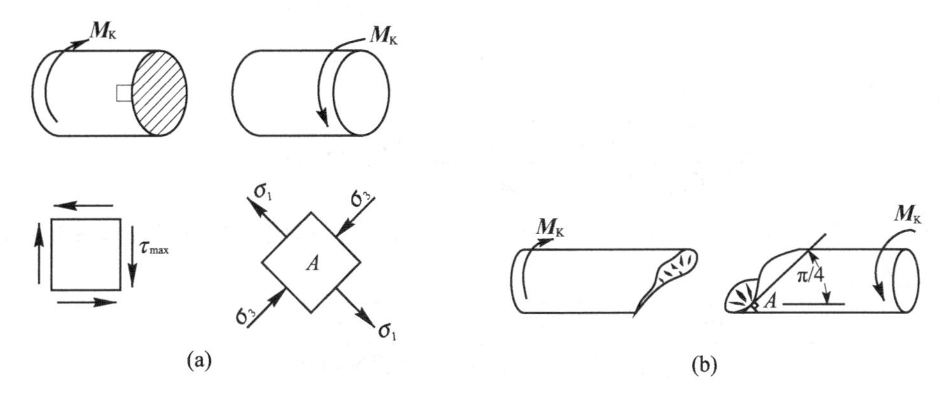

图 3.17　圆周扭转破坏现象

3.3.4　强度条件

为确保圆杆在扭转时不被破坏，其横截面上的最大工作切应力$\tau_{\max}$不得超过材料的许用切应力$[\tau]$，即要求

$$\tau_{\max} \leqslant [\tau] \tag{3-12}$$

此即圆杆扭转强度条件。对于等直圆杆，其最大工作应力存在于最大扭矩所在横截面(危险截面)的周边上任一点处，这些点即为**危险点**。于是，上述强度条件可表示为

$$\tau_{\max} = \frac{T_{\max}}{W_{\mathrm{P}}} \leqslant [\tau] \tag{3-13}$$

利用此强度条件可进行强度校核、选择截面或计算许可荷载。

理论与试验研究均表明，材料纯剪切时的许用应力$[\tau]$与许用正应力$[\sigma]$之间存在下述关系。

对于塑性材料，有

$$[\tau] = (0.5\sim0.577)[\sigma]$$

对于脆性材料，有

$$[\tau] = (0.8\sim1.0)[\sigma_{\mathrm{t}}]$$

式中，$[\sigma_{\mathrm{t}}]$为许用拉应力。

【例题 3.2】 某传动轴，轴内的最大扭矩$T=1.5\text{kN}\cdot\text{m}$，若许用切应力$[\tau]$=50MPa，试按下列两种方案确定轴的横截面尺寸，并比较其重量。

(1) 实心圆截面轴的直径d_1。

(2) 空心圆截面轴，其内、外径之比为$d/D=0.9$。

解：(1) 确定实心圆轴的直径。由强度条件式(3-13)得

$$W_P \geqslant \frac{T_{max}}{[\tau]}$$

而实心圆轴的扭转截面系数为 $$W_P=\frac{\pi d_1^3}{16}$$

$$T_{max}=1.5\text{kN}\cdot\text{m}=1.5\times10^6\text{kN}\cdot\text{m}$$

$$[\tau]=50\text{MPa}=50\text{N/mm}^2$$

那么，实心圆轴的直径为

$$d_1\geqslant\sqrt[3]{\frac{16T}{\pi[\tau]}}=\sqrt[3]{\frac{16\times(1.5\times10^6\,\text{N}\cdot\text{mm})}{3.14\times50\text{N/mm}^2}}=53.5\text{mm}$$

(2) 确定空心圆轴的内、外径。由扭转强度条件以及空心圆轴的扭转截面系数可知，空心圆轴的外径为

$$D\geqslant\sqrt[3]{\frac{16T}{\pi(1-\alpha^4)[\tau]}}=\sqrt[3]{\frac{16\times(1.5\times10^6\,\text{N}\cdot\text{mm})}{3.14\times(1-0.9^4)\times50\text{N/mm}^2}}=76.3\text{mm}$$

而其内径为

$$d=0.9D=0.9\times76.3\text{mm}=68.7\text{mm}$$

(3) 重量比较。上述空心与实心圆轴的长度与材料均相同，所以，二者的重量之比β等于其横截面的面积之比，即

$$\beta=\frac{\pi(D^2-d^2)}{4}\times\frac{4}{\pi d_1^2}=\frac{76.3^2-68.7^2}{53.5^2}=0.385$$

上述数据充分说明，空心圆轴远比实心圆轴轻。

【例题 3.3】 阶梯形圆轴如图 3.18(a)所示，AB 段直径$d_1=100\text{mm}$，BC 段直径$d_2=80\text{mm}$。扭转力偶矩$M_A=14\text{kN}\cdot\text{m}$，$M_B=22\text{kN}\cdot\text{m}$，$M_C=8\text{kN}\cdot\text{m}$。已知材料的许用切应力$[\tau]=85\text{MPa}$，试校核该轴的强度。

解：(1) 作扭矩图。用截面法求得AB、BC段的扭矩，扭矩图如图 3.18(b)所示。

(2) 强度校核。由于两段轴的直径不同，因此需分别校核两段轴的强度。

AB段 $$\tau_{\text{I},max}=\frac{T_1}{W_{P1}}=\frac{14\times10^6\,\text{N}\cdot\text{mm}}{\frac{\pi}{16}\times(100\text{mm})^3}=71.34\text{MPa}<[\tau]$$

BC段 $$\tau_{\text{II},max}=\frac{T_2}{W_{P2}}=\frac{8\times10^6\,\text{N}\cdot\text{mm}}{\frac{\pi}{16}\times(80\text{mm})^3}=79.62\text{MPa}<[\tau]$$

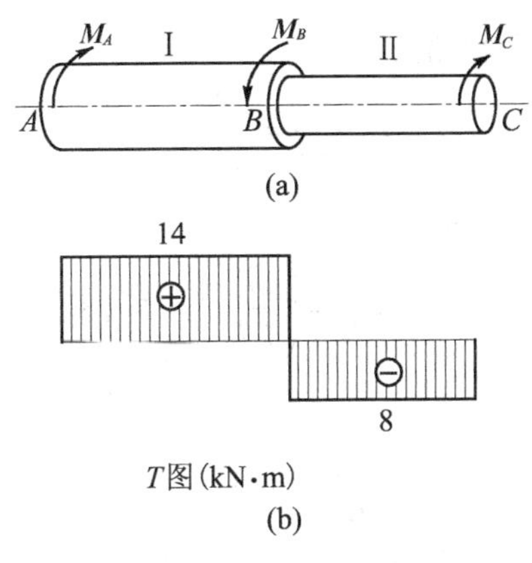

图 3.18　例题 3.3 图

因此，该轴满足强度要求。

3.4　圆轴扭转时的变形与刚度条件

3.4.1　扭转变形公式

如前所述，轴的扭转变形，是用两横截面绕轴线的相对扭转角 φ 表示。

由式(3-6)可知，微段 dx 的扭转角变形为

$$\mathrm{d}\varphi = \frac{T}{GI_{\mathrm{P}}}\mathrm{d}x$$

因此，相距 l 的两横截面间的扭转角为

$$\varphi = \int_l \mathrm{d}\varphi = \int_l \frac{T}{GI_{\mathrm{P}}}\mathrm{d}x$$

由此可见，对于长为 l、扭矩 T 为常数的等截面圆轴，由上式得两端横截面间的扭转角为

$$\varphi = \frac{Tl}{GI_{\mathrm{P}}} \tag{3-14}$$

φ 的单位为 rad。式(3-14)表明，扭转角 φ 与扭矩 T、轴长 l 成正比，与 GI_{P} 成反比。GI_{P} 称为圆轴的**扭转刚度**。

3.4.2　圆轴扭转刚度条件

等直圆轴扭转时，除需满足强度要求外，有时还需满足刚度要求。例如，机器的传动轴如扭转角过大，将会使机器在运转时产生较大的振动，或影响机床的加工精度等。圆轴在扭转时各段横截面上的扭矩可能并不相同，各段的长度也不相同。因此，在工程实际中，通常是限制扭转角沿轴线的变化率 $\mathrm{d}\varphi/\mathrm{d}x$ 或单位长度内的扭转角，使其不超过某一规定的

许用值$[\theta]$。由式(3-6)可知，扭转角的变化率为

$$\theta=\frac{\mathrm{d}\varphi}{\mathrm{d}x}=\frac{T}{GI_{\mathrm{P}}}$$

所以，圆轴扭转的刚度条件为

$$\theta_{\max}=\left(\frac{T}{GI_{\mathrm{P}}}\right)_{\max}\leqslant[\theta] \tag{3-15a}$$

对于等截面圆轴，则要求

$$\frac{T_{\max}}{GI_{\mathrm{P}}}\leqslant[\theta] \tag{3-15b}$$

在式(3-15b)中，$[\theta]$为单位长度许用扭转角，其常用单位是$°/\mathrm{m}$，而单位长度扭转角的单位是rad/m，须将其单位换算，于是可得

$$\frac{T_{\max}}{GI_{\mathrm{P}}}\times\frac{180}{\pi}\leqslant[\theta] \tag{3-15c}$$

对于一般的传动轴，$[\theta]$为$(0.5\sim2)°/\mathrm{m}$；对于精密机器的轴，$[\theta]$常取在$(0.15\sim0.3)°/\mathrm{m}$之间。具体数值可在机械设计手册中查出。

【例题 3.4】 一汽车传动轴简图如图3.19(a)所示，转动时输入的力偶矩$M_{\mathrm{e}}=9.56\mathrm{kN\cdot m}$，轴的内、外直径之比$\alpha=\frac{1}{2}$。钢的许用切应力$[\tau]=40\mathrm{MPa}$，切变模量$G=80\mathrm{GPa}$，许可单位长度扭转角$[\theta]=0.3°/\mathrm{m}$。试按强度条件和刚度条件选择轴的直径。

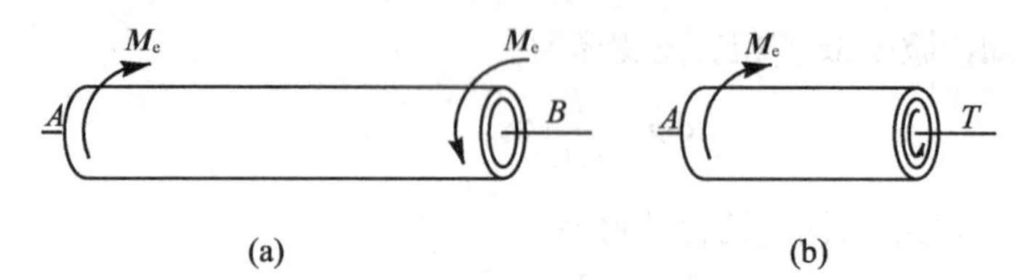

图3.19 例题3.4图

解：(1) 求扭矩T。用截面法截取左段为脱离体(如图3.19(b)所示)，根据平衡条件得

$$T=M_{\mathrm{e}}=9.56\mathrm{kN\cdot m}$$

(2) 根据强度条件确定轴的外径。

由 $$W_{\mathrm{P}}=\frac{\pi D^3}{16}(1-\alpha^4)=\frac{\pi D^3}{16}\left[1-\left(\frac{1}{2}\right)^4\right]=\frac{\pi D^3}{16}\times\frac{15}{16}$$

和 $$\frac{T_{\max}}{W_{\mathrm{P}}}\leqslant[\tau]$$

得 $$D\geqslant\sqrt[3]{\frac{16T}{\pi(1-\alpha^4)[\tau]}}=\sqrt[3]{\frac{16\times(9.56\times10^3\mathrm{N\cdot m})\times16}{15\pi(40\times10^6\mathrm{Pa})}}=109\times10^{-3}\mathrm{m}=109\mathrm{mm}$$

(3) 根据刚度条件确定轴的外径。

由 $$I_{\mathrm{P}}=\frac{\pi D^4}{32}(1-\alpha^4)=\frac{\pi D^4}{16}\left[1-\left(\frac{1}{2}\right)^4\right]=\frac{\pi D^4}{32}\times\frac{15}{16}$$

和
$$\frac{T_{\max}}{GI_{\text{P}}}\times\frac{180}{\pi}\leqslant[\theta]$$

得

$$D\geqslant\sqrt[4]{\frac{T}{G\times\frac{\pi}{32}(1-\alpha^{4})}\times\frac{180}{\pi}\times\frac{1}{[\theta]}}$$

$$=\sqrt[4]{\frac{32\times(9.56\times10^{3}\,\text{N}\cdot\text{m})\times16}{(80\times10^{9}\,\text{Pa})\pi\times15}\times\frac{180}{\pi}\times\frac{1}{0.3^{\circ}/\text{m}}}$$

$$=125.5\times10^{-3}\,\text{m}=125.5\text{mm}$$

所以，空心圆轴的外径不能小于125.5mm，内径不能小于62.75mm。

3.5 扭转超静定问题

如图3.20(a)所示的圆截面杆AB，两端固定，在C处受力偶矩M_{e}作用，想求两固定端的支座反力偶矩M_A和M_B，需综合考虑静力、几何、物理3个方面。

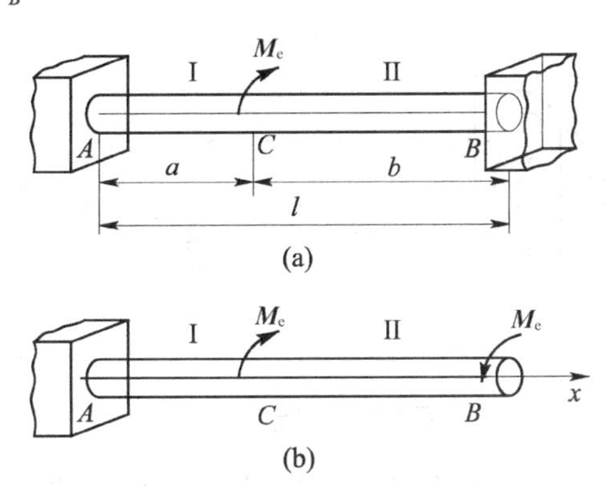

图3.20 超静定杆

对此问题，只能写出一个静力平衡方程$\sum M_x=0$，而未知的支座反力偶矩是两个，故为一次超静定问题。设想固定端B为多余约束，解除后加上相应的多余未知力偶矩M_B，得基本静定系(如图3.20(b)所示)。M_{e}单独作用时在B端引起扭转角φ_{BM}，多余未知力偶矩M_B单独作用时在B端引起扭转角φ_{BB}。由于B原来是固定端，所以其扭转角应等于零，于是有变形条件

$$\varphi_B=\varphi_{BM}+\varphi_{BB}=0 \tag{a}$$

设杆的扭转刚度为GI_{P}，则有物理条件

$$\begin{cases}\varphi_{BM}=-\dfrac{M_{\text{e}}a}{GI_{\text{P}}}\\ \varphi_{BB}=\dfrac{M_B l}{GI_{\text{P}}}\end{cases} \tag{b}$$

将式(b)代入式(a)，即得补充方程，即

$$\frac{M_B l}{GI_P}=\frac{M_e a}{GI_P}$$

由此解得

$$M_B=\frac{M_e a}{l}$$

求得多余反力偶矩 M_B 后，固定端 A 的支反力偶就不难由平衡方程求得。

【例题 3.5】 一副长为 l 的组合杆，由不同材料的实心圆截面杆和空心圆截面杆套在一起组成，如图 3.21(a)所示，内、外两杆均在线弹性范围内工作，其扭转刚度分别为 $G_a I_{Pa}$ 和 $G_b I_{Pb}$。当组合杆的两端面各自固接于刚性板上，并在刚性板处作用有一对扭转力偶矩 M_e 时，试求分别作用在内、外杆上的扭转力偶矩。

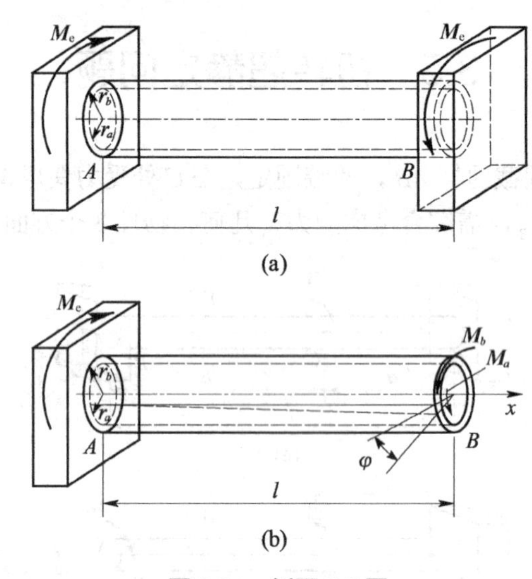

图 3.21 例题 3.5 图

解：对于此杆，只能写出一个静力平衡方程 $\sum M_x=0$，而未知量却有两个，如图 3.21(b)所示，故为一次超静定问题，须建立一个补充方程。

由于原杆两端各自固接于刚性板上，所以内、外两杆的扭转变形相同。因此有

$$\varphi_{Ba}=\varphi_{Bb} \tag{a}$$

式中，φ_{Ba} 和 φ_{Bb} 分别表示内、外两杆的 B 端相对于 A 端的扭转角，在图 3.21(b)中都用 φ 表示。有物理关系

$$\begin{cases}\varphi_{Ba}=\dfrac{M_a l}{G_a I_{Pa}}\\[2ex]\varphi_{Bb}=\dfrac{M_b l}{G_b I_{Pb}}\end{cases} \tag{b}$$

将式(b)代入式(a)，经简化后得

$$M_a = \frac{G_a I_{Pa}}{G_b I_{Pb}} M_b \tag{c}$$

组合杆的平衡方程为

$$\sum M_x = 0，\quad M_a + M_b = M_e \tag{d}$$

联立求解式(c)、式(d)，经整理后得

$$M_a = \frac{G_a I_{Pa}}{G_a I_{Pa} + G_b I_{Pb}} M_e$$

$$M_b = \frac{G_b I_{Pb}}{G_a I_{Pa} + G_b I_{Pb}} M_e$$

结果均为正，表明原先假设的 M_a 和 M_b 的转向与实际一致。

3.6　剪切的概念及实例

剪切是杆件的基本变形形式之一，当杆件受大小相等、方向相反、作用线相距很近的一对横向力作用(如图 3.22(a)所示)时，杆件发生剪切变形。此时，截面 *cd* 相对于截面 *ab* 将发生错动(如图 3.22(b)所示)。若变形过大，杆件将在 *cd* 面和 *ab* 面之间的某一截面 *m*—*m* 处被剪断，*m*—*m* 截面称为**剪切面**。剪切面的内力称为**剪力**，与之相对应的应力为**切应力**。

工程实际中，承受剪切的构件很多，特别是在连接件中更为常见。例如，机械中的轴与齿轮间的键连接(见图 3.23)，桥梁桁架节点处的铆钉(或螺栓)连接(见图 3.24)，吊装重物的销轴连接(见图 3.25)等。铆钉、螺栓、键等起连接作用的部件，统称为连接件。连接件的变形往往是比较复杂的，而其本身的尺寸又比较小，在工程实际中，通常按照连接件的破坏可能性，采用既能反映受力的基本特征，又能简化计算的假设，计算其名义应力，然后根据直接试验的结果，确定其许用应力，来进行强度计算。这种简化计算的方法，称为**工程实用计算法**。连接件的强度计算，在整个结构设计中占有重要的地位。

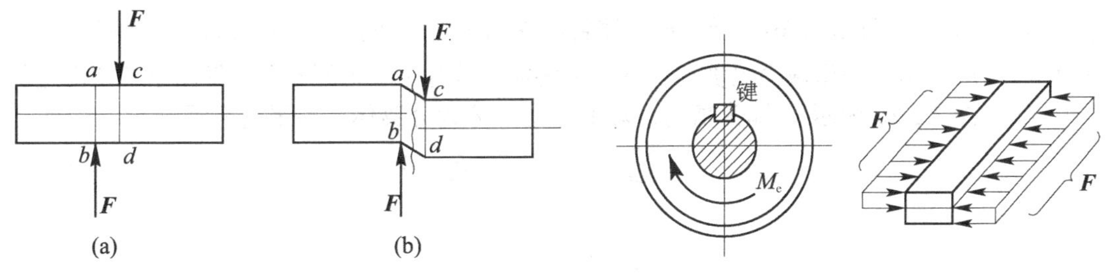

图 3.22　剪切变形　　　　图 3.23　键连接

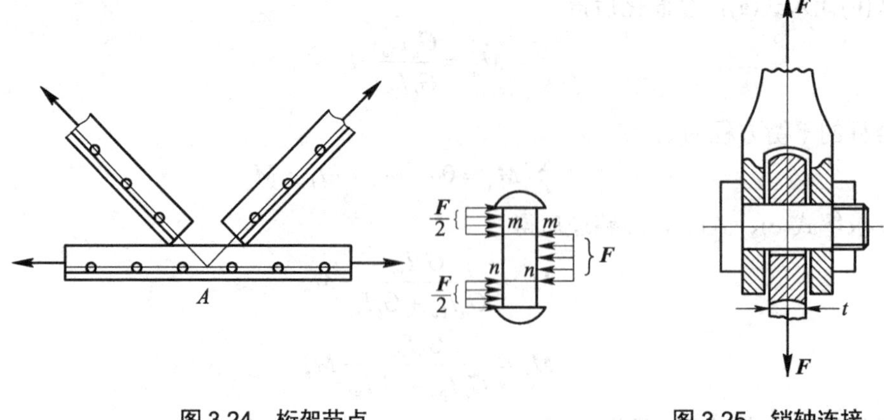

图 3.24　桁架节点　　　　图 3.25　销轴连接

3.7　连接件的强度计算

在连接件中，铆钉和螺栓连接是较为典型的连接方式，其强度计算对其他连接形式具有普遍意义。下面就以铆钉连接为例来说明连接件的强度计算。

对如图 3.26 所示的铆接结构，实际分析表明，它的破坏可能有下列 3 种形式。

(1) 铆钉沿剪切面 ***m*—*m*** 被剪断，如图 3.26(b)所示。

(2) 由于铆钉与连接板孔壁之间的局部挤压，使铆钉或板孔壁产生显著的塑性变形，从而导致连接松动而失效，如图 3.26(c)所示。

(3) 连接板沿被铆钉孔削弱了的 ***n*—*n*** 截面被拉断，如图 3.26(d)所示。

上述 3 种破坏形式均发生在连接接头处。若要保证连接结构安全、正常地工作，首先要保证连接接头的正常工作。因此，往往要对上述 3 种情况进行强度计算。

3.7.1　剪切实用计算

铆钉的受力如图 3.26(b)所示，板对铆钉的作用力是分布力，此分布力的合力等于作用在板上的力 F。用一假想截面沿剪切面 ***m*—*m*** 将铆钉截为上、下两部分，暴露出剪切面上的内力 $\boldsymbol{F}_{\mathrm{S}}$ (如图 3.27(a)所示)，即为**剪力**。取其中一部分为分离体，由平衡方程

$$\sum F_x = 0\text{，}\quad F - F_{\mathrm{S}} = 0$$

得

$$F_{\mathrm{S}} = F$$

在剪切实用计算中，假设剪切面上的切应力均匀分布，于是，剪切面上的名义切应力为

$$\tau = \frac{F_{\mathrm{S}}}{A_{\mathrm{S}}} \tag{3-16}$$

式中，A_{S} 为剪切面的面积。

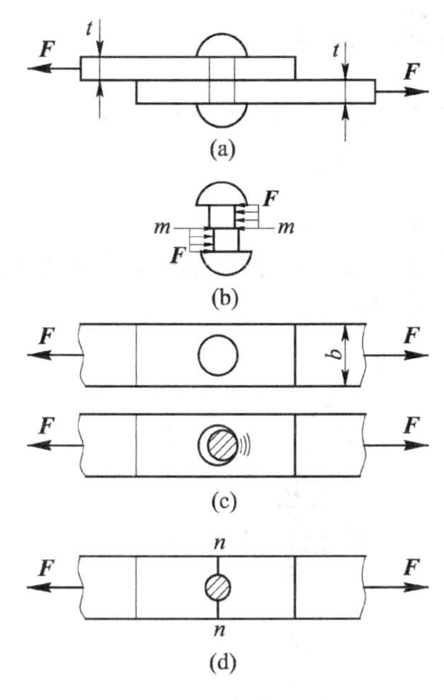

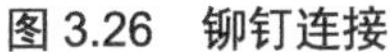
图 3.26　铆钉连接

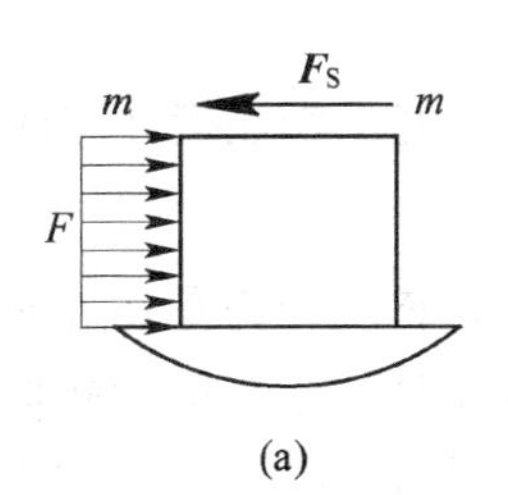

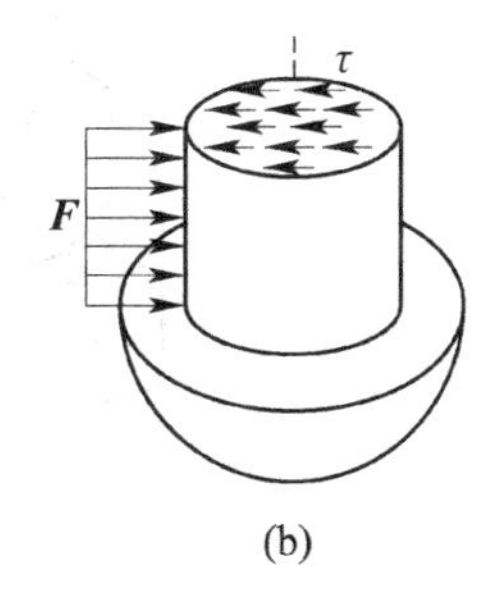

图 3.27　剪切面上的切应力

然后，通过直接试验，得到剪切破坏时材料的极限切应力 τ_u，再除以安全因数，即得材料的许用应力 $[\tau]$。于是，剪切强度条件可表示为

$$\tau = \frac{F_S}{A_S} \leqslant [\tau] \tag{3-17}$$

试验表明，对于钢连接件的许用切应力 $[\tau]$ 与许用正应力 $[\sigma]$ 之间，有以下关系，即

$$[\tau] = (0.6 \sim 0.8)[\sigma]$$

3.7.2　挤压实用计算

在如图 3.26(c)所示的铆钉连接中，在铆钉与连接板相互接触的表面上，将发生彼此间的局部承压现象，称为**挤压**。挤压面上所受的压力称为**挤压力**，并记作 F_{bs}。因挤压而产生的应力称为**挤压应力**。铆钉与铆钉孔壁之间的接触面为圆柱形曲面，挤压应力 σ_{bs} 的分布如图 3.28(a)所示，其最大值发生在 A 点，在直径两端 B 、C 处等于零。要精确计算这样分布的挤压应力是比较困难的。在工程计算中，当挤压面为圆柱面时，取实际挤压面在直径平面上的投影面积，作为计算挤压面积 A_{bs}。在挤压实用计算中，用挤压力除以计算挤压面积得到名义挤压应力，即

$$\sigma_{bs} = \frac{F_{bs}}{A_{bs}} \tag{3-18}$$

然后，通过直接试验，并按名义挤压应力的计算公式得到材料的极限挤压应力，再除以安全因数，即得许用挤压应力 $[\sigma_{bs}]$。于是，挤压强度条件可表示为

$$\sigma_{bs}=\frac{F_{bs}}{A_{bs}}\leqslant[\sigma_{bs}] \tag{3-19}$$

试验表明，对于钢连接件的许用挤压应力$[\sigma_{bs}]$与许用正应力$[\sigma]$之间，有

$$[\sigma_{bs}]=(1.7\sim2.0)[\sigma]$$

应当注意，挤压应力是在连接件与被连接件之间相互作用的，因而，当两者材料不同时，应校核其中许用挤压应力较低材料的挤压强度。另外，当连接件与被连接件的接触面为平面时，计算挤压面积A_{bs}即为实际挤压面的面积。

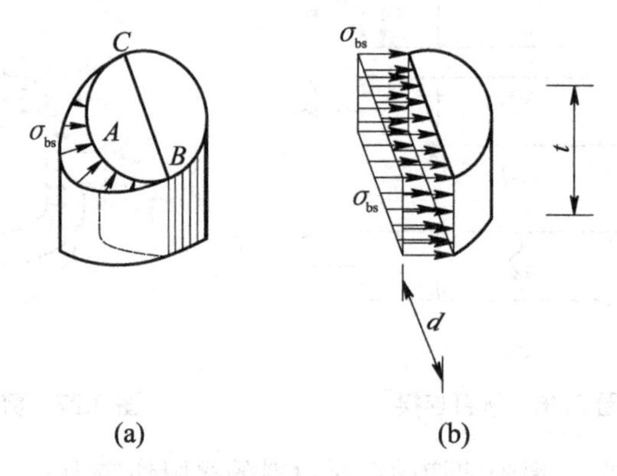

图 3.28　挤压应力的计算

【例题 3.6】 两块钢板用三个直径相同的铆钉连接，如图 3.29(a)所示。已知钢板宽度$b=100\text{mm}$，厚度$t=10\text{mm}$，铆钉直径$d=20\text{mm}$，铆钉许用切应力$[\tau]=100\text{MPa}$，许用挤压应力$[\sigma_{bs}]=300\text{MPa}$，钢板许用拉应力$[\sigma]=160\text{MPa}$。试求许可荷载$\boldsymbol{F}$。

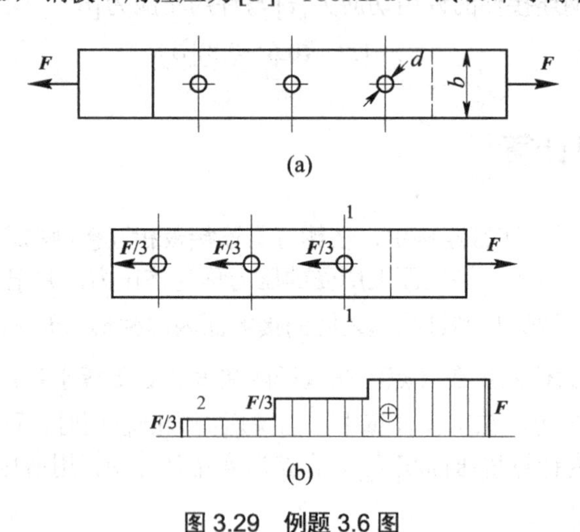

图 3.29　例题 3.6 图

解：(1) 按剪切强度条件求$\boldsymbol{F}$。

由于各铆钉的材料和直径均相同，且外力作用线通过铆钉组受剪面的形心，可以假定各铆钉所受剪力相同。因此，铆钉及连接板的受力情况如图 3.29(b)所示。每个铆钉所受的剪力为

$$F_S = \frac{F}{3}$$

根据剪切强度条件式(3-17)

$$\tau = \frac{F_S}{A_S} \leqslant [\tau]$$

可得

$$F \leqslant 3[\tau]\frac{\pi d^2}{4} = 3 \times 100 \times \frac{3.14 \times 20^2}{4} = 94200\text{N} = 94.2\text{kN}$$

(2) 按挤压强度条件求 $\boldsymbol{F}$ 。

由上述分析可知，每个铆钉承受的挤压力为

$$F_{bs} = \frac{F}{3}$$

根据挤压强度条件式(3-19)

$$\sigma_{bs} = \frac{F_{bs}}{A_{bs}} \leqslant [\sigma_{bs}]$$

可得

$$F \leqslant 3[\sigma_{bs}]A_{bs} = 3[\sigma_{bs}]dt = 3 \times 300 \times 20 \times 10 = 180000\text{N} = 180(\text{kN})$$

(3) 按连接板抗拉强度求 $\boldsymbol{F}$ 。

由于上、下板的厚度及受力是相同的，所以分析其一即可。图 3.29(b)所示为上板的受力情况及轴力图。1—1 截面内力最大而截面面积最小，为危险截面，则有

$$\sigma = \frac{F_{N1-1}}{A_{1-1}} = \frac{F}{A_{1-1}} \leqslant [\sigma]$$

由此可得

$$F \leqslant [\sigma](b-d)t = 160 \times (100-20) \times 10 = 128000\text{N} = 128\text{kN}$$

根据以上计算结果，应选取最小的荷载值作为此连接结构的许用荷载。故取

$$[F] = 94.2\text{kN}$$

铆钉连接在建筑结构中被广泛采用。铆接的方式主要有搭接(如图 3.30(a)所示)、单盖板对接(如图 3.30(b)所示)和双盖板对接(如图 3.30(c)所示)3 种。搭接和单盖板对接中的铆钉具有一个剪切面，称为**单剪**，双盖板对接中的铆钉具有两个剪切面，称为**双剪**。在搭接和单盖板对接中，由铆钉的受力可见，铆钉(或钢板)显然将发生弯曲。在铆钉组连接中(见图 3.31)，由于铆钉和钢板的弹性变形，两端铆钉的受力与中间铆钉的受力并不完全相同。为简化计算，在铆钉组的计算中假设：①不论铆接的方式如何，均不考虑弯曲的影响；②若外力的作用线通过铆钉组受剪面的形心，且同一组内各铆钉的材料与直径均相同，则每个铆钉的受力也相同。

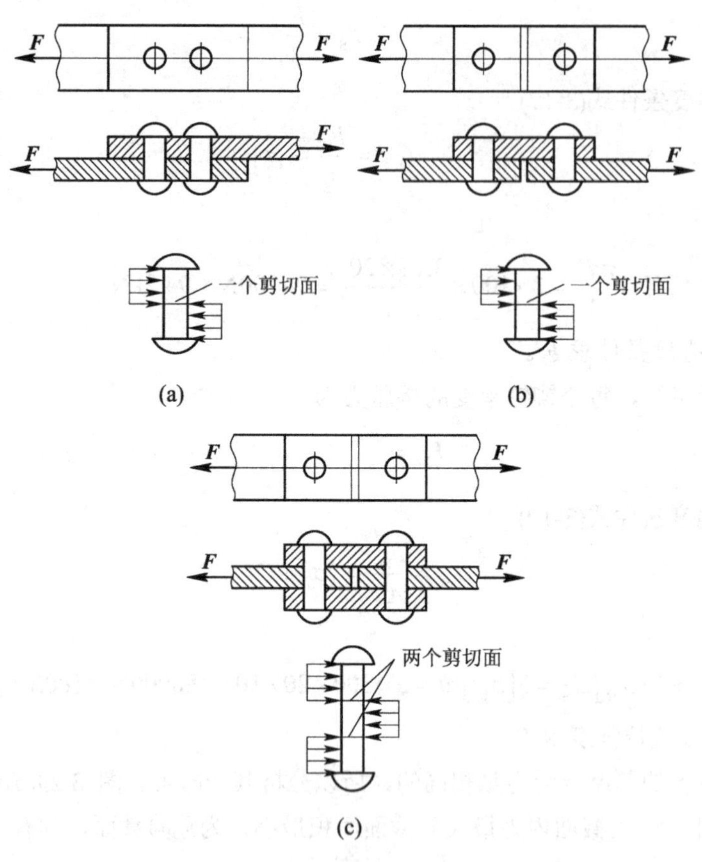

图 3.30 许可荷载 F

按照上述假设，就可得到每个铆钉的受力为

$$F_1 = \frac{F}{n}$$

式中，n为铆钉组中的铆钉个数。

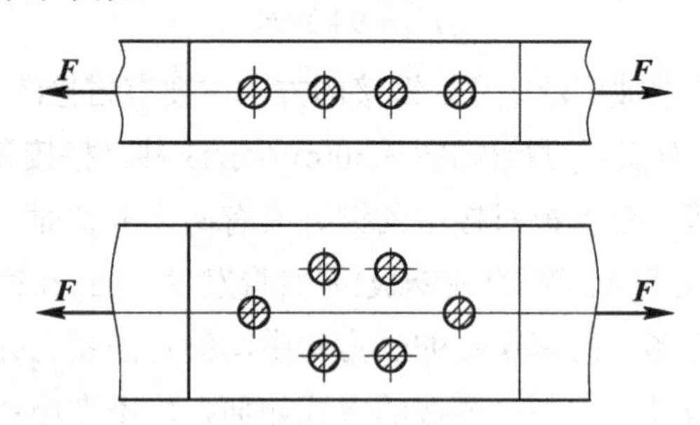

图 3.31 铆钉组连接

【例题 3.7】 两块钢板用铆钉对接，如图 3.32(a)所示。已知主板厚度 $t_1 = 15\text{mm}$，盖板厚度 $t_2 = 10\text{mm}$，主板和盖板的宽度 $b = 150\text{mm}$，铆钉直径 $d = 25\text{mm}$。F=300kN，$[\sigma_{bs}]$=300MPa，$[\sigma]$=160MPa。铆钉的许用切应力 $[\tau] = 100\text{MPa}$。试对此铆接进行校核。

解：(1) 校核铆钉的剪切强度。此结构为对接接头。铆钉和主板、盖板的受力情况如图 3.32(b)、(c)所示。每个铆钉有两个剪切面，每个铆钉的剪切面所承受的剪力为

$$F_S = \frac{F}{2n} = \frac{F}{6}$$

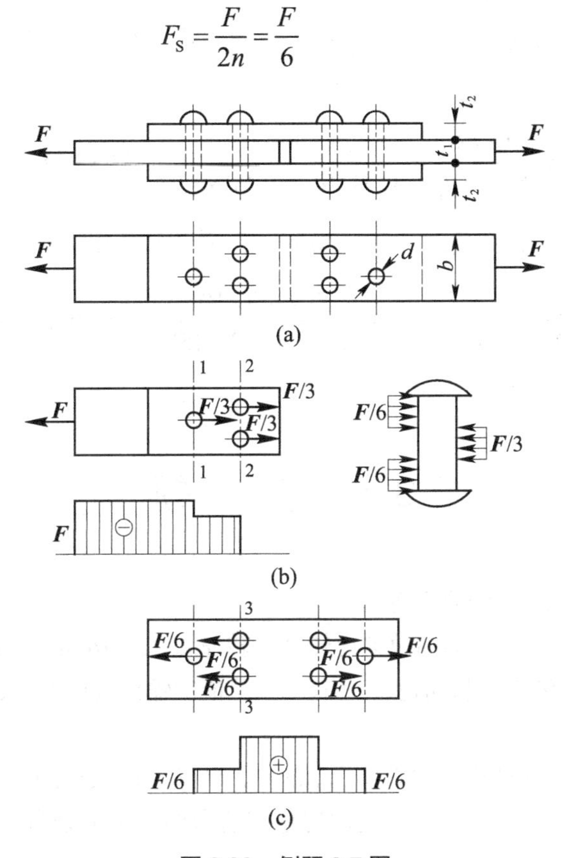

图 3.32　例题 3.7 图

根据剪切强度条件式(3-17)，有

$$\tau = \frac{F_S}{A_S} = \frac{F/6}{\frac{\pi}{4}d^2} = \frac{300 \times 10^3}{6 \times \frac{\pi}{4} \times 25^2} = 101.9(\text{MPa}) > [\tau]$$

超过许用切应力 1.9%，这在工程上是允许的，故安全。

(2) 校核挤压强度。由于每个铆钉有两个剪切面，铆钉有 3 段受挤压，上、下盖板厚度相同，所受挤压力也相同。而主板厚度为盖板的 1.5 倍，所受挤压力却为盖板的 2 倍，故应该校核中段挤压强度。根据挤压强度条件式(3-19)，有

$$\sigma_{bs} = \frac{F_{bs}}{A_{bs}} = \frac{F/3}{dt_1} = \frac{300 \times 10^3}{3 \times 25 \times 15} = 266.67(\text{MPa}) < [\sigma_{bs}]$$

剪切、挤压强度校核结果表明，铆钉安全。

(3) 校核连接板的强度。为了校核连接板的强度，分别画出一块主板和一块盖板的受力图及轴力图，如图 3.32(b)、(c)所示。

主板在 1—1 截面所受轴力 $F_{N1-1} = F$，为危险截面，即有

$$\sigma_{1-1}=\frac{F_{N1-1}}{A_{1-1}}=\frac{F}{(b-d)t_1}=\frac{300\times10^3}{(150-25)\times15}=160(\text{MPa})=[\sigma]$$

主板在 2—2 截面所受轴力 $F_{N2-2}=\frac{2}{3}F$，但横截面也较 1—1 截面为小，所以也应校核，有

$$\sigma_{2-2}=\frac{F_{N2-2}}{A_{2-2}}=\frac{2F/3}{(b-2d)t_1}=\frac{2\times300\times10^3}{3\times(150-2\times25)\times15}=133.33(\text{MPa})<[\sigma]$$

盖板在 3—3 截面受轴力 $F_{N3-3}=\frac{F}{2}$，横截面被两个铆钉孔削弱，应该校核，有

$$\sigma_{3-3}=\frac{F_{N3-3}}{A_{3-3}}=\frac{F/2}{(b-2d)t_2}=\frac{300\times10^3}{2\times(150-2\times25)\times10}=150(\text{MPa})<[\sigma]$$

结果表明，连接板安全。

3.8 习 题

(1) 试作图 3.33 所示各杆的扭矩图。

(2) 如图 3.34 所示，一传动轴做匀速转动，转速 $n=200\text{r/min}$，轴上装有 5 个轮子，主动轮Ⅱ输入的功率为60kW，从动轮Ⅰ、Ⅲ、Ⅳ、Ⅴ依次输出18kW、12kW、22kW和8kW。试作轴的扭矩图。

(3) 如图 3.35 所示的钻探机的功率为10kW，转速 $n=180\text{r/min}$。钻杆钻入土层的深度 $l=4\text{m}$。如土壤对钻杆的阻力可看作是均匀分布的力偶，试求分布力偶的集度 m，并作钻杆的扭矩图。

(4) 如图 3.36 所示，T 为圆杆横截面上的扭矩，试画出截面上与 T 对应的切应力分布图。

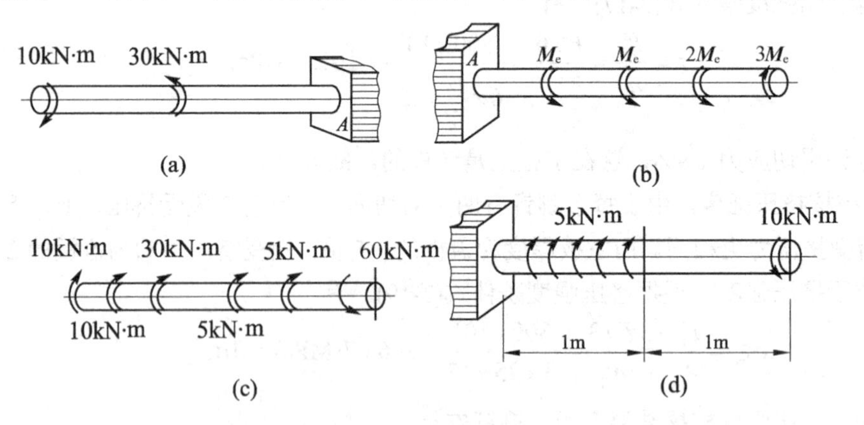

图 3.33 习题(1)图

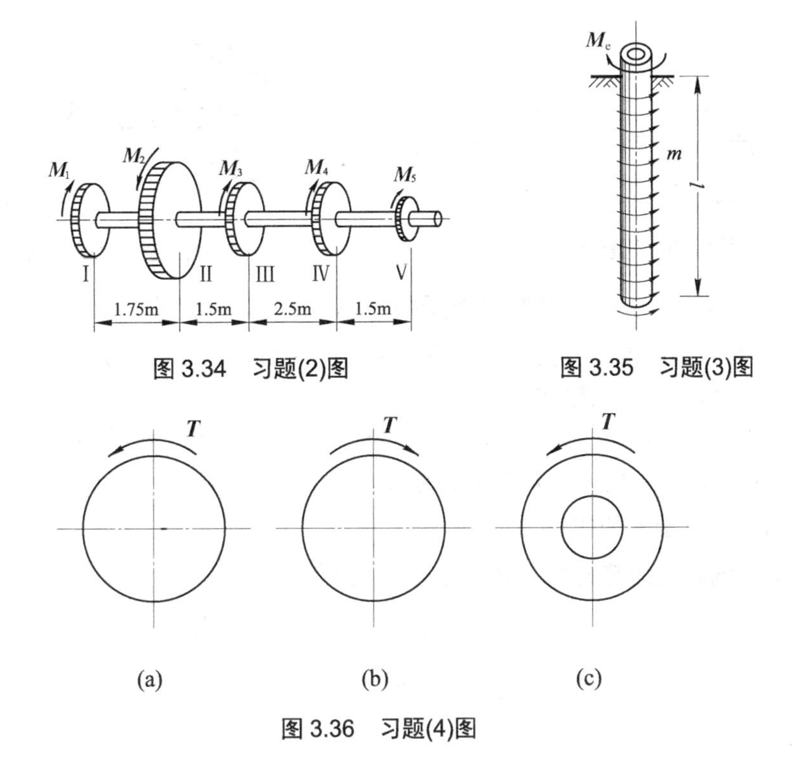

图 3.34　习题(2)图

图 3.35　习题(3)图

图 3.36　习题(4)图

(5) 如图 3.37 所示的圆截面轴，AB 与 BC 段的直径分别为 d_1 与 d_2，且 $d_1=\frac{4}{3}d_2$。试求轴内的最大扭矩切应力。

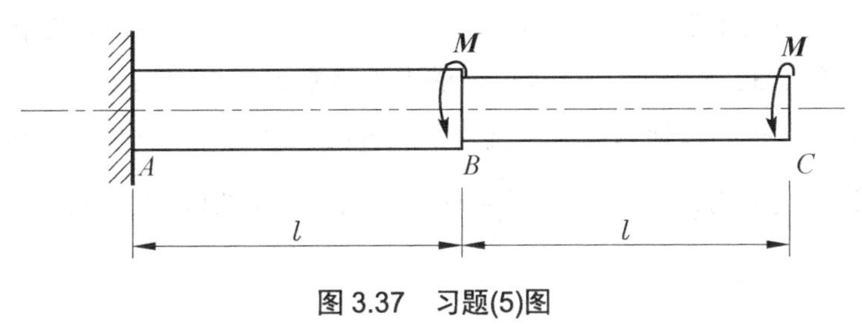

图 3.37　习题(5)图

(6) 空心钢轴的外径 $D=100\text{mm}$，内径 $d=50\text{mm}$。已知间距 $l=2.7\text{m}$ 的两横截面的相对扭转角 $\varphi=1.8^\circ$，材料的切变模量 $G=80\text{GPa}$，试求：

① 轴内的最大切应力。

② 当轴以 $n=80\text{r/min}$ 的速度旋转时，轴所传递的功率。

(7) 图 3.38 所示为一等直圆杆，已知 $d=40\text{mm}$，$a=400\text{mm}$，$G=80\text{GPa}$，$\varphi_{DB}=1^\circ$。试求：

① 最大切应力。

② 截面 A 相对于截面 C 的扭转角。

(8) 图 3.39 所示为一圆截面杆，左端固定，右端自由，在全长范围内受均布力偶矩作用，其集度为 m，设杆材料的切变模量为 G，截面的极惯性矩为 I_P，杆长为 l，试求自由端的扭转角 φ_B。

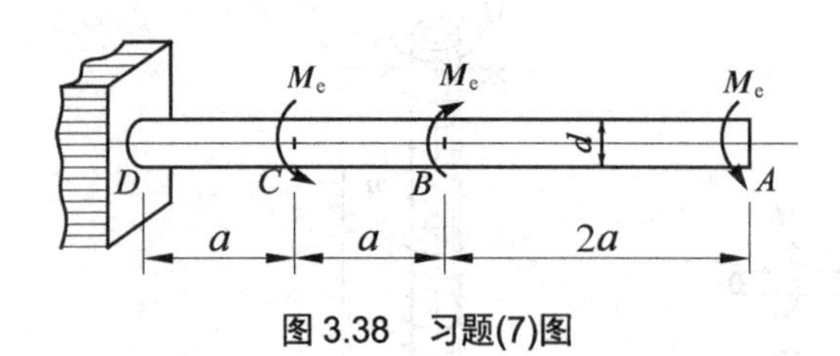

图 3.38 习题(7)图

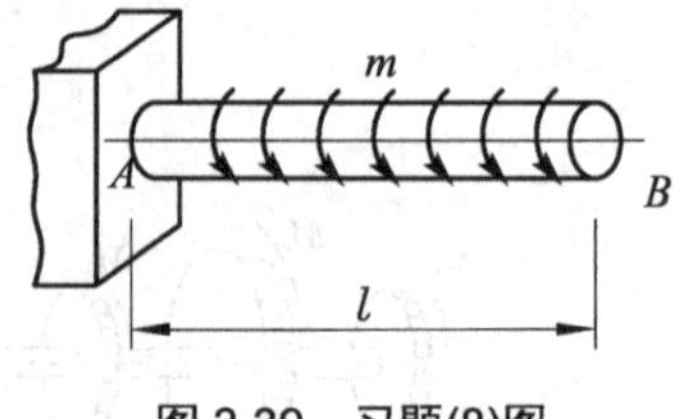

图 3.39 习题(8)图

(9) 如图 3.40 所示，一薄壁钢管受扭矩 $M_e = 2\text{kN}\cdot\text{m}$ 的作用。已知：$D = 60\text{mm}$，$d = 50\text{mm}$，$E = 210\text{GPa}$。已测得管壁上相距 $l = 200\text{mm}$ 的 AB 两截面的相对扭转角 $\varphi_{AB} = 0.43°$，试求材料的泊松比。

(10) 如图 3.41 所示，一圆锥形杆 AB，受力偶矩 M_e 作用，杆长为 l，两端截面的直径分别为 d_1 和 d_2，且 $d_2 = 1.2d_1$，材料的切变模量为 G。试求：

① 截面 A 相对于 B 的扭转角 φ_{AB}。

② 若按平均直径的等直杆计算扭转角，误差等于多少？

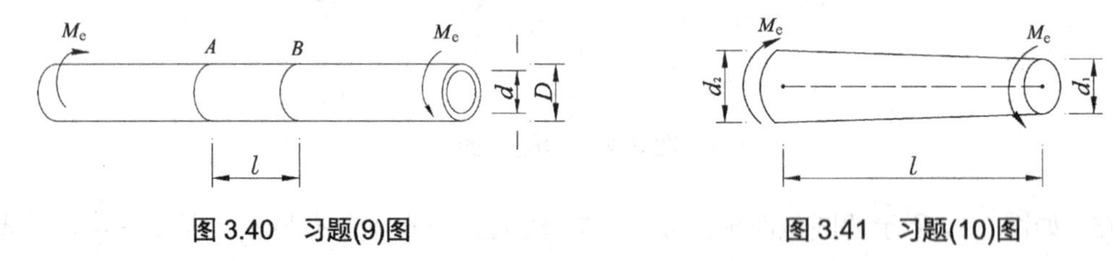

图 3.40 习题(9)图　　图 3.41 习题(10)图

(11) 直径 $d = 25\text{mm}$ 的钢圆杆，受 60kN 的轴向拉力作用时，在标距为 200mm 的长度内伸长了 0.113mm。当其承受一对 $M_e = 0.2\text{kN}\cdot\text{m}$ 扭转外力偶矩作用时，在标距为 200mm 的长度内相对扭转了 0.732° 的角度。试求钢材的弹性常数 E、G 和 μ。

(12) 实心圆轴与空心圆轴通过牙嵌离合器相连接。已知轴的转速 $n = 100\text{r/min}$，传递功率 $P = 10\text{kW}$，许用切应力 $[\tau] = 80\text{MPa}$，$\dfrac{d_1}{d_2} = 0.6$。试确定实心轴的直径 d，空心轴的内外径 d_1 和 d_2，如图 3.42 所示。

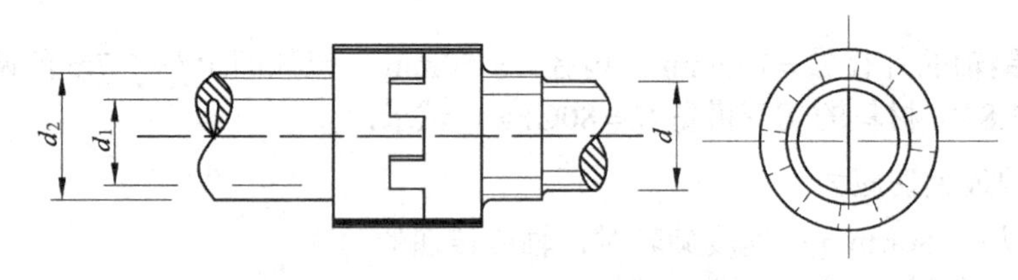

图 3.42 习题(12)图

(13) 已知实心轴的转速 $n = 300\text{r/min}$，传递的功率 $P = 330\text{kW}$，轴材料的许用切应力 $[\tau] = 60\text{MPa}$，切变模量 $G = 80\text{GPa}$。若要求在 2m 长度的相对扭转角不超过 1°，试求该轴的直径。

(14) 如图 3.43 所示的等直圆杆，已知外力偶矩 $M_A = 2.99\text{kN}\cdot\text{m}$，$M_B = 7.2\text{kN}\cdot\text{m}$，$M_C = 4.21\text{kN}\cdot\text{m}$，许用应力 $[\tau] = 70\text{MPa}$，许可单位长度扭转角 $[\theta] = 1°/\text{m}$，切变模量

$G = 80\text{GPa}$。试确定该轴的直径 d。

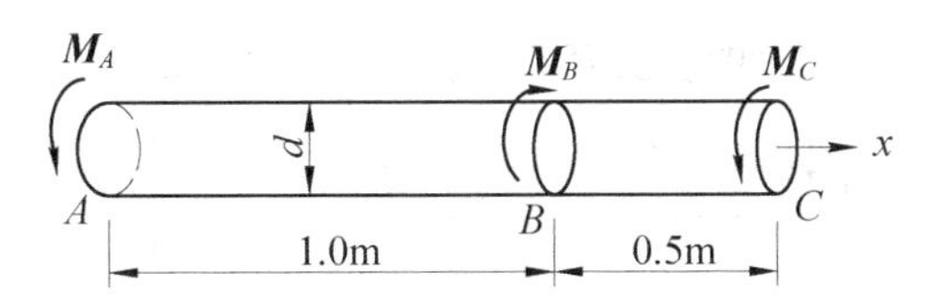

图 3.43　习题(14)图

(15) 阶梯形圆轴直径分别为 $d_1 = 40\text{mm}$，$d_2 = 70\text{mm}$，轴上装有 3 个带轮，如图 3.44 所示，已知由轮 3 输入的功率为 P_3=30kW，轮 1 输出的功率为 $P_1 = 13\text{kW}$，轴做匀速转动，转速 $n = 200\text{r/min}$，材料的剪切许用切应力 $[\tau] = 60\text{MPa}$，$G = 80\text{GPa}$，许用扭转角 $[\theta] = 2^\circ/\text{m}$。试校核轴的强度和刚度。

(16) 如图 13.45 所示，传动轴的转速为 $n = 500\text{r/min}$，主动轮 1 输入功率 $P_1 = 368\text{kW}$，从动轮 2 和 3 分别输出功率 $P_2 = 147\text{kW}$，$P_3 = 221\text{kW}$。已知 $[\tau] = 70\text{MPa}$，$G = 80\text{GPa}$，$[\theta] = 1^\circ/\text{m}$。

① 试确定 AB 段的直径 d_1 和 BC 段的直径 d_2。

② 若 AB 和 BC 两段选用同一直径，试确定直径 d。

③ 主动轮和从动轮应如何安排才比较合理？

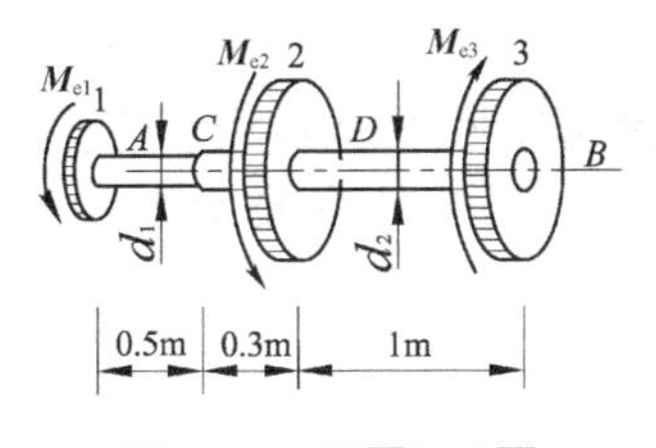

图 3.44　习题(15)图

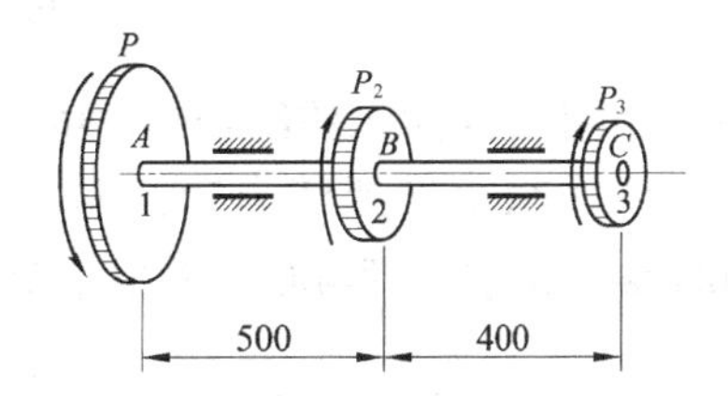

图 3.45　习题(16)图

(17) 如图 3.46 所示，圆轴 AB 与套管 CD 用刚性突缘 E 焊接成一体，并在截面 A 承受扭转外力偶矩 M 的作用。圆轴的直径 $d = 56\text{mm}$，许用切应力 $[\tau_1] = 80\text{MPa}$，套管的外径 $D = 80\text{mm}$，壁厚 $\delta = 6\text{mm}$，许用切应力 $[\tau_2] = 40\text{MPa}$。试求扭转外力偶矩 M 的许用值。

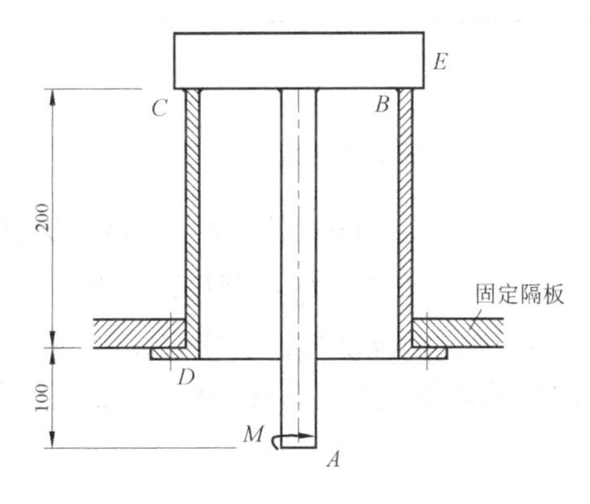

图 3.46　习题(17)图

(18) 试确定图 3.47 所示轴的直径。已知扭转力矩 $M_1 = 400\text{N}\cdot\text{m}$，$M_2 = 600\text{N}\cdot\text{m}$，许

用切应力$[\tau]=40\text{MPa}$，单位长度的许用扭转角$[\theta]=0.25°/\text{m}$，切变模量$G=80\text{GPa}$。

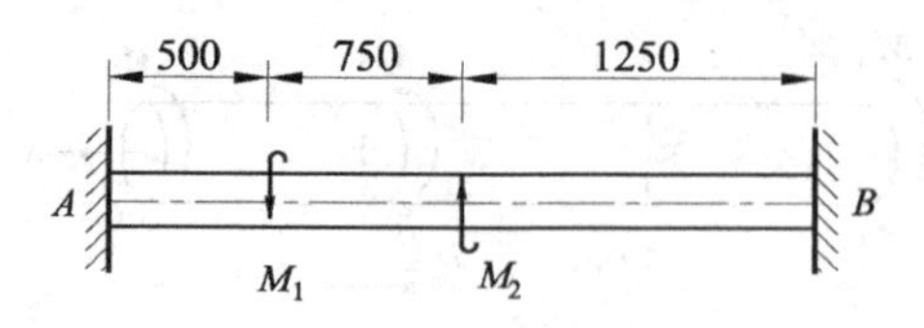

图 3.47 习题(18)图

(19) 如图 3.48 所示的组合轴，由圆截面钢轴与铜圆管并借两端刚性平板连接成一体，该轴承受扭转力矩$M=100\text{N}\cdot\text{m}$作用，试校核其强度。设钢与铜的许用切应力分别为$[\tau_S]$=80MPa，$[\tau_C]=20\text{MPa}$，切变模量分别为$G_S=80\text{GPa}$、$G_C=40\text{GPa}$。

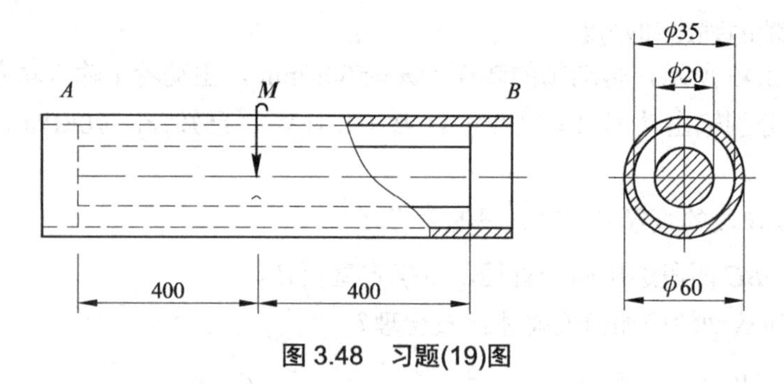

图 3.48 习题(19)图

(20) 如图 3.49 所示的组合轴，由套管与芯轴并借两端刚性平板牢固地连接在一起。设作用在刚性平板上的扭转力矩为$M=2\text{kN}\cdot\text{m}$，套管与芯轴的切变模量为$G_1=40\text{GPa}$与$G_2=80\text{GPa}$。试求套管与芯轴的扭矩及最大扭转切应力。

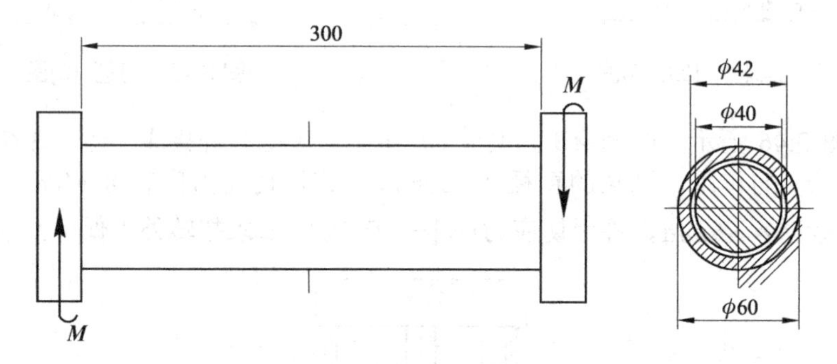

图 3.49 习题(20)图

(21) 图 3.50 所示为一两端固定的阶梯状圆轴，在截面突变处承受外力偶矩M_e。若$d_1=2d_2$，试求固定端的支反力偶矩M_A和M_B，并作扭矩图。

(22) 图 3.51 所示为一两端固定的钢圆轴，其直径$d=60\text{mm}$。轴在截面C处承受一外力偶矩$M_e=3.8\text{kN}\cdot\text{m}$。已知钢的切变模量$G=80\text{GPa}$。试求截面$C$两侧横截面上的最大切应力和截面$C$的扭转角。

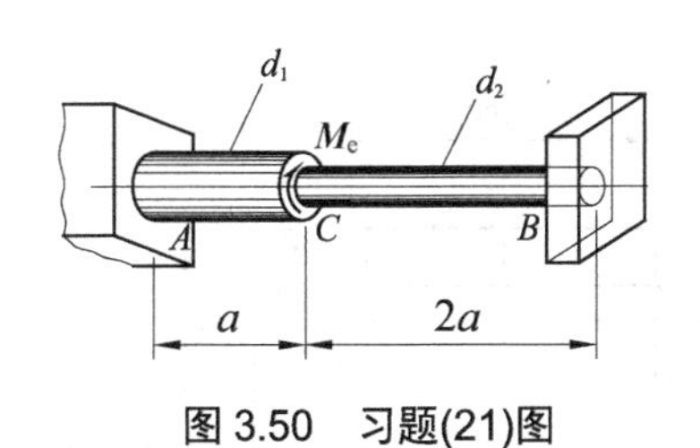

图 3.50　习题(21)图

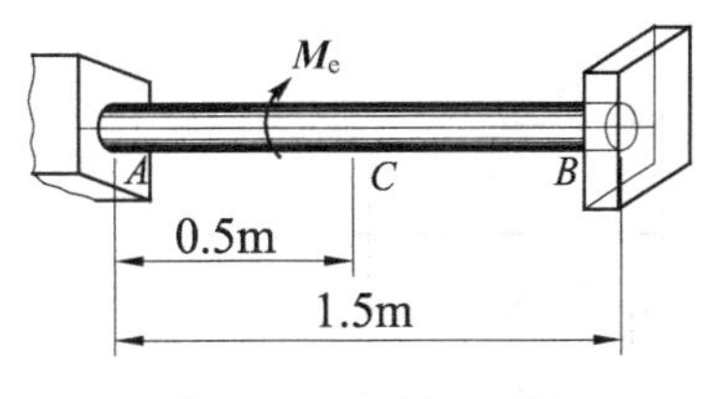

图 3.51　习题(22)图

(23) 图 3.52 所示为冲床的冲头。在 $\boldsymbol{F}$ 力作用下，冲剪钢板，设板厚 $t=10\text{mm}$，板材料的剪切强度极限 $\tau_b=360\text{MPa}$，当需冲剪一个直径为 $d=20\text{mm}$ 的圆孔时，试计算所需的冲力 $\boldsymbol{F}$ 等于多少？

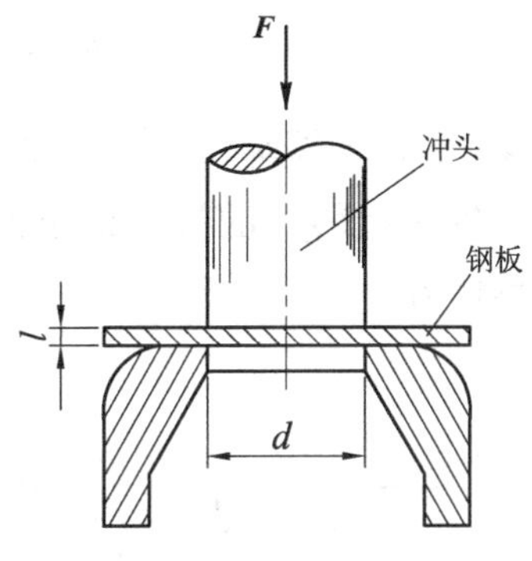

图 3.52　习题(23)图

(24) 图 3.53 所示为一正方形截面的混凝土柱，浇筑在混凝土基础上。基础分两层，每层厚为 t。已知 $F=200\text{kN}$，假定地基对混凝土板的反力均匀分布，混凝土的许用剪切应力 $[\tau]=1.5\text{MPa}$。试计算为使基础不被剪坏所需的厚度 t 值。

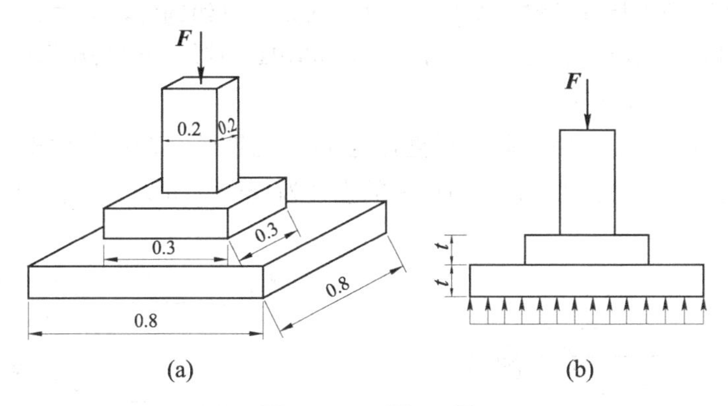

图 3.53　习题(24)图

(25) 试校核如图 3.54 所示的拉杆头部的剪切强度和挤压强度。已知图中尺寸 $D=32\text{mm}$，$d=20\text{mm}$ 和 $h=12\text{mm}$，杆的许用切应力 $[\tau]=100\text{MPa}$，许用挤压应力为 $[\sigma_{bs}]=240\text{MPa}$。

(26) 水轮发电机组的卡环尺寸如图 3.55 所示。已知轴向荷载 $F=1450\text{kN}$，卡环材料的许用切应力 $[\tau]=80\text{MPa}$，许用挤压应力为 $[\sigma_{bs}]=150\text{MPa}$。试校核该卡环的强度。

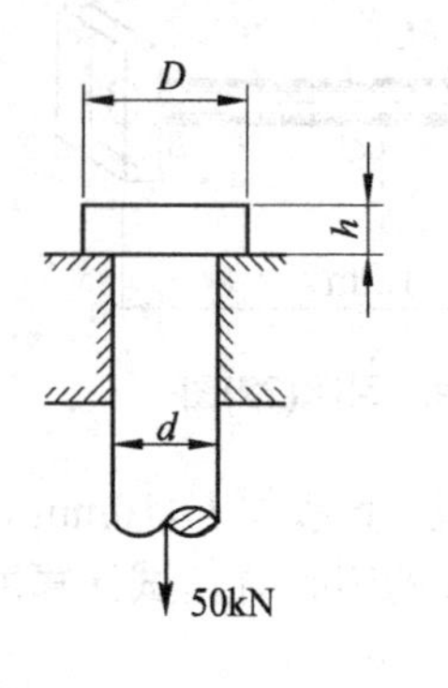

图 3.54　习题(25)图

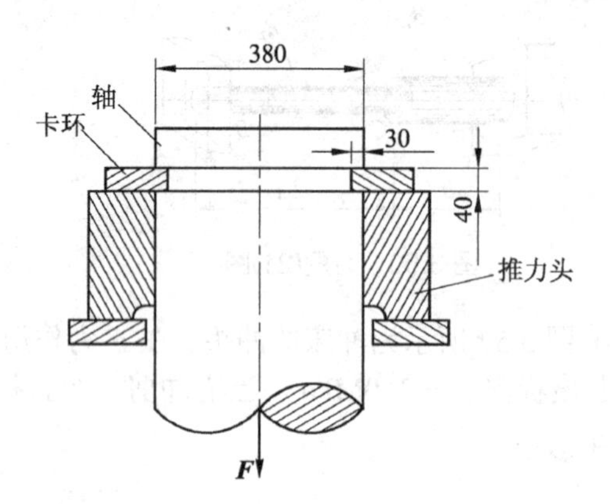

图 3.55　习题(26)图

(27) 两直径 d=100mm 的圆轴，有凸缘和螺栓连接，共有 8 个螺栓布置在 $D_0=200$mm 的圆周上，如图 3.56 所示。已知轴在扭转时的最大切应力为 70MPa，螺栓的许用切应力 $[\tau]=60$MPa 。试求螺栓所需的直径 d_1 。

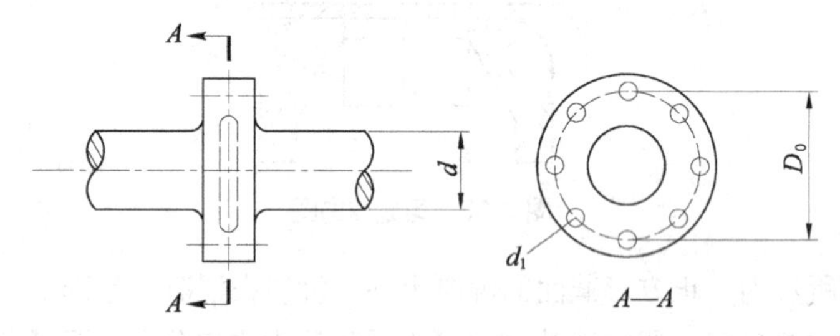

图 3.56　习题(27)图

(28) 矩形截面的木拉杆的榫接头如图 3.57 所示。已知轴向拉力 $F=20$kN ，截面宽度 $b=250$mm，木材的顺纹许用挤压应力为 $[\sigma_{bs}]=10$MPa，顺纹许用挤压切应力 $[\tau]=$ 1MPa 。试求接头处所需的尺寸 l 和 a 。

(29) 如图 3.58 所示，用夹剪剪断直径为3mm 的铁丝。若铁丝的剪切极限应力约为100MPa，试问需要多大的力 $\boldsymbol{F}$？若销钉 B 的直径为8mm，试求销钉内的切应力。

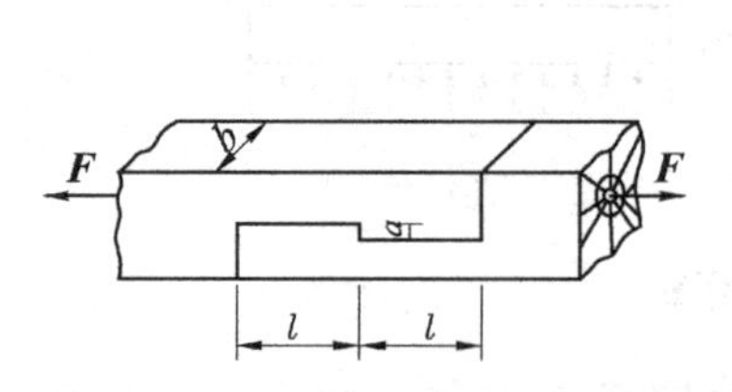

图 3.57　习题(28)图

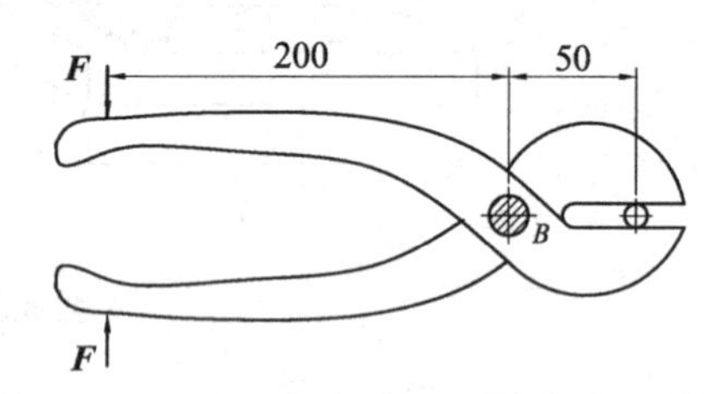

图 3.58　习题(29)图

(30) 如图 3.59 所示，杠杆机构中 B 处为螺栓连接，若螺栓材料的许用切应力 $[\tau]=98$MPa，试按剪切强度确定螺栓的直径。

(31) 两块钢板的搭接焊缝如图 3.60 所示，两钢板的厚度相同，$\delta = 2.7\text{mm}$，左端钢板宽度 $b = 12.7\text{mm}$，轴向加载。焊缝的许用切应力 $[\tau] = 93.2\text{MPa}$，钢板的许用应力 $[\sigma] = 137\text{MPa}$。试求钢板与焊缝等强度时(同时失效称为等强度)每边所需的焊缝长度。

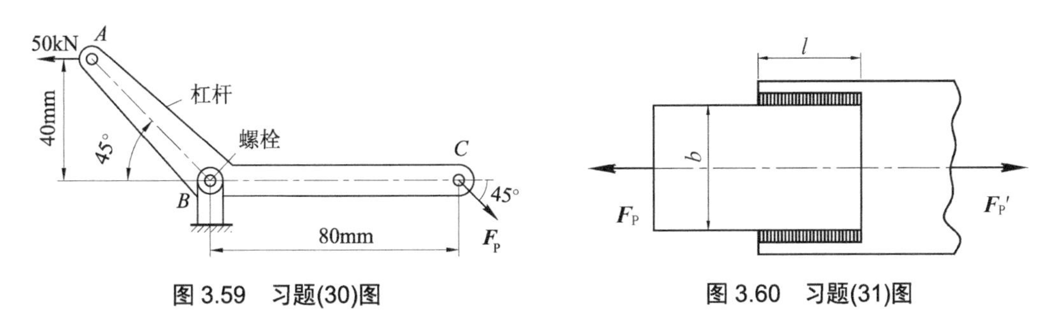

图 3.59　习题(30)图　　图 3.60　习题(31)图

(32) 如图 3.61 所示的一螺栓接头。已知 $F = 40\text{kN}$，螺栓的许用切应力 $[\tau] = 130\text{MPa}$，许用挤压应力为 $[\sigma_{bs}] = 300\text{MPa}$。试计算螺栓所需的直径。

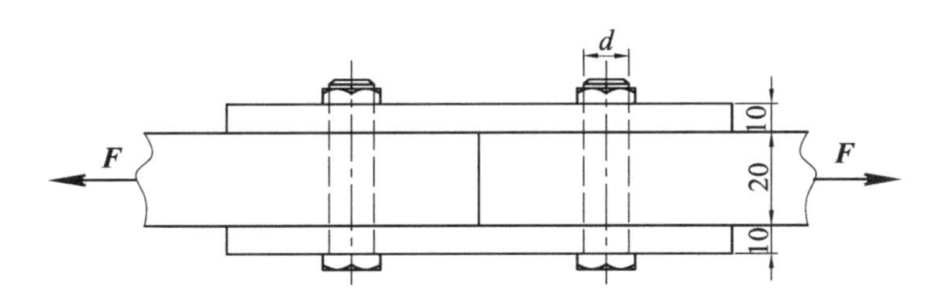

图 3.61　习题(32)图

(33) 拉力 F=80kN 的螺栓连接如图 3.62 所示。已知 $b = 80\text{mm}$，$\delta = 10\text{mm}$，$d = 22\text{mm}$，螺栓的许用切应力 $[\tau] = 130\text{MPa}$，钢板的许用挤压应力为 $[\sigma_{bs}] = 300\text{MPa}$。许用拉应力 $[\sigma] = 170\text{MPa}$。试校核接头强度。

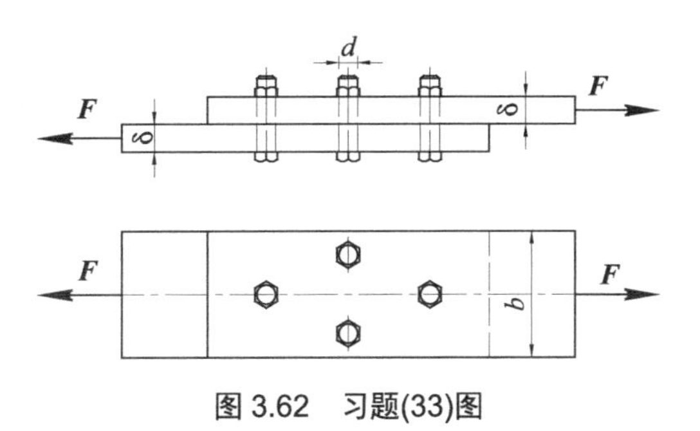

图 3.62　习题(33)图

第4章　弯曲内力

4.1　平面弯曲的概念及梁的计算简图

工程结构中常用的一类构件，当其受到垂直于轴线的横向外力或纵向平面内外力偶的作用时，其轴线变形后成为曲线，这种变形即为**弯曲变形**。以弯曲为主要变形的构件称为**梁**。如楼板梁(如图 4.1(a)所示)、阳台挑梁(如图 4.1(b)所示)、土压力作用下的挡土墙(如图 4.1(c)所示)及桥式起重机的钢梁(如图 4.1(d)所示)等。它们承受的荷载都垂直于构件，使其轴线由原来的直线变成曲线。

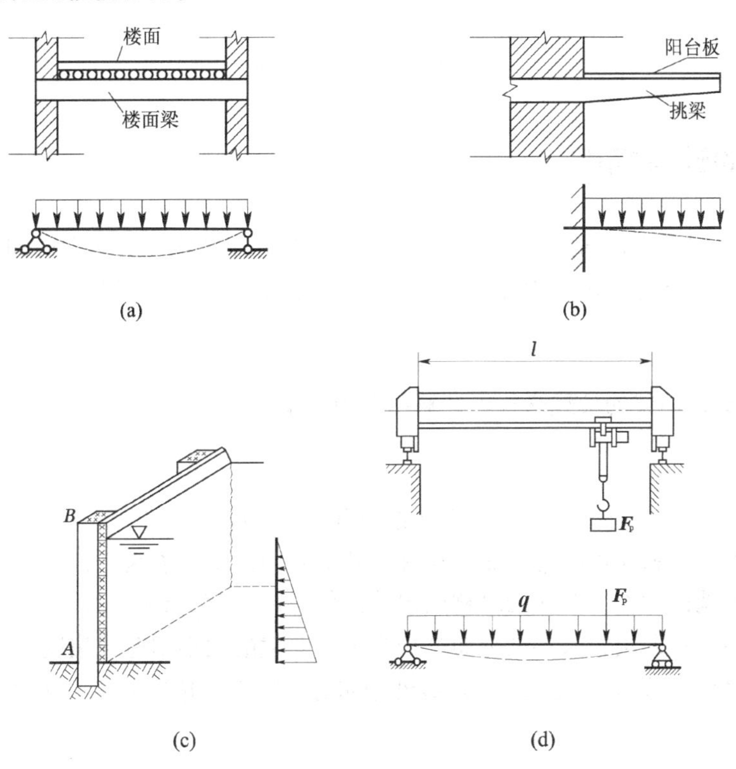

图 4.1　工程中的简单梁

4.1.1　平面弯曲的概念

在工程中经常使用的梁，其横截面都具有对称轴，对称轴与梁轴线构成的平面为纵向对称平面，当所有外力均作用在该纵向对称平面内时，梁的轴线必将弯成一条位于该对称面内的平面曲线，如图 4.2(a)所示，这种弯曲称为**平面弯曲**，其计算简图如图 4.2(b)所示。若梁不具有纵向对称面，或者梁虽具有纵向对称面但外力并不作用在纵向对称面内，这种弯曲统称为**非平面弯曲**，平面弯曲是弯曲问题中最简单、最基本的情况。本章以平面弯曲为主，讨论梁横截面上的内力计算。以下在第 5、6 章中将对梁的应力和变形进行计算。

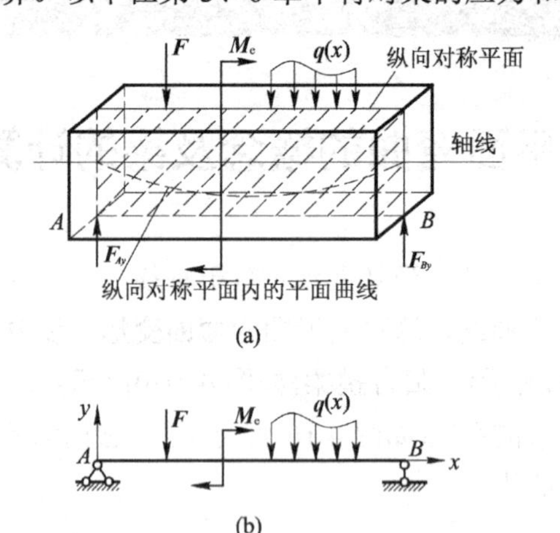

图 4.2　梁的平面弯曲

4.1.2　梁的计算简图

这里研究的梁是等截面的直梁，梁所受的外力是作用在纵向对称面内的平面力系。

为了便于分析计算，需将实际的梁结构、荷载形式及支座进行简化，作出计算简图。

1. 梁

对于等直梁，用梁的轴线来代表计算简图中的梁。

2. 荷载

作用在梁上的荷载有多种情况，但常见的有以下 3 种形式。

(1) 集中荷载：即作用在梁的微小局部上的横向力，常用 F 表示。

(2) 集中力偶：即作用在纵向对称面内的力偶，常用 M_e 表示。

(3) 分布荷载：即沿梁长连续分布的横向力，荷载的大小用荷载集度 q 表示。q 为常值时，称为均布荷载，如梁的自重；q 是线性分布时，称为三角形荷载，如水压力。

3. 支座

梁的支座按其对梁的荷载作用平面的约束情况，可简化为 3 种基本形式。

(1) 固定端支座。限制梁在支座处既不能移动又不能转动，因此，相应的支反力有 3 个，如图 4.3(a)所示。

(2) 固定铰支座。限制梁在支座处的移动，但不限制梁绕铰中心转动。因此，相应的支反力有两个，如图 4.3(b)所示。

(3) 可动铰支座。限制梁在支座处沿垂直于支承面方向的移动，因此，相应的支反力只有 1 个，如图 4.3(c)和图 4.3(d)所示。但要对图 4.3(c)和图 4.3(d)所示的情况有所区分。图 4.3(c)所示的约束反力只能是指向被约束物体，方向向上，不可以假定方向；而图 4.3(d)所示的约束反力却可以假定向上，也可以假定向下，该支座也可以称为链杆支座。

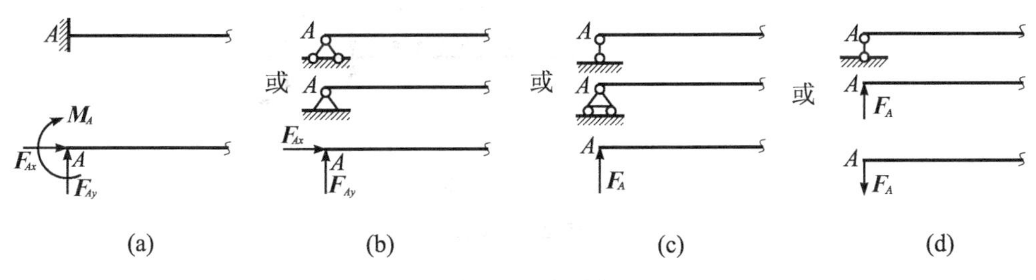

图 4.3　支座形式

4. 简单静定梁

如果一个梁只有 3 个支反力，则可由平面一般力系的 3 个独立的平衡方程求出，称这种能用平衡方程求出全部未知量的梁为静定梁；否则为超静定梁。超静定梁的求解将在后面介绍。工程上常用 3 种静定梁，悬臂梁、简支梁和外伸梁，如图 4.4(a)、图 4.4(b)和图 4.4(c)所示。

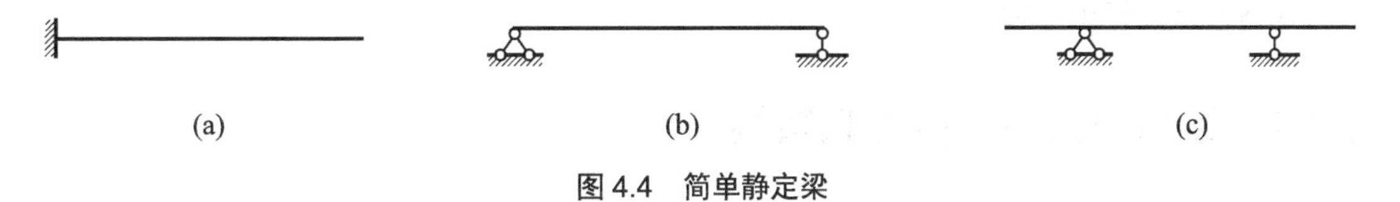

(a)　　(b)　　(c)

图 4.4　简单静定梁

【例题 4.1】 试求图 4.5(a)所示连续梁的支反力。

解： 静定梁的 AC 段为基本梁或主梁，CB 段为副梁。求支反力时，应先取副梁为脱离体求出支反力 F_B；然后，取整体为研究对象，求出 A 处的支反力 F_{Ax}、F_{Ay}、M_A。

(1) 取 CB 梁为脱离体，如图 4.5(b)所示，由平衡方程

$$\sum M_C = 0, \quad F_B \times 5 + M_e - q \times 3 \times 2.5 = 0$$

得

$$F_B = 29\text{kN}$$

(2) 取整体为脱离体，如图 4.5(a)所示，由平衡方程

$$\sum F_x = 0, \quad F_{Ax} = 0$$

$$\sum F_y = 0, \quad F_{Ay} + F_B - F - q \times 3 = 0$$

得

$$F_{Ay}=81\text{kN}$$

$$\sum M_A=0\text{，}\quad M_{RA}=96.5\text{kN}\cdot\text{m}$$

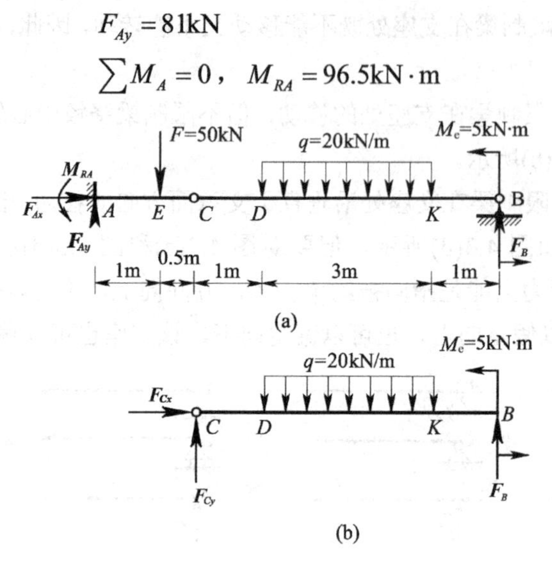

图 4.5　例题 4.1 图

上述求得的约束反力为正值，说明假定的约束反力方向与实际情况一致。为了校核所得支反力是否正确，也可取 *AC* 梁为脱离体，验证所求的支反力是否满足平衡条件。

4.2　梁的内力及内力图

为了进行梁的应力和位移计算，必须首先了解梁上各截面上的内力情况。下面对梁的内力及内力图作详细讨论。

4.2.1　梁的内力——剪力和弯矩

当作用在梁上的全部外力(包括荷载和支反力)均为已知时，任一横截面上的内力可由截面法确定。

1. 截面法求梁的内力

现以图 4.6 所示的简支梁为例。首先由平衡方程求出约束反力 $\boldsymbol{F}_A$、$\boldsymbol{F}_B$。取点 *A* 为坐标轴 *x* 的原点，根据求内力的截面法，可计算任一横截面 $\boldsymbol{m}-\boldsymbol{m}$ 上的内力。基本步骤为：①用假想的截面 $\boldsymbol{m}-\boldsymbol{m}$ 把梁截为两段，取其中一段为研究对象；②画出所取研究对象的受力图；③通过脱离体的平衡方程，求出截面内力。具体分析如下：假如取左段为研究对象。根据物体系统平衡的原理，梁整体平衡，取出一部分也应满足平衡条件。因此，若左段满足平衡条件，$\boldsymbol{m}-\boldsymbol{m}$ 截面内一定存在竖向内力与外力 $\boldsymbol{F}_A$ 平衡，设内力 $\boldsymbol{F}_\text{S}$。则由平衡方程

$$\sum F_y=0\text{，}\quad F_A-F_\text{S}=0$$

可得

$$F_\text{S}=F_A$$

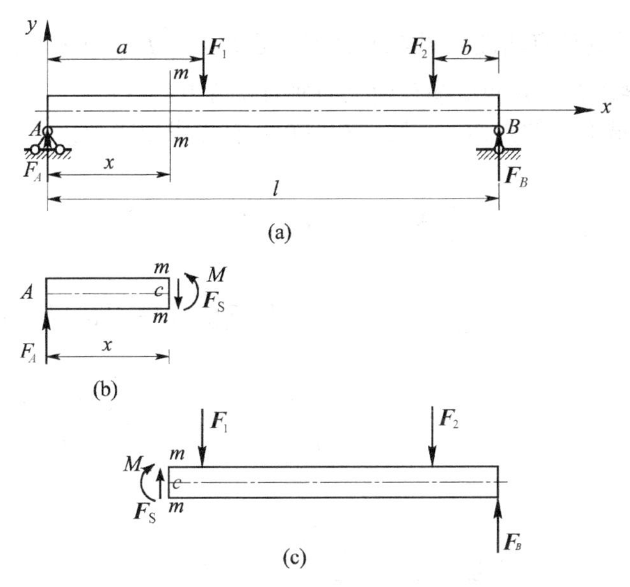

图 4.6　梁的弯曲变形

内力 $\boldsymbol{F}_S$ 称为截面的剪力。另外，由于 $\boldsymbol{F}_A$ 与 $\boldsymbol{F}_S$ 构成一力偶，因而，可断定 $m-m$ 上一定存在一个与其平衡的内力偶，其力偶矩为 M，对 $m-m$ 截面的形心取矩，建立平衡方程

$$\sum M_C=0\text{，}\quad M-F_Ax=0$$

可得

$$M=F_Ax \tag{b}$$

内力偶矩 M，称为截面的弯矩。由此可以确定，梁弯曲时截面内力有两项，即剪力和弯矩。

根据作用与反作用原理，如取右段为研究对象，用相同的方法也可以求得 $m-m$ 截面上的内力。但要注意，其数值与式(a)、式(b)相等，方向和转向却与其相反(如图 4.6(c)所示)。

2. 梁内力的符号

为了使左、右两段梁上算得同一截面 $m-m$ 上的内力，不仅可以数值相等，正负号也相同，先对剪力、弯矩的符号做以下规定：截面上的剪力相对所取的脱离体上任一点均产生顺时针转动趋势，这样的剪力为正的剪力(如图 4.7(a)所示)，反之为负的剪力(如图 4.7(b)所示)；截面上的弯矩使得所取脱离体下部受拉为正(如图 4.7(c)所示)，反之为负(如图 4.7(d)所示)。

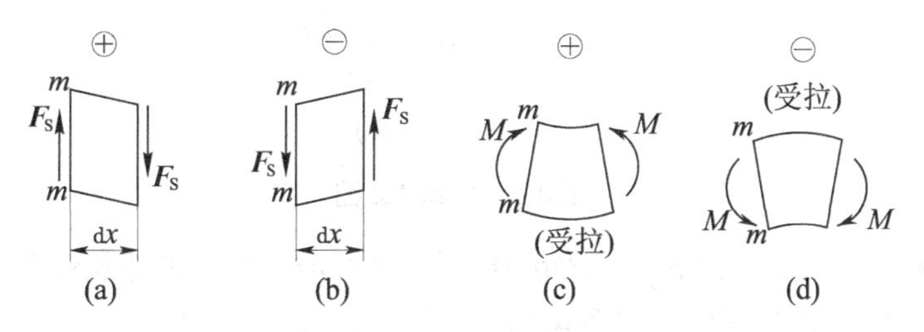

图 4.7　梁的内力符号

【**例题 4.2**】 梁的计算简图如图 4.8(a)所示。已知F_1、F_2，且$F_2 > F_1$，以及尺寸a、b、l、c和d。试求梁在E、F点处横截面上的剪力和弯矩。

解：为求梁横截面上的内力——剪力和弯矩，首先求出支反力$\boldsymbol{F}_A$和$\boldsymbol{F}_B$(如图 4.8(a)所示)。由平衡方程

$$\sum M_A = 0，\quad F_B l - F_1 a - F_2 b = 0$$

和

$$\sum M_B = 0，\quad -F_A l + F_1(l-a) + F_2(l-b) = 0$$

解得

$$F_A = \frac{F_1(l-a)+F_2(l-b)}{l}，\quad F_B = \frac{F_1 a + F_2 b}{l}$$

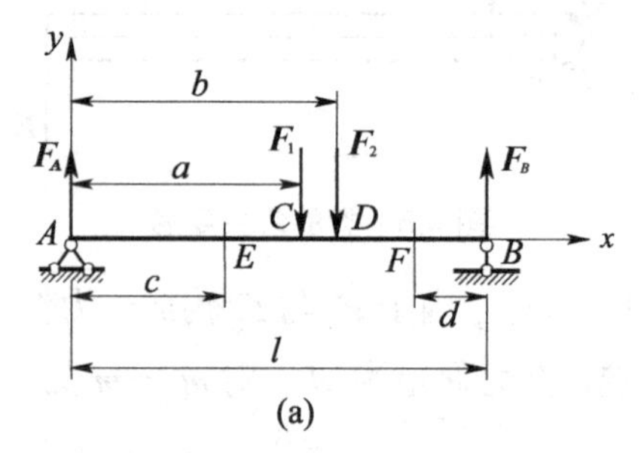

(a)

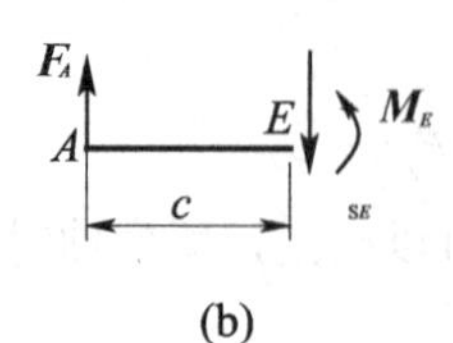

(b)

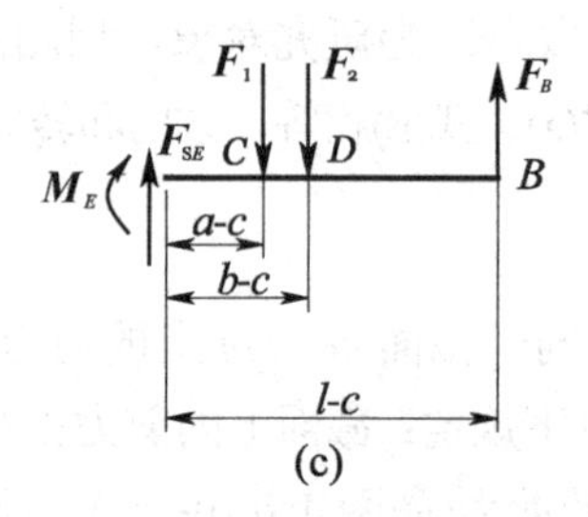

(c)

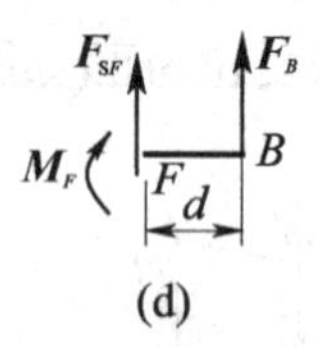

(d)

图 4.8 例题 4.2 图

当计算横截面E上的剪力$\boldsymbol{F}_{SE}$和弯矩$\boldsymbol{M}_E$时，将梁沿横截面E假想地截开，研究其左段梁，并假定F_{SE}和M_E均为正向，如图 4.8(b)所示。由梁段的平衡方程

$$\sum F_y = 0，\quad F_A - F_{SE} = 0$$

可得

$$F_{SE}=F_A$$

由
$$\sum M_E=0\text{，}\quad M_E-F_Ac=0$$

可得

$$M_E=F_Ac$$

结果为正，说明假定的剪力和弯矩的指向和转向正确，即均为正值。读者可以从右段梁(见图 4.8(c))来计算 F_{SE} 和 M_E 以验算上述结果。

计算横截面 F 上的剪力 $\boldsymbol{F}_{SF}$ 和弯矩 $\boldsymbol{M}_F$ 时，将梁沿横截面 F 假想地截开，研究其右段梁，并假定 $\boldsymbol{F}_{SF}$ 和 $\boldsymbol{M}_F$ 均为正向，如图 4.8(d)所示。由平衡方程

$$\sum F_y=0\text{，}\quad F_{SF}+F_B=0$$

可得

$$F_{SF}=-F_B$$

由
$$\sum M_F=0\text{，}\quad -M_F+F_Bd=0$$

可得

$$M_F=F_Bd$$

结果为负，说明与假定的指向相反(F_{SF})；结果为正(M_F)，说明假定的转向正确。将 F_A 和 F_B 代入上述各式即可确定 E 、F 截面的内力值。

3. 求指定截面内力的简便方法

由例题 4.2 可以看出，由截面法算得的某一截面内力，实际上可以由截面一侧的梁段上外力(包括已知外力或外力偶及支反力)确定。因此可以得到以下求指定截面内力的简便方法。

任一截面的剪力等于该截面一侧所有竖向外力的代数和，即

$$F_S=\sum_{i=1}^{n}F_i \tag{c}$$

任一截面的弯矩等于该截面一侧所有外力或力偶对该截面形心之矩的代数和，即

$$M=\sum_{i=1}^{n}M_i \tag{d}$$

需要指出，代数和中竖向外力或力矩(力偶矩)的正负号与剪力和弯矩的正负号规定一致。如例题 4.2 中 F_{SE} 可直接写成 E 截面左侧竖向外力代数和，即 $F_{SE}=F_A$，之所以 F_{SE} 是正的，是因为 F_A 对 E 截面产生顺时针转动，故为正值。同样 E 截面左侧梁段上所有力或力偶对 E 截面形心矩的代数和为 $M_E=F_Ac$， M_E 是正的，是因为左侧梁段上 F_A 对 E 截面形心的力矩使得左侧梁段下部受拉，故为正值。

从上述分析可以看出，用简便方法求内力的优点是无须切开截面、取脱离体、进行受力分析以及列出平衡方程，而可以根据截面一侧梁段上的外力直接写出截面的剪力和弯矩。这种方法大大简化了求内力的计算步骤，但要特别注意代数和中竖向外力或力(力偶)矩的正负号。下面通过例题来熟悉简便方法。

【例题 4.3】 图 4.9(a)所示为一在整个长度上受线性分布荷载作用的悬臂梁。已知最大

荷载集度q_0，几何尺寸如图所示。试求C、B两点处横截面上的剪力和弯矩。

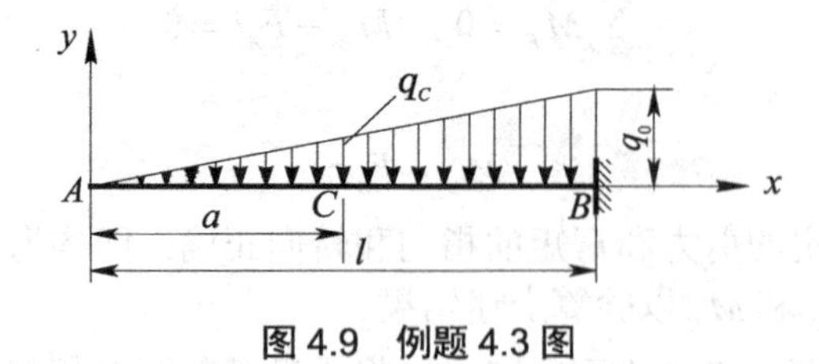

图 4.9　例题 4.3 图

解：当求悬臂梁横截面上的内力时，若取包含自由端的截面一侧的梁段来计算，则不必求出支反力。用求内力的简便方法，可直接写出横截面C上的剪力F_{SC}和弯矩M_C。

$$F_{SC}=\sum_{i=1}^{n}F_i=-\frac{q_C}{2}a$$

$$M_C=-\frac{q_C}{2}a\cdot\frac{1}{3}a=-\frac{q_C}{6}a^2$$

由三角形比例关系，可得　　$q_C=\frac{a}{l}q_0$，　则

$$F_{SC}=-\frac{q_0a^2}{2l}$$

$$M_C=-\frac{q_0a^3}{6l}$$

可见，简便方法求内力，计算过程非常简单。

4.2.2　梁的内力图——剪力图和弯矩图

一般情况下，梁横截面上的内力是随横截面的位置而变化的，即不同的横截面有不同的剪力和弯矩。设横截面沿梁轴线的位置用坐标x表示，以x为横坐标，以剪力或弯矩为纵坐标绘出的曲线，即为梁的剪力图和弯矩图。作内力图的步骤是，首先画一条基线(x轴)平行且等于梁的长度；然后习惯上将正值的剪力画在x轴上方，负值的剪力画在x轴下方而将正值的弯矩画在x轴的下方，负值的弯矩画在x轴的上方，也就是画在梁的受拉侧(见图4.10)。作内力图的主要目的就是能很清楚地看到梁上内力(剪力、弯矩)的最大值发生在哪个截面，以便对该截面进行强度校核。另外，根据梁的内力图还可以进行梁的变形计算。

1. 按内力方程作内力图

将剪力、弯矩写成x的函数，称为内力方程，即

$$F_S=F_S(x)$$

和

$$M=M(x)$$

上两式分别为梁的剪力方程和弯矩方程，即内力方程。由剪力方程、弯矩方程可以判断内力图的形状，进而通过确定几个截面的内力值，即可绘出内力图。

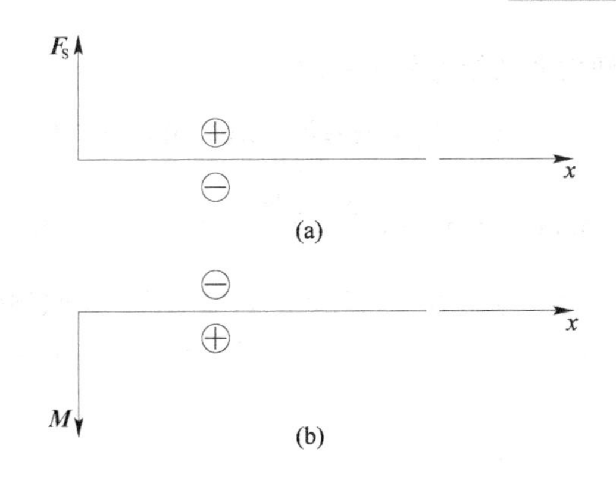

图 4.10　梁的剪力、弯矩图坐标系

下面通过例题说明用剪力方程和弯矩方程绘制剪力图和弯矩图的方法。

【例题 4.4】 图 4.11(a)所示的悬臂梁，自由端处受一集中荷载 $\boldsymbol{F}$ 作用。试作梁的剪力图和弯矩图。

解： 为计算方便，将坐标原点取在梁的右端。利用求内力的简便方法，考虑任意截面 x 的右侧梁段，则可写出任意横截面上的剪力和弯矩方程，即

$$F_S(x) = F \tag{a}$$

$$M(x) = -Fx \quad 0 \leqslant x \leqslant l \tag{b}$$

由式(a)可见，剪力图与 x 无关，是常值，即为水平直线，只需确定线上一点，如 $x=0$ 处，$F_S = F$，即可画出剪力图，如图 4.11(b)所示。

由式(b)可知，弯矩是 x 的一次函数，弯矩图是一斜直线，因此，只需确定线上两点，如 $x=0$ 处，$M=0$，$x=l$ 处，$M=-Fl$，即可绘出弯矩图(如图 4.11(c)所示)。

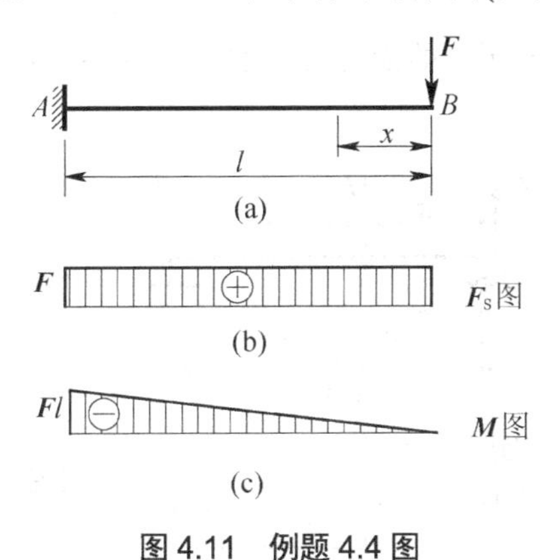

图 4.11　例题 4.4 图

【例题 4.5】 如图 4.12(a)所示的简支梁，在全梁上受集度为 q 的均布荷载作用。试作梁的剪力图和弯矩图。

解： 对于简支梁，须先计算其支反力。由于荷载及支反力均对称于梁跨的中点，因此，两支反力(如图 4.12(a)所示)相等，即

$$F_A = F_B = \frac{ql}{2}$$

任意横截面x处的剪力和弯矩方程可写成

$$F_S(x)=F_A-qx=\frac{ql}{2}-qx \quad 0\leqslant x\leqslant l$$

$$M(x)=F_Ax-qx\cdot\frac{x}{2}=\frac{qlx}{2}-\frac{qx^2}{2} \quad 0\leqslant x\leqslant l$$

由上式可知，剪力图为一倾斜直线，弯矩图为抛物线。仿照例题4.4中的绘图过程，即可绘出剪力图和弯矩图(如图4.12(b)、(c)所示)。斜直线确定线上两点，而抛物线需要确定3个点以上。

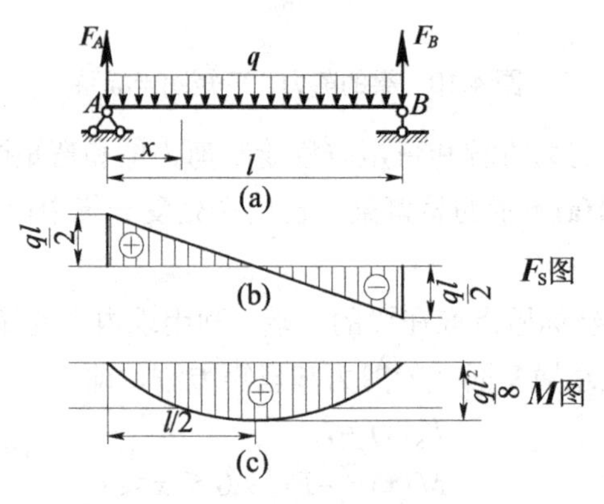

图4.12　例题4.5图

由内力图可见，梁在梁跨中点横截面上的弯矩值为最大，$M_{max}=\frac{ql^2}{8}$，而该截面上的$F_S=0$；两支座内侧横截面上的剪力值为最大，$F_{S,max}=\left|\frac{ql}{2}\right|$(正值，负值)。

【例题4.6】 如图4.13(a)所示的简支梁在C点处受集中荷载力$\boldsymbol{F}$作用。试作梁的剪力图和弯矩图。

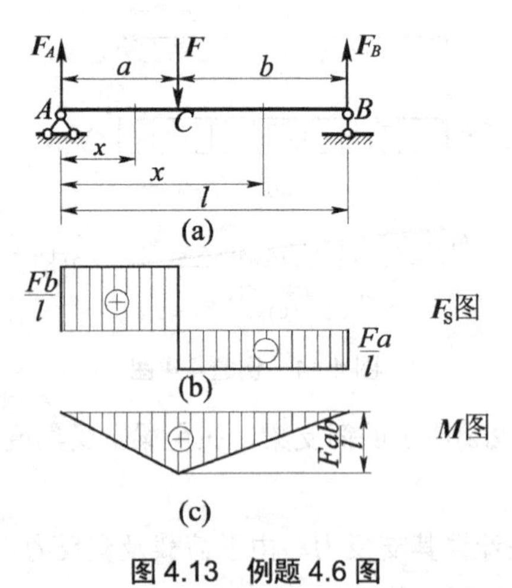

图4.13　例题4.6图

解： 首先由平衡方程$\sum M_B=0$和$\sum M_A=0$分别算得支反力(如图4.13(a)所示)为

$$F_A=\frac{Fb}{l},\quad F_B=\frac{Fa}{l}$$

由于梁在C点处有集中荷载力$\boldsymbol{F}$的作用，显然，在集中荷载两侧的梁段，其剪力和弯矩方程均不相同，故需将梁分为AC和CB两段，分别写出其剪力和弯矩方程。

对于AC段梁，其剪力和弯矩方程分别为

$$F_S(x)=F_A \quad 0\leqslant x\leqslant a \tag{a}$$

$$M(x)=F_Ax \quad 0\leqslant x\leqslant a \tag{b}$$

对于CB段梁，其剪力和弯矩方程分别为

$$F_S(x)=F_A-F=-\frac{F(l-b)}{l}=-\frac{Fa}{l} \quad a\leqslant x\leqslant l \tag{c}$$

$$M(x)=F_Ax-F(x-a)=\frac{Fa}{l}(l-x) \quad a\leqslant x\leqslant l \tag{d}$$

由式(a)、式(c)可知，左、右两梁段的剪力图各为一条平行于x轴的直线。由式(b)、式(d)可知，左、右两段的弯矩图各为一条斜直线。根据这些方程绘出的剪力图和弯矩图如图4.13(b)、(c)所示。

由图可见，在$b>a$的情况下，AC段梁任一横截面上的剪力值为最大，$F_{S,max}=\frac{Fb}{l}$；而集中荷载作用处横截面上的弯矩为最大，$M_{max}=\frac{Fab}{l}$；在集中荷载作用处左、右两侧截面上的剪力值不相等。

【例题4.7】 图4.14(a)所示的简支梁在C点处受矩为M_e的集中力偶作用。试作梁的剪力图和弯矩图。

解：由于梁上只有一个外力偶作用，因此与之平衡的约束反力也一定构成一反力偶，即A、B处的约束反力为

$$F_A=\frac{M_e}{l},\quad F_B=\frac{M_e}{l}$$

由于力偶不影响剪力，故全梁可由一个剪力方程表示，即

$$F_S(x)=F_A=\frac{M_e}{l} \quad 0\leqslant x<a \tag{a}$$

而弯矩则要分段建立。

AC段：

$$M(x)=F_A=\frac{M_e}{l}x \quad 0\leqslant x<a \tag{b}$$

CB段：

$$M(x)=F_Ax-M_e=-\frac{M_e}{l}(l-x) \quad a<x\leqslant l \tag{c}$$

由式(a)可知，整个梁的剪力图是一条平行于x轴的直线。由式(b)、式(c)可知，左、右两梁段的弯矩图各为一条斜直线。根据各方程的适用范围，就可分别绘出梁的剪力图和弯矩图(如图4.14(b)、(c)所示)。由图可见，在集中力偶作用处左、右两侧截面上的弯矩值有突变。若$b>a$，则最大弯矩发生在集中力偶作用处的右侧横截面上，$M_{max}=\frac{M_eb}{l}$(负值)。

由以上各例题所求得的剪力图和弯矩图，可以归纳出以下规律。

(1) 在集中力或集中力偶作用处，梁的内力方程应分段建立。推广而言，在梁上外力不连续处(即在集中力、集中力偶作用处和分布荷载开始或结束处)，梁的弯矩方程和弯矩图应该分段。

(2) 在梁上集中力作用处剪力图有突变，梁上受集中力偶作用处弯矩图有突变。突变值为左、右两侧内力代数差的绝对值，并且突变值为突变截面上所受的外力(集中力或集中力偶)值。

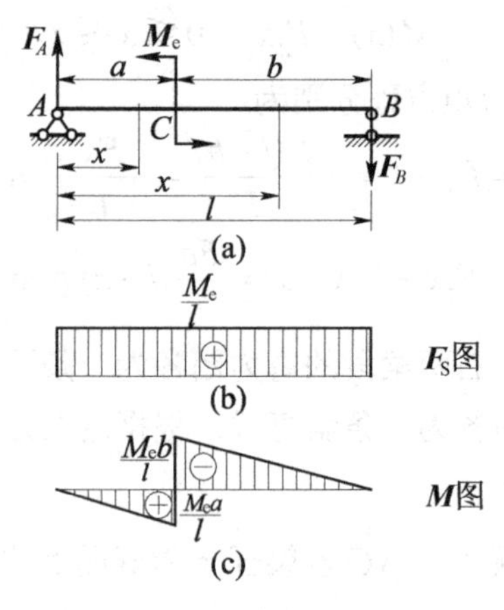

图 4.14 例题 4.7 图

例如，例题 4.6 中图 4.13(b)、(c)所示的截面为突变截面，该截面的突变值= $\left|\frac{Fb}{l}-\left(-\frac{Fa}{l}\right)\right|=|F|$；又如例题 4.7 中图 4.14(c)所示的突变值= $\left|\frac{M_e a}{l}-\left(-\frac{M_e b}{l}\right)\right|=|M_e|$。

(3) 集中力作用截面处弯矩图上有尖角；集中力偶作用截面处剪力图无变化。

(4) 全梁的最大剪力和最大弯矩可能发生在全梁或各段梁的边界截面或极值点的截面处。

2. 简便方法作内力图

简便方法就是利用剪力、弯矩与荷载间的关系作内力图。这三者关系在上述例题中已经可以看到。如例题 4.4 的插图 4.11 中，AB 段内荷载为零，则剪力图是水平线，弯矩图是一斜直线；而在例题 4.5 的图 4.12 中，AB 段内的荷载集度 $q(x)$=常数，则对应的剪力图就是斜直线，而弯矩图则是二次曲线。由此可以推断，荷载、剪力及弯矩三者之间一定存在着必然联系。下面具体推导出这三者间的关系。

(1) $q(x)$、$F_S(x)$ 和 $M(x)$ 间的关系。

设梁受荷载作用如图 4.15(a)所示，建立坐标系如图所示，并规定：分布荷载的集度 $q(x)$ 向上为正，向下为负。在分布荷载的梁段上取一微段 dx，设坐标为 x 处横截面上的剪力和弯矩分别为 $F_S(x)$ 和 $M(x)$，该处的荷载集度 $q(x)$，在 $x+dx$ 处横截面上的剪力和弯矩分别为 $F_S(x)+dF_S(x)$ 和 $M(x)+dM(x)$。又由于 dx 是微小的一段，所以可认为 dx 段上的分布荷载是均布的，即 $q(x)$ 等于常值，则 dx 段梁受力如图 4.15(b)所示，根据平衡方程

$$\sum F_y=0\text{，}\quad F_S(x)-[F_S(x)+dF_S(x)]+q(x)dx=0$$

得到

$$\frac{dF_S(x)}{dx}=q(x) \tag{4-1}$$

对 $x+dx$ 截面形心取矩并建立平衡方程

$$\sum M_C=0，\ [M(x)+dM(x)]-M(x)-F_S(x)dx-\frac{q(x)}{2}(dx)^2=0$$

略去上式中的二阶无穷小量 $(dx)^2$，则可得到

$$\frac{dM(x)}{dx}=F_S(x) \tag{4-2}$$

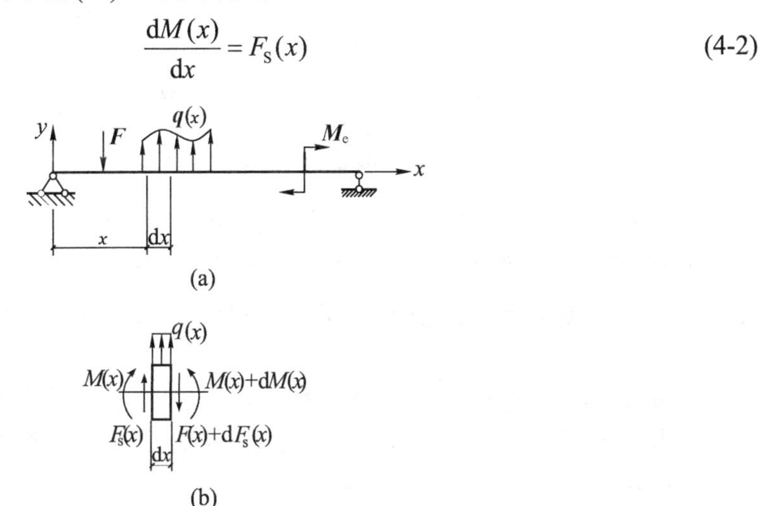

图 4.15　梁的荷载、剪力和弯矩间的关系

将式(4-2)代入式(4-1)，又可得

$$\frac{d^2M(x)}{dx^2}=q(x) \tag{4-3}$$

式(4-1)～式(4-3)即为荷载集度 $q(x)$、剪力 $F_S(x)$ 和弯矩 $M(x)$ 三者之间的关系式。

(2) 内力图的特征。

由式(4-1)可见，剪力图上某点处的切线斜率等于该点处荷载集度的大小；由式(4-2)可见，弯矩图上某点处的斜率等于该点处剪力的大小；由式(4-3)可见，弯矩图的凹向取决于荷载集度的正负号。

下面通过式(4-1)、式(4-2)和式(4-3)讨论几种特殊情况。

① 当 $q(x)$=0 时，由式(4-1)、式(4-2)可知，$F_S(x)$ 一定为常量，$M(x)$ 是 x 的一次函数，即没有均布荷载作用的梁段上，剪力图为水平直线，弯矩图为斜直线。

② 当 $q(x)$=常数时，由式(4-1)、式(4-2)可知，$F_S(x)$ 是 x 的一次函数，$M(x)$ 是 x 的二次函数，即有均布荷载作用的梁段上剪力图为斜直线，弯矩图为二次抛物线。

③ 当 $q(x)$ 为 x 的一次函数时，由式(4-1)、式(4-2)可知：$F_S(x)$ 是 x 的二次函数，$M(x)$ 是 x 的三次函数，即三角形均布荷载作用的梁段上剪力图为抛物线，弯矩图为三次曲线。

(3) 极值的讨论。

由前面分析可知，当梁上作用均布荷载时，梁的弯矩图即为抛物线，这就存在极值的凹向和极值位置的问题。如何判断极值的凹向呢？数学中是由曲线的二阶导数来判断的。假如曲线方程为 $y=f(x)$，则当 $y''>0$ 时，有极小值；当 $y''<0$ 时，有极大值。仿照数学的

方法来确定弯矩图的极值凹向。则当 $M''(x)=q(x)>0$ 时，弯矩图有极小值；当 $M''(x)=q(x)<0$ 时，弯矩图有极大值。也就是说，当 $q(x)$ 方向向上作用时，$M(x)$ 图有极小值；当 $q(x)$ 方向向下作用时，$M(x)$ 图有极大值。具体形式如图 4.16 所示。

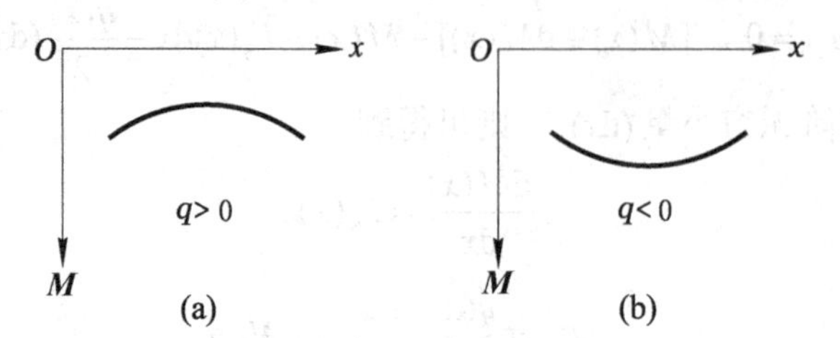

图 4.16　弯矩图的凹向和极值

注意 $\boldsymbol{M}(x)$ 图的正值向下，与数学中的坐标有所区别。

下面讨论极值的位置。在式(4-2)中，令 $M'(x)=F_S(x)=0$，即可确定弯矩图极值的位置 x。由此可得，剪力为零的截面即为弯矩的极值截面，或者说，弯矩的极值截面上剪力一定为零。

应用 $q(x)$、$F_S(x)$ 和 $M(x)$ 间的关系，可检验所作剪力图或弯矩图的正确性，或直接作梁的剪力图和弯矩图。现将有关 $q(x)$、$F_S(x)$ 和 $M(x)$ 间的关系以及剪力图和弯矩图的一些特征汇总整理，见表 4.1，以供参考。

表 4.1　梁在几种荷载作用下剪力图与弯矩图的特征

一段梁上的外力情况	向下的均布荷载	无荷载	集中力 F (C)	集中力偶 M_e (C)
剪力图上的特征	由左至右向下倾斜的直线 ⊕ 或 ⊖	一般为水平直线 ⊕ 或 ⊖	在 C 处突变，突变方向为由左至右下台阶	在 C 处无变化
弯矩图上的特征	开口向上的抛物线的某段	一般为斜直线	在 C 处有尖角，尖角的指向与集中力方向相同	在 C 处突变，突变方向为由左至右下台阶
最大弯矩所在截面的可能位置	在 $F_S=0$ 的截面		在剪力突变的截面	在紧靠 C 点的某一侧的截面

(4) 作内力图的步骤。

① 分段(集中力、集中力偶、分布荷载的起点和终点处要分段)。

② 判断各段内力图形状(利用表 4.1)。

③ 确定控制截面内力(割断分界处的截面)。

④ 画出内力图。

⑤ 校核内力图(突变截面和端面的内力)。

【例题 4.8】 试用简便方法作图 4.17(a)所示静定梁的剪力图和弯矩图。

解： 已求得梁的支反力为

$$F_A = 81\text{kN}，\ F_B = 29\text{kN}，\ M_{RA} = 96.5\text{kN}\cdot\text{m}$$

由于梁上外力将梁分为 4 段，需分段绘制剪力图和弯矩图。

(1) 绘制剪力图。

因 AE、ED、KB 3 段梁上无分布荷载，即 $q(x)=0$，该 3 段梁上的 F_S 图为水平直线。应当注意在支座 A 及截面 E 处有集中力作用，F_S 图有突变，要分别计算集中力作用处的左、右两侧截面上的剪力值。各段分界处的剪力值为

AE 段：$F_{SA右} = F_{SE左} = F_A = 81\text{kN}$

ED 段：$F_{SE右} = F_{SD} = F_A - F = 81 - 50 = 31(\text{kN})$

DK 段：$q(x)$ 等于负常量，F_S 图应为向右下方倾斜的直线，因截面 K 上无集中力，则可取右侧梁段来研究，截面 K 上的剪力为

$$F_{SK} = -F_B = -29\text{kN}$$

KB 段：$F_{SB左} = -F_B = -29\text{kN}$

还需求出 $F_S = 0$ 的截面位置。设该截面距 K 为 x，于是在截面 x 上的剪力为零，即

$$F_{Sx} = -F_B + qx = 0$$

得

$$x = \frac{F_B}{q} = \frac{29\times10^3}{20\times10^3} = 1.45(\text{m})$$

由以上各段的剪力值并结合微分关系，便可绘出剪力图如图 4.17(b)所示。

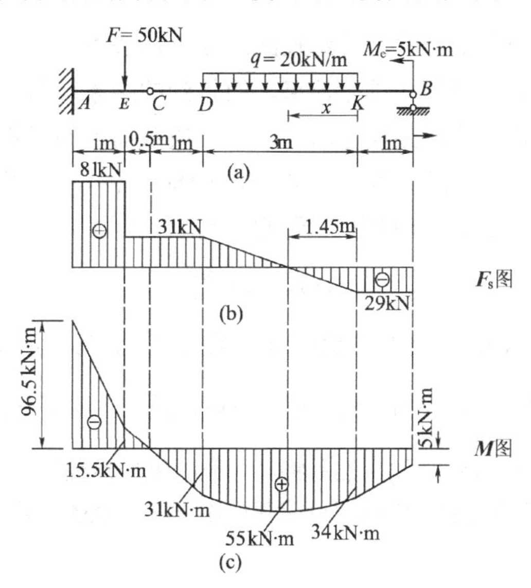

图 4.17　例题 4.8 图

(2) 绘制弯矩图。

因 AE、ED、KB 3 段梁上 $q(x)=0$，故 3 段梁上的 M 图应为斜直线。各段分界处的弯矩值为

$$M_A=-M_{RA}=-96.5\text{kN}\cdot\text{m}$$

$$M_E=-M_{RA}+F_A\times1=-96.5\times10^3+(81\times10^3)\times1$$
$$=-15.5\times10^3(\text{N}\cdot\text{m})=-15.5(\text{kN}\cdot\text{m})$$

$$M_D=-96.5\times10^3+(81\times10^3)\times2.5-(50\times10^3)\times1.5$$
$$=31\times10^3(\text{N}\cdot\text{m})=31(\text{kN}\cdot\text{m})$$

$$M_{B左}=M_e=5\text{kN}\cdot\text{m}$$

$$M_K=F_B\times1+M_e=(29\times10^3)\times1+5\times10^3$$
$$=34\times10^3(\text{N}\cdot\text{m})=34(\text{kN}\cdot\text{m})$$

显然，在 ED 段的中间铰 C 处的弯矩 $M_C=0$。

DK 段：该段梁上 $q(x)$ 为负常量，M 图为向下凸的二次抛物线。在 $F_S=0$ 的截面上弯矩有极限值，其值为

$$M_{极值}=F_B\times2.45+M_e-\frac{q}{2}\times1.45^2$$
$$=(29\times10^3)\times2.45+5\times10^3-\frac{20\times10^3}{2}\times1.45^2$$
$$=55\times10^3(\text{N}\cdot\text{m})=55(\text{kN}\cdot\text{m})$$

根据以上各段分界处的弯矩值和在 $F_S=0$ 处的 $M_{极值}$，并根据微分关系，便可绘出该梁的弯矩图如图 4.17(c)所示。

3. 按叠加原理作弯矩图

当梁在荷载作用下为小变形时，其跨长的改变可略去不计。因而，在求梁的支反力、剪力和弯矩时，均可按其原始尺寸进行计算，而得到的结果均与梁上荷载呈线性关系。在这种情况下，当梁上受几个荷载共同作用时，某一横截面上的弯矩就等于梁在各项荷载单独作用下同一横截面上弯矩的代数和。例如，图 4.18(a)所示，悬臂梁在集中荷载 $\boldsymbol{F}$ 和均布荷载 $\boldsymbol{q}$ 共同作用下，在距 A 端为 x 的任意横截面上的弯矩为

$$M(x)=Fx-\frac{qx^2}{2}$$

$M(x)$ 中的第一项是集中荷载 $\boldsymbol{F}$ 单独作用下梁的弯矩，第二项是均布荷载 q 单独作用下梁的弯矩 $-\frac{qx^2}{2}$。由于弯矩可以叠加，故弯矩图也可以叠加。即可分别做出各项荷载单独作用下梁的弯矩图(如图 4.18(c)、(e)所示)，然后将其相应的纵坐标叠加，即得梁在所有荷载共同作用下的弯矩图，如图 4.18(f)所示。梁在简单荷载作用下的弯矩图，可参看本书附录 D。

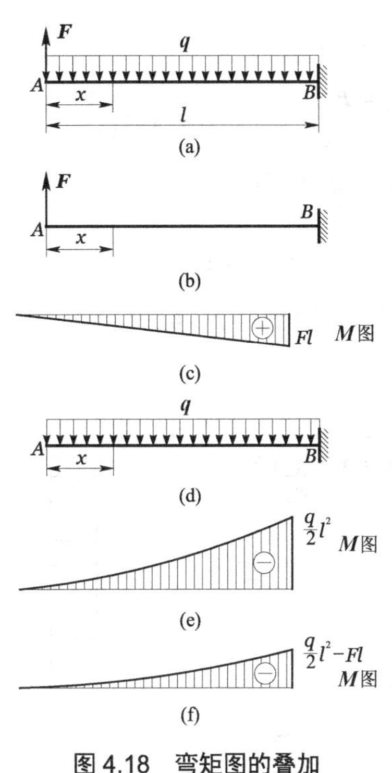

图 4.18　弯矩图的叠加

4.2.3　平面刚架与曲杆的内力图

平面刚架是由在同一平面内、不同取向的杆件，通过杆件相互刚性连接而组成的结构。平面刚架各杆的内力，除了剪力和弯矩外，还有轴力。作内力图的步骤与前述相同，但因刚架是由不同取向的杆件组成，为了能表示内力沿各杆轴线的变化规律，习惯上按下列约定。

(1) 弯矩图：画在各杆的受拉一侧，不注明正负号。

(2) 剪力图：可画在刚架的任一侧，但须注明正负号。

曲杆的内力图，一般都是通过内力方程来绘制。

有关平面刚架和曲杆内力图的详细内容，将在结构力学课程中讲授，这里只是了解一些基本概念。

【例题 4.9】 图 4.19(a)所示为一悬臂刚架，受力如图所示。试作刚架的内力图。

解： 计算内力时，一般应先求支反力。但对于悬臂梁或悬臂刚架，可以取包含自由端部分为研究对象，这样就可以不求支反力。下面分别列出各段杆的内力方程为

$$BC段：\quad \begin{cases} F_N(x)=0 \\ F_S(x)=qx \\ M(x)=\dfrac{qx^2}{2} \end{cases} \quad 0\leqslant x\leqslant l$$

$$BA段：\begin{cases}F_N(x_1)=-ql \\ F_S(x_1)=F \\ M(x)=\dfrac{ql^2}{2}+Fx_1\end{cases}\quad 0\leqslant x_1\leqslant l$$

在 BA 段中假定截面弯矩使外侧受拉为正。

根据各段的内力方程，即可绘出轴力、剪力和弯矩图，如图 4.19(b)、图 4.19(c)和图 4.19(d)所示。

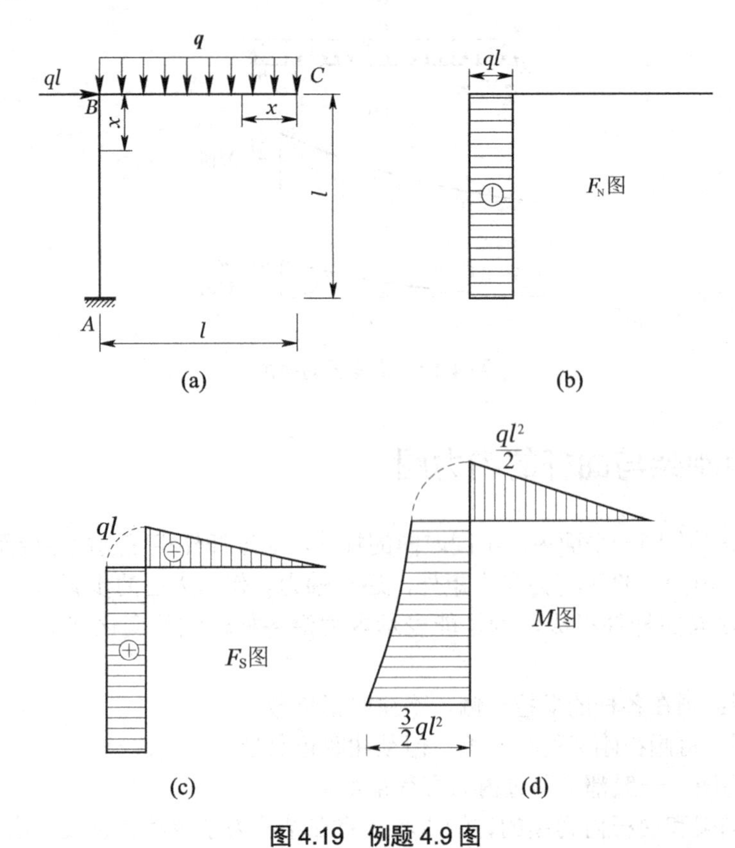

图 4.19　例题 4.9 图

【例题 4.10】 一端固定的 1/4 圆环在其轴线平面内受集中荷载 $\boldsymbol{F}$ 作用，如图 4.20(a)所示。试作曲杆的弯矩图。

解： 对于环状曲杆，应用极坐标表示其横截面位置。取环的中心 O 为极点，以 OB 为极轴，并用 φ 表示横截面的位置，如图 4.20(a)所示。对于曲杆，弯矩图仍画在受拉侧。曲杆的弯矩方程为

$$M(\varphi)=Fx=FR\sin\varphi \quad 0\leqslant\varphi\leqslant\frac{\pi}{2}$$

在上式所适用的范围内，对 φ 取不同的值，算出各相应横截面上的弯矩，连接这些点，即为曲杆的弯矩图，如图 4.20(b)所示。由图 4.20 可见，曲杆的最大弯矩在固定端处的 A 截

面上，其值为 FR。

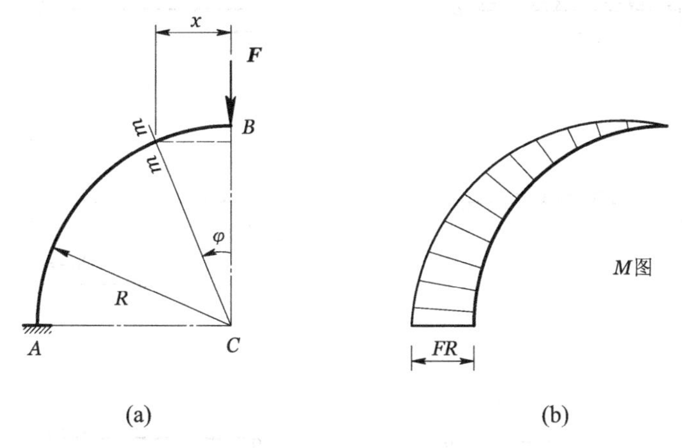

图 4.20 例题 4.10 图(续)

4.3 习 题

(1) 求图 4.21 所示各梁中指定截面上的剪力和弯矩。

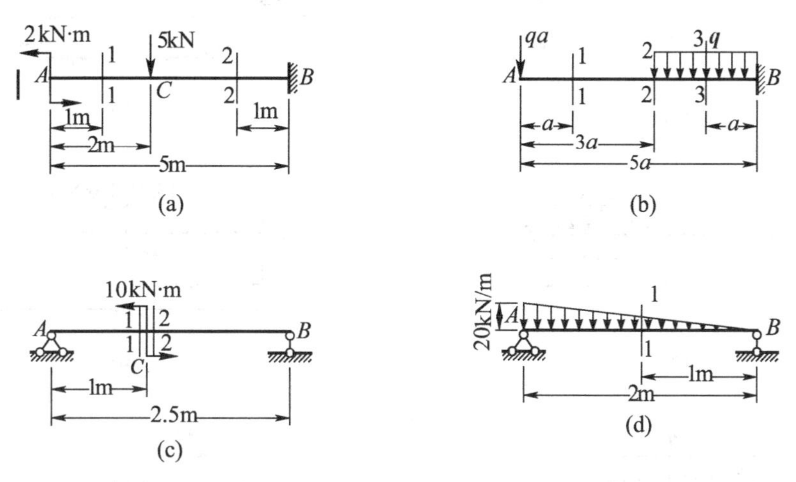

图 4.21 习题(1)图

(2) 作出图 4.22 所示各梁的剪力图和弯矩图。

(3) 用简便方法作图 4.23 所示各梁的剪力图和弯矩图。

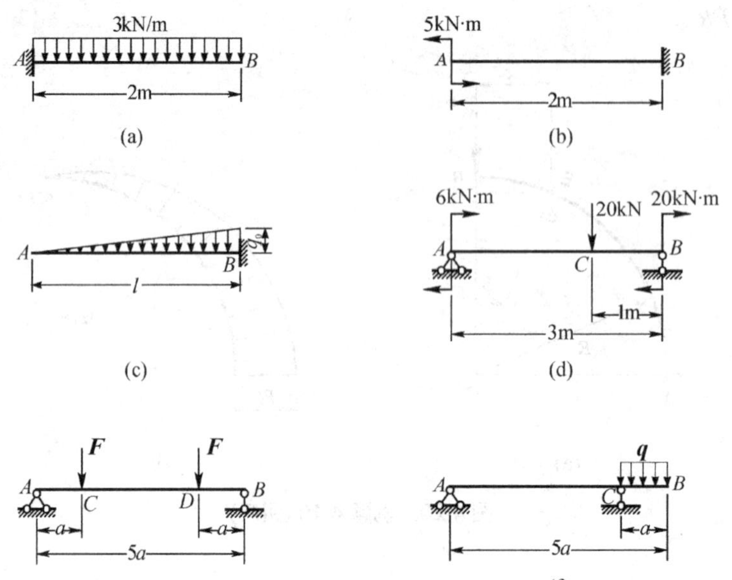

图 4.22　习题(2)图

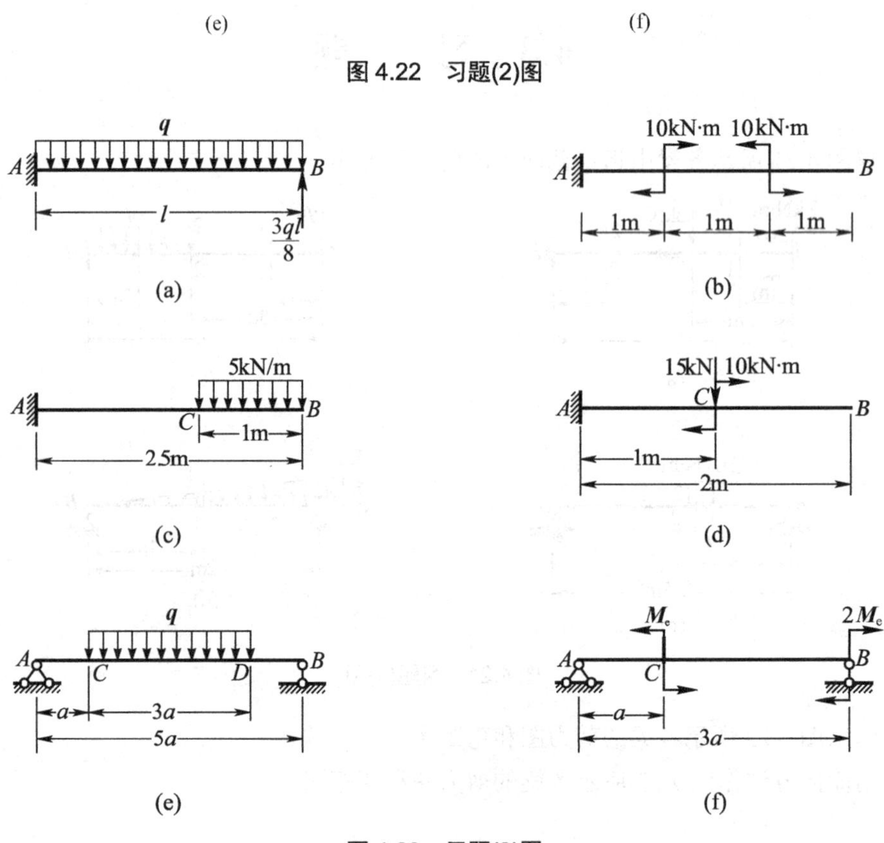

图 4.23　习题(3)图

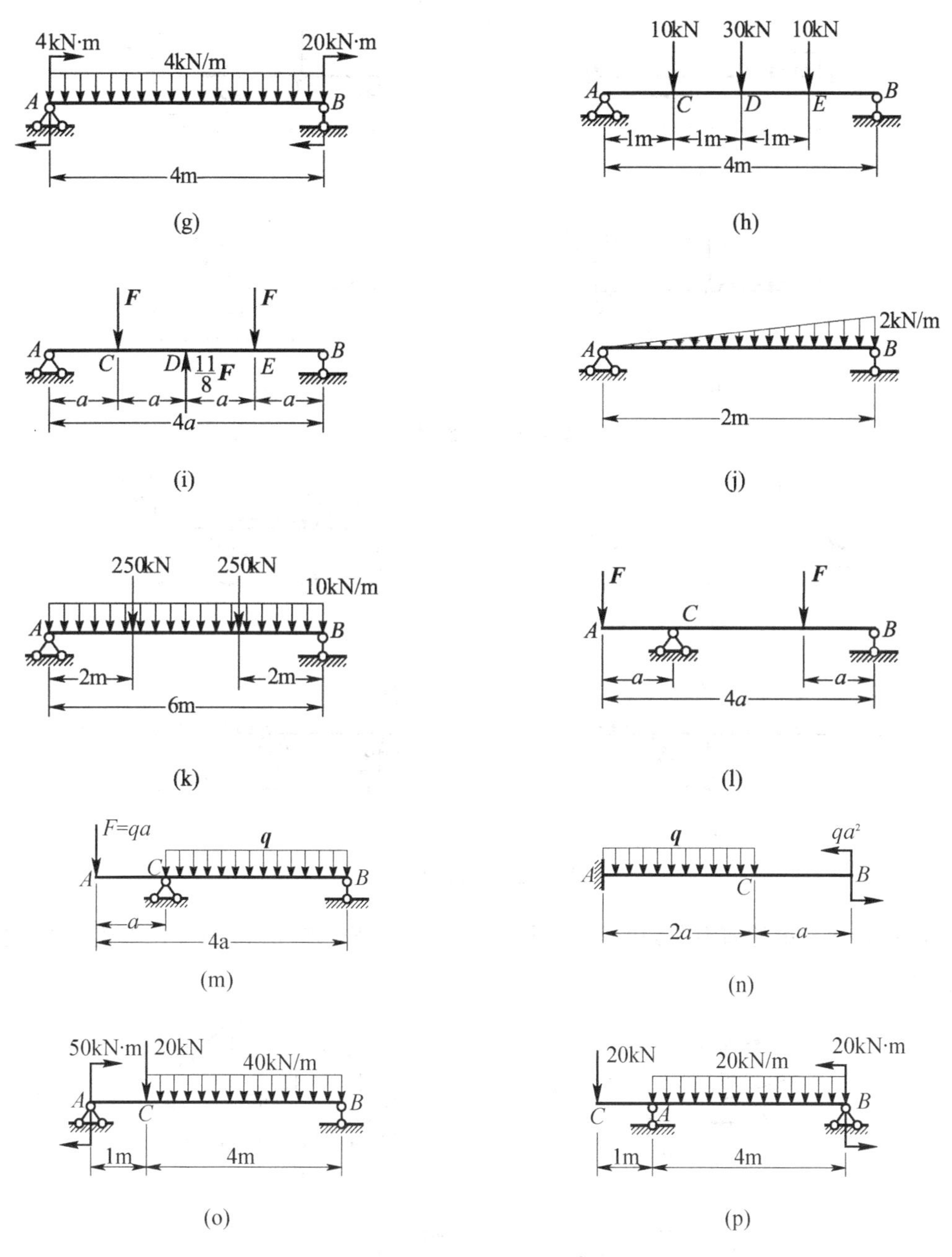

图 4.23　习题(3)图(续)

(4) 试作图 4.24 所示各图中具有中间铰的梁的剪力图和弯矩图。

(5) 试用叠加法作图 4.25 所示各梁的弯矩图。

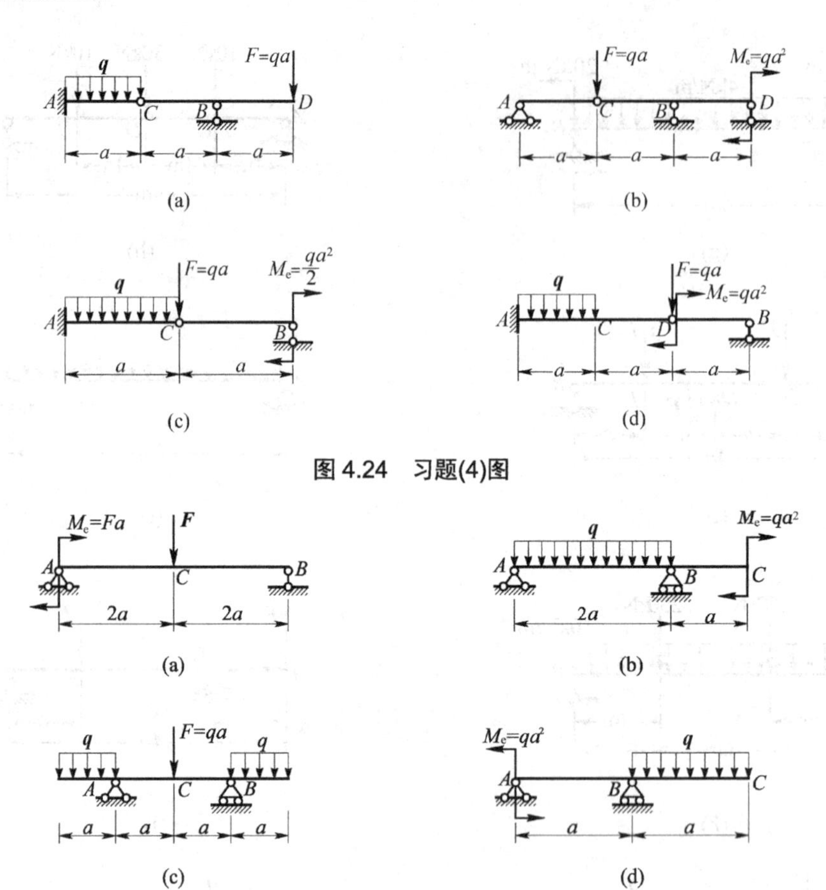

图 4.24　习题(4)图

图 4.25　习题(5)图

(6) 已知简支梁的剪力图如图 4.26 所示，试作梁的弯矩图和荷载图。已知梁上没有集中力偶作用。

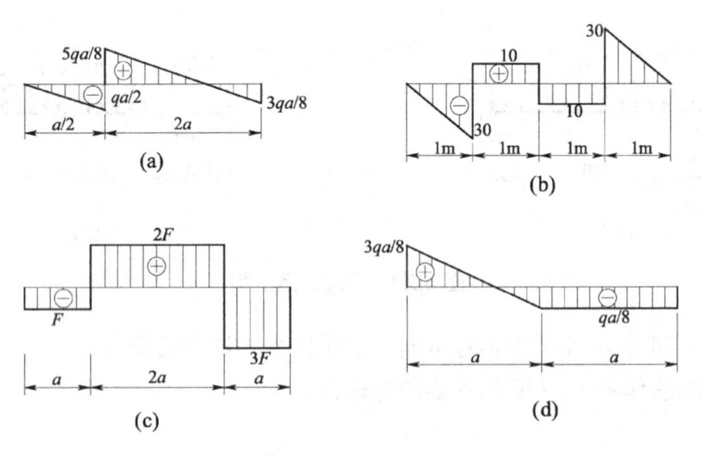

图 4.26　习题(6)图

(7) 试根据图 4.27 所示简支梁的弯矩图作出梁的剪力图和荷载图。

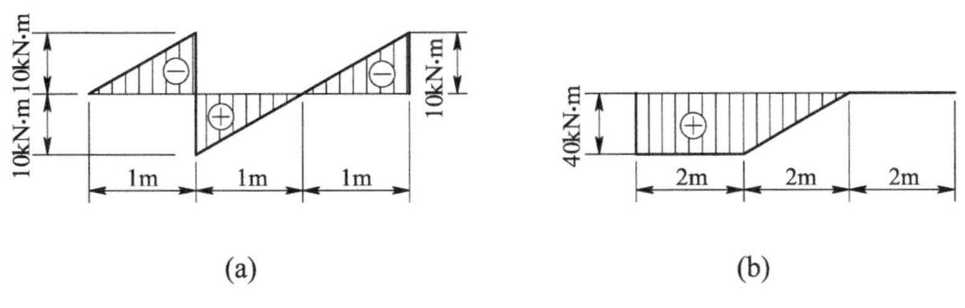

图 4.27　习题(7)图

(8) 试作图 4.28 所示刚架的剪力图、弯矩图和轴力图。

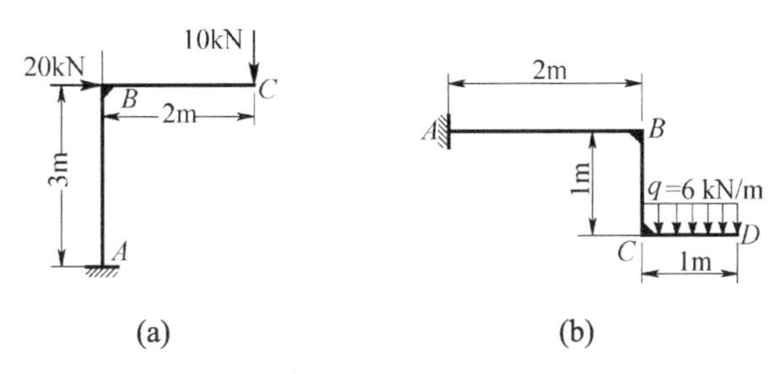

图 4.28　习题(8)图

(9) 圆弧形杆受力如图 4.29 所示。已知曲杆轴线的半径为 R，试写出任意横截面 C 上的剪力、弯矩和轴力的表达式(表示成 φ 角的函数)，并作曲杆的弯矩图。

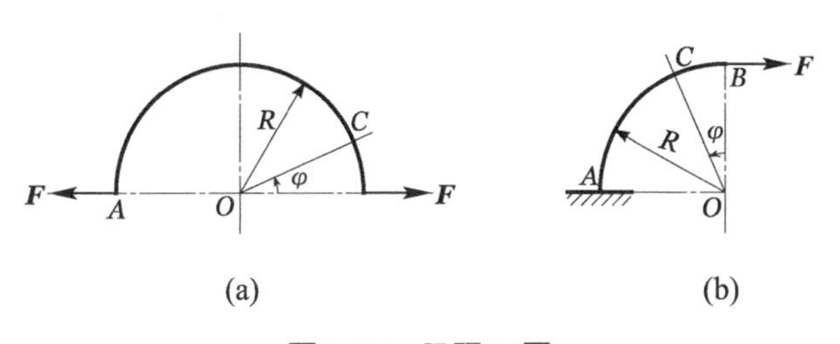

图 4.29　习题(9)图

5.1　纯弯曲时梁横截面上的正应力

第 4 章讨论了梁的内力计算，在这一章中将研究梁的应力计算问题，目的是对梁进行强度计算。

对应梁的两个内力即剪力和弯矩，可以分析出构成这两个内力的分布形式。如横截面切向内力F_S，一定是由切向的分布内力构成，即存在切应力τ；而横截面的弯矩M一定是由法向的分布内力构成，即存在正应力σ。所以梁的横截面上一般是既有正应力又有切应力。

5.1.1　试验分析及假设

为了分析横截面上正应力的分布规律，先研究横截面上任一点纵向线应变沿截面的分布规律，为此可通过试验观察其变形现象。假设梁具有纵向对称面，梁加载前先在其侧面画上一组与轴线平行的纵向线(如$a—a$、$b—b$，代表纵向平面)和与轴线垂直的横向线(如$m—m$、$n—n$，代表横截面)，如图 5.1(a)所示。然后在梁的两端加上一对矩为M_e的力偶，如图 5.1(b)所示。变形后，可以看到下列现象。

所有横向直线($m—m$、$n—n$)仍保持为直线，但它们相互间转了一个角度，且仍与纵向曲线($a—a$，$b—b$)垂直。

各纵向直线都弯成了圆弧线，靠近顶面的纵向线变短，靠近底面的纵向线伸长。根据上面的试验现象，可做以下分析和假设。

(1) 梁的横截面在变形前是平面的，变形后仍为平面，并绕垂直于纵对称面的某一轴转动，但仍垂直于梁变形后的轴线，这就是**平面假设**。

(2) 根据平面假设和变形现象，可将梁看成是由一层层的纵向纤维组成，假设各层纤维之间无挤压，即各纤维只受到轴向拉伸或压缩。进而得出结论，梁在变形后，同一层纤维变形是相同的。

(3) 由于上部各层纤维缩短，下部各层纤维伸长，而梁的变形又是连续的，因此判定中间必有一层纤维既不伸长也不缩短，此层称为**中性层**。中性层与横截面的交线称为**中性轴**。如图5.1(c)所示。中性轴将横截面分为受拉区和受压区。

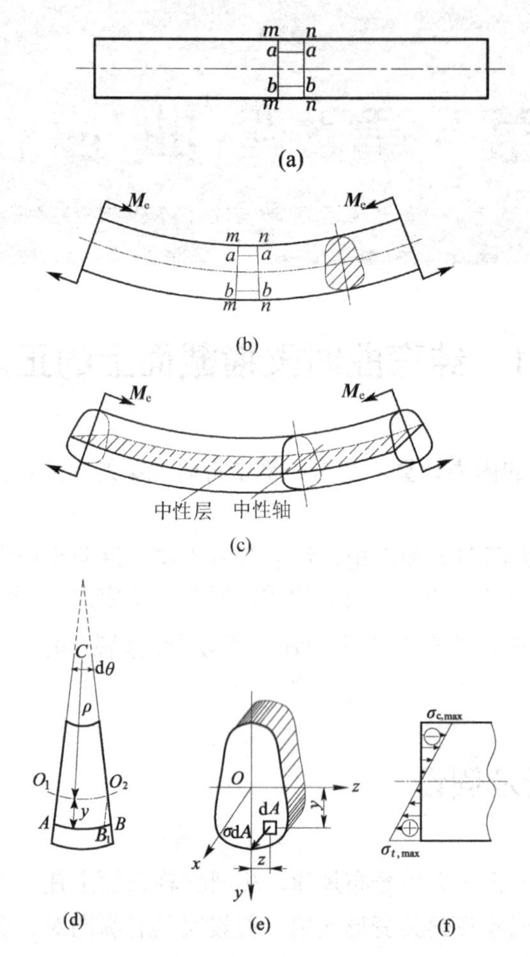

图5.1 纯弯曲时梁横截面上的正应力

以上研究了纯弯曲变形的规律，根据以上假设得到的理论结果，在长期的实践中已经得到检验且与弹性理论的结果相一致。

5.1.2 正应力公式的推导

与推导圆轴扭转时横截面上的切应力公式一样，仍然从几何、物理和静力3个方面进行分析，从而得出梁横截面上的正应力计算公式及其沿横截面的分布规律。

1. 几何方面

将梁的轴线取为x轴，横截面的对称轴取为y轴，在纯弯曲梁中截取一微段dx，由平面假设可知，梁在弯曲时，两横截面将绕中性轴z相对转过一个角度$d\theta$，如图5.1(d)所示。

设 O_1 — O_2 代表中性层，$O_1O_2 = \mathrm{d}x$，设中性层的曲率半径为 ρ，则距中性层为 y 处的纵向线应变为

$$\varepsilon = \frac{AB - O_1O_2}{\mathrm{d}x} = \frac{(\rho + y)\mathrm{d}\theta - \rho\mathrm{d}\theta}{\rho\mathrm{d}\theta} = \frac{y}{\rho} \tag{5-1}$$

式(5-1)表明，当截面内力一定的情况下，中性层的曲率 $1/\rho$ 是一定值。由此可见，只要平面假设成立，则纵向纤维的线应变与该点到中性轴的距离 y 成正比，或者说，横截面上任一点处的纵向线应变 ε 沿横截面呈线性分布。

2. 物理方面

因为假设各纵向纤维间无挤压，每一层纤维都是受拉或受压。于是，当材料处于线弹性范围内，且拉压的弹性模量相等($E_t = E_c = E$)，则由胡克定律得

$$\sigma = E\varepsilon$$

将式(5-1)代入上式，得

$$\sigma = E\varepsilon = E\frac{y}{\rho} \tag{5-2}$$

即横截面上任一点处的正应力与该点到中性轴的距离成正比，且距中性轴等远处各点的正应力相等。

3. 静力方面

前面虽然得到了正应力沿横截面的分布规律，但是要确定正应力的数值，还必须确定曲率 $1/\rho$ 及中性轴的位置。这些问题将通过静力学关系来解决。在横截面上距中性轴 y 处取一微面积 $\mathrm{d}A$，如图 5.1(e)所示。作用在其上的法向内力 $\sigma\mathrm{d}A$，构成了垂直于横截面的空间平行力系，故可组成下列 3 个内力分量，即

$$F_N = \int_A \sigma\mathrm{d}A \tag{a}$$

$$M_y = \int_A z\sigma\mathrm{d}A \tag{b}$$

$$M_z = \int_A y\sigma\mathrm{d}A \tag{c}$$

根据梁上只有外力偶 M_e 的受力条件可知，M_z 就是横截面上的弯矩 M，其值为 M_e、F_N 和 M_y 均等于零。再将式(5-2)代入上述各式，得

$$F_N = \frac{E}{\rho}\int_A y\mathrm{d}A = \frac{E}{\rho}S_z = 0 \tag{d}$$

$$M_y = \frac{E}{\rho}\int_A zy\mathrm{d}A = \frac{E}{\rho}I_{yz} = 0 \tag{e}$$

$$M_z = \frac{E}{\rho}\int_A y^2\mathrm{d}A = \frac{E}{\rho}I_z = M \tag{f}$$

为满足式(d)，$\dfrac{E}{\rho} \neq 0$，则有 $S_z = A \cdot y_C = 0$，可见，横截面积 $A \neq 0$，必有截面形心坐标 y_C=0，由此可得结论：中性轴必通过截面形心。

式(e)是自然满足的。因为$\frac{E}{\rho}\neq 0$，只有$I_{yz}=0$，而对于惯性积，只要截面y、z轴中有一个是对称轴(如y轴)，则其惯性积I_{yz}就必为零。

最后，由式(f)可确定曲率，即

$$\frac{1}{\rho}=\frac{M}{EI_z} \tag{5-3}$$

由式(5-3)可见，梁的弯曲程度与截面的弯矩M成正比，与EI_z成反比，EI_z称为截面的抗弯刚度。将式(5-3)代入正应力表达式(5-2)，则有

$$\sigma=\frac{M}{I_z}\times y \tag{5-4}$$

式中，M为截面的弯矩；I_z为截面对中性轴的惯性矩；y为所求应力点的纵坐标。

正应力沿横截面的分布规律如图5.1(f)所示。需要注意，当所求的点是在受拉区时，求得的正应力为拉应力；所求的点是在受压区时，求得的正应力为压应力。因此，在计算某点的正应力时，其数值就由式(5-4)计算，式中的M、y都取绝对值，最后正应力是拉应力还是压应力取决于该点是在受拉区还是受压区。

5.1.3 纯弯曲理论的推广

当梁上作用有垂直梁的荷载时，梁的弯曲称为横力弯曲，这时横截面上既有弯矩又有剪力，也就是说，横截面上不仅有正应力，而且有切应力，切应力使截面发生翘曲，还引起纤维间的挤压应力。因此，平面假设和纵向纤维间无挤压都不成立，但按弹性理论的分析结果指出，对于工程实际中常用的梁，应用式(5-4)来计算梁在横力弯曲时横截面上的正应力所得的结果略偏低一些，但足以满足工程中的精度要求，且梁的跨高比越大其误差就越小。因此，可以忽略切应力和挤压应力的影响。结论是：式(5-4)仍可用来计算横力弯曲时等直梁横截面上的正应力，但式中的弯矩M应该用相应截面上的弯矩$M(x)$代替，即

$$\sigma=M(x)/I_z\cdot y \tag{5-5}$$

5.1.4 正应力公式的适用条件

对于梁的平面弯曲，正应力公式可以统一写成下列形式，即

$$\sigma=\frac{M}{I_z}\times y$$

该公式在推导过程中依据下列条件。

(1) 平面假设。

(2) 各纵向纤维间无挤压。

(3) 材料在线弹性范围内，且拉、压时的弹性模量相等。

(4) 具有纵向对称平面的等直梁。

上述条件也就是正应力公式的适用条件。

由正应力沿截面的分布规律可知，最大的正应力是在距中性轴最远处，即

$$\sigma_{\max}=\frac{M}{I_z}y_{\max} \tag{5-6a}$$

若令

$$W_z=\frac{I_z}{y_{\max}}$$

则

$$\sigma_{\max}=\frac{M}{W_z} \tag{5-6b}$$

式中，W_z为抗弯截面系数，它与截面的形状和尺寸有关，其量纲为[长度]^3。

宽为b、高为h的矩形截面$W_z=\frac{I_z}{y_{\max}}=\frac{bh^3/12}{h/2}=\frac{bh^2}{6}$

直径为d的圆截面　　　$W_z=\frac{I_z}{y_{\max}}=\frac{\pi d^4/64}{d/2}=\frac{\pi d^3}{32}$

对于各种型钢截面的抗弯截面系数，可从附录 C 的型钢表中查到。

【例题 5.1】 受均布荷载作用的工字形截面等直外伸梁如图 5.2(a)所示。试求当最大正应力$\sigma_{\max}$为最小时的支座位置。

解： 首先作梁的弯矩图，如图 5.2(b)所示，可见，支座位置a直接影响支座A或B处截面及跨度中央截面C上的弯矩值。由于“工”字形截面的中性轴为截面的对称轴，最大拉、压应力相等，因此当截面的最大正、负弯矩相等时，梁的最大弯矩的绝对值为最小，即$\sigma_{\max}=\frac{M_{\max}}{W_z}$为最小。建立

$$|M_{\max}|^+=|M_{\max}|^-$$

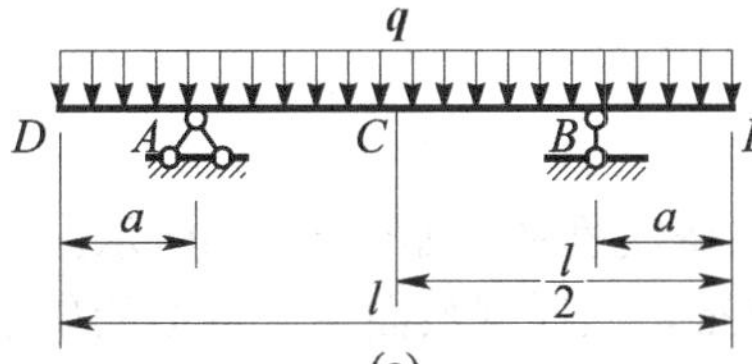

q
D A C B E
a a
l
$\frac{l}{2}$
(a)

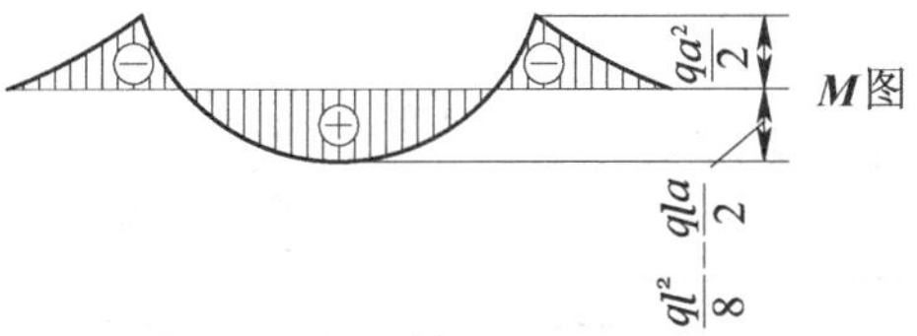

$\frac{qa^2}{2}$
M图
$\frac{ql^2}{8}-\frac{qla}{2}$
(b)

图 5.2　例题 5.1 图

$$\frac{ql^2}{8}-\frac{qla}{2}=\frac{qa^2}{2}$$

得
$$a=(-1\pm\sqrt{2})l/2$$
由于a应为正值，所以上式中根号应取正号，从而解得
$$a=0.207l$$

5.1.5 梁的正应力强度计算

按照单轴应力状态下强度条件的形式，梁的正应力强度条件可表示为：最大工作正应力$\sigma_{\max}$不能超过材料的许用弯曲正应力$[\sigma]$，即
$$\sigma_{\max}\leqslant[\sigma] \tag{5-7a}$$
对于具有关于z轴对称的截面(如圆形、矩形、工字形等截面)，最大工作正应力就是指危险截面($M_{\max}$截面)上危险点(W_z对应的点)处的正应力，强度条件也可写成
$$\sigma_{\max}=\frac{M_{\max}}{W_z}\leqslant[\sigma] \tag{5-7b}$$
关于材料许用弯曲正应力的确定，一般就以材料的许用拉应力作为其许用弯曲的正应力。事实上，由于弯曲和轴向拉伸时杆横截面上正应力的变化规律不同，材料在弯曲和轴向拉伸时的强度并不相同，因而在某些设计规范中所规定的许用弯曲正应力就比其许用拉应力略高。对于用铸铁等脆性材料制成的梁，由于材料的许用拉应力和许用压应力不同，而梁截面的中性轴往往也不是对称轴，因此梁的最大工作拉应力和最大工作压应力(注意两者往往不发生在同一截面上)要求分别不超过材料的许用拉应力和许用压应力，即
$$\begin{aligned}\sigma_{\mathrm{t,max}}&\leqslant[\sigma_{\mathrm{t}}]\\ \sigma_{\mathrm{c,max}}&\leqslant[\sigma_{\mathrm{c}}]\end{aligned} \tag{5-7c}$$

正应力强度条件有3个方面应用。

(1) 校核强度。

(2) 确定最小截面尺寸。

(3) 确定许可荷载。

【例题5.2】 跨长$l=2\mathrm{m}$的铸铁梁受力如图5.3(a)所示。已知材料的拉、压许用应力分别为$[\sigma_{\mathrm{t}}]=30\mathrm{MPa}$和$[\sigma_{\mathrm{c}}]=90\mathrm{MPa}$。试根据截面最为合适的要求，确定T形截面梁横截面的尺寸δ，如图5.3(b)所示，并校核梁的强度。

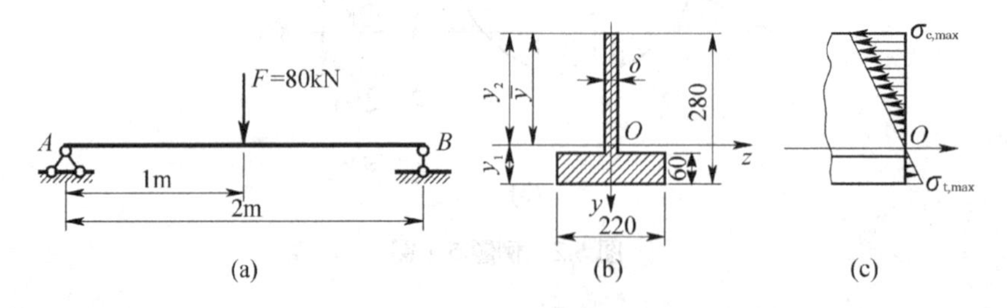

图5.3 例题5.2图

解：要使截面最为合理，应使梁的同一危险截面上的最大拉应力与最大压应力，如图 5.3(c)所示，之比 $\sigma_{t,max}/\sigma_{c,max}$ 与相应的许用应力之比 $[\sigma_t]/[\sigma_c]$ 相等。由于 $\sigma_{t,max}=\dfrac{My_1}{I_z}$ 和 $\sigma_{c,max}=\dfrac{My_2}{I_z}$，并已知 $\dfrac{[\sigma_t]}{[\sigma_c]}=\dfrac{30}{90}=\dfrac{1}{3}$，所以

$$\frac{\sigma_{t,max}}{\sigma_{c,max}}=\frac{y_1}{y_2}=\frac{1}{3} \tag{a}$$

式(a)就是确定中性轴即形心轴位置 $\bar{y}$ (如图 5.3(b)所示)的条件。考虑到 $y_1+y_2=280\text{mm}$ (如图 5.3(b)所示)，即得

$$\bar{y}=y_2=210\text{mm} \tag{b}$$

显然，$\bar{y}$ 值与横截面尺寸有关，根据形心坐标公式(见附录 A)及图 5.3(b)所示尺寸，并利用式(b)可列出

$$\bar{y}=\frac{(280-60)\times\delta\times\left(\dfrac{280-60}{2}\right)+60\times220\times\left(280-\dfrac{60}{2}\right)}{(280-60)\times\delta+60\times220}$$

$$=210\text{mm}$$

由此求得 $$\delta=24\text{mm}$$

确定 δ 后进行强度校核。为此，由平行移轴公式(见附录 A)计算截面对中性轴的惯性矩为

$$I_z=\frac{24\times220^3}{12}+24\times220\times(210-110)^2+$$
$$\frac{220\times60^3}{12}+220\times60\times\left(280-210-\frac{60}{2}\right)^2$$
$$=99.2\times10^6(\text{mm})^4=99.2\times10^{-6}(\text{m})^4$$

梁中最大弯矩在梁中点处，即

$$M_{max}=\frac{Fl}{4}=\frac{80\times10^3\times2}{4}=40\times10^3(\text{N}\cdot\text{m})=40(\text{kN}\cdot\text{m})$$

于是，由式(5-7a)、式(5-7b)即得梁的最大压应力，并据此校核强度，即

$$\sigma_{t,max}=\frac{M_{max}y_1}{I_z}=\frac{40\times10^3\times70\times10^{-3}}{99.2\times10^{-6}}$$
$$=28.2\times10^6\text{Pa}=28.2\text{MPa}<[\sigma_t]$$
$$\sigma_{c,max}=\frac{M_{max}y_2}{I_z}=\frac{40\times10^3\times210\times10^{-3}}{99.2\times10^{-6}}$$
$$=84.7\times10^6\text{Pa}=84.7\text{MPa}<[\sigma_c]$$

可见，梁满足强度条件。

【例题 5.3】 试利用附录 C 的型钢表为图 5.4 所示的悬臂梁选择一“工”字形截面。已知 $F=40\text{kN}$，$l=6\text{m}$，$[\sigma]=150\text{MPa}$。

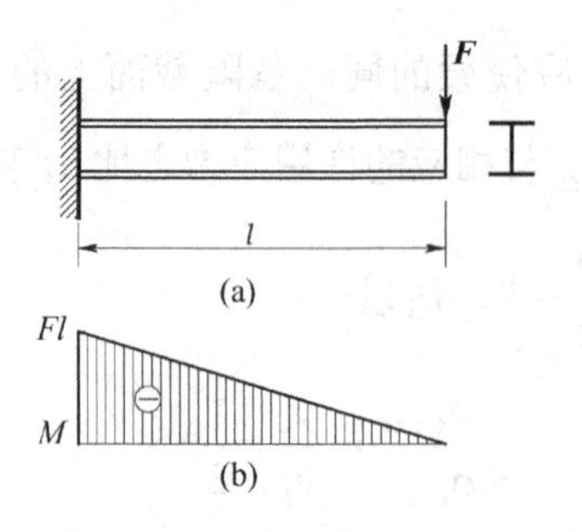

图 5.4 例题 5.3 图

解：首先作悬臂梁的弯矩图，悬臂梁的最大弯矩发生在固定端处，其值为

$$M_{\max}=Fl=40\times10^3\times6=240(\mathrm{kN\cdot m})$$

应用式(5-7b)，计算梁所需的抗弯截面系数为

$$W_z\geqslant\frac{M_{\max}}{[\sigma]}=\frac{240\times10^3}{150\times10^6}=1.60\times10^{-3}(\mathrm{m}^3)=1600(\mathrm{cm}^3)$$

由附录C型钢表中查得，45c号工字钢，其$W_z'=1570\mathrm{cm}^3$与算得的$W_z'=1600\mathrm{cm}^3$最为接近，相差不到5%，这在工程设计中是允许的，故选45c号工字钢。

【例题 5.4】 一外伸铸铁梁受力如图5.5(a)所示。材料的许用拉应力为$[\sigma_{\mathrm{t}}]=40\mathrm{MPa}$，许用压应力为$[\sigma_{\mathrm{c}}]=100\mathrm{MPa}$。试按正应力强度条件校核梁的强度。

解：(1) 作梁的弯矩图。

由图5.5(c)可知，最大负弯矩在截面B上，其值为$M_B=20\mathrm{kN\cdot m}$，最大正弯矩在截面E上，其值为$M_E=10\mathrm{kN\cdot m}$。

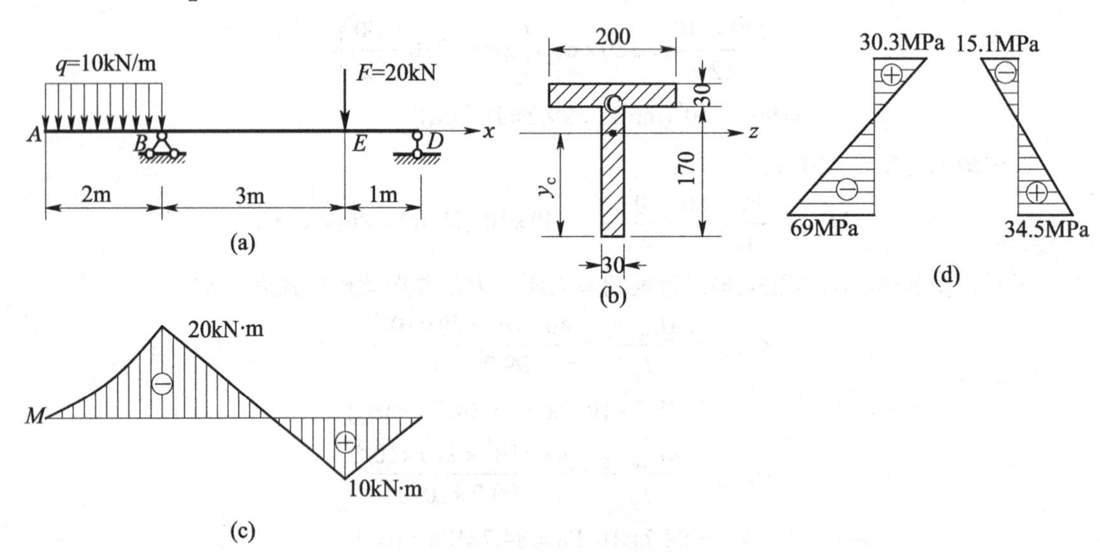

图 5.5 例题 5.4 图

(2) 确定中性轴的位置和计算截面对中性轴的惯性矩I_z。横截面形心C位于对称轴y上，C点到截面下边缘距离为

$$y_C=\frac{S_z}{A}=\frac{y_{1C}A_1+y_{2C}A_2}{A_1+A_2}=\frac{200\times30\times185+30\times170\times85}{200\times30+30\times170}$$

$$=139(\text{mm})$$

故中性轴距离底边 139mm，如图 5.5(b)所示。

截面对中性轴 z 的惯性矩，可以利用附录 A 中平行移轴公式计算。

$$I_z=\frac{200\times30^3}{12}+200\times30\times46^2+\frac{30\times170^3}{12}+30\times170\times54^2$$

$$=40.3\times10^{-6}(\text{m}^4)$$

(3) 校核梁的强度。由于梁的截面对中性轴不对称，且正、负弯矩的数值较大，故截面 E 与 B 都可能是危险截面，须分别算出这两个截面上的最大拉、压应力，然后校核强度。

截面 B 上的弯矩 M_B 为负弯矩，故截面 B 上的最大拉、压应力分别发生在上、下边缘，如图 5.5(d)所示，其大小为

$$\sigma_{\text{t,max},B}=\frac{M_By_2}{I_z}=\frac{20\times10^3\times61\times10^{-3}}{40.3\times10^{-6}}=30.3(\text{MPa})$$

$$\sigma_{\text{c,max},B}=\frac{M_By_1}{I_z}=\frac{20\times10^3\times139\times10^{-3}}{40.3\times10^{-6}}=69(\text{MPa})$$

截面 E 上的弯矩 M_E 为正弯矩，故截面 E 上的最大压、拉应力分别发生在上、下边缘，如图 5.5(d)所示，其大小为

$$\sigma_{\text{t,max},E}=\frac{M_Ey_1}{I_z}=\frac{10\times10^3\times139\times10^{-3}}{40.3\times10^{-6}}=34.5(\text{MPa})$$

$$\sigma_{\text{c,max},E}=\frac{M_Ey_2}{I_z}=\frac{10\times10^3\times61\times10^{-3}}{40.3\times10^{-6}}=15.1(\text{MPa})$$

比较以上计算结果可知，该梁的最大拉应力 $\sigma_{\text{t,max}}$ 发生在截面 E 下边缘各点，而最大压应力 $\sigma_{\text{c,max}}$ 发生在截面 B 下边缘各点，作强度校核如下。

$$\sigma_{\text{t,max}}=\sigma_{\text{t,max},E}=34.5\text{MPa}<[\sigma_\text{t}]=40\text{MPa}$$

$$\sigma_{\text{c,max}}=\sigma_{\text{c,max},B}=69\text{MPa}<[\sigma_\text{c}]=90\text{MPa}$$

所以，该梁的抗拉和抗压强度都是足够的。

对于抗拉、抗压性能不同，截面上下又不对称的梁进行强度计算时，一般来说，对最大正弯矩所在截面和最大负弯矩所在截面均需进行强度校核。计算时，分别绘出最大正弯矩所在截面的正应力分布图和最大负弯矩所在截面的正应力分布图，然后寻找最大拉应力和最大压应力进行强度校核。

5.2 梁的横截面上的切应力

现在以矩形截面梁为例，推导横截面的切应力。图5.6(a)所示矩形截面梁，在纵向对称面内承受任意荷载作用。设横截面高度为h，宽度为b。

5.2.1 矩形截面梁横截面上的切应力

图5.6(a)所示矩形截面梁，在纵向对称面内承受任意荷载作用。设横截面高度为h，宽度为b。现在研究切应力沿横截面的分布规律。首先用$m—m$、$n—n$两横截面假想地从梁中取出长为$\mathrm{d}x$的一段，两截面受力如图5.6(b)所示。然后，在横截面上纵坐标为y处用一个纵向截面$A—B$将该微段的下部切出，如图5.6(c)所示。设横截面上y处的切应力为τ，则由切应力互等定理可知，纵截面$A—B$上的切应力为τ'，数值等于τ。因此，当切应力τ'确定后，τ也随之确定。下面讨论如何确定τ'。

1. 切应力公式的推导

对于狭长矩形截面，由于梁的侧面上无切应力，故横截面上侧面边各点处的切应力必与侧边平行，且沿截面宽度变化不大。于是，可作以下**两个假设**：①横截面上各点处的切应力均与侧边平行；②横截面上距中性轴等远处的切应力大小相等。根据上述假设所得到的解与弹性理论的解相比较可以发现，对狭长矩形截面梁，上述假设完全可用，对一般高度大于宽度的矩形截面梁，在工程设计中也是适用的。

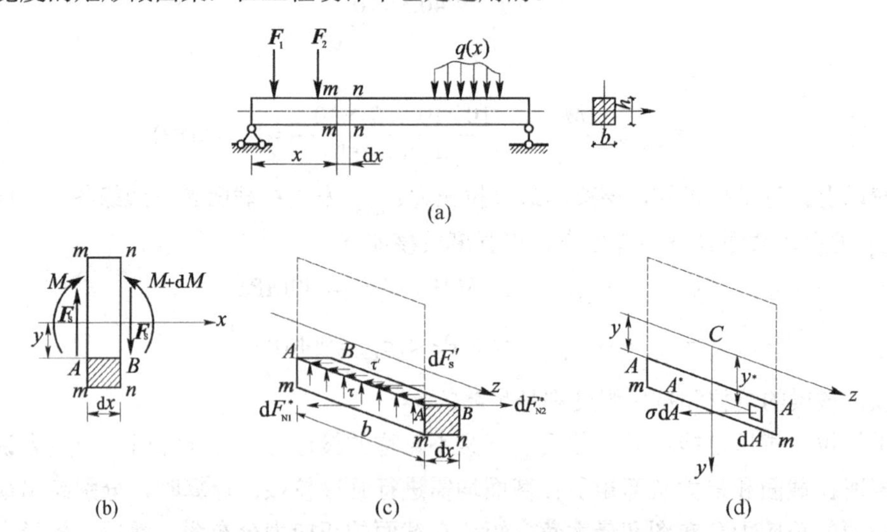

图5.6 矩形截面梁横截面上的切应力

如图5.6(b)所示，两横截面上的弯矩在一般情况下是不相等的，它们分别为M和$M+\mathrm{d}M$，两截面上距中性轴为y^*处的弯曲正应力分别为σ_1和σ_2。设微段下部横截面的面积为A^*，在横截面内取一微面积$\mathrm{d}A$，则面积$\mathrm{d}A$上的轴向力为$\sigma\mathrm{d}A$，如图5.6(d)所示。

则面积 A^* 上的轴向合力分别为 F_{N1}^* 与 F_{N2}^*，如图5.6(c)所示。建立轴向力平衡条件

$$\sum F_x = 0 ,\quad F_{N1}^* - F_{N2}^* + dF_S' = 0 \tag{a}$$

由图5.6(d)可知

$$F_{N1}^* = \int_{A^*} \sigma_1 dA = \int_{A^*} \frac{My^*}{I_z} dA = \frac{M}{I_z}\int_{A^*} y^* dA = \frac{M}{I_z} S_z^* \tag{b}$$

$$F_{N2}^* = \int_{A^*} \sigma_2 dA = \int_{A^*} \frac{M + dM}{I_z} y^* dA = \frac{M + dM}{I_z} S_z^* \tag{c}$$

式中，S_z^* 为面积 A^* 对横截面中性轴的静矩，$S_z^* = \int_{A^*} y^* dA$。

由于 τ' 沿微段 dx 长度上变化很小，故其增量可略去不计，即认为 τ' 在纵截面 $A—B$ 上为常数，于是得到

$$dF_S' = \tau' b dx \tag{d}$$

将式(b)、式(c)和式(d)代入平衡方程式(a)，经简化得到

$$\tau' = \frac{dM}{dx} \cdot \frac{S_z^*}{I_z b}$$

代入弯矩与剪力间的微分关系，上式即为

$$\tau' = \frac{F_S S_z^*}{I_z b}$$

由切应力互等定理 $\tau' = \tau$，故有

$$\tau = \frac{F_S S_z^*}{I_z b} \tag{5-8}$$

式中，I_z 为整个横截面对其中性轴的惯性矩；b 为矩形截面的宽度；F_S 为横截面上的剪力，S_z^* 为面积 A^* 对 z 轴的静矩；τ 的方向与剪力 F_S 的方向相同。

式(5-8)即为矩形截面等直梁在对称弯曲时横截面上任一点处切应力的计算公式。

2. 切应力沿横截面的分布规律

由式(5-8)可见，在截面一定的情况下，F_S、I_z 和 b 均为常数。因此，τ 沿截面高度的变化情况就由 S_z^* 来确定，也就是说，S_z^* 与坐标 y 的关系就是 τ 与 y 的关系。

$$S_z^* = \int_{A^*} y^* dA = A^* \bar{y} = \left[b\left(\frac{h}{2} - y\right)\right] \cdot \left[y + \frac{1}{2}\left(\frac{h}{2} - y\right)\right] = \frac{1}{2} b\left(\frac{h^2}{4} - y^2\right)$$

式中，$\bar{y}$ 为面积 A^* 的形心坐标。

将上式代入式(5-8)，可得

$$\tau = \frac{1}{2}\frac{F_S}{I_z}\left(\frac{h^2}{4} - y^2\right) \tag{e}$$

3. 横截面最大切应力

由式(d)可见，矩形截面梁的切应力 τ 沿截面高度是按抛物线分布规律变化的。当 y 等于 $\pm\frac{h}{2}$ 时，即在横截面上距中性轴最远处，切应力 $\tau = 0$；当 $y = 0$ 时，即在中性轴上各点处，切应力达到最大值，如图5.7所示。

$$\tau_{max}=\frac{1}{2}\frac{F_S}{I_z}\frac{h^2}{4}=\frac{F_S h^2}{8\frac{bh^3}{12}}=\frac{3}{2}\frac{F_S}{bh}=\frac{3}{2}\frac{F_S}{A} \tag{5-9}$$

式中，A为横截面的面积，$A=bh$。

由此得出结论：矩形截面梁横截面上的最大切应力发生在中性轴各点处，其值为平均切应力的1.5倍。

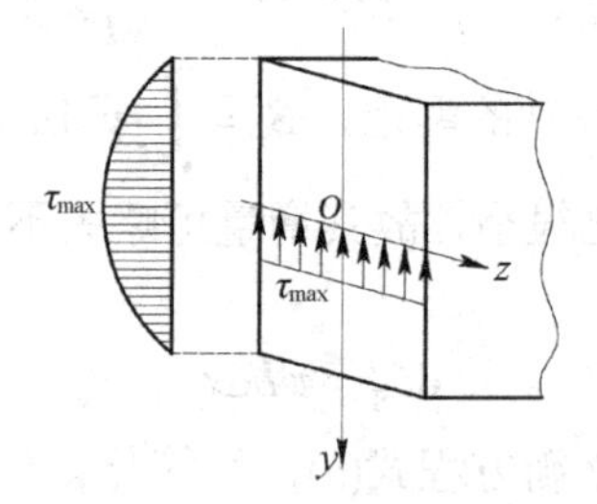

图5.7　切应力沿横截面的分布规律

5.2.2　其他截面梁的切应力

对于其他形状的对称截面，均可应用上面的推导方法求得切应力的近似解，并且横截面上的最大切应力通常在中性轴上各点处。因此，下面对于“工”字形、环形和圆形截面梁，主要讨论其中性轴上各点处的最大切应力τ_{max}。

1. “工”字形截面梁的切应力

“工”字形截面由腹板和上、下翼缘组成。在横力弯曲条件下，翼缘和腹板上均有切应力存在。先研究其横截面腹板上一点处的切应力τ，如图5.8(a)所示。由于腹板是狭长矩形，因此可以采用前述两条假设。故可以直接按式(5-8)求出腹板上距中性轴为y处各点的切应力，即

$$\tau=\frac{F_S S_z^*}{I_z d} \tag{5-10}$$

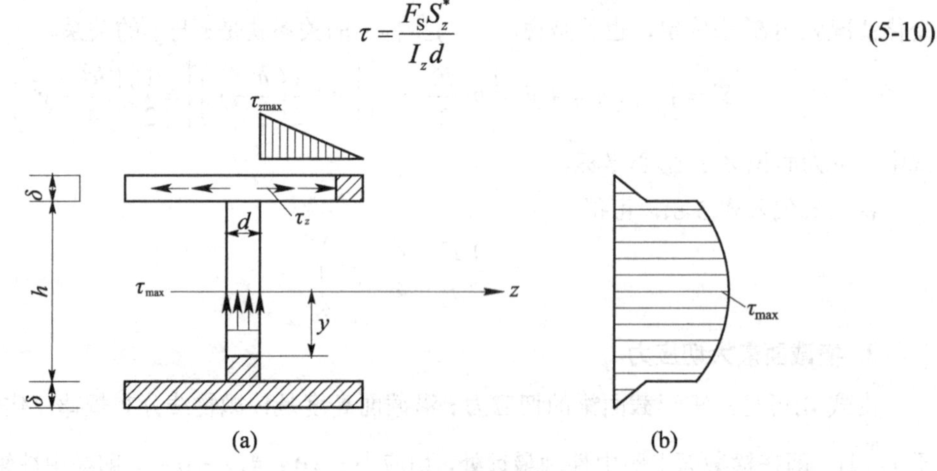

图5.8　“工”字形截面梁

式中，d 为腹板厚度；S_z^* 为距中性轴为 y 的横线以外部分的横截面面积(图 5.8(a)中的阴影线面积)对中性轴的静矩。

对 S_z^* 的计算结果表明，切应力沿腹板高度同样是按二次抛物线规律变化的，如图 5.8(b)所示，其最大切应力也发生在中性轴上，它是整个横截面上的最大切应力，其值为

$$\tau_{\max} \frac{F_S S_{z,\max}^*}{I_z d} \tag{5-11}$$

式中，$S_{z,\max}^*$ 为中性轴一侧的半个“工”字形截面面积对中性轴的静矩。

在具体计算 $\tau_{\max}$ 时，对轧制工字钢，式(5-11)中的 $\dfrac{S_{z,\max}^*}{I_z}$ 就是型钢规格表中给出的比值 $\dfrac{I_x}{S_x}$，至于“工”字形截面翼缘的切应力，由于翼缘的上、下表面无切应力，因此翼缘上平行于 y 轴的切应力沿翼缘厚度线性分布，如图 5.8(b)所示。又由于翼缘很薄，平行于 y 轴的切应力分量很小，故可忽略不计。对于翼缘而言，与翼缘长边平行的切应力分量 τ_z 是主要的。τ_z 的计算可仿照矩形截面中所用的方法来求解，假定水平切应力沿翼缘厚度是均匀分布的，则

$$\tau_z = \frac{F_S S_z^*}{I_z \delta}$$

式中，S_z^* 为翼缘阴影面积对中性轴的静矩；δ 为翼缘的厚度。

但由于翼缘上的最大切应力 $\tau_{z,\max}$ 小于腹板上的 $\tau_{\max}$，所以在一般情况下不必计算。如图 5.8(a)所示，水平切应力沿翼缘长度线性分布。计算表明，“工”字形截面的上、下翼缘主要承担弯矩，而腹板则主要承担剪力。

T 形、槽形截面由几个矩形组成，它们的腹板也是狭长矩形，故腹板上的切应力沿其高度按二次抛物线规律分布，可用式(5-10)计算横截面上的切应力，最大切应力仍发生在截面的中性轴上，如图 5.9 所示。

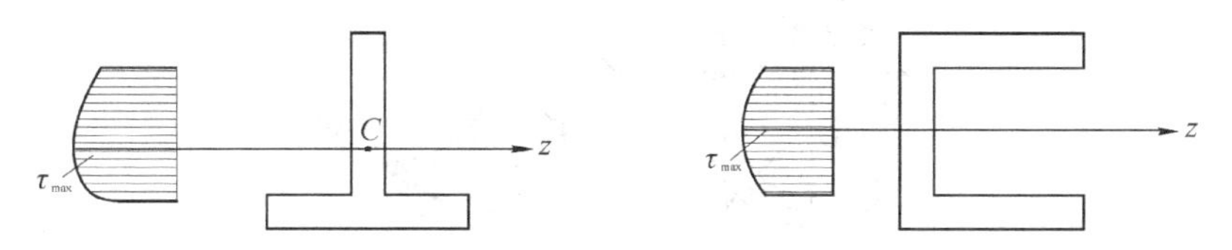

图 5.9 T 形、槽形截面梁

2. 圆形截面梁的切应力

研究结果表明，圆形截面的最大切应力仍发生在中性轴上，最大切应力沿中性轴均匀分布，其方向平行于剪力 F_S，如图 5.10 所示。仿照推导矩形截面切应力公式的方法，得圆截面上的最大切应力为

$$\tau_{\max} = \frac{F_S S_{z,\max}^*}{I_z b} = \frac{F_S}{(\pi d^4/64)} \cdot \frac{d^3/12}{d} = \frac{4}{3} \cdot \frac{F_S}{A}$$

式中，A为圆截面的面积，$A=\frac{\pi d^2}{4}$。

可见，圆形截面的最大切应力是平均切应力的4/3倍或1.33倍。根据工程应用，只需要确定$\tau_{\max}$就可以了。

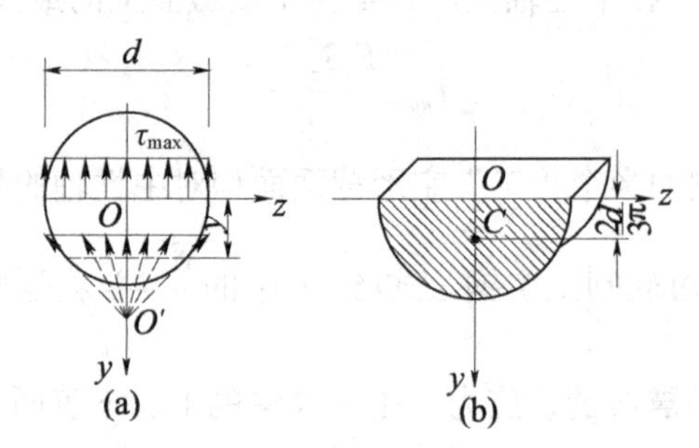

图 5.10　圆形截面梁

3. 薄壁圆环形截面梁的切应力

对于薄壁圆环形截面，其最大切应力$\tau_{\max}$仍发生在中性轴上，如图5.11所示。最大切应力利用式(5-11)可得

$$\tau_{\max}=\frac{F_{\mathrm{S}}S_{z,\max}^{*}}{I_{z}d}=\frac{F_{\mathrm{S}}}{\pi R^{3}\delta}\cdot\frac{2R_{0}^{2}\delta}{2\delta}=2\frac{F_{\mathrm{S}}}{A}$$

式中，A为环形截面的面积，$A=2\pi R_0\delta$；R_0为平均半径。

由此可知，薄壁圆环形截面梁横截面上的最大切应力是其平均切应力的2倍。

综上所述，无论横截面是什么形式，其最大切应力均发生在中性轴上，其值可按式(5-11)计算。

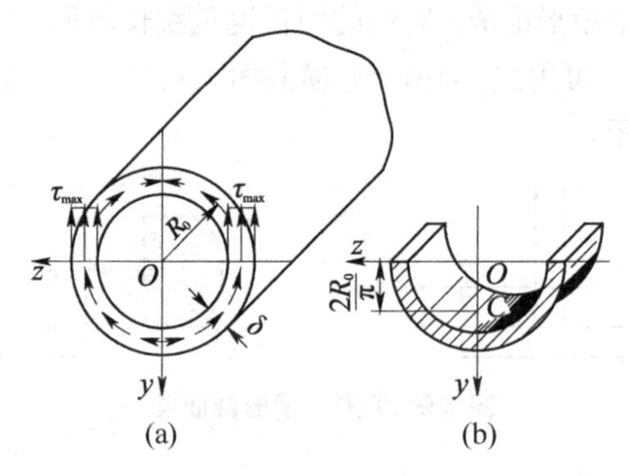

图 5.11　薄壁圆环形截面梁

5.2.3　梁的切应力强度条件

横力弯曲下的等直梁，除了保证正应力的强度外，还需要满足切应力强度要求。等直梁的最大切应力一般是在剪力最大横截面上的中性轴处。由于在中性轴上各点处的正应力为零，所以中性轴处各点的应力状态为纯剪切应力状态，其强度条件可以按纯剪力应力状

态下的强度条件表示，即

$$\tau_{\max} \leqslant [\tau]$$

或写成

$$\tau_{\max} = \frac{F_{S,\max} \cdot S_{z,\max}^*}{I_z d} \leqslant [\tau] \tag{5-12}$$

式中，$[\tau]$为材料在横力弯曲时的许用切应力。

在进行梁的强度计算时，必须同时满足正应力和切应力强度条件。通常情况是，先按正应力强度条件选择截面或确定许用荷载，然后按切应力进行强度校核。对于细长梁，梁的强度取决于正应力，按正应力强度条件选择截面或确定许用荷载后，一般不再需要进行切应力强度校核。但在几种特殊情况下，需要校核梁的切应力。

(1) 梁的跨度较短，或在支座附近有较大的荷载作用。在这种情况下，梁的弯矩较小，而剪力却很大。

(2) 铆接或焊接的组合截面(如“工”字形)钢梁，当其腹板厚度与梁高度之比小于型钢截面的相应比值时，腹板的切应力较大。

(3) 木材在顺纹方向抗剪强度较差，木梁在横力弯曲时可能因中性层上的切应力过大而使梁沿中性层发生剪切破坏。

【例题 5.5】 如图 5.12 所示，两端铰支的矩形截面木梁受均布荷载作用，荷载集度 $q = 10\text{kN/m}$。已知木材的许用应力$[\sigma] = 12\text{MPa}$，顺纹许用应力$[\tau] = 1.5\text{MPa}$，设$\dfrac{h}{b} = \dfrac{3}{2}$。试选择木材的截面尺寸，并进行切应力的强度校核。

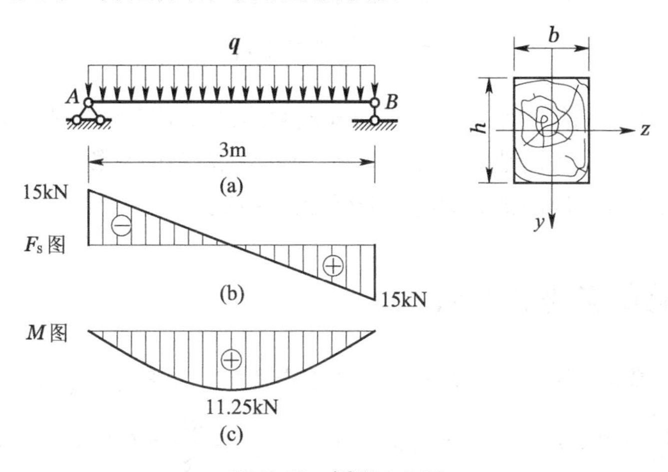

图 5.12　例题 5.5 图

解: (1) 作梁的剪力图和弯矩图。木梁的剪力图和弯矩图如图 5.12(b)和图 5.12(c)所示。由图可知，最大弯矩和最大剪力分别发生在跨中截面上和支座 A、B 处，其值分别为

$$M_{\max} = 11.25\text{kN} \cdot \text{m}，\quad F_{S,\max} = 15\text{kN}$$

(2) 按正应力强度条件选择截面。由弯曲正应力强度条件得

$$W_z \geqslant \frac{M_{max}}{[\sigma]} = \frac{11.25\times10^3}{12\times10^6} = 0.00094(\text{m}^3)$$

又因 $h=\dfrac{3}{2}b$，则有

$$W_z = \frac{bh^2}{6} = \frac{3b^2}{8}$$

故可求得

$$b = \sqrt[3]{\frac{8W_z}{3}} = \sqrt[3]{\frac{8\times0.00094}{3}} = 0.135(\text{mm})$$

$$h = 0.2\text{m} = 200\text{mm}$$

(3) 校核梁的切应力强度。最大切应力发生在中性层，由矩形截面梁最大切应力公式(5-9)得

$$\tau_{max} = \frac{3}{2}\frac{F_{S,max}}{A} = \frac{3\times15\times10^3}{2\times0.135\times0.2} = 0.56(\text{MPa}) < [\tau] = 1.5(\text{MPa})$$

故所选木梁尺寸满足切应力强度要求。

5.3 梁的合理设计

按强度要求设计梁时，主要是依据梁的正应力强度条件，即

$$\sigma_{max} = \frac{M_{max}}{W_z} \leqslant [\sigma]$$

由上式可见，要提高梁的承载能力，即降低梁的最大正应力，则可在不减小外荷载、不增加材料的前提下，尽可能地降低最大弯矩，提高抗弯截面系数。

下面介绍几种工程常用的提高梁的弯曲强度的措施。

5.3.1 合理配置支座和荷载

为了降低梁的最大弯矩，可以合理地改变支座位置。如图 5.13(a)所示的悬臂梁，梁中最大弯矩 $M_{max}=\dfrac{ql^2}{2}=0.5ql^2$；将其变为简支梁，$M_{max}=\dfrac{ql^2}{8}=0.125ql^2$，如图 5.13(b)所示；而将其变为外伸梁，当 $a=0.207l$ 时，则梁中最大弯矩为 $M_{max}=0.0215ql^2$，如图 5.13(c)所示。另外，可以靠增加支座，使其改成超静定梁，也能降低梁的最大弯矩。在荷载不变的情况下，还可以合理地布置荷载，以达到降低最大弯矩的作用。如图 5.14(a)所示的简支梁，其最大弯矩 $M_{max}=\dfrac{Fl}{4}$；若在梁上增加一根辅助梁，这样 $\boldsymbol{F}$ 被分成了作用在主梁上的两个集中力，如图 5.14(b)所示，则最大弯矩 $M_{max}=\dfrac{Fl}{8}$ 是原来的一半。或将集中力变成满跨均布

荷载 $q=\frac{F}{l}$，最大弯矩也可降低。

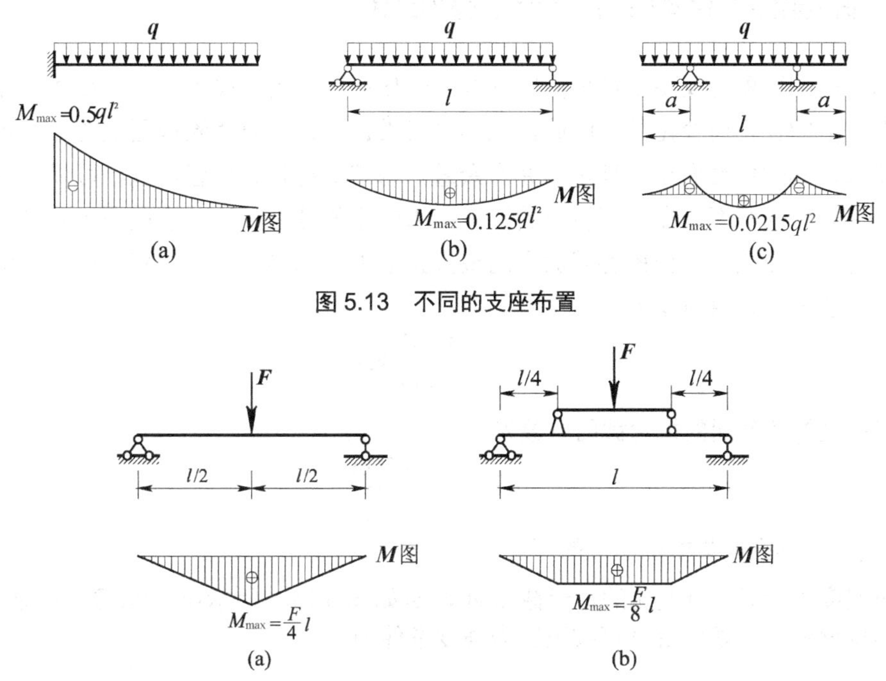

图 5.13　不同的支座布置

图 5.14　不同的荷载分布

5.3.2　合理设计截面形状

当梁所受外力不变时，横截面上的最大正应力与抗弯截面系数成反比。或者说，在截面面积 A 保持不变的条件下，抗弯截面系数越大的梁，其承载能力越强。由于在一般截面中，W 与其高度的平方成正比，所以尽可能使横截面面积分布在距中性轴较远的地方，以满足上述要求。

在梁横截面上距中性轴最远的各点处，分别有最大拉应力和最大压应力。为充分发挥材料的潜力，应使两者同时达到材料的许用应力。对于由拉伸和压缩许用应力值相等的建筑钢等塑性材料制成的梁，其横截面应以中性轴为其对称轴，如“工”字形、矩形、圆形和环形截面等。而这些截面的合理程度并不相同。例如，环形比圆形合理，矩形截面立放比扁放合理，而工字钢又比立放的矩形更为合理。对于由压缩强度远高于拉伸强度的铸铁等脆性材料制成的梁，宜采用 T 形等对中性轴不对称的截面，并将其翼缘部分置于受拉侧。在提高 W 的过程中，不可将矩形截面的宽度取得太小，也不可将空心圆、工字形、箱形截面的壁厚取得太小；否则可能出现失稳的问题。总之，在选择梁截面的合理形状时，应综合考虑横截面上的应力情况、材料性能、梁的使用条件及制造工艺等。

5.3.3 合理设计梁的形状——变截面梁

梁的弯矩图形象地反映了弯矩沿梁轴线的变化情况。由于梁内不同横截面上最大正应力是随弯矩值的变化而变化的，因此，在等直梁设计中，只要危险截面上的最大正应力满足强度要求，其余各截面自然满足，并有余量。为节约材料并减轻自重，可以在弯矩较大的梁段采用较大的截面，在弯矩较小的梁段采用较小的截面，这种横截面尺寸沿梁轴线变化的梁称为变截面梁。若使梁各截面上的最大正应力都相等，并均达到材料的许用应力，通常称为等强度梁。由强度条件

$$\sigma = \frac{M(x)}{W(x)} \leqslant [\sigma]$$

可得到等强度梁各截面的抗弯截面系数为

$$W(x) = \frac{M(x)}{[\sigma]} \tag{5-13}$$

式中，$M(x)$ 为等强度梁横截面上的弯矩。

如将宽度不变而高度变化的矩形截面简支梁(如图5.15(a)所示)设计成等强度梁，则其高度随截面位置的变化规律 $h(x)$ 可按正应力强度条件确定。

$$W(x) = \frac{bh(x)^2}{6} = \frac{\frac{F}{2}x}{[\sigma]}$$

可求得

$$h(x) = \sqrt{\frac{3Fx}{b[\sigma]}} \tag{5-14a}$$

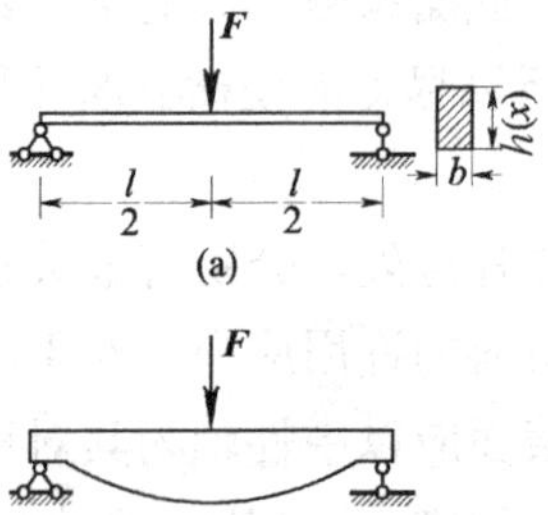

图5.15 等强度梁

但在靠近支座处，应按切应力强度条件确定截面的最小高度，即

$$\tau_{\max} = \frac{3}{2}\frac{F_S}{A} = \frac{3}{2}\frac{F/2}{bh_{\min}} = [\tau]$$

可得

$$h_{\min} = \frac{3F}{4b[\tau]} \tag{5-14b}$$

按式(5-14b)确定梁的外形，就是厂房建筑中常用的鱼腹梁，如图 5.15(b)所示。

等强度梁有节约材料的优点，理论上讲存在等强度梁。但当外荷载比较复杂时，由于其形状的复杂，给制造加工带来很大的困难。所以在工程实际中，通过用等强度梁的设计思想并结合具体情况，将其修正成易于加工制造的形式。如图 5.16 所示的车辆底座下的叠板弹簧和图 5.17 所示的阳台挑梁等。

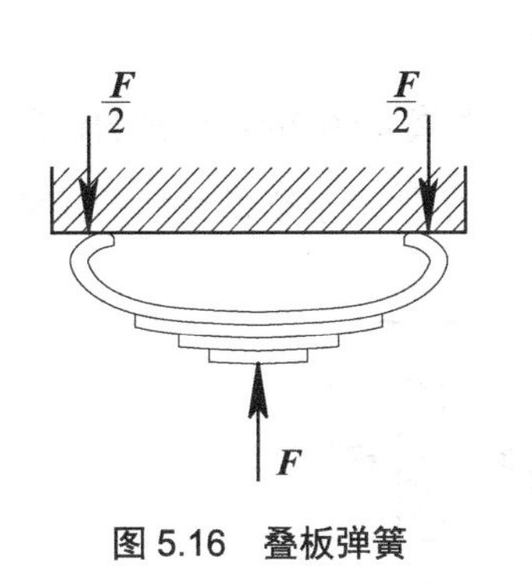

图 5.16　叠板弹簧

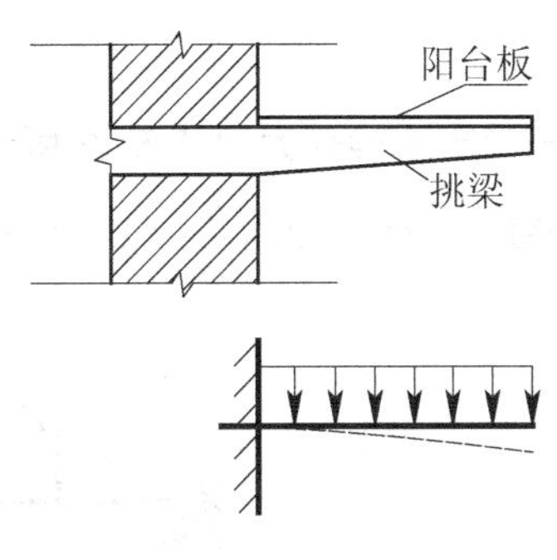

图 5.17　阳台挑梁

5.4　习　　题

(1) 如图 5.18 所示吊车梁，吊车的每个轮子对梁的作用力都是 $\boldsymbol{F}$。试问：

① 吊车在什么位置时梁内的弯矩最大？最大弯矩等于多少？

② 吊车在什么位置时梁的支座反力最大？最大支反力和最大剪力各等于多少？

(2) 如图 5.19 所示，一由 16 号工字钢制成的简支梁承受集中荷载 $\boldsymbol{F}$，在梁的截面 C—C 处下边缘上，用标距 s =20mm 的应变仪量得纵向伸长 Δ_s =0.008mm。已知梁的跨长 l =1.5m，a =1m，弹性模量 E =210GPa。试求 $\boldsymbol{F}$ 力的大小。

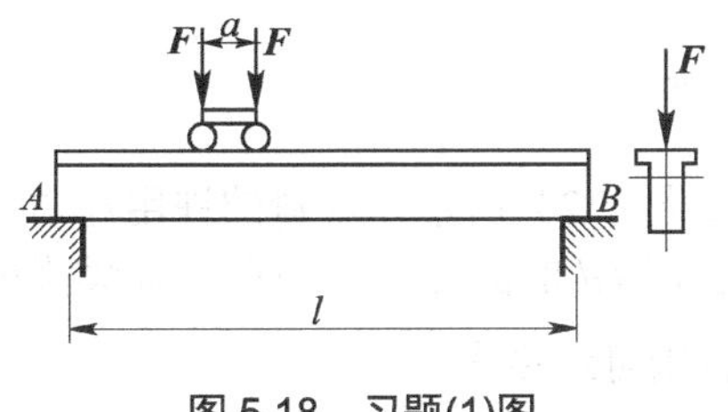

图 5.18　习题(1)图

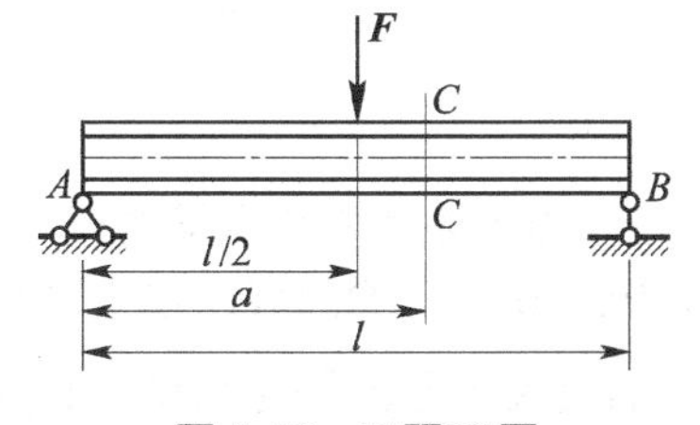

图 5.19　习题(2)图

(3) 由两根 28a 号槽钢组成的简支梁受 3 个集中力作用，如图 5.20 所示。已知该梁材料为 Q235 钢，其许用弯曲正应力$[\sigma]$=170MPa。试求梁的许可荷载$[F]$。

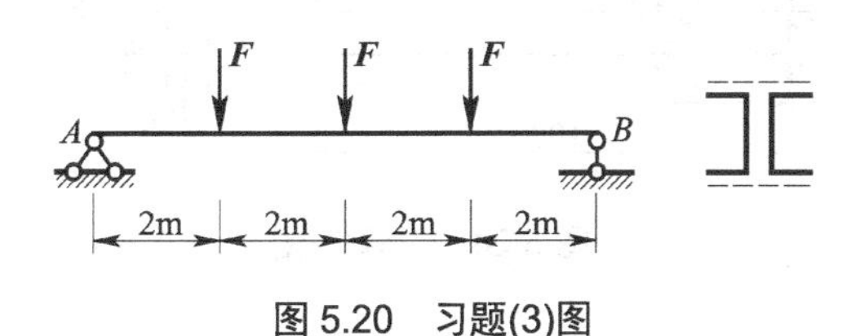

图 5.20　习题(3)图

(4) 简支梁的荷载情况及尺寸如图5.21所示。试求梁的下边缘的总伸长。

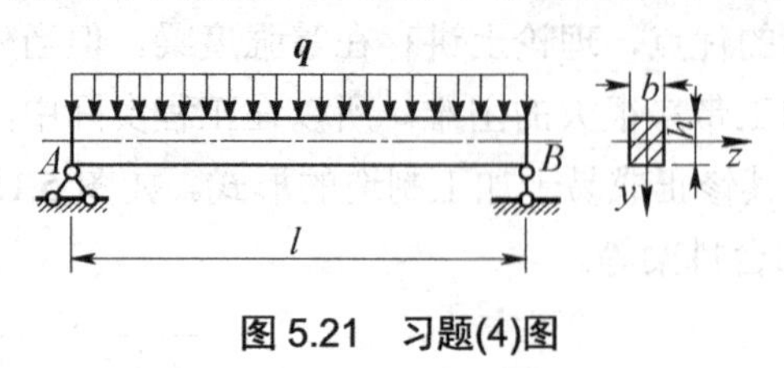

图 5.21　习题(4)图

(5) 一简支木梁受力如图5.22所示，荷载$F=5\text{kN}$，距离$a=0.7\text{m}$，材料的许用弯曲正应力$[\sigma]=10\text{MPa}$，横截面为$\dfrac{h}{b}=3$的矩形。试按正应力强度条件确定梁横截面的尺寸。

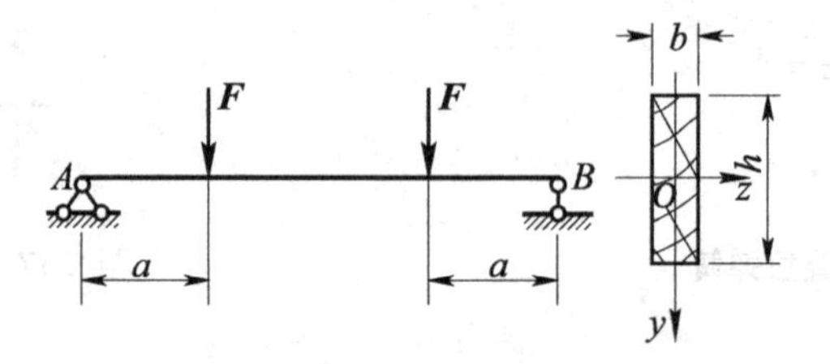

图 5.22　习题(5)图

(6) 如图5.23所示，一矩形截面简支梁由圆柱形木料锯成。已知$F=5\text{kN}$，$a=1.5\text{ m}$，$[\sigma]=10\text{MPa}$。试确定弯曲截面系数为最小时矩形截面的高宽比$\dfrac{h}{b}$，以及梁所需木料的最小直径d。

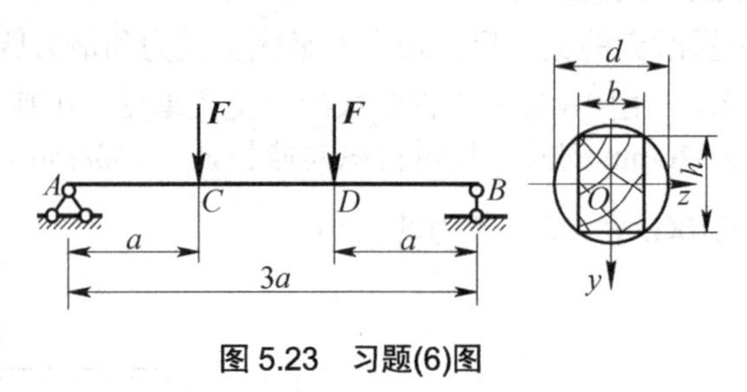

图 5.23　习题(6)图

(7) 一正方形截面悬臂木梁的尺寸及所受荷载如图5.24所示。木料的许用弯曲正应力$[\sigma]=10\text{MPa}$。现需在梁的截面C上中性轴处钻一直径为d的圆孔。试问在保证梁强度的条件下圆孔的最大直径d(不考虑圆孔处应力集中的影响)可达多大？

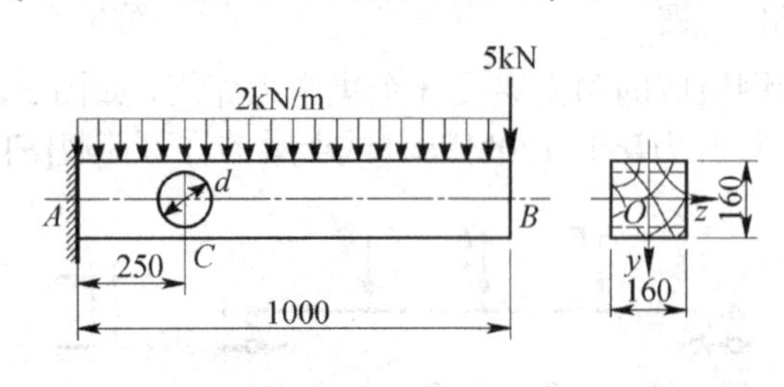

图 5.24　习题(7)图

(8) 当荷载 $\boldsymbol{F}$ 直接作用在跨长为 l=6m 的简支梁 AB 中点时，梁内最大正应力超过许可值 30%。为了消除过载现象，配置了图 5.25 所示的辅助梁 CD。试求辅助梁的最小跨长 a。

(9) 横截面如图 5.26 所示的铸铁简支梁，跨长 l=2m，在其中点受一集中荷载 F=80kN 的作用。已知许用拉应力$[\sigma_t]$=30MPa，许用压应力$[\sigma_c]$=90MPa。试确定截面尺寸 δ 值。

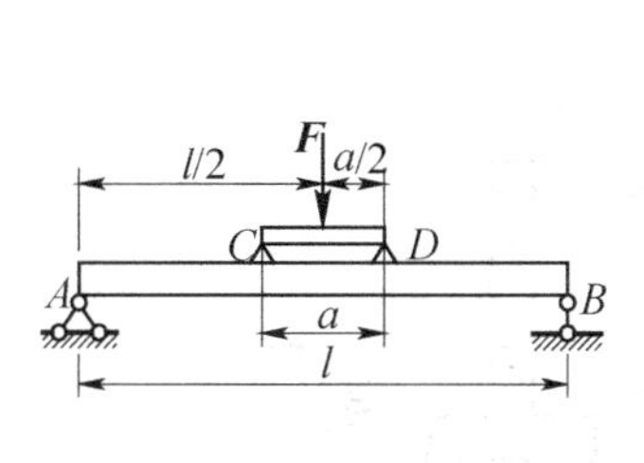

图 5.25　习题(8)图

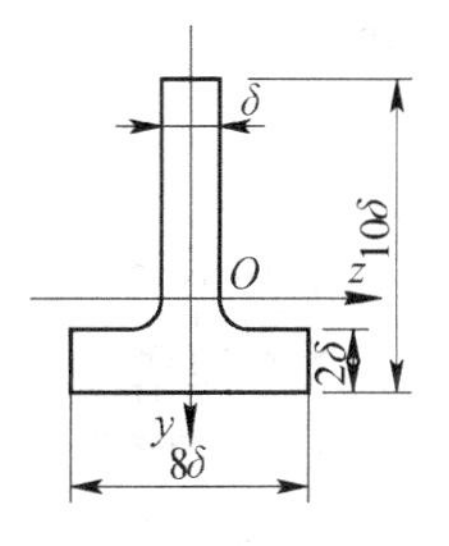

图 5.26　习题(9)图

(10) 两根材料相同、横截面面积相等的简支梁，一根为整体矩形截面梁，另一根为高度相等的矩形截面叠合梁。当在跨中央分别受集中力 $\boldsymbol{F}$ 和 $\boldsymbol{F}'$ 作用时，若不计叠合梁之间摩擦力的影响，而考虑为光滑接触，如图 5.27 所示。请问：

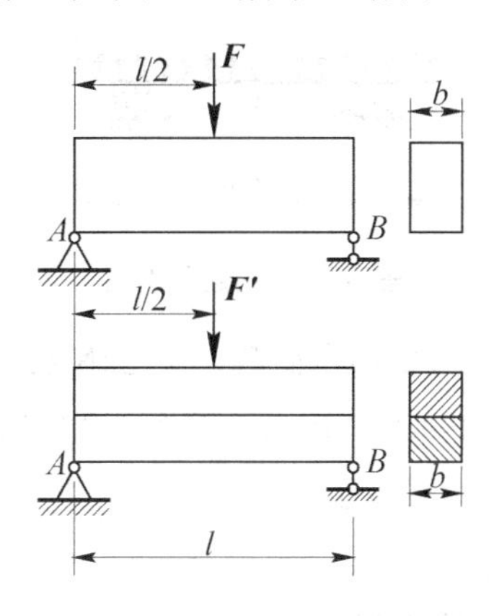

图 5.27　习题(10)图

① 这种梁的截面上正应力是怎样分布的？

② 两种梁能承担的荷载 $\boldsymbol{F}$ 和 $\boldsymbol{F}'$ 相差多少？

(11) 一箱形梁承受荷载和截面尺寸如图 5.28 所示。若梁的两支座间横截面上的弯曲正应力不能超过 8MPa，切应力不能超过 1.2MPa。试确定作用在梁上的许用集中力$[F]$值。

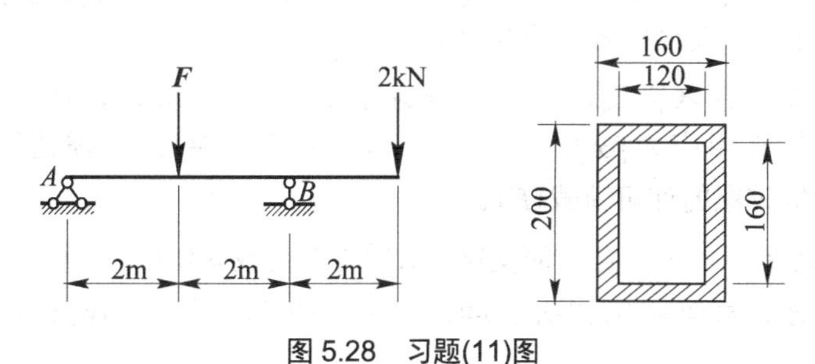

图 5.28　习题(11)图

(12) 梁的受力情况及截面尺寸如图 5.29 所示。若惯性矩 $I_z=102\times10^{-6}\,\mathrm{m}^4$，试求最大拉应力和最大压应力的数值，并指出产生最大拉应力和最大压应力的位置。

(13) 如图 5.30 所示，外伸梁由 25b 号工字钢制成，跨长 $l=6$ m，承受均布荷载 q 作用。试问当支座上及跨度中央截面 C 上的最大正应力均为 σ=140MPa 时，悬臂的长度 a 及荷载集度 q 等于多少？

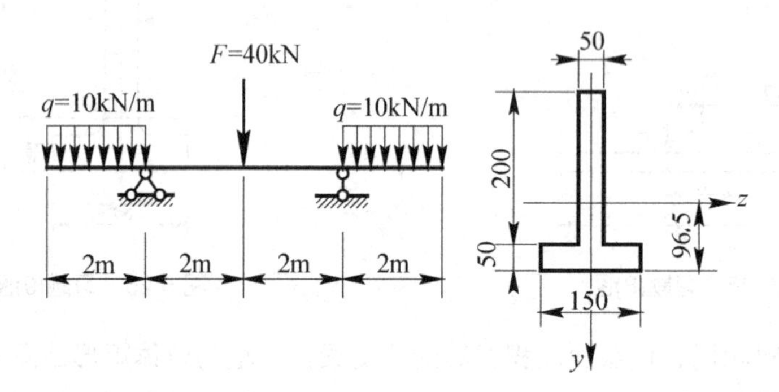

图 5.29　习题(12)图

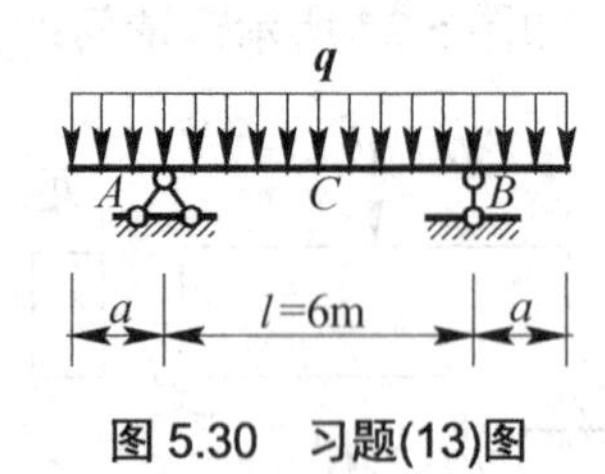

图 5.30　习题(13)图

(14) 如图 5.31 所示，简支梁承受均布荷载，q=2kN/m，l=2m。若分别采用截面面积相等的实心和空心圆截面，且 D_1=40mm，d_2/D_2=3/5，试分别计算它们的最大正应力，并问空心截面比实心截面的最大正应力减少了百分之几？

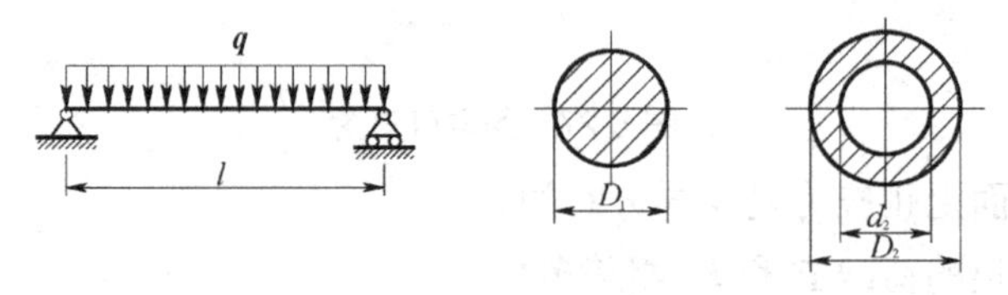

图 5.31　习题(14)图

(15) 图 5.32 所示为一承受纯弯曲的铸铁梁，其截面为⊥形，材料的拉伸和压缩许用应力之比 $[\sigma_t]/[\sigma_c]=1/4$。求水平翼板的合理宽度 b。

(16) ⊥形截面铸铁悬臂梁，尺寸及荷载如图 5.33 所示。若材料的拉伸许用应力 $[\sigma_t]$=40MPa，压缩许用应力 $[\sigma_c]$=160MPa，截面对形心轴 z 的惯性矩 I=10 180cm^4，h_1=9.64cm。试计算该梁的许可荷载 $[F]$。

(17) 如图 5.34 所示的矩形截面简支梁，承受均布荷载 q 作用。若已知 q=2kN/m，l=3m，h=2b=240mm。试求：截面竖放(如图 5.34(c)所示)和横放(如图 5.34(b)所示)时梁内的最大正应力，并加以比较。

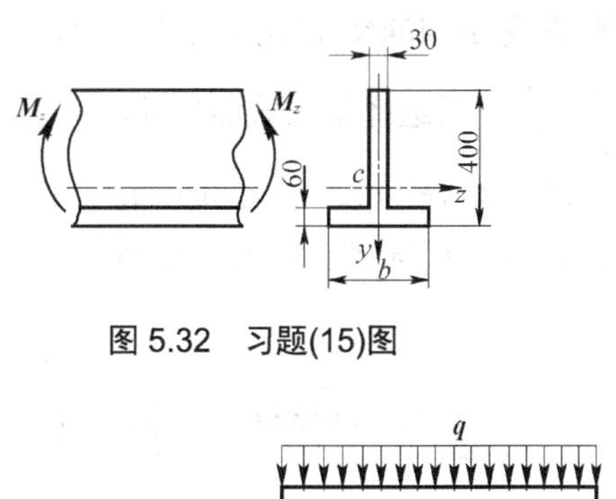

图 5.32　习题(15)图

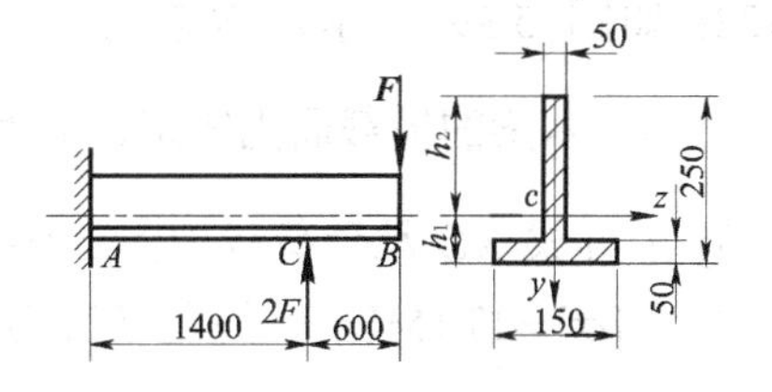

图 5.33　习题(16)图

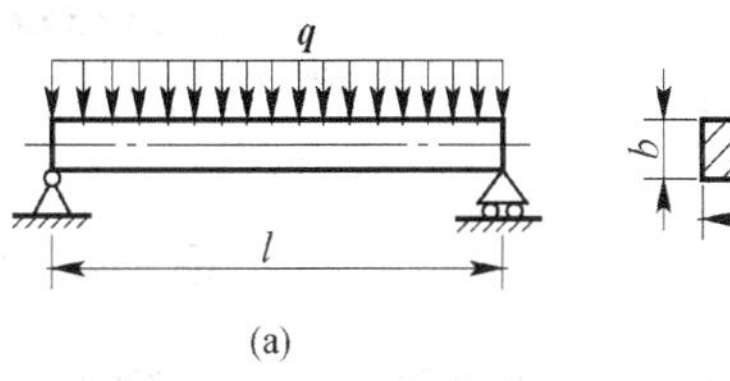

图 5.34　习题(17)图

(18) 由 10 号工字钢制成的 ABD 梁，左端 A 处为固定铰链支座，B 点处用铰链与钢制圆截面杆 BC 连接，BC 杆在 C 处用铰链悬挂，如图 5.35 所示。已知圆截面杆直径 d=20mm，梁和杆的许用应力均为$[\sigma]$=160MPa。试求结构的许用均布荷载集度$[q]$。

(19) 旋转式起重机由工字梁 AB 及拉杆 BC 组成，A、B、C 3 处均可以简化为铰链约束。起重载荷 F_P=22kN，l=2m。已知$[\sigma]$=100MPa。试选择 AB 梁的工字钢的型号，如图 5.36 所示。

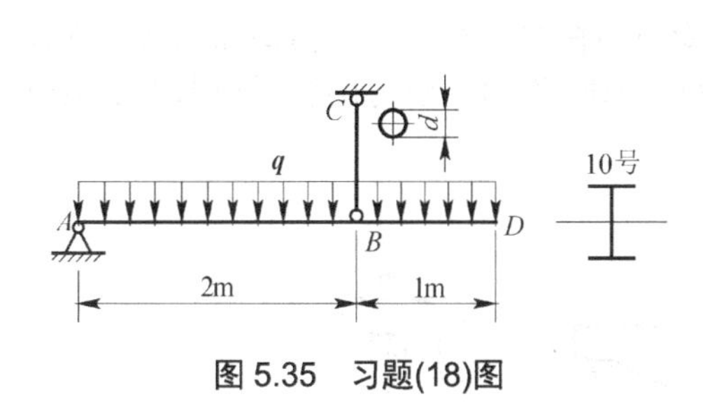

图 5.35　习题(18)图

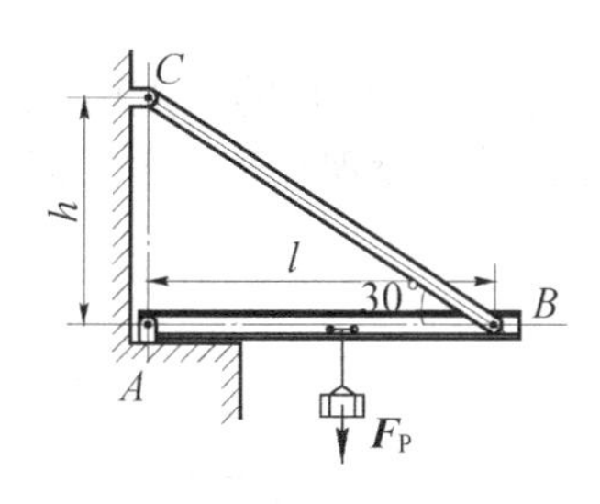

图 5.36　习题(19)图

(20) 悬臂梁长为 900mm，在自由端有一集中力 $\boldsymbol{F}$ 作用。梁由 3 块 50mm×100mm 的木板胶合而成，如图 5.37 所示，图中 z 轴为中性轴。胶合缝的许用切应力$[\tau]=0.35$ MPa。试按胶合缝的切应力强度求许可荷载 $\boldsymbol{F}$，并求在此荷载作用下梁的最大弯曲正应力。

(21) 矩形截面木梁，其截面尺寸及荷载如图 5.38 所示，$q=1.3$ kN/m。已知$[\sigma]=10$ MPa，$[\tau]=2$ MPa。试校核梁的正应力和切应力强度。

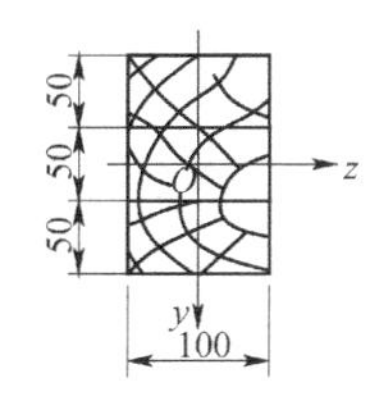

图 5.37　习题(20)图

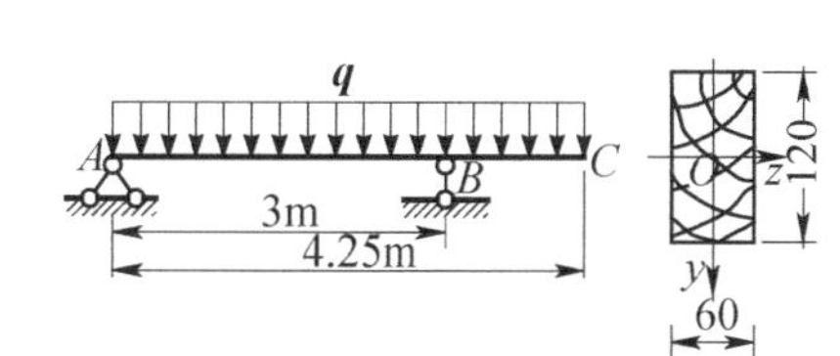

图 5.38　习题(21)图

(22) 如图 5.39 所示，木梁受一可移动的荷载 F=40kN 作用。已知$[\sigma]=10\text{ MPa}$，$[\tau]=3\text{ MPa}$。木梁的横截面为矩形，其宽高比$\frac{h}{b}=\frac{3}{2}$。试选择梁的截面尺寸。

(23) 外伸梁 AC 承受荷载如图 5.40 所示，$M_e=40\text{kN}\cdot\text{m}$，$q=20\text{kN/m}$。材料的许用弯曲正应力$[\sigma]=170\text{ MPa}$，许用切应力$[\tau]=100\text{ MPa}$。试选择工字钢的号码。

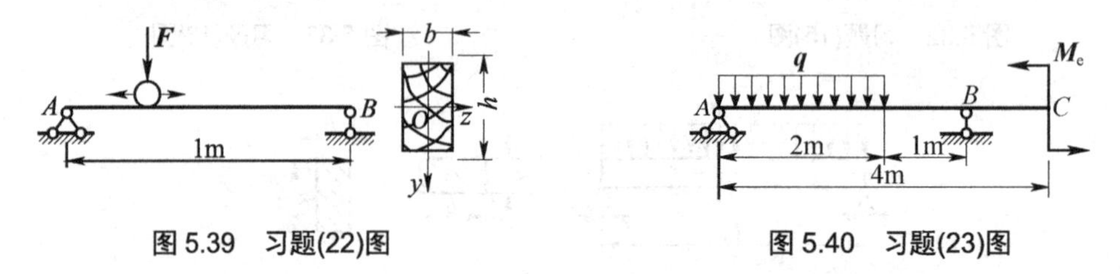

图 5.39　习题(22)图　　图 5.40　习题(23)图

(24) 如图 5.41 所示变截面梁，自由端承受荷载 $\boldsymbol{F}$ 作用，梁的尺寸 l、b 与 h 均为已知。试计算梁内的最大弯曲正应力。

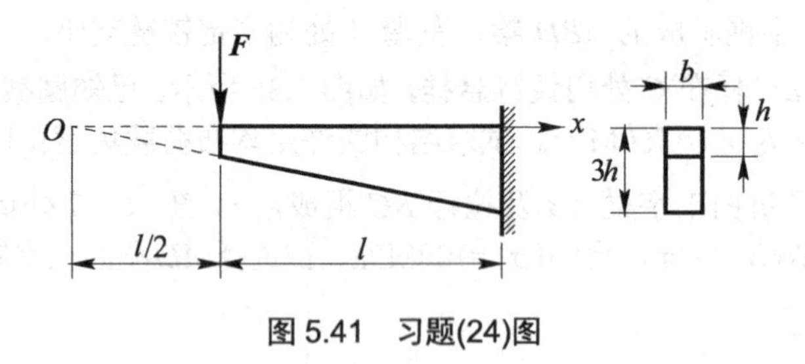

图 5.41　习题(24)图

(25) 如图 5.42 所示的简支梁，跨度中点承受集中荷载 $\boldsymbol{F}$ 作用。若横截面的宽度 b 保持不变，试根据等强度观点确定截面高度 $h(x)$ 的变化规律。许用正应力$[\sigma]$与许用切应力$[\tau]$均为已知。

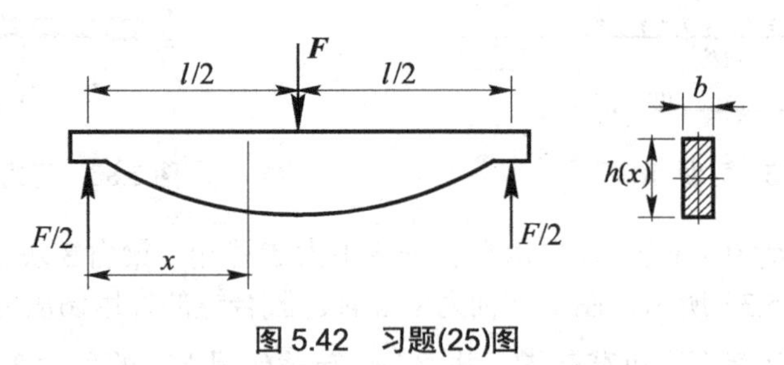

图 5.42　习题(25)图

第6章 弯曲变形

6.1 弯曲变形的基本概念

梁在平面弯曲变形后，其轴线由直线变成了一条光滑连续的平面曲线，如图 6.1 所示。梁变形后的轴线称为**挠曲线**。由于是在线弹性范围内的挠曲线，所以也称为**弹性曲线**。梁的变形用横截面的两个位移来度量，即线位移 w 和转角位移 θ 。线位移是指横截面的形心(即轴线上的点)在垂直于梁轴线方向的位移，也称为该截面的**挠度**。转角位移是指横截面绕中性轴转动的角度，也称为该截面的**转角**。某截面 C 在梁变形后，其挠度和转角可分别表示为 w_C 和 θ_C ，如图 6.1 所示。

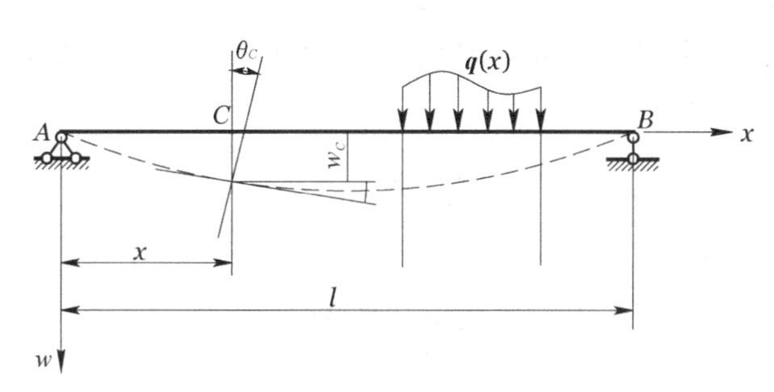

图 6.1 梁的弯曲变形

注意到梁弯曲成曲线后，在 x 轴方向也是有线位移的。但在小变形情况下，梁的挠度远小于跨长，横截面形心沿 x 轴方向的线位移与挠度相比属于高阶微量，故可忽略不计。因此**挠曲线方程**可表示为

$$w = f(x) \tag{a}$$

因为挠曲线是一平坦曲线，小变形情况下梁的转角一般不超过1°，由方程式(a)可求得转角 θ 的表达式为

$$\theta \approx w' = f'(x) \tag{b}$$

即挠曲线上任一点处切线的斜率 w' 可足够精确地代表该点处横截面的转角 θ ，式(b)可称为**转角方程**。由此可见，梁任一横截面挠度和转角，只要已知其一，便可求得另一个，包括

它的大小、方向或转向。或者说，只要确定了挠曲线方程，即可求得任一横截面的转角和挠度。在如图 6.1 所示的坐标系中，假定向下的挠度为正，反之为负，量纲为[长度]；顺时针转向的转角为正，反之为负，量纲为[弧度](rad)。

6.2 梁的挠曲线近似微分方程

通过第 5 章已经知道，度量等直梁弯曲变形程度的是变形曲线的曲率，即挠曲线的曲率。因此，为求得梁的挠曲线方程，可利用曲率 k 与弯矩 M 间的物理关系，即式(5-3)

$$k = \frac{1}{\rho} = \frac{M}{EI}$$

横力弯曲时，M 和 ρ 都是 x 的函数，即

$$k(x) = \frac{1}{\rho(x)} = \frac{M(x)}{EI} \tag{c}$$

式(a)中，实际上是忽略了剪力对梁位移的影响。另外，从数学方面来看，平面曲线的曲率可表示为

$$\frac{1}{\rho} = \left| \frac{w''}{(1+w'^2)^{\frac{3}{2}}} \right| \tag{d}$$

由前面分析可知，w' 表示的是挠曲线切线的斜率，w'' 是用来判断挠曲线的凹向。小变形情况下，挠曲线是一平坦曲线，因此 w' 很小，w'^2 更小，与 1 相比可算是高阶微量，故可略去不计。式(d)可近似地写为

$$\frac{1}{\rho} = |w''| \tag{e}$$

将式(c)代入式(e)，得

$$|w''| = \frac{M(x)}{EI} \tag{f}$$

根据弯矩符号的规定，当挠曲线下凸时，$M>0$，有极大值，而 $w''<0$；当挠曲线上凸时，$M<0$，有极小值，而 $w''>0$。由此可见， M 与 w'' 的正负号正好相反。于是式(d)可写为

$$w'' = -\frac{M(x)}{EI} \tag{6-1a}$$

式(6-1a)中略去了剪力 F_S 的影响，并略去了 w'^2 项，故称其为梁的**挠曲线近似微分方程**。由式(6-1a)可见，只要能建立梁的弯矩方程，即可通过两次积分求得梁的转角和挠度。

6.3　积分法求梁的变形

6.3.1　两次积分

对于等直梁，EI 为常数，式(6-1a)可写成

$$EIw'' = -M(x) \tag{6-1b}$$

当全梁各横截面上的弯矩可用一个弯矩方程表示时，梁的挠曲线近似微分方程仅有一个。将式(6-1b)的两边同时积分一次，可得

$$EIw' = -\int M(x)\mathrm{d}x + C \tag{6-2a}$$

再积分一次，即得

$$EIw = -\int\left[\int M(x)\mathrm{d}x\right]\mathrm{d}x + Cx + D \tag{6-2b}$$

式(6-2a)和式(6-2b)中出现的两个积分常数 C 和 D，可通过梁的支承条件确定。

当梁上弯矩用 n 个弯矩方程表示时，就有 n 个挠曲线近似微分方程，则积分常数有 $2n$ 个。那么这些积分常数的确定不仅要考虑支承条件，同时要考虑变形连续条件。这两种条件统称为边界条件。上述这种通过两次积分求梁挠度和转角的方法称为**积分法**。

6.3.2　积分常数的确定

积分常数可以通过支承条件和变形连续条件来确定。

1. 支承条件

支承条件即梁在支座处的挠度和转角是可确定的，如图 6.2 所示。

图 6.2(a)中悬臂梁的固定端处，有两个支承条件，即

$$x = 0\text{ 时，}\ w_A = 0$$

$$x = l\text{ 时，}\ \theta_A = 0$$

在图 6.2(b)中，简支梁有两个支承条件，即

$$x = 0\text{ 时，}\ w_A = 0$$

$$x = l\text{ 时，}\ w_B = 0$$

特殊情况下，当支座处发生位移时，其支承条件应等于对应处的变形。

在图 6.2(c)中，支座 B 处是弹性支承，则 B 处的支承条件应为

$$x = l\text{ 时，}\ w_B = \delta$$

其中，δ 为弹簧的变形量，可由弹簧力确定，即 $F_B = k\delta$，k 为弹簧刚度，则 $\delta = \dfrac{F_B}{k}$，而 F_B 由平衡方程确定。

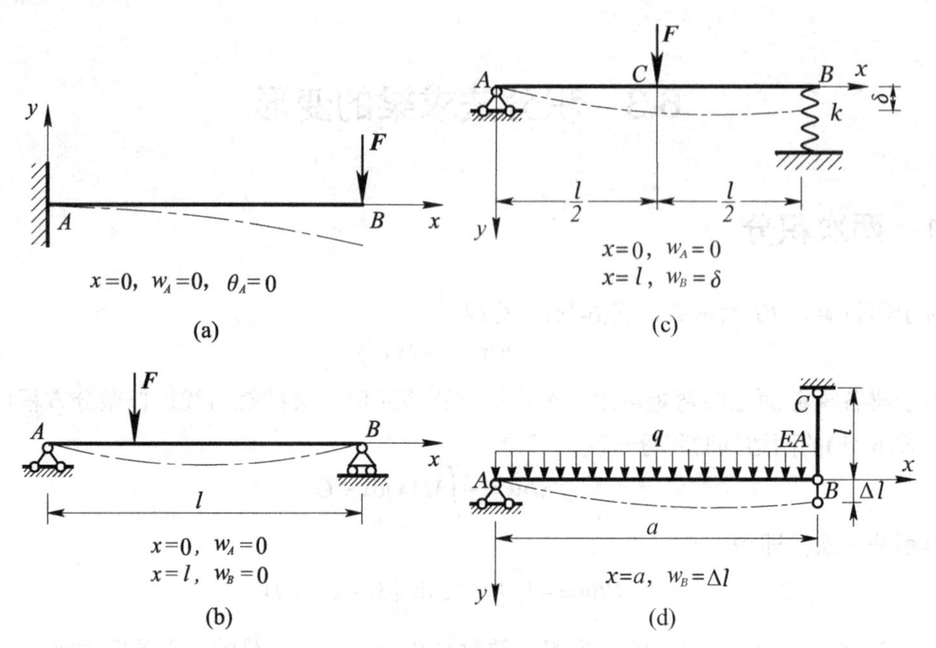

图 6.2　梁的支承条件

在图 6.2(d)中，B 处是弹性杆件，则 B 处的支承条件为 $x=a$ 时，$w_B=\Delta l$。其中，Δl 是弹性杆件的变形量，可由拉(压)杆的变形公式计算，即

$$\Delta l=\frac{F_{NB}l}{EA}$$

2. 积分常数 C、D 的几何意义

从式(6-2a)和式(6-2b)中可以看出，由于 x 为自变量，这样，在坐标原点即 $x=0$ 处的定积分 $\int_0^0 M(x)\mathrm{d}x$ 和 $\int_0^0\left[\int_0^0 M(x)\mathrm{d}x\right]\mathrm{d}x$ 恒等于零，因此积分常数

$$C=EIw\big|_{x=0}=EI\theta_0\text{，}\quad D=EIw_0$$

式中，θ_0 和 w_0 分别为坐标原点处截面的转角和挠度。

由此看来，对于简支梁问题，有 $D=0$；对于悬臂梁问题，有 $C=0$、$D=0$。下面的例题会验证这一点。

3. 变形连续条件

变形连续条件是指梁的任一横截面左、右两侧的转角和挠度是相等的。如图 6.3 所示，C 处的连续条件为

$$x=l\text{时，}\ \theta_{C左}=\theta_{C右}$$

$$x=l\text{时，}\ w_{C左}=w_{C右}=0$$

对于中间铰的左、右两侧截面，虽然挠度相等，但转角可以不等，如图 6.3 所示，B 处的连续条件可写为

$$x=\frac{l}{2}\text{时，}\ w_{B左}=w_{B右}$$

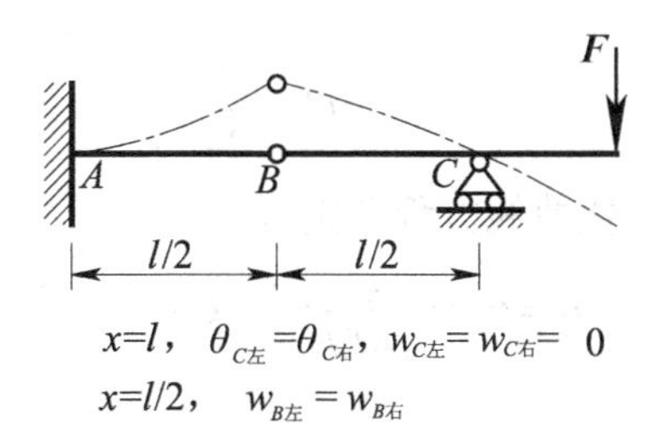

图 6.3　梁的变形连续条件

【例题 6.1】 如图 6.4 所示一弯曲刚度为 EI 的简支梁，在全梁上受集度为 q 的均布荷载作用。试求梁的挠曲线方程和转角方程，并确定其最大挠度 $w_{\max}$ 和最大转角 $\theta_{\max}$ 。

解： 由对称关系可知梁的两支反力为

$$F_A = F_B = \frac{ql}{2}$$

梁的弯矩方程为

$$M(x) = \frac{ql}{2}x - \frac{1}{2}qx^2 = \frac{q}{2}(lx - x^2) \tag{a}$$

将式(a)中的 $M(x)$ 代入式(6-1b)

$$EIw'' = -M(x) = -\frac{q}{2}(xl - x^2)$$

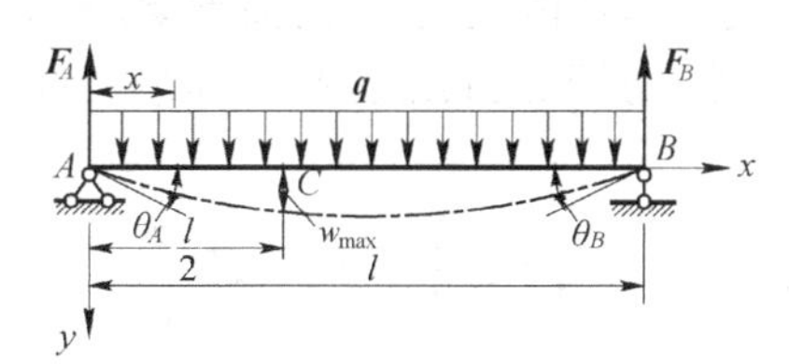

图 6.4　例题 6.1 图

再通过两次积分，可得

$$EIw' = -\frac{q}{2}\left(\frac{lx^2}{2} - \frac{x^3}{3}\right) + C \tag{b}$$

$$EIw = -\frac{q}{2}\left(\frac{lx^3}{6} - \frac{x^4}{12}\right) + Cx + D \tag{c}$$

在简支梁中，边界条件是左、右两铰支座处的挠度均等于零，即

$$在\ x = 0\ 处，\quad w = 0$$

$$在\ x = l\ 处，\quad w = 0$$

将边界条件代入式(c)，可得

$$D = 0$$

和

$$EIw|_{x=l} = -\frac{q}{2}\left(\frac{l^4}{6} - \frac{l^4}{12}\right) + Cl = 0$$

从而解出

$$C = \frac{ql^3}{24}$$

于是，得梁的转角方程和挠曲线方程分别为

$$\theta = w' = \frac{q}{24EI}(l^3 - 6lx^2 + 4x^3) \tag{d}$$

和

$$w = \frac{qx}{24EI}(l^3 - 2lx^2 + x^3) \tag{e}$$

由于梁上外力及边界条件对于梁跨中点是对称的，因此梁的挠曲线也应是对称的。由图6.4可见，两支座处的转角绝对值相等，且均为最大值。分别以$x=0$及$x=l$代入式(d)，可得最大转角值为

$$\theta_{\max} = \begin{cases} \theta_A \\ \theta_B \end{cases} = \pm\frac{ql^3}{24EI}$$

又因挠曲线为一光滑曲线，故在对称的挠曲线中，最大挠度必在梁跨中点$x=l/2$处。所以其最大挠度值为

$$w_{\max} = w\Big|_{x=\frac{l}{2}} = \frac{ql/2}{24EI}\left(l^3 - 2l\times\frac{l^2}{4} + \frac{l^3}{8}\right) = \frac{5ql^4}{384EI}$$

【例题6.2】 图6.5所示为一弯曲刚度为EI的简支梁，在D点处受一集中荷载$\boldsymbol{F}$作用。试求梁的挠曲线方程和转角方程，并确定其最大挠度和最大转角。

解：梁的两个支反力为

$$F_A = F\frac{b}{l}，\quad F_B = F\cdot\frac{a}{l} \tag{a}$$

对于Ⅰ和Ⅱ两段梁，其弯矩方程分别为

$$M_1 = F_A x = F\frac{b}{l}x \qquad 0 \leqslant x \leqslant a \tag{b$'$}$$

$$M_2 = F\frac{b}{l}x - F(x-a) \qquad a \leqslant x \leqslant l \tag{b$''$}$$

分别求得梁段Ⅰ和Ⅱ的挠曲线微分方程及其积分，见表6.1。

表6.1　梁段Ⅰ和Ⅱ的挠曲线微分方程及其积分

梁段Ⅰ($0 \leqslant x \leqslant a$)	梁段Ⅱ ($a \leqslant x \leqslant l$)
挠曲线微分方程 $EIw_1'' = -M_1 = -F\frac{b}{l}x$　(c′)	挠曲线微分方程 $EIw_2'' = -M_2 = -F\frac{b}{l}x + F(x-a)$　(c″)
积分一次 $EIw_1' = -F\frac{b}{l}\times\frac{x^2}{2} + C_1$　(d′)	积分一次 $EIw_2' = -F\frac{b}{l}\times\frac{x^2}{2} + \frac{F(x-a)^2}{2} + C_2$　(d″)

续表

梁段Ⅰ($0\leqslant x\leqslant a$)	梁段Ⅱ ($a\leqslant x\leqslant l$)
再积分一次 $EIw_1=-F\frac{b}{l}\times\frac{x^3}{6}+C_1x+D_1$ (e′)	再积分一次 $EIw_2=-F\frac{b}{l}\times\frac{x^3}{6}+\frac{F(x-a)^3}{6}+C_2x+D_2$ (e″)

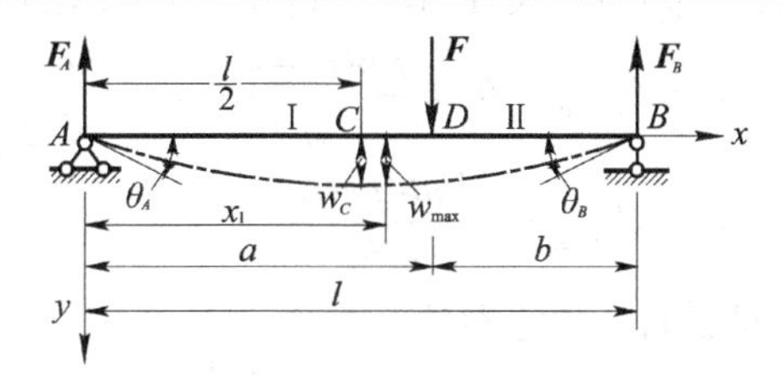

图 6.5 例题 6.2 图

在对梁段Ⅱ进行积分运算时，对含有$(x-a)$的弯矩项不要展开，而以$(x-a)$作为自变量进行积分，这样可使下面确定积分常数的工作得到简化。

利用D点处的连续条件：

$$\text{在 } x=a \text{ 处，} \quad w_1'=w_2'\text{，} \quad w_1=w_2$$

将式(d′)、式(d″)和式(e′)、式(e″)代入上边界条件，可得

$$C_1=C_2\text{，} \quad D_1=D_2$$

如前所述，积分常数C_1和D_1分别等于$EI\theta_0$和EIw_0，因此有

$$C_1=C_2=EI\theta_0\text{，} \quad D_1=D_2=EIw_0$$

由于图中简支梁在坐标原点处是铰支座，因此，$w_0=0$，故$D_1=D_2=0$。另一积分常数$C_1=C_2=EI\theta_0$，则可利用右支座处的约束条件，即在$x=l$处，$w_2=0$来确定。根据这一边界条件，由梁段Ⅱ的式(e″)可得

$$EIw_2\big|_{x=l}=-F\frac{b}{l}\times\frac{l^3}{6}+\frac{F(l-a)^3}{6}+C_2l=0$$

即可求得

$$C_1=C_2=EI\theta_0=\frac{Fb}{6l}(l^2-b^2)$$

将积分常数代入式(d′)、式(d″)、式(e′)、式(e″)，即得两段梁的转角方程和挠曲线方程，见表 6.2。

表 6.2 梁段Ⅰ和梁段Ⅱ的转角方程和挠曲线方程

梁段Ⅰ($0\leqslant x\leqslant a$)	梁段Ⅱ($a\leqslant x\leqslant l$)
转角方程 $\theta_1=w_1'=\frac{Fb}{2lEI}\left[\frac{1}{3}(l^2-b^2)-x^2\right]$ (f′)	转角方程 $\theta_2=w_2'=\frac{Fb}{2lEI}\left[\frac{l}{b}(x-a)^2-x^2+\frac{1}{3}(l^2-b^2)\right]$ (f″)

续表

梁段Ⅰ $(0\leqslant x\leqslant a)$	梁段Ⅱ $(a\leqslant x\leqslant l)$
挠曲线方程 $w_1=\frac{Fbx}{6lEI}[l^2-b^2-x^2]$　　(g′)	挠曲线方程 $w_2=\frac{Fb}{6lEI}\left[\frac{l}{b}(x-a)^3-x^3+(l^2-b^2)x\right]$　　(g″)

将 $x=0$ 和 $x=l$ 分别代入式(f′)和式(f″)，即得左、右两支座处截面的转角分别为

$$\theta_A=\theta_1\big|_{x=0}=\theta_0=\frac{Fb(l^2-b^2)}{6lEI}=\frac{Fab(l+b)}{6lEI}$$

$$\theta_B=\theta_2\big|_{x=l}=-\frac{Fab(l+a)}{6lEI}$$

当 $a>b$ 时，右支座处截面的转角绝对值为最大，其值为

$$\theta_{\max}=\theta_B=-\frac{Fab(l+a)}{6lEI}$$

现确定梁的最大挠度。简支梁的最大挠度应在 $w'=0$ 处。先研究梁段Ⅰ，令 $w_1'=0$，由式(f′)解得

$$x_1=\sqrt{\frac{l^2-b^2}{3}}=\sqrt{\frac{a(a+2b)}{3}} \tag{h}$$

当 $a>b$ 时，由式(h)可见，x_1 值将小于 a。由此可知，最大挠度确在梁段Ⅰ中。将 x_1 值代入式(g′)，经简化后即得最大挠度为

$$w_{\max}=w_1\big|_{x=x_1}=\frac{Fb}{9\sqrt{3}lEI}\sqrt{(l^2-b^2)^3} \tag{i}$$

由式(h)可见，b 值越小则 x_1 值越大。即荷载越靠近右支座，梁的最大挠度点离中点就越远，而且梁的最大挠度与梁跨中点挠度的差值也随之增加。在极端情况下，当 b 值甚小，以至 b^2 与 l^2 项相比可略去不计时，则从式(i)可得

$$w_{\max}\approx\frac{Fbl^2}{9\sqrt{3}EI}=0.0642\times\frac{Fbl^2}{EI} \tag{j}$$

而梁跨中点 C 处截面的挠度为

$$w_C\approx\frac{Fbl^2}{16EI}=0.0625\times\frac{Fbl^2}{EI}$$

在这一极端情况下，两者相差也不超过梁跨中点挠度的3%。由此可知，在简支梁中，不论它受什么荷载作用，只要挠曲线上无拐点，其最大挠度值都可用梁跨中点处的挠度值来代替，其精确度能满足工程计算的要求。

当集中荷载 $\boldsymbol{F}$ 作用在简支梁的中点处，即 $a=b=\frac{l}{2}$ 时，则

$$\theta_{\max}=\pm\frac{Fl^2}{16EI}$$

$$w_{\max}=w_C=\frac{Fl^3}{48EI}$$

6.4　叠加法求梁的变形

当弯曲变形很小，材料在线弹性范围内工作时，梁变形后其跨长的改变可忽略不计，且梁的挠度和转角均与作用在梁上的荷载呈线性关系。因此，对于 n 种荷载同时作用，弯矩可以叠加，变形也可以叠加。即当梁在各个荷载作用时，某一截面上的挠度和转角，就等于各个荷载单独作用下该截面的挠度和转角的代数和，此即为求梁变形的叠加法。

附录 D 中给出了梁在每种荷载单独作用下的挠度和转角表，利用表中的结果和叠加法，计算梁在复杂荷载作用下的变形较为简便。

【例题 6.3】　一弯曲刚度为 EI 的简支梁受荷载如图 6.6(a)所示。试按叠加原理求跨中点的挠度和支座处截面的转角 θ_A 和 θ_B。

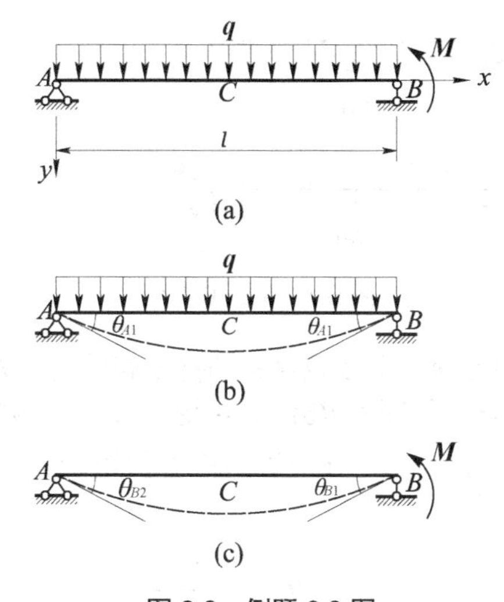

图 6.6　例题 6.3 图

解：梁上的荷载可以分为两项简单荷载，如图 6.6(b)和图 6.6(c)所示。由附录 D 可以查出两者分别作用时梁的相应位移值，然后按叠加原理，即得所求的位移值。

中点最大挠度为

$$w_{\max} = \frac{5ql^4}{384EI_z} + \frac{M_e l^2}{16EI}$$

$$\theta_A = \theta_{Aq} + \theta_{AM} = \frac{ql^3}{24EI_z} + \frac{M_e l}{6EI}$$

$$\theta_B = \theta_{Bq} + \theta_{BM} = -\frac{ql^3}{24EI_z} - \frac{M_e l}{3EI}$$

【例题 6.4】　一弯曲刚度为 EI 的外伸梁受荷载如图 6.7(a)所示，试按叠加原理求 C 截面的挠度 w_C。

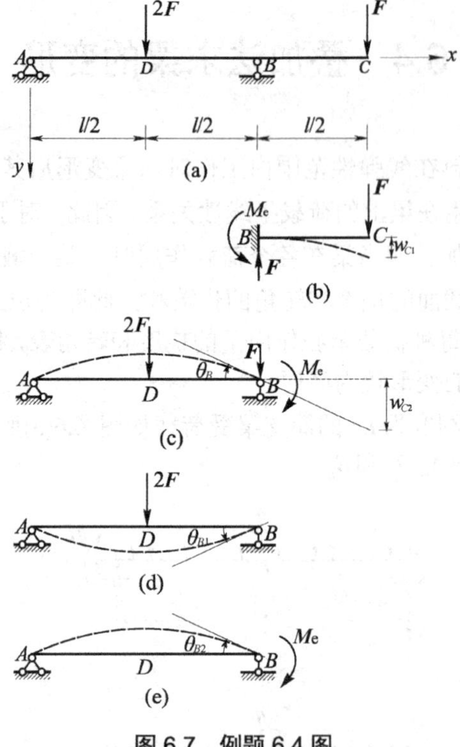

图 6.7　例题 6.4 图

解：在附录 D 中给出的是简支梁或悬臂梁的挠度和转角，为此，将这外伸梁沿截面截开，看成是一简支梁和悬臂梁，如图 6.7(b)、(c)所示。其中，$M_B = Fl/2$，$\boldsymbol{F}$ 作用在 B 支座不会使梁产生弯曲变形；由附录 D 可分别查出由力偶矩 M_B 和集中荷载 $2\boldsymbol{F}$ 引起的 θ_B (如图 6.7(d)、(e)所示)，得

$$\theta_{B1} = -\frac{Fl^2}{8EI}$$

$$\theta_{B2} = \frac{M_B l}{3EI}$$

由叠加原理得

$$\theta_B = \theta_{B1} + \theta_{B2} = -\frac{Fl^2}{8EI} + \frac{M_B l}{3EI}$$

原外伸梁 BC 的 C 端挠度 w_C 也可按叠加原理求得。由图 6.7(a)、图 6.7(b)和图 6.7(c)可见，由于截面 B 的转动，带动 BC 段做刚性转动，从而使 C 端产生挠度 w_{C2}，而由 AB 段本身弯曲变形引起的挠度，即为悬臂梁(如图 6.7(b)所示)挠度 w_{C1}，因此，C 端的总挠度为

$$w_C = w_{C1} + w_{C2} = \frac{Fl^3}{24EI} + \theta_B \frac{l}{2}$$

将前面 θ_B 的结果代入上式，得

$$w_C = \frac{Fl^3}{24EI_z} + \left(-\frac{Fl^2}{8EI} + \frac{M_B l}{3EI}\right)\frac{l}{2} = \frac{Fl^3}{16EI}$$

【例题 6.5】 一弯曲刚度为 EI 的悬臂梁受荷载如图 6.8(a)所示，试按叠加原理求 C 截面的挠度 w_C 和转角 θ_C。

解：求 C 截面的挠度和转角，可以将力 $\boldsymbol{F}$ 向 C 点简化，简化结果是作用在 C 处的一个力 $\boldsymbol{F}$ 和一个力矩 $\boldsymbol{M}_C$ (如图 6.8(b)所示)，$M_C = F \cdot \dfrac{l}{2}$。$C$ 截面的挠度和转角可以按叠加法求得(如图 6.8(c)、(d)所示)，由附录 D 查得

$$\theta_{C1} = \frac{Fl^2}{8EI}$$

$$w_{C1} = \frac{Fl^3}{24EI}$$

$$\theta_{C2} = \frac{Fl^2}{2EI}$$

$$w_{C2} = \frac{Fl^3}{8EI}$$

则 C 截面的挠度和转角分别为

$$\theta_C = \theta_{C1} + \theta_{C2} = \frac{5Fl^2}{8EI}$$

$$w_C = w_{C1} + w_{C2} = \frac{Fl^3}{6EI}$$

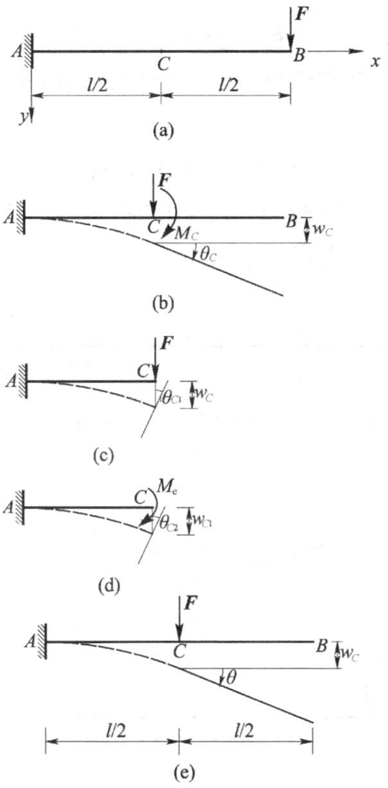

图 6.8　例题 6.5 图

6.5 梁的刚度条件

刚度条件就是对变形的限制条件。若梁的变形超过了规定的限度，就会影响其正常工作。如桥梁的挠度过大，就会在机车通过时产生很大的振动，机床主轴的挠度过大将会影响其加工精度等。因此，按强度条件设计了梁的截面后，往往还需对梁进行刚度校核。

在各类工程设计中，对构件弯曲变形的许可值有不同的规定，对于梁的挠度，其许可值通常用许可的挠度与跨长的比值$\left[\dfrac{w}{l}\right]$作为标准。梁的转角用$[\theta]$表示许可转角。则梁的刚度条件可写为

$$\begin{cases}\dfrac{w_{\max}}{l}\leqslant\left[\dfrac{w}{l}\right]\\ \theta_{\max}\leqslant[\theta]\end{cases}\tag{6-3}$$

在土建工程中，$\left[\dfrac{w}{l}\right]$值取在$\dfrac{1}{250}\sim\dfrac{1}{1000}$范围内。在机械中的主轴，$\left[\dfrac{w}{l}\right]$值则限制在$\dfrac{1}{5000}\sim\dfrac{1}{10000}$范围内，$[\theta]$值常限制在0.001～0.005 rad范围内。关于梁或轴的许用位移值，可从有关规范或手册中查得。

特别需要说明的是，一般土建工程中的梁，强度条件如能满足，刚度条件一般都能满足。因此，在设计梁时，刚度要求常处于从属地位。但当对构件的位移限制很严格时，刚度条件则可能起控制作用。

【例题 6.6】 图 6.9 所示电动葫芦的轨道拟用一根工字形钢制作，荷载$F=30\text{kN}$，可沿全梁移动，已知材料$[\sigma]=170\text{MPa}$，$[\tau]=100\text{MPa}$，$E=2.1\times10^5\text{MPa}$；梁的许用挠度$[w]=15\text{mm}$，不计梁的自重，试确定工字钢的型号。

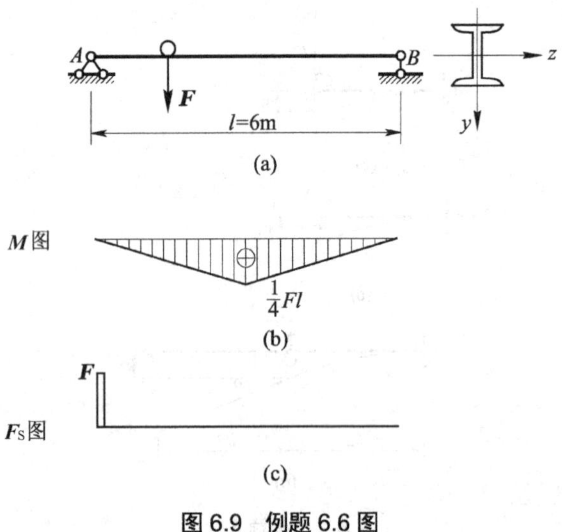

图 6.9 例题 6.6 图

解：(1) 画内力图。当荷载 $\boldsymbol{F}$ 移动到梁跨中点时，产生最大弯矩 $M_{\max}$；当移动到支座附近，产生最大剪力 $F_{S,\max}$。这两种最不利位置的 M 图、F_S 图如图 6.9(b)和图 6.9(c)所示。

$$M_{\max}=\frac{Fl}{4}=\frac{30\times6}{4}=45\text{kN}\cdot\text{m}$$

$$F_{S,\max}=F=30\text{kN}$$

(2) 由正应力强度条件选择截面。梁跨中点截面的上、下边缘各点是危险点。由

$$\sigma_{\max}=\frac{M_{\max}}{W_z}\leqslant[\sigma]$$

得

$$W_z\geqslant\frac{M_{\max}}{[\sigma]}=\frac{45\times10^3}{170\times10^6}=265\times10^{-6}\text{m}^3=265\text{cm}^3$$

查型钢表，选 22a 工字钢有

$$W_z=309\text{cm}^3,\quad I_z=3400\text{cm}^4,\quad I_z:S^*_{z,\max}=18.9,\quad d=7.5\text{mm}$$

(3) 切应力强度校核。支座内侧截面的中性轴上各点处切应力最大。

$$\tau_{\max}=\frac{F_{S,\max}.S^*_{z,\max}}{I_zd}$$

$$=\frac{30\times10^3}{7.5\times10^{-3}}\times\frac{1}{18.9\times10^{-2}}$$

$$=21.2\times10^6\text{Pa}=21.2\text{MPa}<[\tau]$$

满足切应力强度要求。

(4) 刚度校核。最大挠度发生在梁跨中点，由附录 D 可得

$$w_{\max}=\frac{Fl^3}{48EI_z}$$

即

$$w_{\max}=\frac{30\times10^3\times6^3}{48\times2.1\times10^{11}\times3.4\times10^{-5}}=18.9\times10^{-3}\text{m}=18.9\text{mm}>[w]$$

可见，刚度条件不满足要求，应加大工字钢截面以减小变形。

如改用 25a 号工字钢号，$I_z=5020\text{cm}^4$，则有

$$w_{\max}=\frac{30\times10^3\times6^3}{48\times2.1\times10^{11}\times5020\times10^{-8}}=12.8\times10^{-3}\text{m}=12.8\text{mm}<[w]$$

刚度条件也满足，故可选用工字钢 25a 号。

6.6　梁的合理刚度设计

由梁的变形表(附录 D)可见，若想减小梁的挠度和转角，可以增大梁的抗弯刚度 EI 或减小弯矩。

1. 合理选择截面形状

对于钢材来说，增大E，即采用高强度钢，不仅成本很高，而且它与低强度钢的E值很接近，对增大梁的刚度影响很小，所以采用提高E值的办法来提高梁的刚度是不可取的。那么就要从提高I值入手，而I与截面形状有关。在截面面积不变的情况下，采用适当的截面形状使其面积分布在距中性轴较远处，可以增大截面的惯性矩，如工程中常见的“工”字形、箱形等截面。

2. 合理的加载方式

为了减小梁的最大弯矩，可以改变加载方式。如图 6.10(a)所示，当集中荷载直接作用在梁中点时，梁的最大弯矩是$\frac{Fl}{4}$，如图 6.10(b)所示，如果在AB梁上加一个辅助梁CD，并将$\boldsymbol{F}$力作用在梁的中点处，如图 6.10(c)所示，则梁的最大弯矩是$\frac{F}{2}a$，如图 6.10(d)所示。令$a<\frac{l}{2}$，则如图 6.10(c)所示的加载方式可降低梁的最大弯矩。

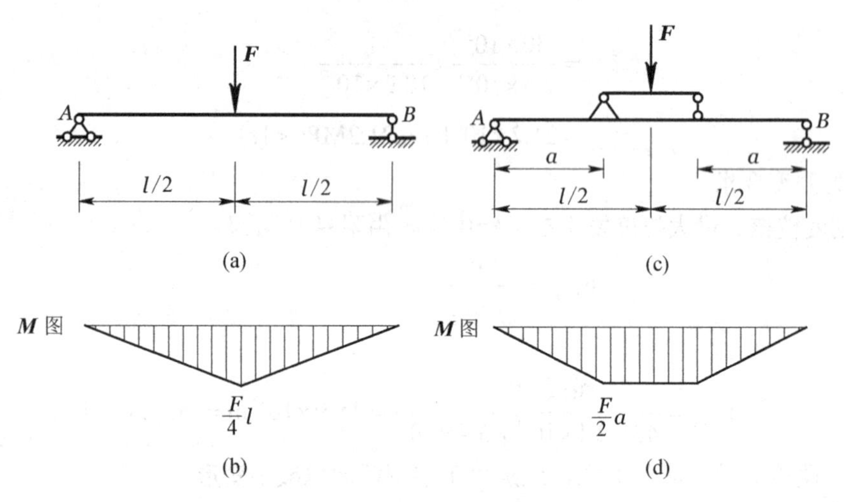

图 6.10　合理的加载形式

3. 合理的支承形式

由于梁的挠度和转角与其跨长的n次幂成正比，因此减小梁的跨长也能达到减小梁的挠度和转角的目的，如将如图 6.11(a)所示的支座向里移动变成如图 6.11(b)所示的形式。由于图 6.11(b)中外伸部分的荷载使梁产生向上的挠度，如图 6.11(c)所示，因此使AB段梁的向下挠度有所减小。另外，靠增加支承也可以减小挠度，如图 6.11(d)所示，但这是超静定问题了。

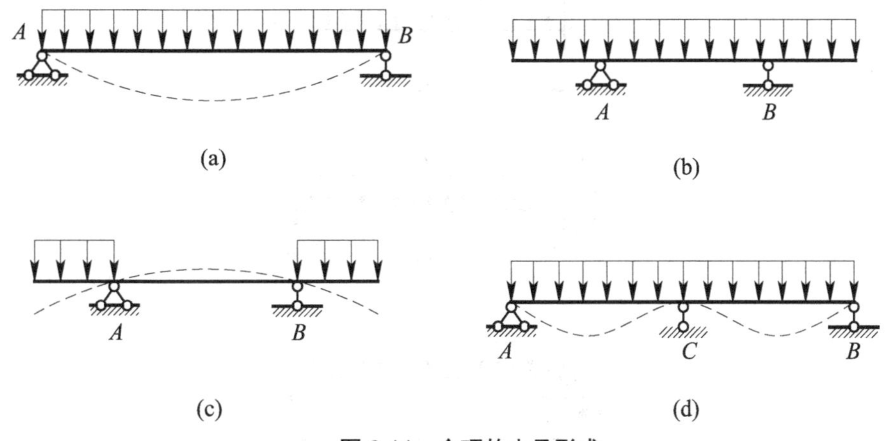

图 6.11　合理的支承形式

6.7　简单超静定梁的求解

超静定梁就是具有多余约束的梁。它的约束反力的个数超过了梁所能建立的独立平衡方程的个数。对于多余约束反力的求解不能再用平衡方程了，必须建立补充方程。而补充方程只能通过变形的几何关系和物理关系来确定。一旦求出多余的未知力，这个超静定问题就变成了静定问题，包括其余的约束反力以及梁的内力，应力和变形都可按静定梁来求解。下面通过分析例题给出求解简单超静定梁的步骤。

【例题 6.7】 试求图 6.12 所示一端固定一端简支的梁在均布荷载作用下的约束反力。

解： 该梁的约束反力共有 4 个，而独立的平衡方程只有 3 个，有一个多余约束，因此是一次超静定问题。首先，假设 B 支座为多余约束，相应的多余未知力是 $\boldsymbol{F}_B$(方向可以假设)。拆除多余约束，用相应的约束反力 $\boldsymbol{F}_B$ 代替，则原结构变成悬臂梁，如图 6.12(b)所示。

将如图 6.12(b)所示的结构叫作原超静定梁(如图 6.12(a)所示)的基本静定系。基本静定系与原来的超静定梁是等效的，即受力是等效的，变形也是等效的。因此，按叠加原理，在基本静定系上，B 点的挠度等于均布荷载与 $\boldsymbol{F}_B$ 单独作用引起挠度的代数和。B 点的变形应与原结构 B 点的变形相等，而原结构 B 点的挠度为零。于是可得变形几何方程

$$w_B = 0$$

或

$$w_{Bq} + w_{BF_B} = 0 \tag{a}$$

由附录 D 可得力与变形间的物理关系为

$$w_{Bq} = \frac{ql^4}{8EI} \tag{b}$$

$$w_{BF_B} = -\frac{F_B l^3}{3EI} \tag{c}$$

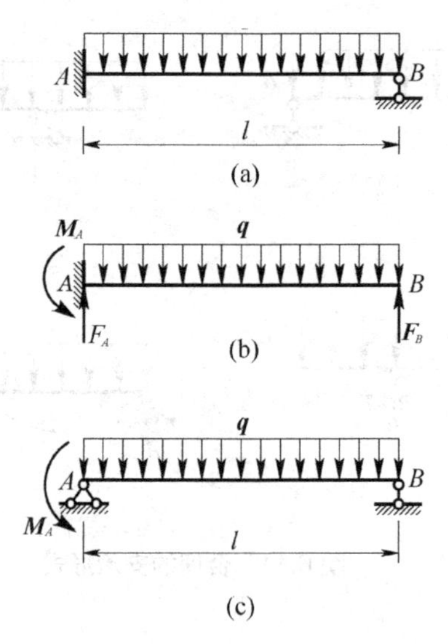

图 6.12 简单超静定梁(例题 6.7 图)

将式(b)、式(c)代入式(a)，即得补充方程

$$\frac{ql^4}{8EI}-\frac{F_Bl^3}{3EI}=0 \tag{d}$$

由此解得多余反力 $\boldsymbol{F}_B$ 为

$$F_B=\frac{3}{8}ql$$

F_B 为正号，表明原来假设的指向是正确的。

求得 F_B 后，即可在基本静定系上(如图 6.12(b)所示)由静力平衡方程求出固定端处的支反力，即

$$F_A=\frac{5}{8}ql\text{，}\quad M_A=\frac{1}{8}ql^2$$

以上是将支座 B 作为多余约束来求解的，其基本静定系是悬臂梁。同样，也可取支座 A 处的转动约束作为“多余”约束，即将解除转动约束并用相应的反力偶 M_A 来代替，基本静定系是一个简支梁，如图 6.12(c)所示。变形几何方程为

$$\theta_A=0$$

或

$$\theta_{AM_A}+\theta_{Aq}=0 \tag{e}$$

由附录 D 可知

$$\theta_{AM_A}=-\frac{M_Al}{3EI}$$

$$\theta_{Aq}=\frac{ql^3}{24EI}$$

代入式(e)得

$$-\frac{M_Al}{3EI}+\frac{ql^3}{24EI}=0$$

求得 M_A 为

$$M_A = \frac{1}{8}ql^2$$

可见，该结果与前面结果相同，这说明**基本静定系的选取不是唯一的。**

另外，是否可将例题 6.7 中 A 处的竖向约束作为"多余"约束呢？建议读者自行分析。

通过对上述例题的分析，给出求解简单超静定梁的步骤如下。

(1) 解除"多余"约束，用约束反力代替，建立基本静定系。

(2) 建立变形的几何方程(在原结构的"多余"约束处)。

(3) 建立补充方程(变形-力的物理关系)。

(4) 求解"多余"未知力。

6.8 习　　题

(1) 简支梁承受荷载如图 6.13 所示，试用积分法求 θ_A、θ_B，并求出 $w_{\max}$ 所在截面的位置及该挠度的算式。

(2) 试用积分法求图 6.14 所示外伸梁的 θ_A、θ_B 及 w_A、w_D。

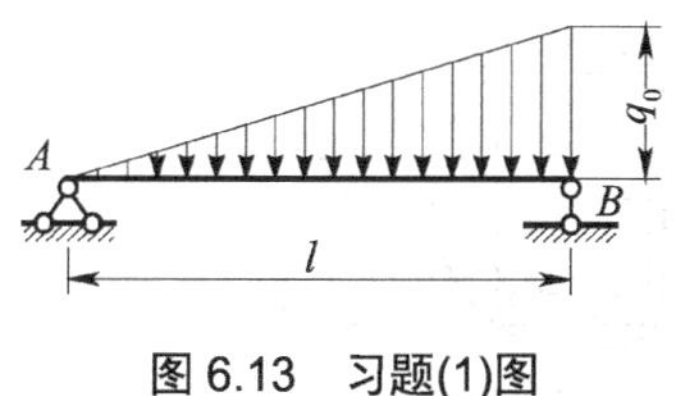

图 6.13　习题(1)图

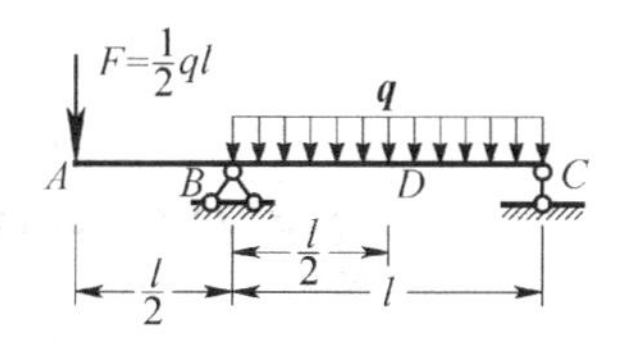

图 6.14　习题(2)图

(3) 试用积分法求图 6.15 所示悬臂梁的 B 端的挠度 w_B。

(4) 如图 6.16 所示的外伸梁，两端受 $\boldsymbol{F}$ 作用，EI 为常数，试问：① $\frac{x}{l}$ 为何值时，梁跨中点的挠度与自由端的挠度数值相等？② $\frac{x}{l}$ 为何值时，梁跨度中点挠度最大？

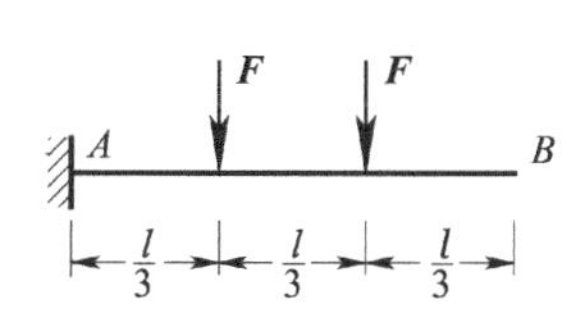

图 6.15　习题(3)图

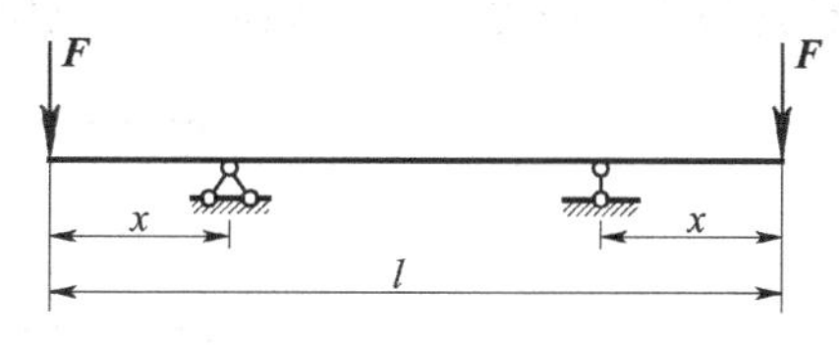

图 6.16　习题(4)图

(5) 如图 6.17 所示梁 B 截面置于弹簧上，弹簧刚度系数为 k，求 A 点处挠度，梁的 EI=常数。

(6) 试用叠加法计算图 6.18 所示阶梯形梁的最大挠度，设 $I_2=2I_1$，E 为常数。

(7) 如图 6.19 所示的悬臂梁为工字钢梁，长度 l=4m，在梁的自由端作用有力 F=10kN，已知钢材的许用应力 $[\sigma]$=170MPa，$[\tau]$=100MPa，E=210GPa，梁的许用挠度 $[w]=\frac{l}{400}$。试

按强度条件和刚度条件选择工字钢型号。

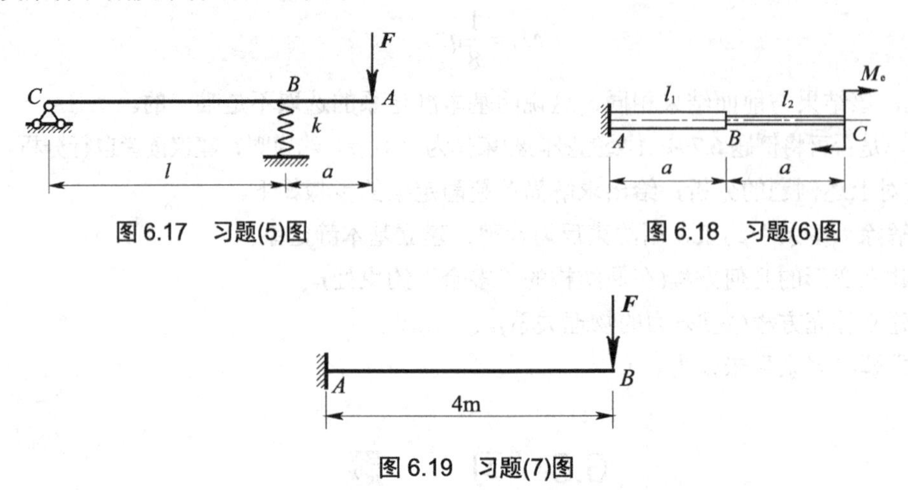

图 6.19　习题(7)图

(8) 如图 6.20 所示简支梁拟用直径为 d 的圆木制成矩形截面，$b=\dfrac{d}{2}$，$h=\dfrac{\sqrt{3}d}{2}$，已知 $[\sigma]$=10MPa，$[\tau]$=1MPa，E=1×10^4 MPa，q=10km/s，梁的许用挠度 $[w]=\dfrac{l}{400}$。试确定圆木直径。

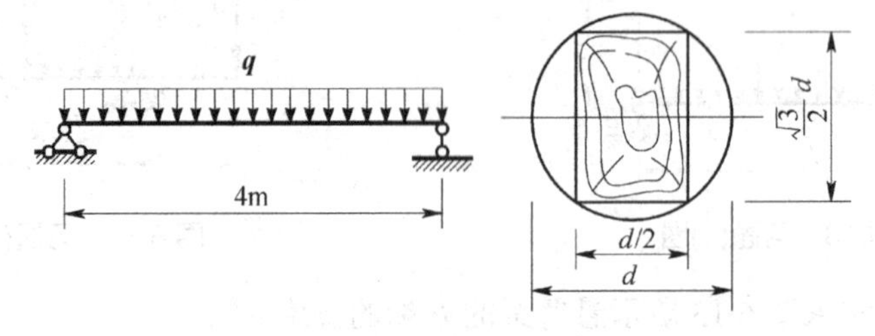

图 6.20　习题(8)图

(9) 如图 6.21 所示结构，悬臂梁 AB 与简支梁 DG 均用 18 号工字钢制成，BC 为圆截面杆，直径 d=20mm，梁与杆的弹性模量均为 E=200GPa，F=30kN。试计算梁内最大弯曲正应力与杆内最大正应力以及 C 截面的竖直位置。

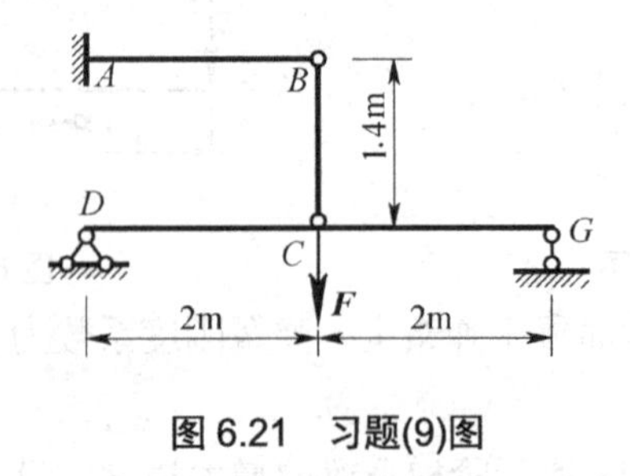

图 6.21　习题(9)图

(10) 如图 6.22 所示连续梁，由梁 AC 与 CB 并用铰链 C 连接而成。在梁 CB 上作用有均布载荷 $\boldsymbol{q}$，在梁 AC 上作用集中荷载 $\boldsymbol{F}$，且 $F=ql$。试求截面 C 的挠度与截面 A 的转角。两梁各截面的弯曲刚度为 EI。

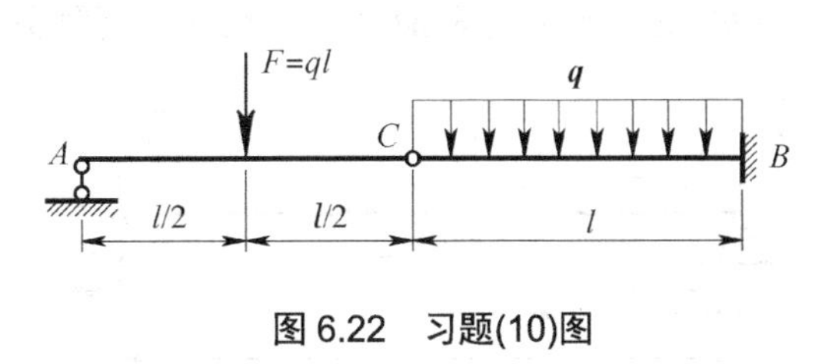

图 6.22 习题(10)图

(11) 如图 6.23 所示，有两个相距为 $l/4$ 的活动载荷 $\boldsymbol{F}$ 缓慢地在长为 l 的等截面简支梁上移动。试确定梁中央处的最大挠度 w_{max}。

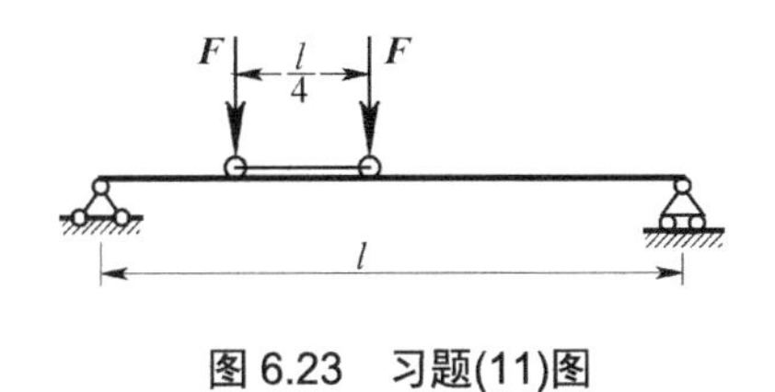

图 6.23 习题(11)图

(12) 求使悬臂梁 B 处挠度为零时 a/l 的比值，如图 6.24 所示。设梁的 EI=常数。

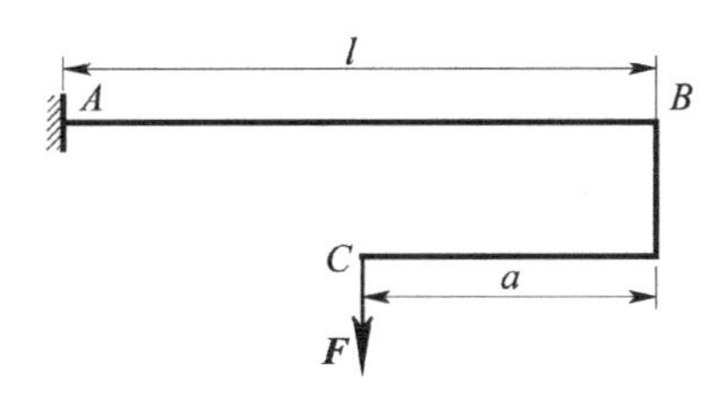

图 6.24 习题(12)图

(13) 如图 6.25 所示各梁，弯曲刚度 EI 为常数。试根据梁的弯矩图与约束条件画出挠曲线的大致形状。

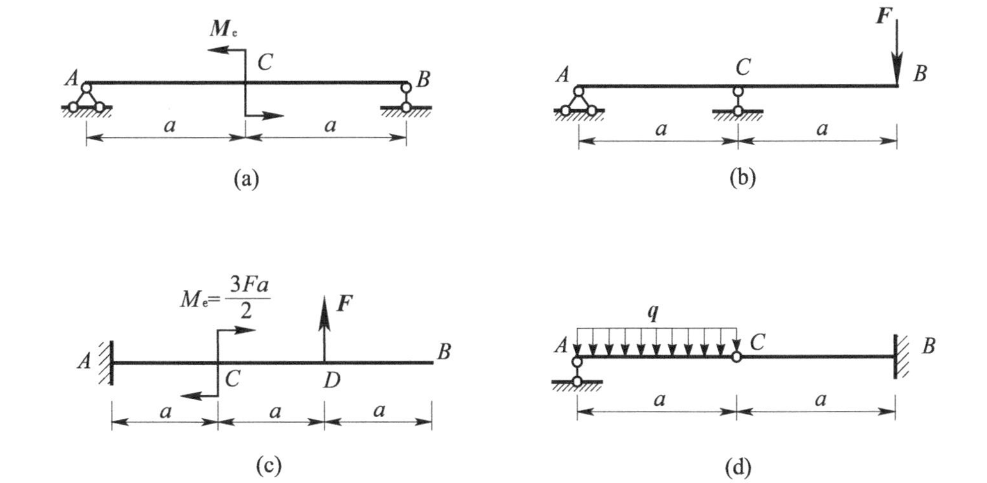

图 6.25 习题(13)图

(14) 如图6.26所示简支梁，左、右端各作用一个力偶矩分别为M_1和M_2的力偶。如欲使挠曲线的拐点位于离左端$l/3$处，则力偶矩M_1与M_2应保持何种关系。

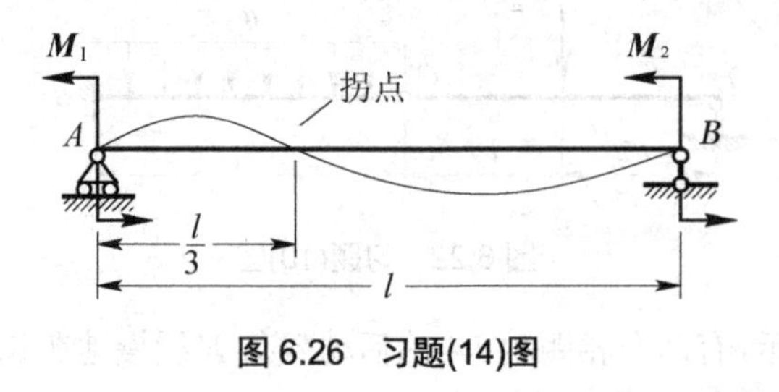

图6.26　习题(14)图

第 7 章 应力状态和强度理论

7.1 概 述

在前面几章中，对轴向拉伸或压缩、扭转和弯曲变形进行了强度计算，它们的强度条件都可以按危险截面上危险点处的应力不大于容许应力的形式建立。

对于拉(压)，有

$$\sigma_{\max}=\frac{F_{\mathrm{N}}}{A}\leqslant[\sigma]$$

对于扭转，有

$$\tau_{\max}=\frac{T}{W_{\mathrm{P}}}\leqslant[\tau]$$

对于弯曲，有

$$\sigma_{\max}=\frac{M}{W_z}\leqslant[\sigma]$$

$$\tau_{\max}=\frac{F_{\mathrm{S}}S_{z,\max}^{*}}{I_z b}\leqslant[\tau]$$

上述强度条件有一个共同点，就是危险点处的应力都是简单的应力状态，即单轴应力状态或纯剪切应力状态，如图 7.1 所示。但是，如果危险点处既有正应力又有切应力，即处于复杂应力状态，在进行强度计算时，则不能分别按正应力和切应力来建立强度条件，而需综合考虑正应力和切应力的影响，包括研究该点各不同方位截面上应力的变化规律，从而确定该点处的最大正应力和最大切应力及其所在截面的方位。通常称受力构件内一点处不同方位截面上应力的集合为一点处的**应力状态**。另外，由于危险点处的应力状态较为复杂，工程上不可能对各种各样的受力构件都去做试验，来确定极限应力。于是，就需要探求材料破坏的规律，如能确定引起材料破坏的共同因素，就可以通过较简单的试验，来确定该共同因素的极限值，从而建立相应的强度条件。这种关于材料破坏的假说，称为强度理论。

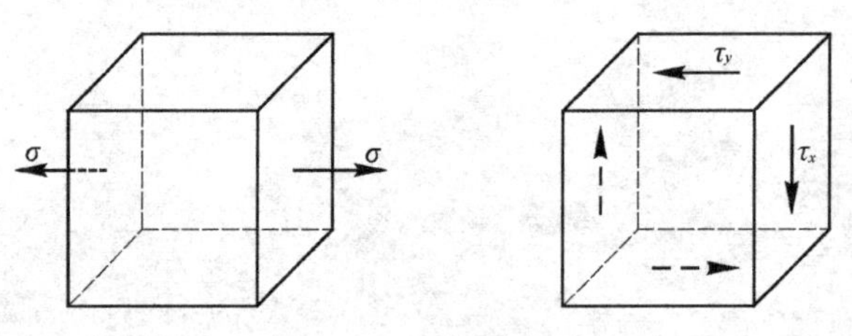

图 7.1　简单的应力状态

7.2　平面应力状态下的应力分析

为了研究构件上一点的应力状态，通常需要假想围绕该点取出一个边长无限小的正六面体单元体，且假设单元体各面上及其任何斜截面上的应力都是均匀分布的，两个相对的平行面上的应力等值反向，两个相互垂直平面上的切应力满足切应力互等定理。

7.2.1　平面应力状态的概念

从受力构件中截取的单元体，其中的一对平行平面通常是构件的两个横截面，而横截面上任一点的应力都是可求的。若单元体有一对平面上的应力等于零，则称为平面应力状态。在图 7.2(a)所示的梁中围绕 *A* 点取一个单元体(图 7.2(b))，由于单元体前、后两平面上应力为零，并且不考虑纤维间的挤压，所以为简便起见，单元体可用平面图形表示，如图 7.2(c)所示。

分析平面应力状态有两种方法，即解析法和图解法(应力圆法)。下面分别采用两种方法分析一点在平面内各方位上的应力情况。

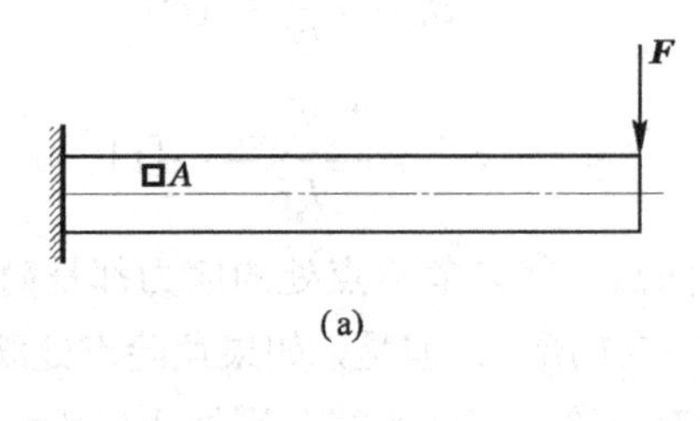

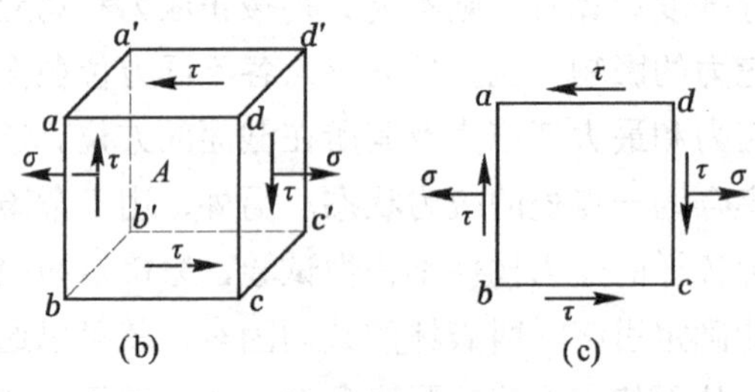

图 7.2　平面应力状态

7.2.2　解析法

解析法即通过静力平衡方程求解点在各方位应力情况的方法。已知平面应力状态如图 7.3(a)所示，σ_x、τ_x、σ_y、τ_y 均为已知。现在研究垂直于 xy 截面的任一斜截面 ef 上的应力，如图 7.3(b)所示。斜截面的方位以从 x 轴到其外法线 n 转过的角度 α 表示，以后称此垂直于法线 n 的截面为 α 截面。同理，垂直于 x 轴的截面为 x 截面，垂直于 y 、z 轴的截面为 y 截面和 z 截面。下面通过截面法求出 α 截面上的应力。

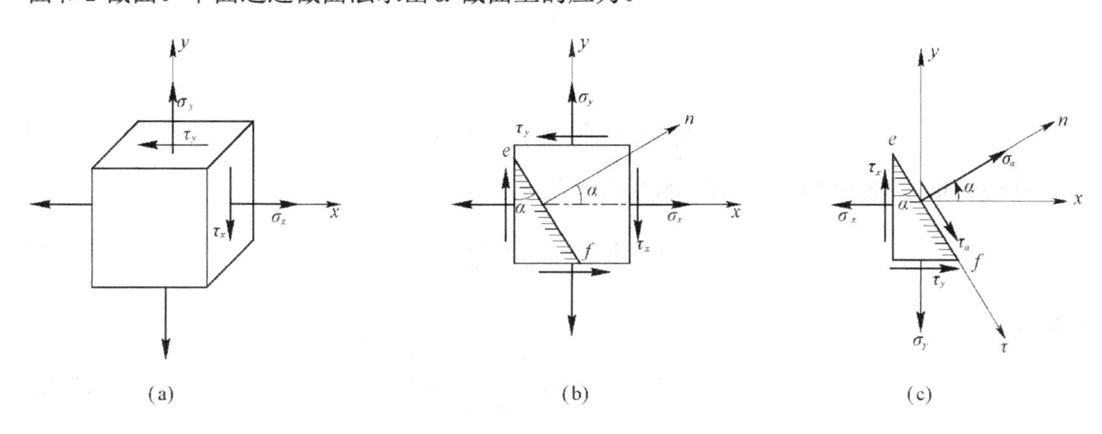

图 7.3　斜截面的应力分析

1. 斜截面上的应力

取 ef 截面左侧为研究对象，楔形体受力如图 7.3(c)所示。斜截面面积为 $\mathrm{d}A$，则 x 、y 截面面积分别为 $\mathrm{d}A_x$、$\mathrm{d}A_y$ 。

$$\mathrm{d}A_x = \mathrm{d}A \cdot \cos\alpha \tag{a}$$

$$\mathrm{d}A_y = \mathrm{d}A \cdot \sin\alpha \tag{b}$$

将楔形体上的所有力分别向法线 n 方向和切线 τ 方向投影，建立平衡方程，得

$$\sum F_n = 0，\ \sigma_\alpha \mathrm{d}A + \tau_x \mathrm{d}A_x \cdot \sin\alpha - \sigma_x \mathrm{d}A_x \cdot \cos\alpha + \tau_y \mathrm{d}A_y \cos\alpha - \sigma_y \mathrm{d}A_y \sin\alpha = 0 \tag{c}$$

$$\sum F_\tau = 0，\ \tau_\alpha \mathrm{d}A + \tau_y \mathrm{d}A_y \cdot \sin\alpha + \sigma_y \mathrm{d}A_y \cdot \cos\alpha - \tau_x \mathrm{d}A_x \cos\alpha - \sigma_x \mathrm{d}A_x \sin\alpha = 0 \tag{d}$$

将式(a)、式(b)及 $|\tau_x| = |\tau_y|$，代入式(c)、式(d)，经整理得

$$\sigma_\alpha = \frac{\sigma_x + \sigma_y}{2} + \frac{\sigma_x - \sigma_y}{2}\cos 2\alpha - \tau_x \sin 2\alpha \tag{7-1}$$

$$\tau_\alpha = \frac{\sigma_x - \sigma_y}{2}\sin 2\alpha + \tau_x \cos 2\alpha \tag{7-2}$$

式(7-1)和式(7-2)是计算任意斜截面应力的解析式。利用上述公式求解斜截面应力时应注意应力的符号：正应力以背离截面方向为正，反之为负；切应力以使单元体产生顺时针转动趋势为正，反之为负。α 角规定从 x 轴正向转向法线 n 轴逆时针方向为正，反之为负。在图 7.3 中，σ_x、τ_x、σ_y、α 都是正的，τ_y 是负的。

2. 主应力及主平面方位

正应力的极值称为主应力。主应力所在的截面称为主平面。可以证明，通过受力构件内任意一点处一定存在 3 个互相垂直的主平面，用α_1、α_2、α_3表示，相应的 3 个主应力通常用σ_1、σ_2、σ_3表示，三者的顺序按代数值的大小排列，即$\sigma_1 \geqslant \sigma_2 \geqslant \sigma_3$。

利用数学求极植的方法，将式(7-1)对变量2α求导并令其等于零，可确定正应力的极值及极值所在截面，即

$$\frac{\mathrm{d}\sigma_\alpha}{\mathrm{d}(2\alpha)}=0$$

或写成

$$\frac{\sigma_x-\sigma_y}{2}\sin 2\alpha_0+\tau_x\cos 2\alpha_0=0 \tag{7-3a}$$

由式(7-3a)可确定使正应力存在极值的角度α_0，即

$$\tan 2\alpha_0=-\frac{2\tau_x}{\sigma_x-\sigma_y} \tag{7-3b}$$

或写成

$$2\alpha_0=\arctan\left(\frac{-2\tau_x}{\sigma_x-\sigma_y}\right) \tag{7-3c}$$

由三角函数知识可知，$2\alpha_0$在$0\sim 2\pi$之间可以有两个值，且相差π，即

$$2\alpha_0'=2\alpha_0\pm\pi \tag{7-3d}$$

或

$$\alpha_0'=\alpha_0\pm\frac{\pi}{2} \tag{7-3e}$$

式(7-3d)中的α_0、α_0'就是两个主平面方位角，但不一定是α_1、α_2。将式(7-3c)代入式(7-1)中，得正应力的两个极值，即

$$\left.\begin{matrix}\sigma_{\max}\\ \sigma_{\min}\end{matrix}\right\}=\frac{\sigma_x+\sigma_y}{2}\pm\sqrt{\left(\frac{\sigma_x-\sigma_y}{2}\right)^2+\tau_x^2} \tag{7-4}$$

$\sigma_{\max}$、$\sigma_{\min}$就是在xy平面内的两个主应力，但不一定是σ_1、σ_2，要视具体情况而定。

另外，比较式(7-3a)和式(7-2)可见，两式恒等。由此得出结论：**正应力存在极值的截面上(主平面)切应力为零，或者说切应力为零的截面为主平面。**

式(7-3d)中的两个主平面方位角α_0'和α_0究竟哪个是$\sigma_{\max}$所在的截面方位呢？下面给出判断$\sigma_{\max}$所在截面的规则。

(1) $\sigma_{\max}$一定在切应力对指的象限内$\left(\alpha=\pm\frac{\pi}{4}\text{处}\right)$。

(2) $\sigma_{\max}$一定偏向σ_x和σ_y中代数值较大的一侧。

图7.4(a)所示为平面应力状态的单元体，它可以被看作是两个应力状态的叠加(图7.4(b)、(c))。如图 7.4(b)所示，最大正应力一定在$\alpha=-\frac{\pi}{4}$截面上；而如图 7.4(c)所示，最大正应力

就是σ_x。这样$\sigma'_{\max}$与$\sigma''_{\max}$叠加即为图 7.4(a)所示的最大正应力$\sigma_{\max}$，它一定发生在$0\sim-\frac{\pi}{4}$之间，如图 7.4(a)所示。因此，可以判断α'_0和α_0哪个是在$0\sim-\frac{\pi}{4}$的值，哪个就是对应$\sigma_{\max}$的主平面方位角。

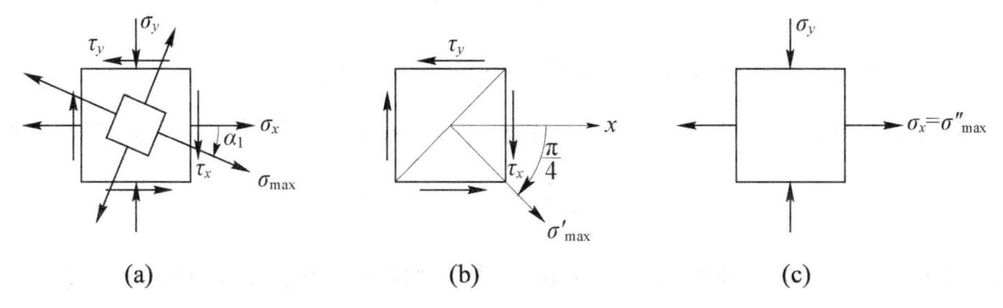

图 7.4　平面应力状态

3. 切应力的极值及极值截面位置

将式(7-2)对变量2α求导，并令其等于零，得

$$\frac{\mathrm{d}\tau_\alpha}{\mathrm{d}(2\alpha)}=0$$

或

$$\frac{\sigma_x-\sigma_y}{2}\cos 2\alpha_1-\tau_x\sin 2\alpha_1=0 \tag{7-5a}$$

即

$$\tan 2\alpha_1=\frac{\sigma_x-\sigma_y}{2\tau_x} \tag{7-5b}$$

或写成

$$2\alpha_1=\arctan\left(\frac{\sigma_x-\sigma_y}{2\tau_x}\right) \tag{7-5c}$$

式(7-5c)即为切应力的极值所在的截面方位角。将其代入式(7-2)，得切应力的极值为

$$\left.\begin{matrix}\tau_{\max}\\ \tau_{\min}\end{matrix}\right\}=\pm\sqrt{\left(\frac{\sigma_x-\sigma_y}{2}\right)^2+\tau_x^2} \tag{7-6}$$

式(7-6)中的$\tau_{\max}$、$\tau_{\min}$仅表示xy平面内的极大、极小切应力，并不一定是单元体的最大、最小切应力。至于单元体的最大、最小切应力必须通过三向(空间)应力状态分析才能确定。比较式(7-5a)和式(7-1)，可见两式不恒等，即切应力存在极值的截面上正应力未必为零。

由上述正应力、切应力极值讨论可以得出结论 1：**主应力所在截面上切应力必为零，或切应力为零的截面上正应力一定是主应力；而切应力的极值截面上正应力不一定为零(特殊情况，如纯剪切应力状态时切应力极值截面上正应力为零)。**

另外，将式(7-3b)和式(7-5b)的等式两边相乘，得

$$\tan 2\alpha_0\cdot\tan 2\alpha_1=-1$$

即

$$2\alpha_1 = 2\alpha_0 \pm \frac{\pi}{2}$$

或

$$\alpha_1 = \alpha_0 \pm \frac{\pi}{4}$$

因此得出结论 2：**切应力极值所在截面与主平面成 45° 夹角。**

如果通过单元体取两个互相垂直的斜截面，即 α 和 $\alpha+\frac{\pi}{2}$ 截面，代入式(7-1)，有

$$\sigma_\alpha + \sigma_{\alpha+\frac{\pi}{2}} = \sigma_x + \sigma_y$$

因此得出结论 3：**单元体的任意两个相互垂直截面上，正应力之和是一常数。**

同样，将 α、$\alpha+\frac{\pi}{2}$ 代入式(7-2)可以得出结论：**两个互相垂直的截面上的切应力大小相等，方向相反**，即

$$\tau_{\alpha+\frac{\pi}{2}} = -\tau_\alpha$$

上式即为**切应力互等定理**。

【例题 7.1】 试用解析法求图 7.5(a)所示平面应力状态的主应力和主平面方位角。

解法 1：

(1) 求主应力。

$$\left.\begin{matrix}\sigma_{max}\\ \sigma_{min}\end{matrix}\right\} = \frac{\sigma_x + \sigma_y}{2} \pm \sqrt{\left(\frac{\sigma_x - \sigma_y}{2}\right)^2 + \tau_x^{\ 2}}$$

$$= \frac{80}{2} \pm \sqrt{\left(\frac{80}{2}\right)^2 + (-30)^2}$$

$$= \begin{matrix}90\\ -10\end{matrix}(\text{MPa})$$

所以，$\sigma_1 = \sigma_{max} = 90\text{MPa}$，$\sigma_2 = 0$，$\sigma_3 = \sigma_{min} = -10\text{MPa}$。

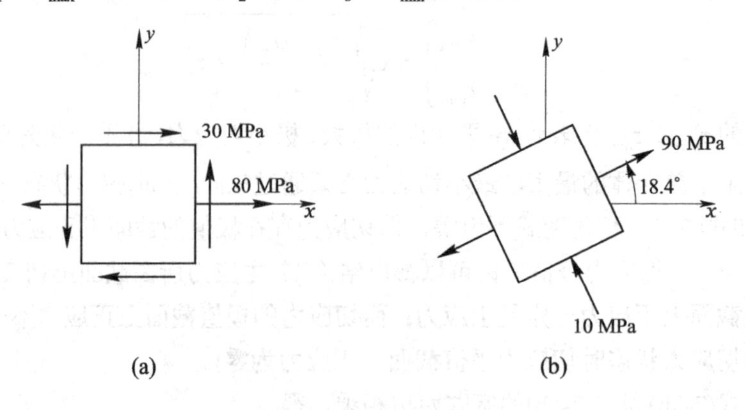

图 7.5　例题 7.1 图

(2) 求主平面方位角。

$$\tan 2\alpha_0 = \frac{-2\tau_x}{\sigma_x - \sigma_y} = \frac{-2\times(-30)}{80} = 0.75$$

因为 $\tan 2\alpha_0$ 是正的，说明 $2\alpha_0$ 在第一象限，故

$$2\alpha_0 = 36.87^\circ, \quad \alpha_0 = 18.4^\circ$$

α_0 即为 σ_1 所在截面的方位角。σ_1 和 σ_3 的方向如图 7.5(b)所示。

解法 2： 先确定主平面方位角。

$$\tan 2\alpha = \frac{-2\tau_x}{\sigma_x - \sigma_y} = \frac{-2\times(-30\text{MPa})}{80\text{MPa}} = 0.75$$

α 在 $\pm\frac{\pi}{2}$ 范围内有两个解，即

$$\alpha_0 = \alpha_0' \pm \frac{\pi}{2}$$

$$\alpha_0 = 18.4^\circ, \quad \alpha_0' = -71.6^\circ$$

下面确定哪个是 α_1、哪个是 α_3。

由 α_1 的判定规则可知，σ_1 一定发生在 0～$\frac{\pi}{4}$ 的截面上，因此在 α_0 和 α_0' 中，α_0 满足这一条件，故 $\alpha_1 = \alpha_0$，那么 σ_3 所在方位角 $\alpha_3 = \alpha_0$。

将 $\alpha_0 = 18.4^\circ$ 代入斜截面应力公式(7-1)，得

$$\begin{aligned}\sigma_1 &= \frac{\sigma_x + \sigma_y}{2} + \frac{\sigma_x - \sigma_y}{2}\cos 2\alpha' - \tau_x \sin 2\alpha' \\ &= \frac{80}{2} + \frac{80}{2}\cos(2\times 18.4^\circ) - (-30)\sin(2\times 18.4^\circ) \\ &= 90\text{MPa}\end{aligned}$$

将 $\alpha_0' = -71.6^\circ$ 代入斜截面应力公式(7-1)，可得 $\sigma_3 = -10\text{MPa}$。

7.2.3 几何法——应力圆法

1. 应力圆的绘制

由解析法式(7-1)和式(7-2)可以看到，在已知 σ_x、σ_y、$\tau_x = -\tau_y$ 时，任一截面上的 σ_α、τ_α 均以 2α 为参变量。将式(7-1)、式(7-2)变换形式，可写成

$$\sigma_\alpha - \frac{\sigma_x + \sigma_y}{2} = \frac{\sigma_x - \sigma_y}{2}\cos 2\alpha - \tau_x \sin 2\alpha$$

$$\tau_\alpha = \frac{\sigma_x - \sigma_y}{2}\sin 2\alpha + \tau_x \cos 2\alpha$$

将以上两式等号两边平方，然后相加，得到

$$\left(\sigma_\alpha - \frac{\sigma_x + \sigma_y}{2}\right)^2 + \tau_\alpha^2 = \left(\frac{\sigma_x - \sigma_y}{2}\right)^2 + \tau_x^2$$

很显然，上式是一个以σ_α、τ_α为变量的圆的方程。若以σ为横坐标、τ为纵坐标，则圆心C在$\left(\frac{\sigma_x+\sigma_y}{2},0\right)$处，即$C$在$\sigma$轴上，圆的半径为$\sqrt{\left(\frac{\sigma_x-\sigma_y}{2}\right)^2+\tau_x^2}$，如图7.6所示。此圆称为应力圆(或称莫尔圆)。

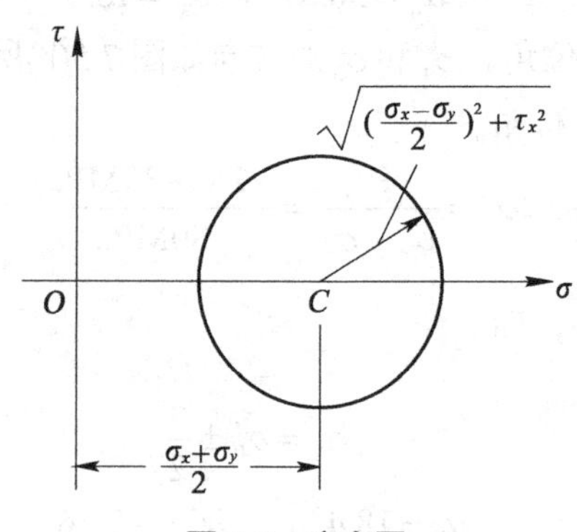

图7.6 应力圆

现以图7.7(a)所示的平面应力状态为例说明作应力圆的步骤。

(1) 建立σ-τ坐标系。

(2) 对应x截面及y截面的应力在坐标系中确定点$D_1(\sigma_x,\tau_x)$和$D_2(\sigma_y,\tau_y)$，$\tau_y=-\tau_x$。

(3) 连接D_1、D_2点，与σ轴交于C点，以C为圆心，CD_1或CD_2为半径作圆，即为应力圆，如图7.7(b)所示。

容易证明：

$$OC=\frac{\sigma_x+\sigma_y}{2}$$

$$CD_1=CD_2=\sqrt{\left(\frac{\sigma_x-\sigma_y}{2}\right)^2+\tau_x^2}$$

因此按上述步骤作出的圆一定是应力圆。建议读者练习证明。

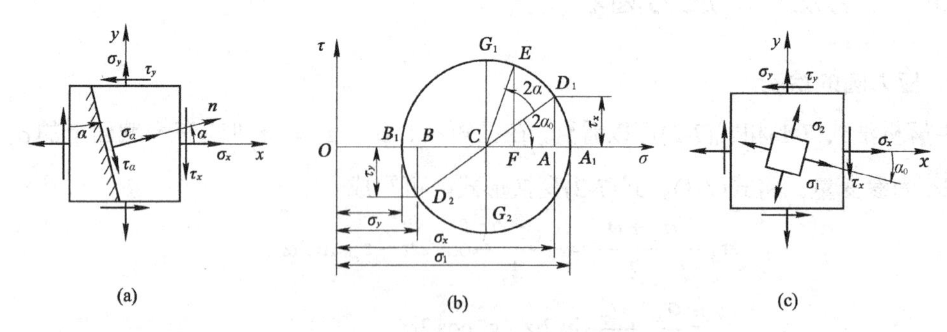

图7.7 单元体与应力圆的对应关系

2. 单元体与应力圆的对应关系

应力圆直观地反映了一点处平面应力状态下任意斜截面上应力随截面方位角变化的规律，以及一点处应力状态的特征。在实际应用中，并不一定把应力圆看作纯粹的图解法，

而是可以利用应力圆来理解有关一点处应力状态的一些特征，或从圆上的几何关系来分析一点处的应力状态。下面看看单元体与应力圆的对应关系。

(1) 面与点的对应。单元体某面上的应力，对应于应力圆上某一点的坐标。如图 7.7 中 x 截面上的应力 σ_x、τ_x 对应应力圆上的 D_1 点。

(2) 夹角的对应。单元体上任意 A、B 两个面的夹角(或截面外法线间的夹角)若是 β，则在应力圆上代表该两个面上应力的两点之间圆弧段所对应的圆心角为 2β，且转向相同，如图 7.8 所示。

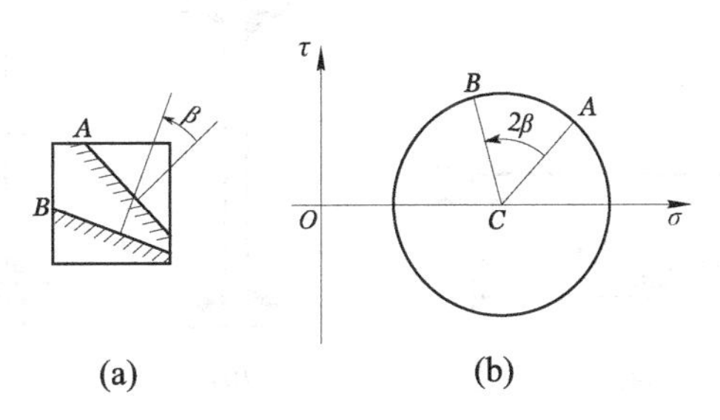

图 7.8　单元体与应力圆的角度关系

3. 应力圆的应用

(1) 确定任意截面应力。

如图 7.7(a)所示单元体，试确定其 α 截面上的应力 σ_α、τ_α。因为由 x 轴转到斜截面法线 n 的夹角为逆时针转动 α 角，所以在应力圆上，从 D_1 点(即 x 截面上的应力)以 CD_1 为半径，也按逆时针方向转动 2α 得到 E 点(图 7.7(b))所示，则 E 点的坐标就代表 α 截面上的应力 $\sigma_\alpha = OF$、$\tau_\alpha = FE$。它们的大小可以按比例量出来，也可按几何关系计算。

(2) 确定主应力。

由图 7.7(b)可见，在 xy 平面内，正应力的最大值和最小值是在 A_1 点和 B_1 点，也就是在应力圆与 σ 轴的交点处，该点的切应力为零，即

$$\sigma_{\max} = OA_1 = OC + CA_1$$
$$\sigma_{\min} = OB_1 = OC - CB_1$$

通过几何关系可确定 OA_1 和 OB_1，其表达式即为解析法的结果(式(7-4))。

(3) 确定主平面方位。

在应力圆上由 D_1 点到 A_1 点这段弧长所对的圆心角为顺时针 $2\alpha_0$，所以在单元体上就应从 x 轴顺时针转 α_0 到 $\sigma_{\max}$ 所在截面的法线位置，如图 7.7(b)和图 7.7(c)所示。

(4) 确定切应力的极值及其方位角。

如图 7.7(b)所示应力圆中的 G_1、G_2 两点就是 xy 平面内切应力的极值，它们的绝对值相等，都等于应力圆的半径，即

$$\left.\begin{matrix}\tau_{\max} \\ \tau_{\min}\end{matrix}\right\} = \pm CG_1 = \pm\sqrt{\left(\frac{\sigma_x - \sigma_y}{2}\right)^2 + \tau_x^{\ 2}}$$

上式即为式(7-6)。

另外从图 7.7(b)中还可以看到，切应力的极值点 G_1、G_2，与主平面 A_1、B_1 点相差 90°，从而验证了单元体上切应力的极值截面与主平面相差 45° 的结论。

【例题 7.2】 两端简支的焊接工字钢梁及其荷载如图 7.9(a)和图 7.9(b)所示，梁的横截面尺寸如图 7.9(c)所示。试分别绘出截面 C(图 7.9(a))上 a 和 b 两点处(图 7.9(c))的应力圆，并用应力圆求出这两点处的主应力。

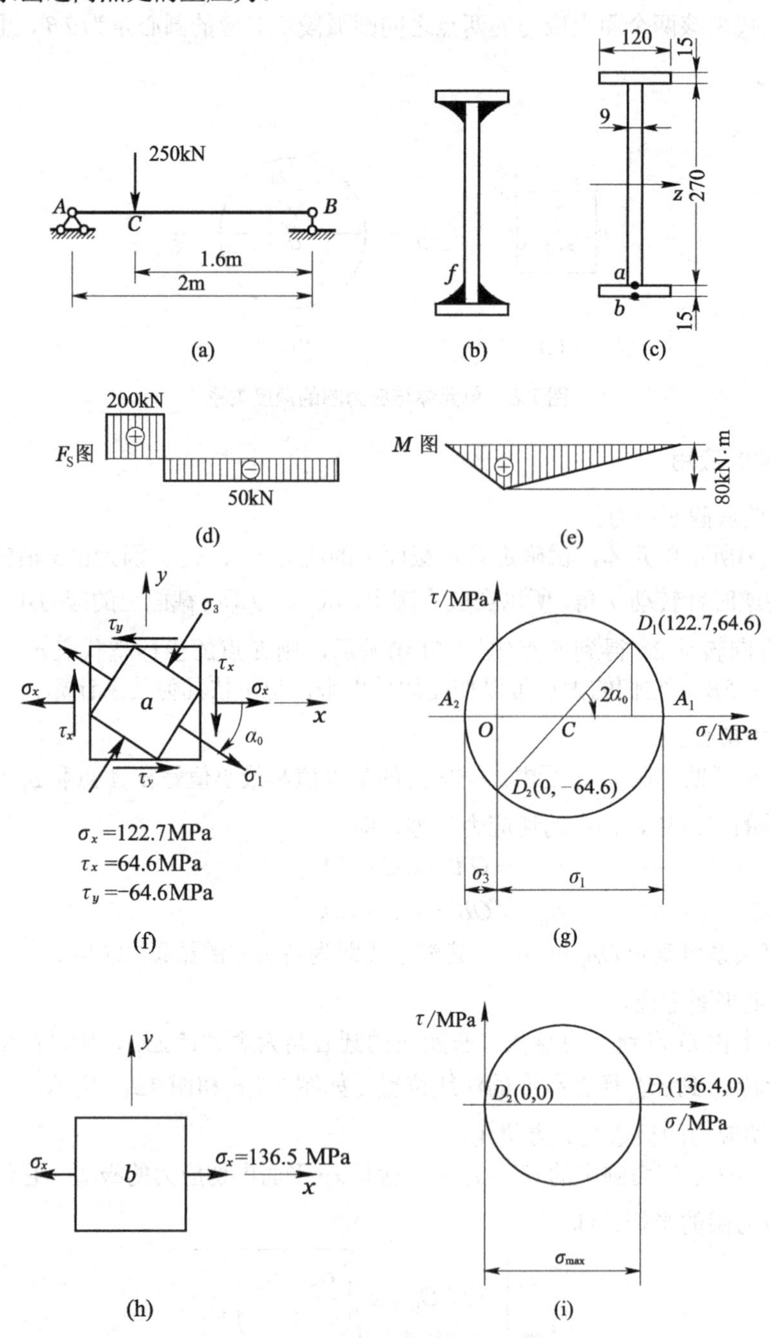

图 7.9 例题 7.2 图

解：计算支反力，并作出梁的剪力图和弯矩图，如图 7.9(d)和图 7.9(e)所示。然后根据截面 C 的弯矩 M_C=80kN·m 及截面 C 左侧的剪力值 F_{SC}=200kN，计算横截面上 a、b 两点处的应力。为此，先计算横截面(图 7.9(c))的惯性矩 I_z 并求 a 点处切应力时需用的静矩 S_{za}^* 等。

$$I_z = \frac{120\times300^3}{12} - \frac{111\times270^3}{12} = 88\times10^6(\text{mm}^4)$$

$$S_{za}^* = 120\times15\times(150-7.5) = 256000(\text{mm}^3)$$

$$y_a = 135\text{mm}$$

由以上各数据可算得横截面 C 上 a 点处的应力为

$$\sigma_a = \frac{M_C}{I_z}y_a = \frac{80\times10^3}{88\times10^{-6}}\times0.135 = 122.7\times10^6(\text{Pa}) = 122.7(\text{MPa})$$

$$\tau_\alpha = \frac{F_{SC}S_{za}^*}{I_z d} = \frac{200\times10^3\times256\times10^{-6}}{88\times10^{-6}\times9\times10^{-3}} = 64.6\times10^6(\text{Pa}) = 64.6(\text{MPa})$$

据此可绘出 a 点处单元体的 x、y 两平面上的应力，如图 7.9(f)所示。在绘出坐标轴及选定适当的比例尺后，根据单元体上的应力值即可绘出相应的应力圆，如图 7.9(g)所示。由此图可见，应力圆与 σ 轴的两交点 A_1、A_2 的横坐标分别代表 a 点处的两个主应力 σ_1 和 σ_3，可按选定的比例尺量得，或由应力圆的几何关系求得，即

$$\sigma_1 = OA_1 = OC + CA_1 = \frac{\sigma_x}{2} + \sqrt{\left(\frac{\sigma_x}{2}\right)^2 + \tau_x^2} = 150.4(\text{MPa})$$

和

$$\sigma_3 = OA_2 = OC - CA_2 = \frac{\sigma_x}{2} - \sqrt{\left(\frac{\sigma_x}{2}\right)^2 - \tau_x^2} = -27.7(\text{MPa})\,(\text{压应力})$$

$$2\alpha_0 = -\arctan\frac{64.6}{61.35} = -46.4^\circ$$

故由 x 平面至 σ_1 所在的截面的夹角 α_0 应为 -23.2°。显然，σ_3 所在的截面应垂直于 σ_1 所在的截面，如图 7.9(f)所示。由此确定了 a 点处的主应力为 σ_1=150.4MPa，σ_2=0，$\sigma_3 = -27.7$ MPa。

对于横截面 C 上 b 点处的应力，由 $y_b = 150$mm 可得

$$\sigma_b = \frac{M}{I_z}y_b = \frac{80\times10^3}{88\times10^{-6}}\times0.15 = 136.4\times10^6(\text{Pa}) = 136.4(\text{MPa})$$

b 点处的切应力为零。

据此可绘出 b 点处所取单元体各面上的应力如图 7.9(h)所示，其相应的应力圆如图 7.9(i)所示。由此图可见，b 点处的 3 个主应力分别为 $\sigma_1 = \sigma_x = 136.4$MPa，$\sigma_2 = \sigma_3 = 0$。$\sigma_1$ 所在的截面就是 x 平面，亦即梁的横截面 C。

【例题 7.3】 在受力物体上得某点处夹角为 β 的两截面上的应力如图 7.10(a)所示。试用应力圆法求：(1)夹角 β 的值；(2)该点处的主应力和主平面方位角。

解：(1) 作应力圆。选比例尺，建σ-τ坐标系。由y截面上的应力绘点$D_y(20,-40)$，由n截面上的应力绘点$D_n(45,55)$。连接点D_y和D_n，作$D_y D_n$的垂直平分线EC交σ轴于C点，以点C为圆心、CD_y为半径，作应力圆交σ轴于A_1、A_2两点，如图7.10(b)所示。

(2) 求夹角β的值。在图7.10(b)中量取$\angle D_nCD_y=118°$，则

$$\beta=\frac{\angle D_nCD_y}{2}=59°$$

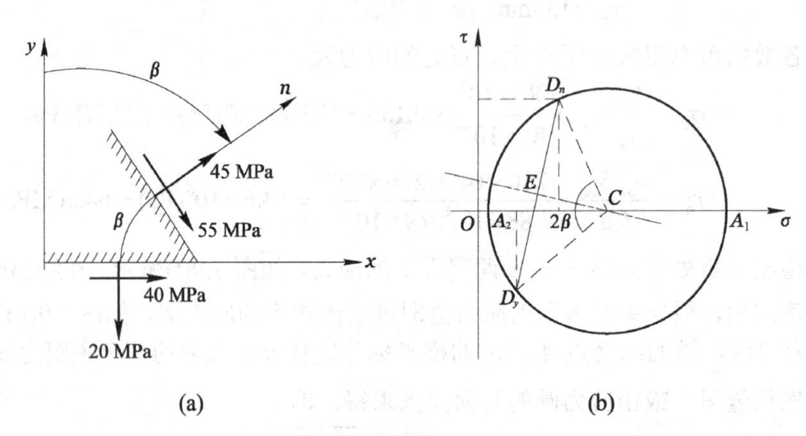

图7.10　例题7.3图

(3) 求主应力和主平面方位角。量取$\sigma_1=OA_1=120\text{MPa}$，其方向由斜截面法向$n$顺时针转$\alpha=\frac{\angle D_nCA_1}{2}=52.5°$；$\sigma_2=OA_2=3.8\text{MPa}$，其方向与$\sigma_1$方向垂直；$\sigma_3=0$。

7.3　空间应力状态下的应力分析

7.3.1　空间应力状态的概念

空间应力状态也称为三向应力状态，就是指单元体的3对平面上都有应力，如图7.11(a)所示，其中切应力的两个下标分别表示哪个截面上沿哪方向，如τ_{xy}表示x截面上沿y方向的切应力。根据切应力互等定理，有$\tau_{xy}=\tau_{yx}$、$\tau_{xz}=\tau_{zx}$、$\tau_{yz}=\tau_{zy}$，因此，一点空间应力状态独立的应力分量是6个，即σ_x、σ_y、σ_z、τ_{xy}、τ_{yz}、τ_{zx}。

前面已经讲过，过一点总可以存在3个主应力并且彼此正交。这样就可将图7.11(a)所示的空间应力状态换成图7.11(b)所示的形式，即主应力表示的空间应力状态，以便于研究。

当受力物体内某一点处的3个主应力σ_1、σ_2和σ_3都是已知时，就可直接作出主应力表示的单元体图。如图7.12(a)所示钢轨的轨头部分，当受车轮的静荷载作用时，围绕接触点截取一个单元体，其3个相互垂直的平面都是主平面。在表面上有接触压应力σ_3，在横截面和铅垂截面上分别有压应力σ_2和σ_1(图7.12(b))，这是3个主应力均为压应力的空间应力

状态。另外，螺钉在拉伸时，其螺纹根部内的单元体则处于 3 个主应力均为拉应力的空间应力状态。

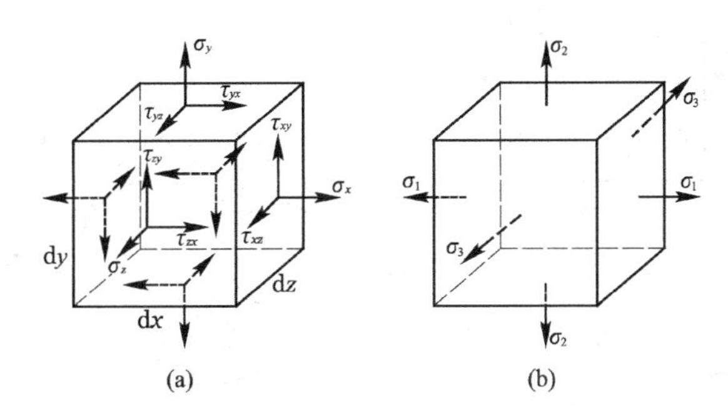

图 7.11　空间应力状态

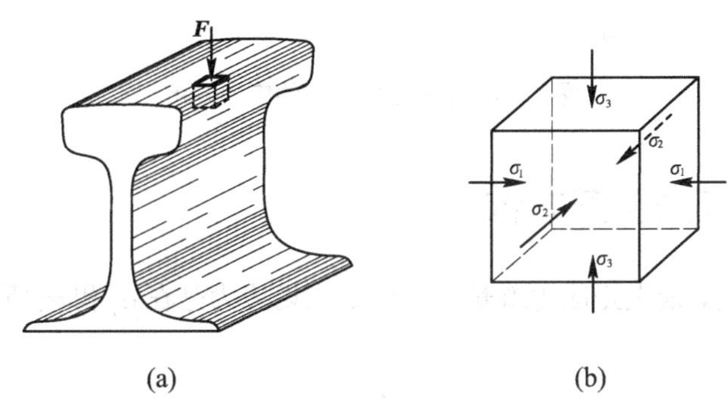

图 7.12　钢轨轨头处的应力状态

空间应力状态是一点处应力状态中最为一般的情况，平面应力状态是空间应力状态的特例，即有一个主应力为零。仅一个主应力不为零的应力状态称为单轴应力状态。空间应力状态所得的某些结论也同样适用于平面或单轴应力状态。

7.3.2　任意截面上的应力

设一点的应力状态如图 7.13(a)所示。首先，研究与其中一个主平面(如主应力 σ_3 平面)垂直的斜截面上的应力。为此，沿该斜截面将单元体截分为二，并研究其左边部分的平衡(图 7.13(b))。由于主应力 σ_3 所在的两平面上是一对自相平衡的力，因而该斜截面上的应力 σ 、τ 与 σ_3 无关。于是，这类斜截面上的应力可由 σ_1 和 σ_2 作出的应力圆上的点来表示，而该应力圆上的最大和最小正应力分别为 σ_1 和 σ_2 。同理，在与 σ_2 (或 σ_1)主平面垂直的斜截面上的应力 σ 和 τ ，可用 σ_1 、 σ_3(或 σ_2 、 σ_3)作出的应力圆上的点来表示。进一步的研究证明，表示与 3 个主平面斜交的任意斜截面(如图 7.13(a)中的 abc 截面)上应力 σ 和 τ 的 D 点，必位于上述 3 个应力圆所围成的阴影范围(图 7.13(c))内。

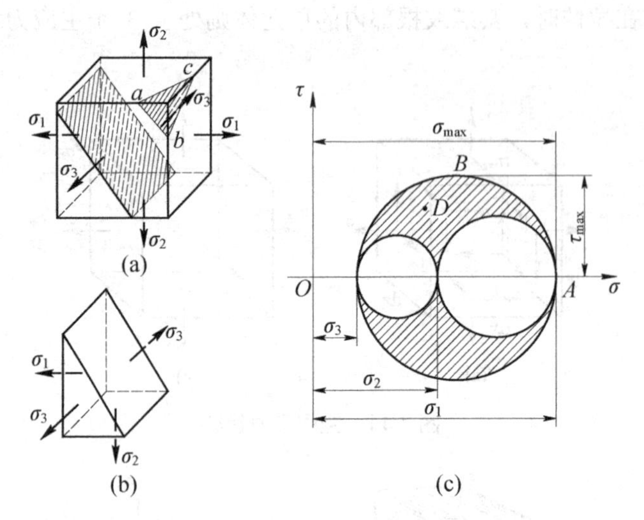

图 7.13　空间应力状态的应力分析

7.3.3　最大切应力及其方位

由图 7.13(c)可见，最大正应力就是σ_1，而最大切应力是在σ_1和σ_3所作的应力圆的 *B* 点处，即

$$\tau_{\max}=\frac{\sigma_1-\sigma_3}{2} \tag{7-7}$$

需要注意，虽然σ_1、σ_2和σ_3都画在同一个坐标系内，但它们是相互垂直的。由 *B* 点的位置可知，最大切应力所在截面与σ_2主平面垂直，并与σ_1和σ_3主平面成45°角。

【例题 7.4】 单元体各面上的应力如图 7.14(a)所示。试作应力圆，并求出主应力和最大切应力值及其作用面方位角。

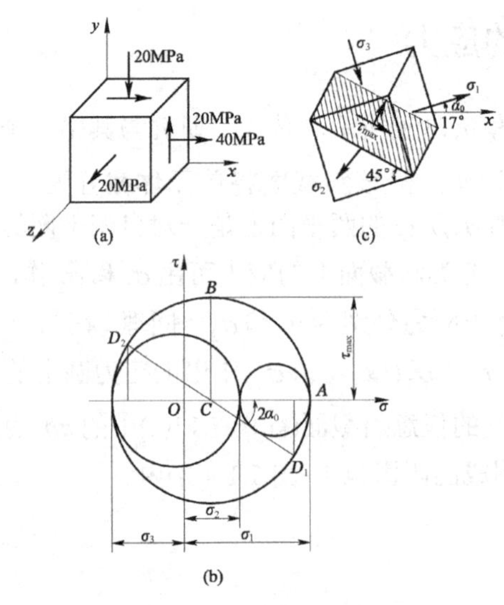

图 7.14　例题 7.4 图

解：该单元体有一个已知的主应力 $\sigma_z = 20\text{MPa}$。因此，与该主平面正交的各截面上的应力与主应力 σ_z 无关，于是，可依据 x 截面和 y 截面上的应力，画出应力圆(图 7.14(b))。由应力圆上可得两个主应力值为 46MPa 和−26MPa。将该单元体的 3 个主应力按其代数值的大小顺序排列为

$$\sigma_1 = 46\text{MPa}，\quad \sigma_2 = 20\text{MPa}，\quad \sigma_3 = -26\text{MPa}$$

依据 3 个主应力值，便可作出 3 个应力圆，如图 7.14(b)所示。在其中最大的应力圆上，B 点的纵坐标(该圆的半径)即为该单元体的最大切应力，其值为

$$\tau_{\max} = BC = 36\text{MPa}$$

且 $2\alpha_0 = 34^\circ$，据此便可确定 σ_1 主平面方位角及其余各主平面的位置。其中最大切应力所在截面与 σ_2 平行，与 σ_1 和 σ_3 所在的主平面各成 45° 夹角，如图 7.14(c)所示。

7.4　广义胡克定律

在前面第 2、3 章中，给出了在线弹性范围内应力与应变成正比的关系，即拉(压)胡克定律和剪切胡克定律。这些胡克定律针对的都是简单应力状态。本节将研究复杂应力状态下应力与应变的关系，称为广义胡克定律。

7.4.1　广义胡克定律

对于各向同性材料，沿各方向的弹性常数 E、G 和 μ 均分别相同。而且，由于各向同性材料沿任一方向对于其弹性常数都具有对称性。因而，在线弹性范围、小变形情况下，沿坐标轴(或应力矢)方向，正应力只引起线应变，而切应力只引起同一平面内的切应变。一般情况下，描述一点处应力状态需要 6 个独立的应力分量，即 σ_x、σ_y、σ_z、τ_{xy}、τ_{yz}、τ_{zx}。这样线应变 ε_x、ε_y、ε_z 只与正应力 σ_x、σ_y、σ_z 有关，而切应变 γ_{xy}、γ_{yz}、γ_{zx} 只与切应力 τ_{xy}、τ_{yz}、τ_{zx} 有关。应用叠加原理可知，如 x 方向线应变 ε_x，可表示为由 σ_x、σ_y、σ_z 分别引起的线应变的代数和，即

$$\varepsilon_x = \frac{\sigma_x}{E} - \mu\frac{\sigma_y}{E} - \mu\frac{\sigma_z}{E} = \frac{1}{E}[\sigma_x - \mu(\sigma_y + \sigma_z)]$$

同理，可得 y 方向和 z 方向的线应变 ε_y、ε_z。最后得到

$$\begin{cases} \varepsilon_x = \dfrac{1}{E}[\sigma_x - \mu(\sigma_y + \sigma_z)] \\ \varepsilon_y = \dfrac{1}{E}[\sigma_y - \mu(\sigma_x + \sigma_z)] \\ \varepsilon_z = \dfrac{1}{E}[\sigma_z - \mu(\sigma_x + \sigma_y)] \end{cases} \tag{7-8a}$$

而切应变 γ_{xy}、γ_{yz}、γ_{zx} 与切应力 τ_{xy}、τ_{yz}、τ_{zx} 之间的关系为

$$\begin{cases}\gamma_{xy}=\dfrac{\tau_{xy}}{G}\\[2ex]\gamma_{yz}=\dfrac{\tau_{yz}}{G}\\[2ex]\gamma_{zx}=\dfrac{\tau_{zx}}{G}\end{cases}\tag{7-8b}$$

式(7-8a)、式(7-8b)即为空间应力状态下的广义胡克定律。

若已知空间应力状态下单元体的3个主应力σ_1、σ_2、σ_3，则沿主应力方向的线应变称为主应变，分别记为ε_1、ε_2、ε_3，主应变的方向与相应主应力指向是一致的，且主应变平面内无切应变。式(7-8a)可写成

$$\begin{cases}\varepsilon_1=\dfrac{1}{E}[\sigma_1-\mu(\sigma_2+\sigma_3)]\\[2ex]\varepsilon_2=\dfrac{1}{E}[\sigma_2-\mu(\sigma_1+\sigma_3)]\\[2ex]\varepsilon_3=\dfrac{1}{E}[\sigma_3-\mu(\sigma_1+\sigma_2)]\end{cases}\tag{7-9}$$

式(7-8a)、式(7-8b)和式(7-9)是用应力表示应变的广义胡克定律，还可以将其转换成应变表示应力的形式，即

$$\begin{cases}\sigma_x=c[(1-\mu)\varepsilon_x+\mu(\varepsilon_y+\varepsilon_z)]\\\sigma_y=c[(1-\mu)\varepsilon_y+\mu(\varepsilon_y+\varepsilon_z)]\\\sigma_z=c[(1-\mu)\varepsilon_z+\mu(\varepsilon_y+\varepsilon_z)]\end{cases}\tag{7-10a}$$

$$\tau_{xy}=G\gamma_{xy}，\quad \tau_{yz}=G\gamma_{yz}，\quad \tau_{zx}=G\gamma_{zx}\tag{7-10b}$$

$$\begin{cases}\sigma_1=c[(1-\mu)\varepsilon_1+\mu(\varepsilon_2+\varepsilon_3)]\\\sigma_2=c[(1-\mu)\varepsilon_2+\mu(\varepsilon_1+\varepsilon_3)]\\\sigma_3=c[(1-\mu)\varepsilon_3+\mu(\varepsilon_1+\varepsilon_2)]\end{cases}\tag{7-11}$$

式中，$c=\dfrac{E}{(1+\mu)(1-2\mu)}$。

在平面应力状态下，只要在上述各式中设$\sigma_z=0$，$\tau_{zx}=0$，$\tau_{yz}=0$，或$\sigma_3=0$，则有

$$\begin{cases}\varepsilon_x=\dfrac{1}{E}(\sigma_x-\mu\sigma_y)\\[2ex]\varepsilon_y=\dfrac{1}{E}(\sigma_y-\mu\sigma_x)\\[2ex]\varepsilon_z=-\dfrac{\mu}{E}(\sigma_x+\sigma_y)\\[2ex]\gamma_{xy}=\dfrac{1}{G}\tau_{xy}\end{cases}\tag{7-12a}$$

或

$$\begin{cases} \varepsilon_1 = \dfrac{1}{E}(\sigma_1 - \mu\sigma_2) \\ \varepsilon_2 = \dfrac{1}{E}(\sigma_2 - \mu\sigma_1) \\ \varepsilon_3 = -\dfrac{\mu}{E}(\sigma_1 + \sigma_2) \end{cases} \tag{7-12b}$$

由式(7-12a)和式(7-12b)可见，σ_z 或 $\sigma_3 = 0$，但其相应的应变 ε_z 或 $\varepsilon_3 \neq 0$。材料的 3 个弹性常数 E、G 和 μ 间存在以下关系，即

$$G = \frac{E}{2(1+\mu)} \tag{7-13}$$

【例题 7.5】 已知构件自由表面上某点处的两个主应变值为 $\varepsilon_1 = 240\times10^{-6}$ 和 $\varepsilon_3 = -160\times10^{-6}$。构件材料为 Q235 钢，其弹性模量 E=210GPa，泊松比 μ=0.3。试求该点处的主应力数值，并求该点处另一主应变 ε_2 的数值和方向。

解： 由于主应力 σ_1、σ_2、σ_3 与主应变 ε_1、ε_2、ε_3 相对应，故根据题意可知该点处 $\sigma_2 = 0$，而处于平面应力状态。因此，由平面应力状态下的广义胡克定律得

$$\varepsilon_1 = \frac{1}{E}(\sigma_1 - \mu\sigma_3)\text{，}\quad \varepsilon_3 = \frac{1}{E}(\sigma_3 - \mu\sigma_1)$$

联立上列两式，即可解得

$$\sigma_1 = \frac{E}{1-\mu^2}(\varepsilon_1 + \mu\varepsilon_3) = \frac{210\times10^9}{1-0.3^2}\times(240-0.3\times160)\times10^{-6} = 44.3\times10^6(\text{Pa}) = 44.3(\text{MPa})$$

$$\sigma_3 = \frac{E}{1-\mu^2}(\varepsilon_3 + \mu\varepsilon_1) = \frac{210\times10^9}{1-0.3^2}\times(-160+0.3\times240)\times10^{-6} = -20.3\times10^6(\text{Pa}) = -20.3(\text{MPa})$$

主应变 ε_2 的数值可由式(7-12a)求得

$$\varepsilon_2 = -\frac{\mu}{E}(\sigma_1 + \sigma_3) = -\frac{0.3}{210\times10^9}\times(44.3\times10^6 - 20.3\times10^6) = -34.3\times10^{-6}$$

由此可见，主应变 ε_2 是缩短，其方向必与 ε_1 及 ε_3 垂直，即沿构件表面的法线方向。

7.4.2　体积应变

构件在受力变形后，通常引起体积变化。每单位体积的体积变化称为体积应变，用 θ 表示。现研究各向同性材料在空间应力状态下的体积应变。

设主应力单元体的边长分别为 $\mathrm{d}x$、$\mathrm{d}y$、$\mathrm{d}z$，变形前单元体的体积为

$$V = \mathrm{d}x\mathrm{d}y\mathrm{d}z$$

变形后单元体的边长分别为

$$\mathrm{d}x + \varepsilon_1\mathrm{d}x = (1+\varepsilon_1)\mathrm{d}x$$
$$\mathrm{d}y + \varepsilon_2\mathrm{d}y = (1+\varepsilon_2)\mathrm{d}y$$
$$\mathrm{d}z + \varepsilon_3\mathrm{d}z = (1+\varepsilon_3)\mathrm{d}z$$

于是，变形后单元体的体积为

$$V' = (1+\varepsilon_1)(1+\varepsilon_2)(1+\varepsilon_3)\mathrm{d}x\mathrm{d}y\mathrm{d}z$$

在小变形条件下略去线应变乘积项的高阶微量，得

$$V' = (1+\varepsilon_1+\varepsilon_2+\varepsilon_3)\mathrm{d}x\mathrm{d}y\mathrm{d}z$$

由体积应变的定义，有

$$\theta = \frac{V'-V}{V} = \varepsilon_1+\varepsilon_2+\varepsilon_3$$

将式(7-9)代入上式，经简化得

$$\theta = \frac{1-2\mu}{E}(\sigma_1+\sigma_2+\sigma_3) \quad (7\text{-}14a)$$

即任一点处的体应变与该点处的3个主应力之和成正比。

对于纯剪切应力状态，$\sigma_1 = -\sigma_3 = \tau_x$，$\sigma_2 = 0$。由式(7-14a)可见，材料的体积应变等于零。即在小变形条件下，切应力不引起各向同性材料的体积改变，而只引起形状的改变。因此，在空间应力状态下，材料的体积应变只与线应变ε_x、ε_y、ε_z有关。于是仿照上述推导，可得

$$\theta = \frac{1-2\mu}{E}(\sigma_x+\sigma_y+\sigma_z) \quad (7\text{-}14b)$$

由此得出结论：**在任意形式的应力状态下，各向同性材料内一点处的体积应变与通过该点的任意3个相互垂直平面上的正应力之和成正比，而与切应力无关。**

【例题7.6】 边长a=0.1m的铜立方块，无间隙地放入体积较大、变形可略去不计的钢凹槽中，如图7.15(a)所示。已知铜的弹性模量E=100GPa，泊松比μ=0.34。当受到F=300kN的均匀压力作用时，试求铜块的主应力、体应变及最大切应力。

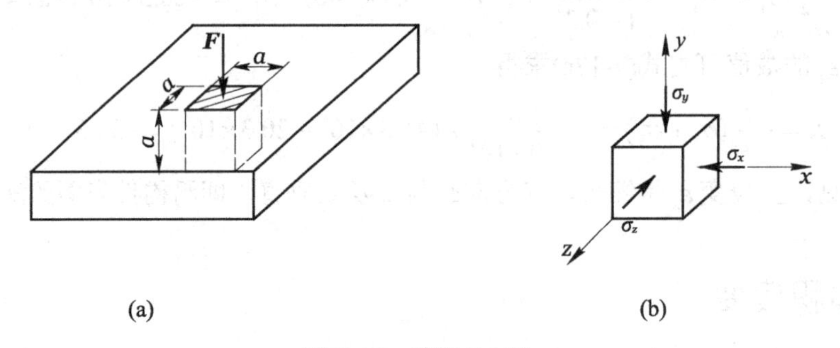

图7.15　例题7.6图

解： 铜块的横截面上的压应力为

$$\sigma_y = -\frac{F}{A} = -\frac{300\times10^3}{0.1^2} = -30\times10^6(\mathrm{Pa}) = -30(\mathrm{MPa})$$

铜块受到的轴向压缩将产生膨胀，但受到刚性凹槽壁的阻碍，使铜块在x和z方向的线应变等于零。于是，在铜块与槽壁接触面间将产生均匀的压应力σ_x和σ_z，如图7.15(b)所示。按照广义胡克定律公式(7-8a)可得

$$\varepsilon_x = \frac{1}{E}[\sigma_x - \mu(\sigma_y+\sigma_z)] = 0 \quad (a)$$

$$\varepsilon_z = \frac{1}{E}[\sigma_z - \mu(\sigma_y + \sigma_x)] = 0 \tag{b}$$

联立求解式(a)、式(b)，可得

$$\sigma_x = \sigma_z = \frac{\mu(1+\mu)}{1-\mu^2}\sigma_y = \frac{0.34\times(1+0.34)}{1-0.34^2}\times(-30\times10^{-6}) = -15.5\times10^6(\text{Pa}) = -15.5(\text{MPa})$$

按主应力的代数值顺序排列，得铜块的主应力为

$$\sigma_1 = \sigma_2 = -15.5\text{MPa} \ ,\ \ \sigma_3 = -30\text{MPa}$$

将以上数据代入计算体积应变公式(7-14b)，可得铜块的体积应变为

$$\theta = \frac{1-2\mu}{E}(\sigma_1+\sigma_2+\sigma_3) = \frac{1-2\times0.34}{100\times10^9}\times(-15.5\times10^6 - 15.5\times10^6 - 30\times10^6) = -1.95\times10^{-4}$$

将有关的主应力值代入式(7-7)，可得

$$\tau_{\max} = \frac{1}{2}(\sigma_1 - \sigma_3) = \frac{1}{2}[-15.5\times10^6 - (-30\times10^6)] = 7.25\times10^6(\text{Pa}) = 7.25(\text{MPa})$$

7.4.3 空间应力状态的比能

物体受外力作用而产生弹性变形时，在物体内部将积蓄能量，该能量称为应变能，每单位体积内所积蓄的应变能称为比能(有关应变能和比能的具体推导将在第 10 章中详细叙述)。在单轴应力状态下，即

$$v_\varepsilon = \frac{1}{2}\sigma\varepsilon$$

对于在线弹性范围内、小变形条件下受力的物体，所积蓄的应变能只取决于外力的最后数值，而与加力次序无关。设物体上的外力按同一比例由零增至最后值，因此，物体内任一单元体的 3 个主应力也按同一比例由零增加到最终值σ_1、σ_2、σ_3。在线弹性情况下，每一主应力单独作用时与相应的主应变ε_1、ε_2、ε_3之间仍保持线性关系，因而与每一主应力相应的比能等于该主应力在与之相应的主应变上所做的功，而其他两个主应力在该主应变上并不做功。因此，当同时考虑 3 个主应力在与其相应的主应变上所做的功，单元体的比能为

$$v_\varepsilon = \frac{1}{2}(\sigma_1\varepsilon_1 + \sigma_2\varepsilon_2 + \sigma_3\varepsilon_3)$$

将式(7-9)代入上式，经整理简化后得

$$v_\varepsilon = \frac{1}{2E}[\sigma_1^2 + \sigma_2^2 + \sigma_3^2 - 2\mu(\sigma_1\sigma_2 + \sigma_2\sigma_3 + \sigma_3\sigma_1)] \tag{7-15}$$

在一般情况下，单元体将同时发生体积改变和形状改变，因此比能也包含着相互独立的两种比能。v_v表示由体积改变对应的比值，称为**体积改变比能**；v_d表示由形状改变对应的比值，称为**形状改变比能**。

图 7.16(a)所示的主应力单元体，可以分解为图 7.16(b)、图 7.16(c)两种单元体的叠加，其中σ_m为平均应力，即

$$\sigma_{\mathrm{m}}=\frac{1}{3}(\sigma_1+\sigma_2+\sigma_3)$$

图 7.16(b)所示单元体上受平均应力，没有形状的改变，只有体积的改变，故其比能ν_ε'就等于体积改变比能ν_{v}，即

$$\nu_\varepsilon'=\nu_{\mathrm{v}}=\frac{1}{2E}[3\sigma_{\mathrm{m}}^2-2\mu(3\sigma_{\mathrm{m}}^2)]=\frac{1-2\mu}{6E}(\sigma_1+\sigma_2+\sigma_3)^2 \tag{7-16}$$

图 7-16(c)所示单元体上 3 个主应力之和为零，没有体积应变，只有形状应变，故其比能ν_ε''就等于形状改变比能ν_{d}，即

$$\nu_\varepsilon''=\nu_{\mathrm{d}}=\frac{1+\mu}{6E}[(\sigma_1-\sigma_2)^2+(\sigma_2-\sigma_3)^2+(\sigma_3-\sigma_1)^2] \tag{7-17}$$

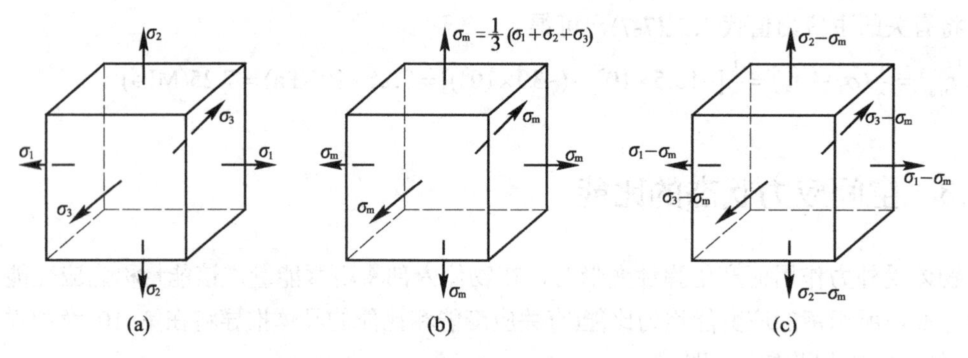

图 7.16　主应力表示的单元体

因为，图 7.16(a)所示单元体的比能应该是图 7-16(b)、图 7-16(c)两种单元体比能之和，即$\nu_\varepsilon=\nu_\varepsilon'+\nu_\varepsilon''$，因此，有

$$\nu_\varepsilon=\nu_{\mathrm{v}}+\nu_{\mathrm{d}}$$

即比能等于体积改变比能与形状改变比能之和。

对于一般空间应力状态下的单元体，其比能可用 6 个应力分量σ_x、σ_y、σ_z、τ_{xy}、τ_{yz}、τ_{zx}来表示。由于在小变形情况下，对于每个应力分量的比能，均等于该应力分量与相应的应变分量的乘积之半，故有

$$\nu_\varepsilon=\frac{1}{2}(\sigma_x\varepsilon_x+\sigma_y\varepsilon_y+\sigma_z\varepsilon_z+\tau_{xy}\gamma_{xy}+\tau_{yz}\gamma_{yz}+\tau_{zx}\gamma_{zx})$$

将广义胡克定律代入上式，即可得到用 6 个应力分量表示的比能表达式。建议读者自行推导。

7.5　强 度 理 论

在常温、静载情况下，材料的强度失效主要有两种形式：一种是塑性屈服；另一种是脆性断裂。

强度理论是关于材料发生强度失效力学因素的假说，对于复杂应力状态，需要使用强度理论。适用于脆性断裂的强度理论包括最大拉应力理论和最大拉应变理论。这两个强度

理论提出最早，按提出的时间先后又分别称为第一强度理论和第二强度理论。适用于塑性屈服的强度理论，常用的有最大切应力理论和形状改变比能理论，按提出时间先后又分别称为第三强度理论和第四强度理论。

7.5.1　4 个强度理论

1. 最大拉应力理论(第一强度理论)

该理论是 19 世纪英国的兰金(W.J.M. Rankine，1820—1872)提出的。

理论依据：铸铁、石料等材料单向拉伸时的断裂面垂直于最大拉应力。

假说：最大拉应力是引起材料破坏的主要因素。

失效准则：无论材料处于何种应力状态，只要最大拉应力 σ_1 达到材料单向拉伸断裂时的强度 σ_b，材料即发生脆性断裂。失效准则为

$$\sigma_1 = \sigma_b$$

极限应力 σ_b 除以安全因数 n_b，得到许用应力 $[\sigma]=\dfrac{\sigma_b}{n_b}$。

强度条件为

$$\sigma_1 \leqslant [\sigma] \tag{7-18}$$

适用性：试验表明，对于铸铁、石料、玻璃等脆性材料，当主应力中 σ_1 最大且为拉应力时，该理论的适用性较好，对没有拉应力的应力状态，该理论无法应用。而式中的 $[\sigma]$ 为试样发生脆性断裂的许用拉应力，不能单独地理解为材料在单轴拉伸时的许用应力。

2. 最大拉应变理论(第二强度理论)

该理论思想是 19 世纪法国的圣维南(Saint-Venant)提出的。

理论依据：石料等材料单向压缩时的断裂面垂直于最大拉应变方向。

假说：最大拉应变是引起材料破坏的主要原因。

失效准则：无论材料处于何种应力状态，只要最大拉应变 ε_1 达到材料单向拉伸断裂时最大拉应变 ε_u，材料即发生脆性断裂。失效准则为

$$\varepsilon_1 = \varepsilon_u$$

如果这种材料直到发生脆性断裂时都可近似地看作线弹性，即服从胡克定律，则

$$\varepsilon_u = \frac{\sigma_b}{E}$$

而由广义胡克定律公式(7-9)可知，在线弹性范围内工作的构件，处于复杂应力状态下一点处的最大伸长线应变为

$$\varepsilon_1 = \frac{1}{E}[\sigma_1 - \mu(\sigma_2 + \sigma_3)]$$

于是，失效准则成为

$$\sigma_1 - \mu(\sigma_2 + \sigma_3) = \sigma_b$$

式中，σ_b 为材料在单向拉伸发生脆性断裂时的抗拉强度。

将极限应力σ_b除以安全因数n_b，得到许用应力$[\sigma]=\dfrac{\sigma_b}{n_b}$。

强度条件为

$$\sigma_1-\mu(\sigma_2+\sigma_3)\leqslant[\sigma] \tag{7-19}$$

适用性：试验表明，对于石料、混凝土、铸铁等脆性材料，在压缩时纵向开裂的现象是一致的，即应力状态以受压为主(当主应力中σ_3绝对值最大且为压应力)时，该理论的适用性较好，以受拉为主时，误差最大(单向拉伸除外)。这一理论考虑了其余两个主应力σ_2和σ_3对材料强度的影响，在形式上较最大拉应力理论更为完善，但实际上并不一定总是合理的。例如，在二轴和三轴受拉情况下，按这一理论反比单轴受拉时不易断裂，显然与实际情况并不相符。一般来说，最大拉应力理论适用于脆性材料的拉应力为主的情况，而最大拉应变理论适用于压应力为主的情况。由于这一理论在应用上不如最大拉应力理论简便，故在工程实际中应用较少。

3. 最大切应力理论(第三强度理论)

1864年，特雷斯卡(H.Tresca)提出了金属的最大切应力准则，1900年英国盖特(J.J.，Guest)进行了试验验证。

理论依据：当作用在构件上的外力过大时，其危险点处的材料就会沿最大切应力所在截面滑移而发生屈服失效。

假说：最大切应力是引起材料屈服破坏的主要原因。

失效准则：无论材料处于何种应力状态，只要最大切应力τ_{max}达到了材料屈服时的极限值τ_u，该点处的材料就会发生屈服。

至于材料屈服时切应力的极限值τ_u，同样可以通过任意一种使试样发生屈服的试验来确定。对于像低碳钢这一类塑性材料，在单轴拉伸试验时材料就是沿斜截面发生滑移而出现明显的屈服现象的。这时，试样在横截面上的正应力就是材料的屈服极限σ_s，而在试样斜截面上的最大切应力(即45°斜截面上的切应力)等于横截面上正应力的一半。于是，对于这一类材料，就可以从单轴拉伸试验中得到材料屈服时切应力的极限值τ_u，即

$$\tau_u=\frac{\sigma_s}{2}$$

所以，失效准则为

$$\tau_{max}=\tau_u=\frac{\sigma_s}{2}$$

由式(7-7)可知，在复杂应力状态下一点处的最大切应力为

$$\tau_{max}=\frac{1}{2}(\sigma_1-\sigma_3)$$

于是，失效准则可写成

$$\frac{\sigma_1-\sigma_3}{2}=\frac{\sigma_s}{2}$$

或

$$\sigma_1-\sigma_3=\sigma_s$$

将上式右边的 σ_s 除以安全因数 n_s，即得材料许用拉应力 $[\sigma]=\dfrac{\sigma_s}{n_s}$。

强度条件为

$$\sigma_1-\sigma_3\leqslant[\sigma] \tag{7-20}$$

适用性：在式(7-20)右边采用了材料在单轴拉伸时的许用拉应力，这只对于在单轴拉伸时发生屈服的材料才适用。像铸铁、大理石这一类脆性材料，不可能通过单轴拉伸试验得到材料屈服时的极限值 τ_u。因此，对于这类材料在三轴不等值压缩的应力状态下，以式(7-20)作为强度条件时，$[\sigma]$ 就不能再理解为材料在单轴拉伸时的许用拉应力了。该理论与金属塑性材料的试验结果符合较好。最大误差约为 15%，但偏于安全。其缺陷是没有考虑中间主应力的影响，且只适用于拉、压屈服强度相等的材料。

4. 形状改变比能理论(第四强度理论)

1885 年贝尔特拉密(E. Beltrami)提出了总应变能理论，1904 年波兰的胡贝尔(M.T. Huber)将其修正为形状改变比能理论。之后，德国的米泽斯(Mises)等人又先后对该理论进行了改进和阐述。

理论依据：使材料破坏需要消耗外力功，就要积蓄应变能。应变能又可分为体积应变能和形状应变能。而体积应变能为等值拉伸应力状态或等值压缩应力状态下的应变能，它不会造成屈服失效。引起材料屈服的主要因素是单位体积的形状应变能或称形状改变比能。

假说：形状改变比能是引起材料屈服的主要因素。

失效准则：无论在什么样的应力状态下，只要构件内一点处的形状改变比能 ν_d 达到了材料的极限值 ν_{du}，该点处的材料就会发生屈服。失效准则为

$$\nu_d=\nu_{du}$$

对于像低碳钢这一类塑性材料，因为在拉伸试验时，当横截面上的正应力达到 σ_s 时就出现明显的屈服现象，故可通过拉伸试验的结果来确定材料的 ν_{du} 值。为此可利用式(7-17)，并将 $\sigma_1=\sigma_s$、$\sigma_2=\sigma_3=0$ 代入，从而得材料的极限值 ν_{du} 为

$$\nu_{du}=\frac{1+\mu}{6E}[2\sigma_s^2]$$

在复杂应力状态下，由式(7-17)有

$$\nu_d=\frac{1+\mu}{6E}[(\sigma_1-\sigma_2)^2+(\sigma_2-\sigma_3)^2+(\sigma_3-\sigma_1)^2]$$

按照这一强度理论的观点，失效准则可改写为

$$\frac{1+\mu}{6E}[(\sigma_1-\sigma_2)^2+(\sigma_2-\sigma_3)^2+(\sigma_3-\sigma_1)^2]=\frac{1+\mu}{6E}[2\sigma_s^2]$$

或简化为

$$\sqrt{\frac{1}{2}[(\sigma_1-\sigma_2)^2+(\sigma_2-\sigma_3)^2+(\sigma_3-\sigma_1)^2]}=\sigma_s$$

再将上式右边的 σ_s 除以安全因数 n_s，得到材料的许用拉应力 $[\sigma]=\dfrac{\sigma_s}{n_s}$。

强度条件为

$$\sqrt{\frac{1}{2}\left[(\sigma_1-\sigma_2)^2+(\sigma_2-\sigma_3)^2+(\sigma_3-\sigma_1)^2\right]}\leqslant[\sigma] \tag{7-21}$$

适用性：在式(7-21)左边的主应力差$(\sigma_1-\sigma_2)$、$(\sigma_2-\sigma_3)$和$(\sigma_3-\sigma_1)$所代表的是该点处的3个切应力极值的两倍(式(7-7))，因此，第四强度理论在某种意义上是与切应力有关的。该理论与金属塑性材料的试验结果符合程度比最大切应力理论还好些。其缺陷仍然是只适用于拉、压屈服强度相等的材料。

【例题7.7】 某铸铁构件危险点处的应力如图7.17所示，若许用应力$[\sigma]=30\text{MPa}$，试校核其强度。

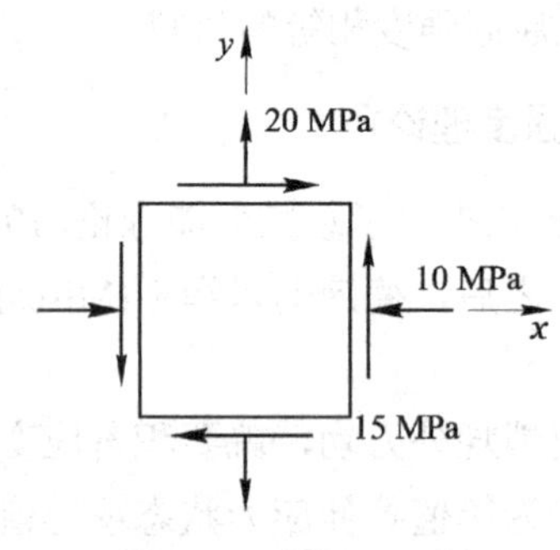

图7.17 例题7.7图

解： 由图7.17可知，x和y截面的应力为

$$\sigma_x=-10\text{MPa}，\quad \tau_x=-15\text{MPa}，\quad \sigma_y=20\text{MPa}$$

代入式(7-4)，得

$$\left.\begin{matrix}\sigma_{\max}\\ \sigma_{\min}\end{matrix}\right\}=\frac{-10+20}{2}\pm\sqrt{\left(\frac{-10+20}{2}\right)^2+(-15)^2}=\begin{cases}26.2\text{MPa}\\ -16.2\text{MPa}\end{cases}$$

即主应力为

$$\sigma_1=26.2\text{MPa}，\quad \sigma_2=0，\quad \sigma_3=-16.2\text{MPa}$$

上式表明，主应力σ_3虽为压应力，但其绝对值小于主应力σ_1，所以，宜采用最大拉应力理论，即利用式(7-18)校核强度，显然

$$\sigma_1<[\sigma]$$

说明构件强度无问题。

【例题7.8】 试分别根据第三与第四强度理论，确定塑性材料在纯剪切时的许用应力。

解： 纯剪切应力状态下的主应力为$\sigma_1=-\sigma_3=\tau$，$\sigma_2=0$。于是，将主应力值代入式(7-20)与式(7-21)，分别得

$$2\tau\leqslant[\sigma]$$

$$\sqrt{3}\tau\leqslant[\sigma]$$

由此得切应力τ的最大允许值，即许用切应力分别为

$$[\tau]=\frac{[\sigma]}{2}$$

$$[\tau]=\frac{[\sigma]}{\sqrt{3}}$$

因此，塑性材料在纯剪切时的许用应力$[\tau]$通常取为$(0.5\sim0.577)[\sigma]$。

7.5.2　相当应力及强度条件

综合以上 4 个强度理论的强度条件，可以把 4 个强度理论的强度条件写成统一的形式，即

$$\sigma_{\mathrm{r}}\leqslant[\sigma]$$

式中，σ_{r}为相当应力，它是由 3 个主应力按一定形式组合而成的。

4 个强度理论的相当应力分别为

$$\begin{aligned}&\sigma_{\mathrm{r1}}=\sigma_1\\&\sigma_{\mathrm{r2}}=\sigma_1-\mu(\sigma_2+\sigma_3)\\&\sigma_{\mathrm{r3}}=\sigma_1-\sigma_3\\&\sigma_{\mathrm{r4}}=\sqrt{\frac{1}{2}[(\sigma_1-\sigma_2)^2+(\sigma_2-\sigma_3)^2+(\sigma_3-\sigma_1)^2]}\end{aligned}\tag{7-22}$$

应该指出，对于危险点处于复杂应力状态的构件，按某一强度理论的相当应力进行强度校核时，一方面要保证所用强度理论与在这种应力状态下发生的破坏形式相对应；另一方面要求用以确定许用应力$[\sigma]$的极限应力，也必须是相当于该破坏形式的极限应力。

7.5.3　强度理论的应用

本章所述强度理论均仅适用于常温、静载条件下的均质、连续、各向同性的材料。对于拉、压强度相等的塑性材料，一般选择第三或第四强度理论(除非接近三向等值拉伸应力状态，材料发生脆断)；对于拉、压强度不等的脆性材料，以拉为主时选用第一强度理论，以压为主时选用第二强度理论，总之，强度理论着眼于材料的破坏规律。

【例题 7.9】 两端简支的工字梁承受荷载如图 7.18(a)所示。已知材料 Q235 钢的许用应力为$[\sigma]=170\text{MPa}$和$[\tau]=100\text{MPa}$。试按强度条件选择工字钢的号码。

解： 首先确定钢梁的危险截面，在算得支反力后，作梁的剪力图和弯矩图如图 7.18(b)、图 7.18(c)所示。由图可见，梁的 C、D 两截面上的弯矩和剪力均为最大值，所以这两个截面为危险截面。现取截面 C 计算，其剪力和弯矩分别为$F_{SC}=F_{S,\max}=200\text{kN}$和$M_C=M_{\max}=84\text{kN}\cdot\text{m}$。

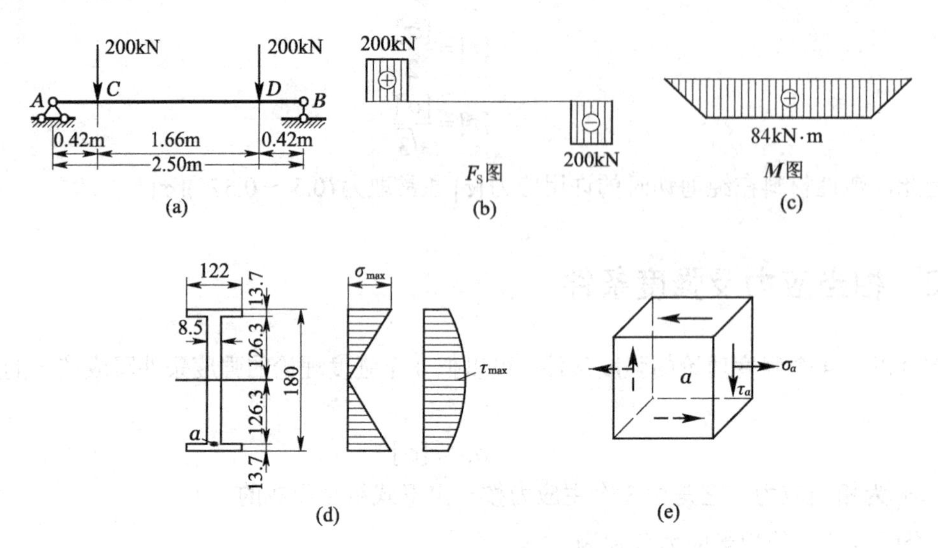

图 7.18　工字梁承受荷载

先按正应力强度条件选择截面。最大正应力发生在截面 C 的上、下边缘各点处，其应力状态为单轴应力状态，由强度条件 $\sigma_{max} \leqslant [\sigma]$ 求出所需的截面系数为

$$W_z = \frac{M_{max}}{[\sigma]} = \frac{84\times10^3}{170\times10^6} = 494\times10^{-6}(\text{m}^3)$$

如选用 28a 号工字钢，则其截面的 $W_z = 508\text{cm}^3$。显然，这一截面满足正应力强度条件的要求。

再按切应力强度条件进行校核。对于 28a 号工字钢的截面，由型钢表查得

$$I_z = 7114\text{cm}^4 = 7114\times10^{-8}\text{m}^4$$

$$\frac{I_z}{S_z} = 24.62\text{cm} = 24.62\times10^{-2}\text{m}$$

$$d = 8.5\text{mm} = 0.85\times10^{-2}\text{m}$$

危险截面上的最大切应力发生在中性轴处，且为纯剪切应力状态，其最大切应力为

$$\tau_{max} \frac{F_{S,max}}{\frac{I_z}{S_z}\times d} = \frac{200\times10^3}{24.62\times10^{-2}\times0.85\times10^{-2}} = 95.5\times10^6(\text{Pa}) = 95.5(\text{MPa}) < [\tau]$$

由此可见，选用 28a 号工字钢满足切应力的强度条件。

以上考虑了危险截面上的最大正应力和最大切应力。但是，对于工字形截面，在腹板与翼缘交界处，正应力和切应力都相当大，且为平面应力状态。因此，须对这些点进行强度校核。为此，截取腹板与下翼缘交界的 a 点处的单元体，如图 7.18(e)所示。根据 28a 号工字钢截面简化后的尺寸(图 7.18(d))和上面查得的 I_z，求得横截面上 a 点处的正应力 σ 和切应力 τ 分别为

$$\sigma_a = \frac{M_{max}y}{I_z} = \frac{84\times10^3\times0.1263}{7114\times10^{-8}} = 149.1\times10^6(\text{Pa}) = 149.1(\text{MPa})$$

$$\tau_a = \frac{F_{S,\max} S_z^*}{I_z d} = \frac{200\times10^3 \times 223\times10^{-6}}{7114\times10^{-8}\times8.5\times10^{-3}} = 73.8\times10^6(\text{Pa}) = 73.8(\text{MPa})$$

上面第二式中的 S_z^* 是横截面的下翼缘面积对中性轴的静矩，其值为

$$S_z^* = 122\times13.7\times\left(126.3+\frac{13.7}{2}\right) = 223000(\text{mm}^3) = 223\times10^{-6}(\text{m}^3)$$

在图 7.18(e)所示的应力状态下，该点的 3 个主应力为

$$\left.\begin{matrix}\sigma_1\\ \sigma_3\end{matrix}\right\} = \frac{\sigma_a}{2} \pm \sqrt{\left(\frac{\sigma_a}{2}\right)^2 + \tau_a^{\ 2}} \tag{a}$$

$$\sigma_2 = 0$$

由于 a 点是复杂应力状态，材料是 Q235 钢，按形状改变比能理论(第四强度理论)进行强度校核。以上述主应力代入式(7-21)后，得强度条件为

$$\sigma_{r4} = \sqrt{\sigma_a^2 + 3\tau_a^2}$$

将上述 a 点处的 σ_a、τ_a 值代入上式得

$$\sigma_{r4} = 196.4\text{MPa}$$

σ_{r4} 较 $[\sigma]$ 大了 15.5%，所以应另选较大的工字钢。若选用 28b 号工字钢，再按上述方法，算得 a 点处的 $\sigma_{r4} = 173.2\text{MPa}$，较 $[\sigma]$ 大 1.88%，没有超过 5%，故选用 28b 号工字钢。

若按照最大切应力理论(第三强度理论)对 a 点进行强度校核，则可将上述 3 个主应力的表达式(a)代入式(7-20)，可得第三强度理论相当应力为

$$\sigma_{r3} = \sqrt{\sigma_a^2 + 4\tau_a^2}$$

读者可自行比较 σ_{r3} 与 $[\sigma]$ 的结果。

应该指出，例题 7.9 中对于点 a 的强度校核，是根据工字钢截面简化后的尺寸(即看作由 3 个矩形组成)计算的。实际上，对于符合国家标准的型钢(工字钢、槽钢)来说，并不需要对腹板与翼缘交界处的点进行强度校核。因型钢截面的腹板与翼缘交界处有圆弧，且工字钢翼缘的内边又有 1∶6 的斜度，从而增加了交界处的截面宽度，这就保证了在截面上、下边缘处的正应力和中性轴上的切应力都不超过许用应力的情况下，腹板与翼缘交界处各点一般不会发生强度不够的问题。但是，对于自行设计的由 3 块钢板焊接而成的组合工字梁(又称钢板梁)，就要按例题中的方法对腹板与翼缘交界处的邻近各点进行强度校核。

7.6　习　题

(1) 试从图 7.19 所示的各构件中 A 点和 B 点处取出单元体，并表明单元体各面上的应力。

(2) 试根据相应的应力圆上的关系，写出图 7.20 所示单元体任一斜截面 m—n 上正应力及切应力的计算公式。设截面 m—n 的法线与 x 轴成 α 角(作图时可设 $|\sigma_y|>|\sigma_x|$)。

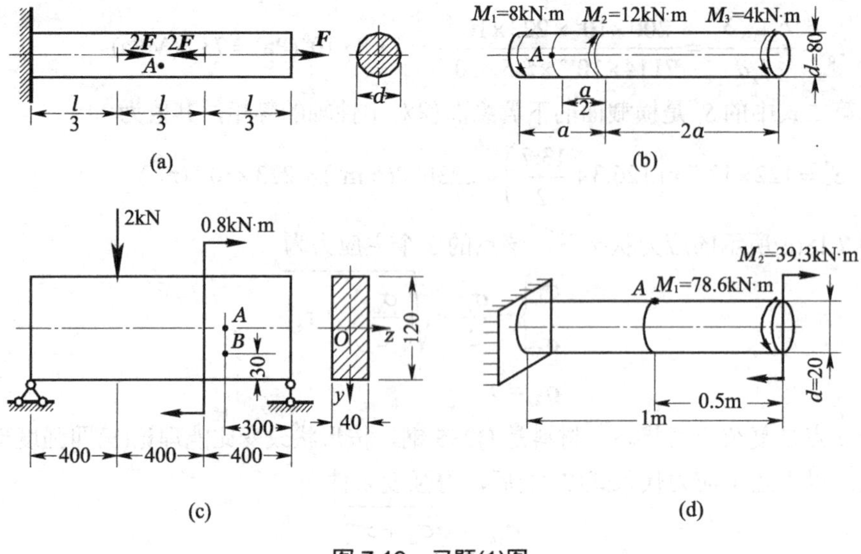

图 7.19　习题(1)图

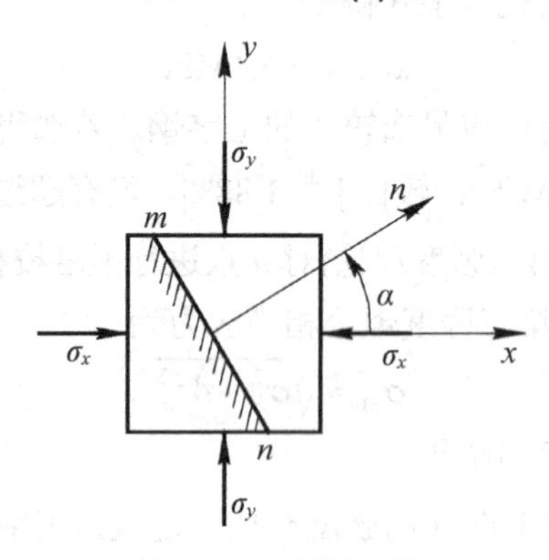

图 7.20　习题(2)图

(3) 试用应力圆几何关系求图 7.21 所示悬臂梁距离自由端为 0.72m 的截面上，在顶面以下 40mm 的一点处的最大及最小主应力，并求最大主应力与 x 轴之间的夹角。

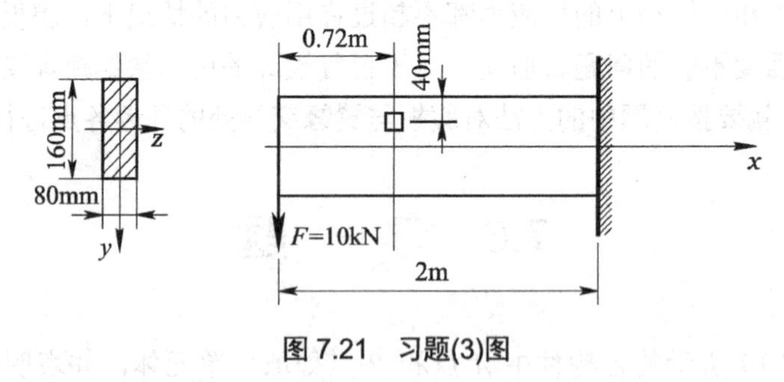

图 7.21　习题(3)图

(4) 各单元体面上的应力如图 7.22 所示。试利用应力圆的几何关系求：

① 指定截面上的应力。

② 主应力的数值。

③ 在单元体上绘出主平面的位置及主应力的方向。

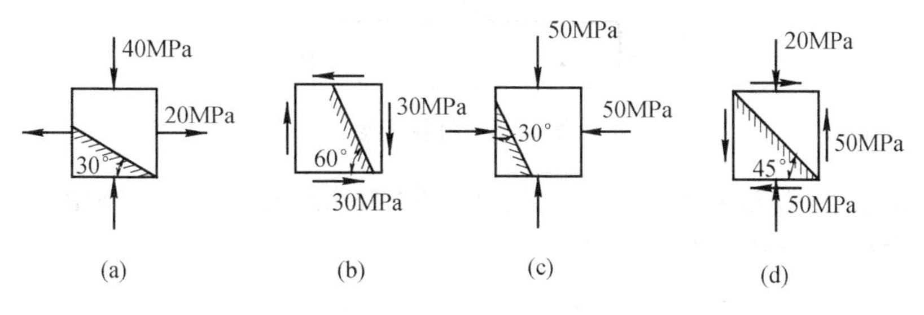

图 7.22　习题(4)图

(5) 各单元体如图 7.23 所示。试利用应力圆的几何关系求：

① 主应力的数值。

② 在单元体上绘出主平面的位置及主应力的方向。

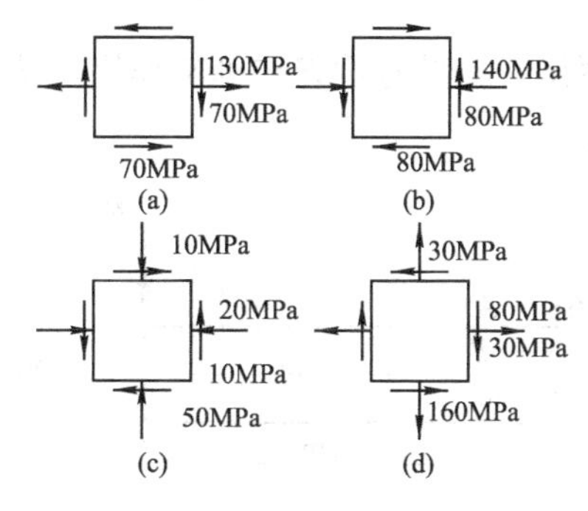

图 7.23　习题(5)图

(6) 已知平面应力状态下某点处的两个截面上的应力如图 7.24 所示。试利用应力圆求该点处的主应力值和主平面方位角，并求出两截面间的夹角 α 值。

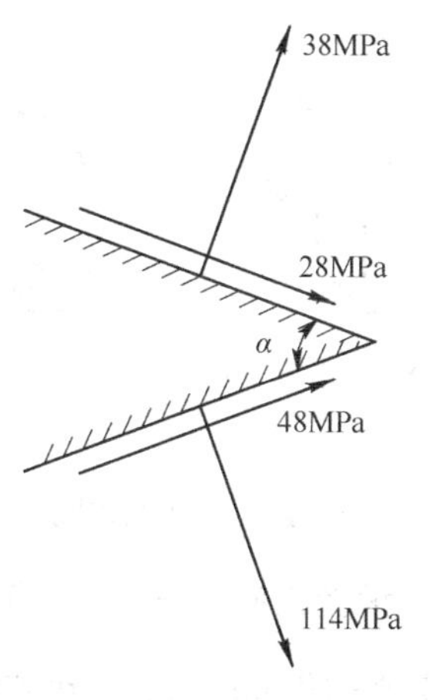

图 7.24　习题(6)图

(7) 图 7.25 所示受力板件，试证明 A 点处各截面的正应力与切应力均为零。

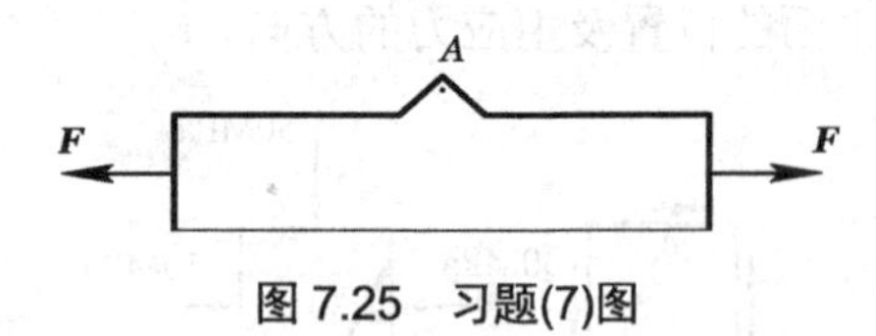

图 7.25 习题(7)图

(8) 已知某点 A 处截面 AB 与 AC 的应力如图 7.26 所示(应力单位为 MPa)，试用图解法求主应力的大小及所在截面的方位角。

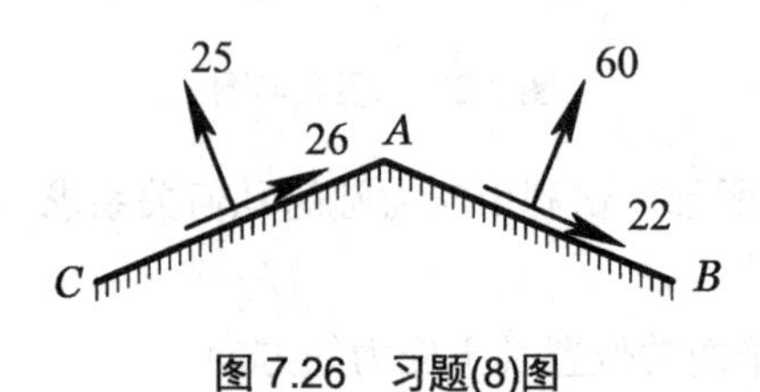

图 7.26 习题(8)图

(9) 如图 7.27 所示的悬臂梁，承受荷载 F= 20kN 作用。试绘微体 A、B 与 C 的应力图，并确定主应力的大小及方位角。

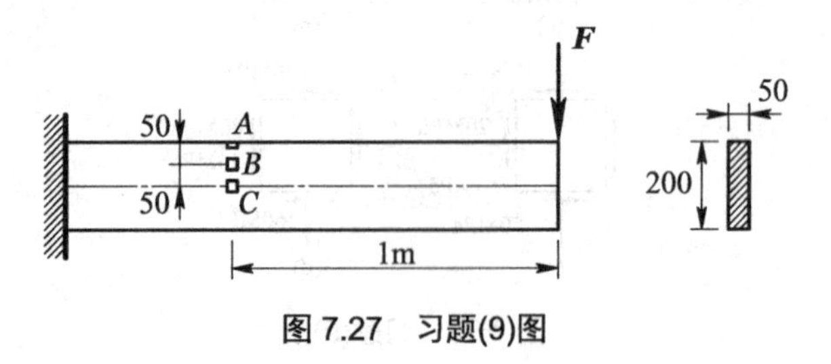

图 7.27 习题(9)图

(10) 已知应力状态如图 7.28 所示，试画出三向应力圆，并求主应力、最大正应力与最大切应力。

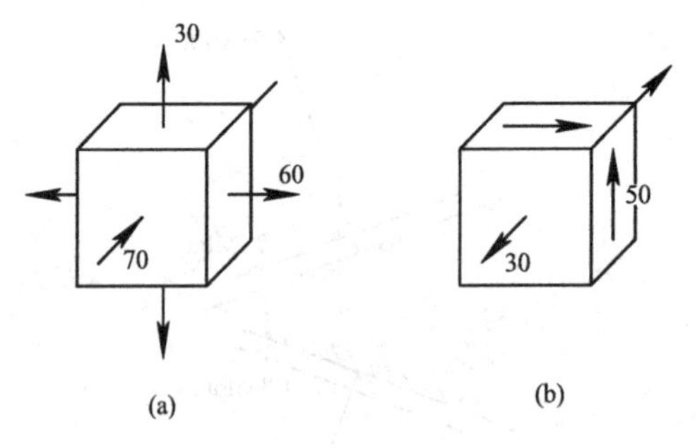

图 7.28 习题(10)图

(11) 如图 7.29 所示的矩形板，承受正应力 σ_x 与 σ_y 作用，试求板厚的改变量 $\Delta\delta$ 与板件的体积改变量 ΔV。已知板件厚度 δ=10mm，宽度 b=800mm，高度 h =600mm，正应力 σ_x=80MPa，σ_y=−40MPa，材料为铝，弹性模量 E=70GPa，泊松比 μ=0.33。

(12) 图 7.30 所示的单元体处于平面应力状态，已知 σ_x=100MPa，σ_y=80MPa，τ_x=50MPa，

弹性模量 E=200GPa，泊松比 μ=0.3。试求正应变 ε_x、ε_y 与切应变 γ_{xy}，并绘制该单元分体变形后的大致形状。

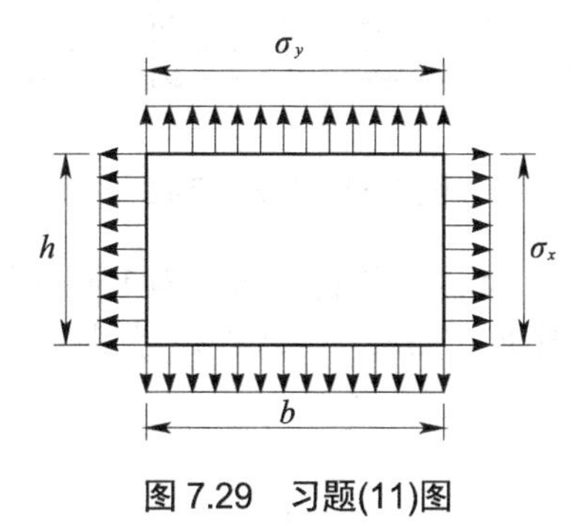

图 7.29　习题(11)图

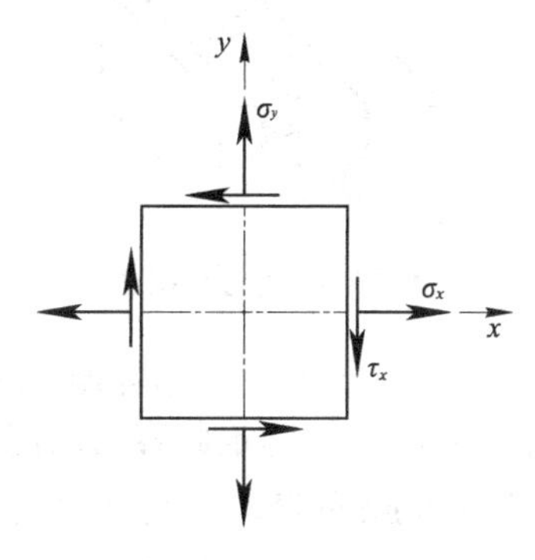

图 7.30　习题(12)图

(13) 图 7.31 所示板件处于纯剪切状态，试计算沿对角线 AC 与 BD 方向的正应变 ε_{45° 与 ε_{-45° 以及沿板厚方向的正应变 ε_δ。材料的弹性模量 E 和 μ 均为已知。

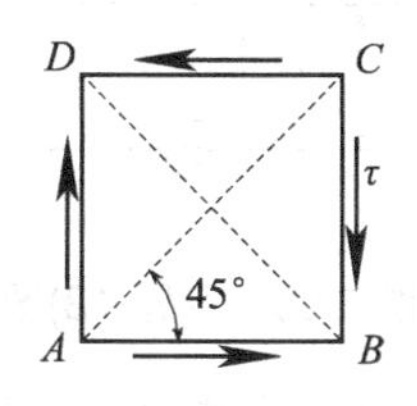

图 7.31　习题(13)图

(14) 求图 7.32 所示圆截面杆危险点的主应力。已知 $F_1=4\pi$ kN，$F_2=60\pi$ kN，$M_e=4\pi$ kN·m，l=0.5m，d=10cm。

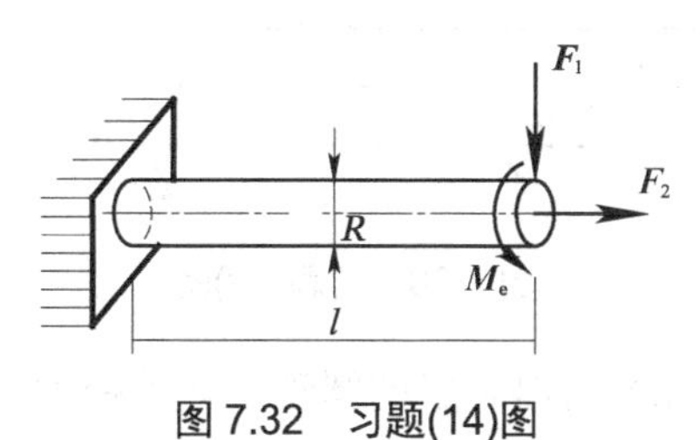

图 7.32　习题(14)图

(15) 如图 7.33 所示圆轴受弯扭组合变形，$M_1=M_2$=150N·m，d=50mm。试求：

①画出 A、B、C 三点的单元体；②计算 A、B 点的主应力值。

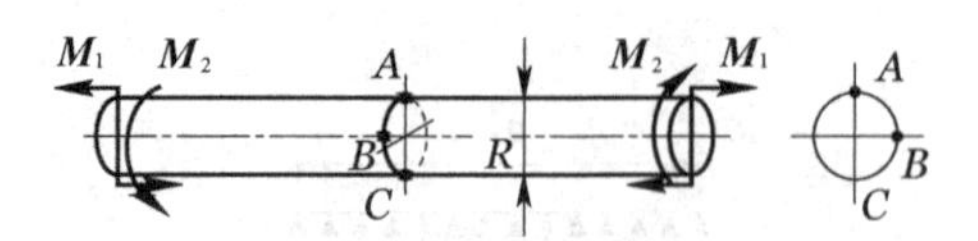

图 7.33　习题(15)图

(16) 如图 7.34 所示的槽形刚体内，放置一边长为 10mm 的正方体铝块，铝块与槽壁间紧密接触无间隙。铝的弹性模量 E=70GPa，μ=0.33，当铝块上表面受到压力 F=6kN 时，求其 3 个主应力及主应变。

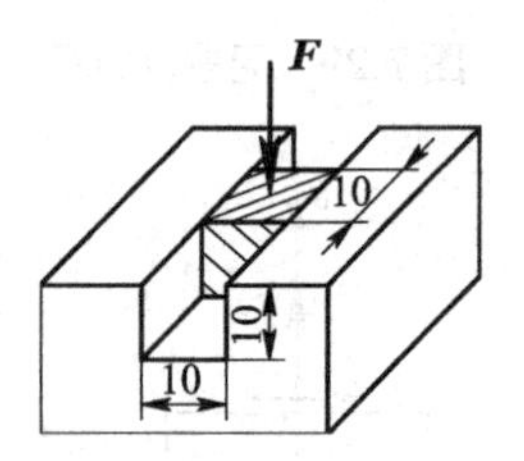

图 7.34　习题(16)图

(17) 平均直径 D=1.8m，壁厚 t=14mm 的圆柱形容器，承受内压作用，若已知容器为其屈服点 σ_s=400MPa，取安全因数 n_s=6.0。试确定此容器所能承受的最大压应力 p。

(18) 如图 7.35 所示，直径 d=100mm 的圆轴，受轴向拉力 $\boldsymbol{F}$ 和力偶矩 $\boldsymbol{M}_e$ 的作用。材料的 E=200GPa，μ=0.3，现测得圆轴表面的轴向线应变 $\varepsilon_{0^\circ}=500\times10^{-6}$，$-45^\circ$ 方向的线应变 $\varepsilon_{-45^\circ}=400\times10^{-6}$。求 $\boldsymbol{F}$ 和 M_e 值。

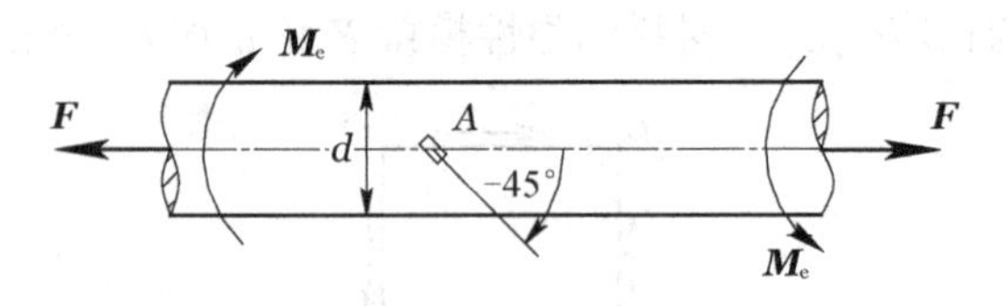

图 7.35　习题(18)图

(19) 矩形截面梁受力如图 7.36 所示，现测得 K 点沿与轴线成 -45° 方向的线应变 ε_{-45°。若 E、μ 及 b、h 均为已知，求 A 端的支反力 $\boldsymbol{F}_{Ay}$。

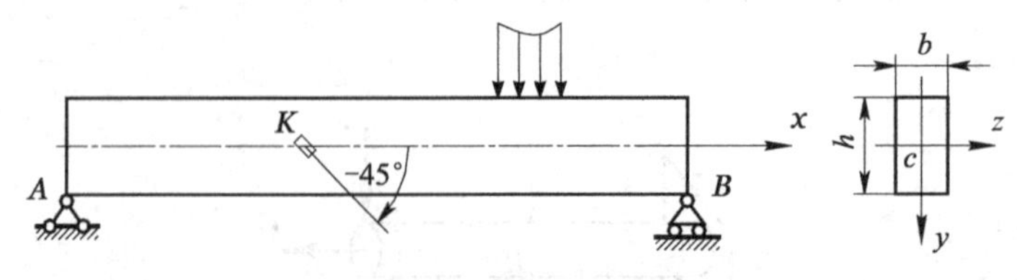

图 7.36　习题(19)图

(20) 如图 7.37 所示，一脆性材料制成的圆管，其外径 D=0.16m，内径 d=0.12m，承受扭转力偶 M_e=20kN·m 和轴向拉力 $\boldsymbol{F}$。已知材料的 $[\sigma_t]$=100MPa，$[\sigma_c]$=300MPa。试用第一强度理论确定许用拉力 $[F]$。

(21) 低碳钢构件危险点处的单元体如图 7.38 所示。已知 τ_α =200MPa，$\sigma_x+\sigma_y$ = 100MPa，材料的许用应力[σ]=100MPa。试分别用第三、第四强度理论校核危险点的强度。

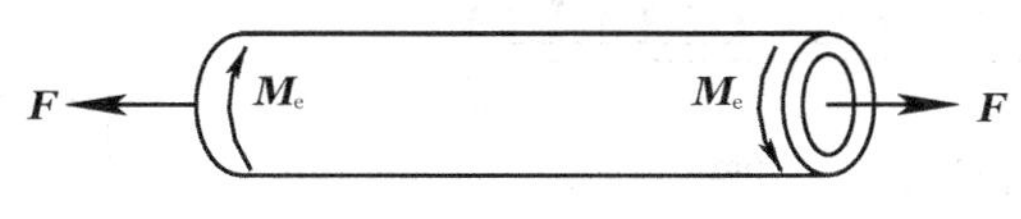

图 7.37　习题(20)图

(22) D=120mm，d=80mm 的空心圆轴，两端承受一对扭转力偶矩 M_e，如图 7.39 所示。在轴的中部表面 A 点处，测得与母线 45° 方向的线应变为 $\varepsilon_{45^\circ}=2.6\times10^{-4}$。已知材料的弹性模量 E=200GPa，μ=0.3。试求扭转力偶矩 M_e。

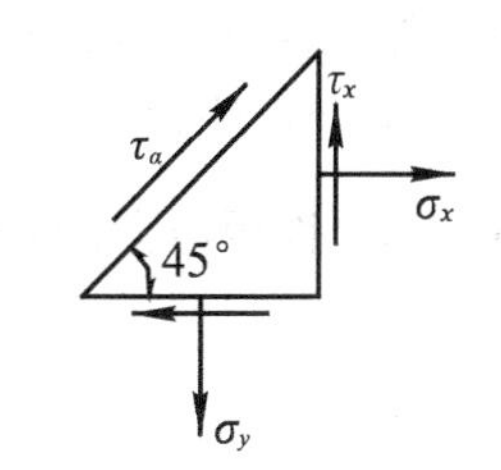

图 7.38　习题(21)图

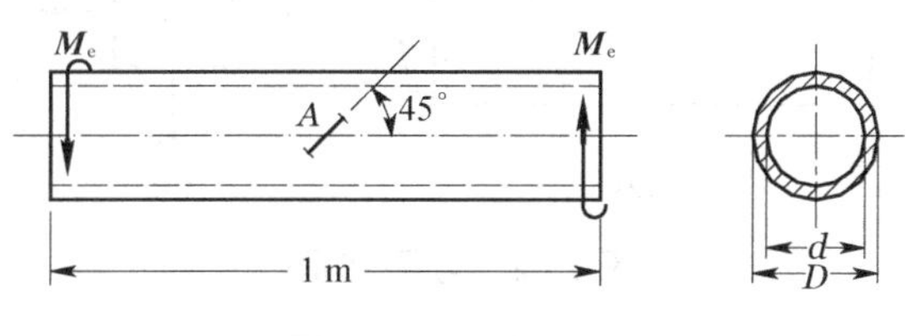

图 7.39　习题(22)图

(23) 如图 7.40 所示，在受集中力偶矩 $\boldsymbol{M}_e$ 作用的矩形截面简支梁中，测得中性层上 K 点处沿 45° 方向的线应变为 ε_{45°。已知材料的弹性常量 E、μ 和梁的横截面及尺寸 b、h、a、d、l。试求集中力偶矩 $\boldsymbol{M}_e$。

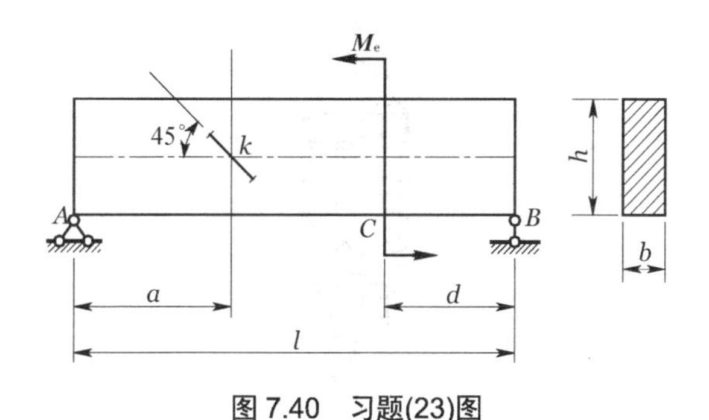

图 7.40　习题(23)图

(24) 一简支钢板梁承受荷载如图 7.41(a)所示，其截面尺寸如图 7.41(b)所示。已知钢材的许用应力为[σ]=170MPa，[τ]=100MPa。试校核梁内的最大正应力和最大切应力，并按第四强度理论校核危险截面上 a 点的强度。

注：通常在计算 a 点处的应力时近似地按 a' 点的位置计算。

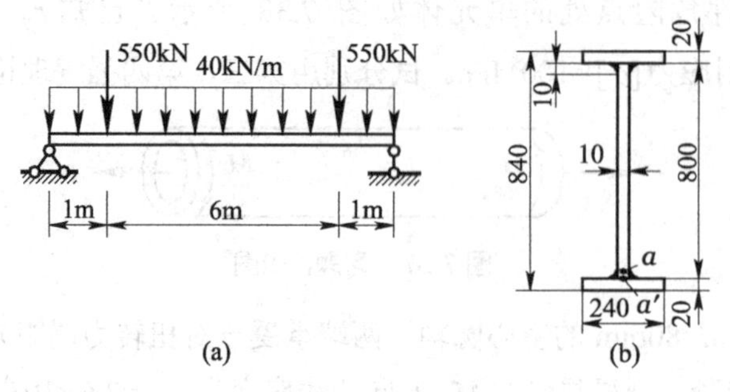

图 7.41　习题(24)图

(25) 受内压力作用的容器，其圆筒部分任意一点 A(图 7.42(a))处的应力状态如图 7.42(b)所示。当容器承受最大的内压力时，用应变计测得 $\varepsilon_x = 1.88\times10^{-4}$，$\varepsilon_y = 7.37\times10^{4}$。已知钢材的弹性模量 E=210GPa，泊松比 μ=0.3，许用应力 $[\sigma]$=170MPa。试按第三理论校核 A 点的强度。

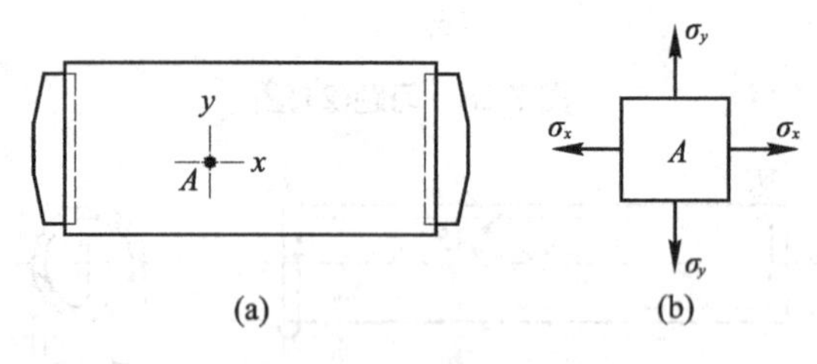

图 7.42　习题(25)图

(26) 图 7.43 所示为两端封闭的铸铁薄壁圆筒，其直径 D=100mm，壁厚 δ=10mm，承受内压力 p=5MPa，且在两端受轴向压力 F=100kN 作用。材料的许用拉伸应力 $[\sigma_t]$=40MPa，泊松比 μ=0.25。试按第二强度理论校核其强度。

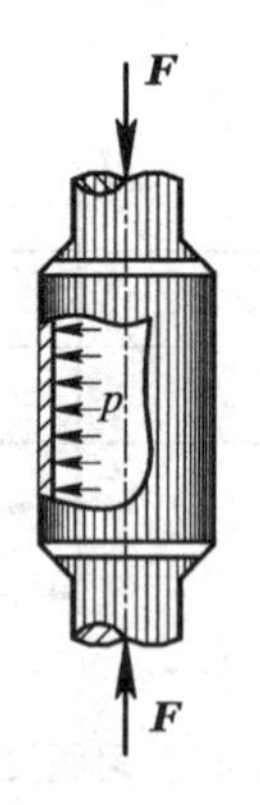

图 7.43　习题(26)图

(27) 如图 7.44 所示，用 Q235 钢制成的实心圆截面杆，受轴向拉力 $\boldsymbol{F}$ 及扭转力偶矩 $\boldsymbol{M}_e$ 共同作用，且 $M_e = \dfrac{1}{10}Fd$。今测得圆杆表面 k 点处沿图示方向的线应变 $\varepsilon_{30^\circ} = 14.33\times10^{-5}$。

已知杆直径 d=10mm，材料的弹性常数 E=200GPa，μ=0.3。试求荷载 $\boldsymbol{F}$ 和 $\boldsymbol{M}_e$。若其许用应力$[\sigma]$=160MPa，试按第四强度理论校核杆的强度。

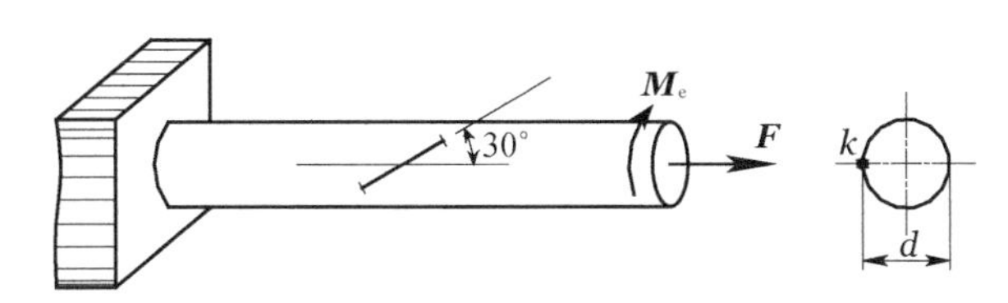

图 7.44　习题(27)图

第 8 章　组合变形的强度计算

8.1　组合变形的概念

在前面几章中，研究了构件在发生轴向拉伸(压缩)、剪切、扭转、弯曲等基本变形时的强度和刚度问题。在工程实际中，有很多构件在荷载作用下往往发生两种或两种以上的基本变形。若有其中一种变形是主要的，其余变形所引起的应力(或变形)很小，则构件可按主要的基本变形进行计算。若几种变形所对应的应力(或变形)属于同一数量级，则构件的变形为**组合变形**。例如，如图 8.1(a)所示吊钩的 AB 段，在力 $\boldsymbol{P}$ 作用下，将同时产生拉伸与弯曲两种基本变形；机械中的齿轮传动轴(如图 8.1(b)所示)在外力作用下，将同时发生扭转变形及在水平平面和垂直平面内的弯曲变形；斜屋架上的工字钢檩条(如图 8.2(a)所示)，可以作为简支梁来计算(如图 8.2(b)所示)，因为 $\boldsymbol{q}$ 的作用线并不通过工字截面的任一根形心主惯性轴(如图 8.2(c)所示)，则引起沿两个方向的平面弯曲，这种情况称为斜弯曲。

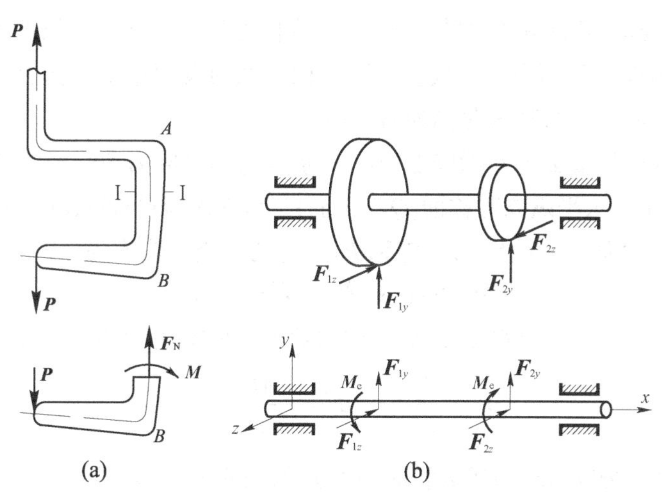

图 8.1　吊钩及传动轴

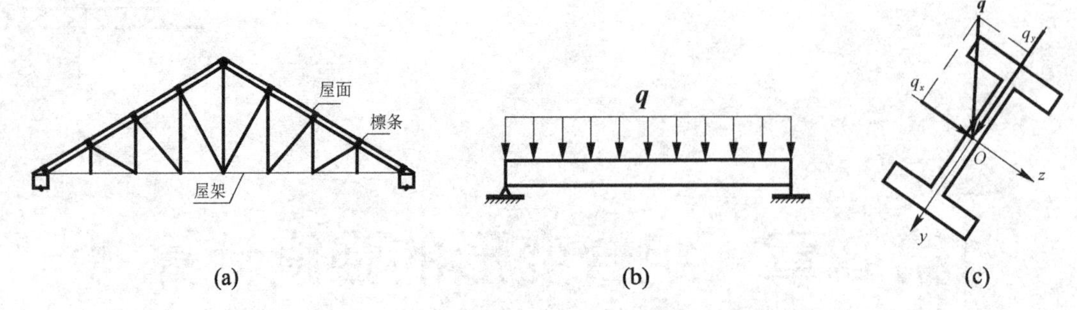

图 8.2　斜屋架上的工字钢檩条

求解组合变形问题的基本方法是叠加法，即首先将组合变形分解为几个基本变形，然后分别考虑构件在每一种基本变形情况下的应力和变形。最后利用叠加原理，综合考虑各基本变形的组合情况，以确定构件的危险截面、危险点的位置及危险点的应力状态，并据此进行强度计算。试验证明，只要构件的刚度足够大，材料又服从胡克定律，则由上述叠加法所得的计算结果是足够精确的；反之，对于小刚度、大变形的构件，必须要考虑各基本变形之间的相互影响，如大挠度的压弯杆，叠加原理就不能适用。

下面分别讨论在工程中经常遇到的几种组合变形。

8.2　斜　弯　曲

前面已经讨论了梁在平面弯曲时的应力和变形计算。在平面弯曲问题中，外力作用在截面的形心主轴与梁的轴线组成的纵向对称面内，梁的轴线变形后将变为一条平面曲线，且仍在外力作用面内。在工程实际中，有时会遇到外力不作用在形心主轴所在的纵向对称面内，如 8.1 节提到的屋面檩条的受力情况，如图 8.2 所示。在这种情况下，杆件可考虑为在两相互垂直的纵向对称面内同时发生平面弯曲。试验及理论研究指出，此时梁的挠曲线不再在外力作用平面内，这种弯曲称为**斜弯曲**。

现在以矩形截面悬臂梁为例(图 8.3(a))，分析斜弯曲时应力和变形的计算。这时梁在 $\boldsymbol{F}_1$ 和 $\boldsymbol{F}_2$ 作用下，分别在水平纵向对称面(Oxz 平面)和铅垂纵向对称面(Oxy 平面)内发生对称弯曲。在梁的任意横截面 m—m 上，由 $\boldsymbol{F}_1$ 和 $\boldsymbol{F}_2$ 引起的弯矩值依次为

$$M_y = F_1 x\,,\quad M_z = F_2(x-a)$$

在横截面 m—m 上的某点 $C(y,z)$ 处，由弯矩 M_y 和 M_z 引起的正应力分别为

$$\sigma' = \frac{M_y}{I_y}z\,,\quad \sigma'' = -\frac{M_z}{I_z}y$$

根据叠加原理，σ' 和 σ'' 的代数和即为 C 点的正应力，即

$$\sigma' + \sigma'' = \frac{M_y}{I_y}z - \frac{M_z}{I_z}y \tag{8-1}$$

式中，I_y、I_z 分别为横截面对 y 轴和 z 轴的惯性矩；M_y、M_z 分别为截面上位于水平和铅垂对

称平面内的弯矩，且其力矩矢量分别与 y 轴和 z 轴的正向一致，如图 8.3(b)所示。

在具体计算中，也可以先不考虑弯矩 M_y、M_z 和坐标 y、z 的正负号，以其绝对值代入，然后根据梁在 $\boldsymbol{F}_1$ 和 $\boldsymbol{F}_2$ 分别作用下的变形情况，来判断式(8-1)右边两项的正负号。

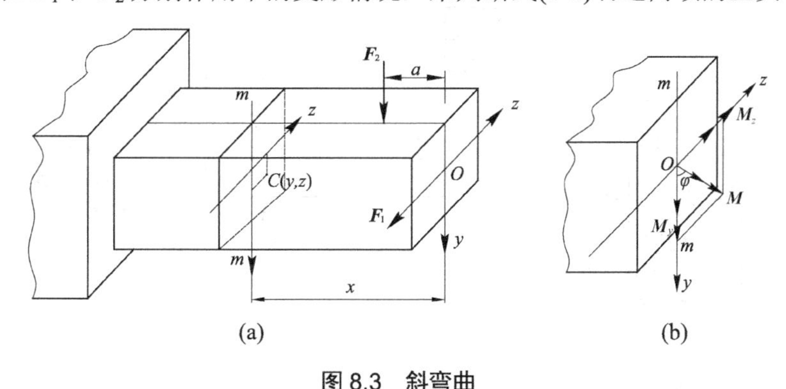

图 8.3　斜弯曲

为了进行强度计算，必须先确定梁内的最大正应力。最大正应力发生在弯矩最大的截面(危险截面)上，但要确定截面上哪一点的正应力最大(就是要找出危险点的位置)，应先确定截面上中性轴的位置。由于中性轴上各点处的正应力均为零，令 (y_0, z_0) 代表中性轴上的任一点，将它的坐标值代入式(8-1)中，即可得中性方程为

$$M_y/I_y \cdot z_0 - M_z/I_z \cdot y_0=0 \tag{8-2}$$

从式(8-2)可知，中性轴是一条通过横截面形心的直线，令中性轴与 y 轴的夹角为 α，则

$$\tan\alpha = \frac{z_0}{y_0} = \frac{M_z}{M_y} \cdot \frac{I_y}{I_z} = \frac{I_y}{I_z}\tan\varphi$$

式中，φ 为横截面上合成弯矩 $M = \sqrt{M_y^2 + M_z^2}$ 的矢量与 y 轴的夹角，如图 8.3(b)所示。

一般情况下，由于截面的 $I_y \neq I_z$，因而中性轴与合成弯矩 $\boldsymbol{M}$ 所在的平面并不垂直。而截面的挠度垂直于中性轴(图 8.4(a))，所以挠曲线将不在合成弯矩所在的平面内，这与平面弯曲不同。对于正方形、圆形等截面以及某些特殊组合截面，其中 $I_y = I_z$，就是所有形心轴都是主惯性轴，故 $\alpha = \varphi$，因而，正应力可用合成弯矩 M 进行计算。但是，梁各横截面上的合成弯矩 $\boldsymbol{M}$ 所在平面的方位一般并不相同，所以，虽然每一截面的挠度都发生在该截面的合成弯矩所在平面内，梁的挠曲线一般仍是一条空间曲线。可是，梁的挠曲线方程仍应分别按两垂直平面内的弯曲来计算，不能直接用合成弯矩进行计算。

确定中性轴的位置后，就可看出截面上离中性轴最远的点是正应力 σ 值最大的点。一般只要作与中性轴平行且与横截面周边相切的线，切点就是最大正应力的点。如图 8.4(b)所示的矩形截面梁，显然右上角 D_1 与左下角 D_2 有最大正应力值，将这些点的坐标(y_1, z_1)或(y_2, z_2)代入式(8-1)中，可得最大拉应力 $\sigma_{t,max}$ 和最大压应力 $\sigma_{c,max}$。

在确定了梁的危险截面和危险点的位置，并算出危险点处的最大正应力后，由于危险点处于单轴应力状态，于是，可将最大正应力与材料的许用正应力相比较来建立强度条件，进行强度计算。

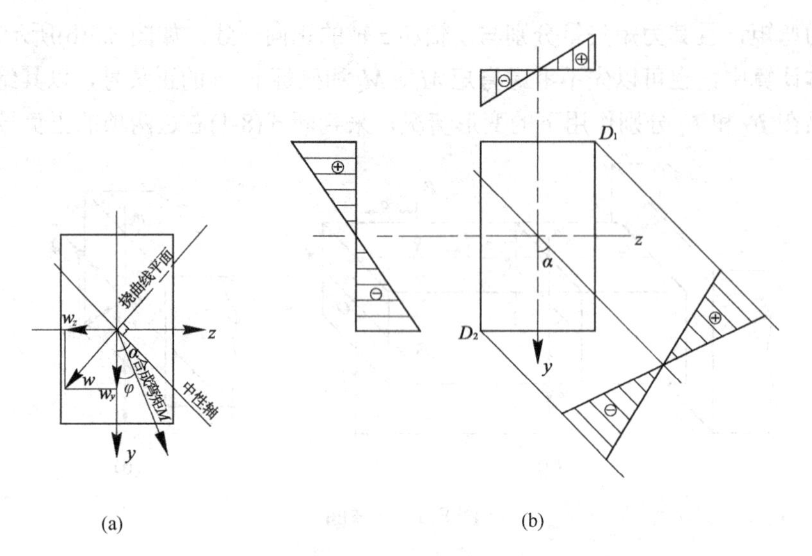

图 8.4　斜弯曲时横截面上的应力情况

【例题 8.1】 一长 2m 的矩形截面木制悬臂梁，弹性模量 $E=1.0\times10^4\text{MPa}$，梁上作用有两个集中荷载 $F_1=1.3\text{kN}$ 和 $F_2=2.5\text{kN}$，如图 8.5(a)所示，设截面 $b=0.6h$，$[\sigma]=10\text{MPa}$。试选择梁的截面尺寸并计算自由端的挠度。

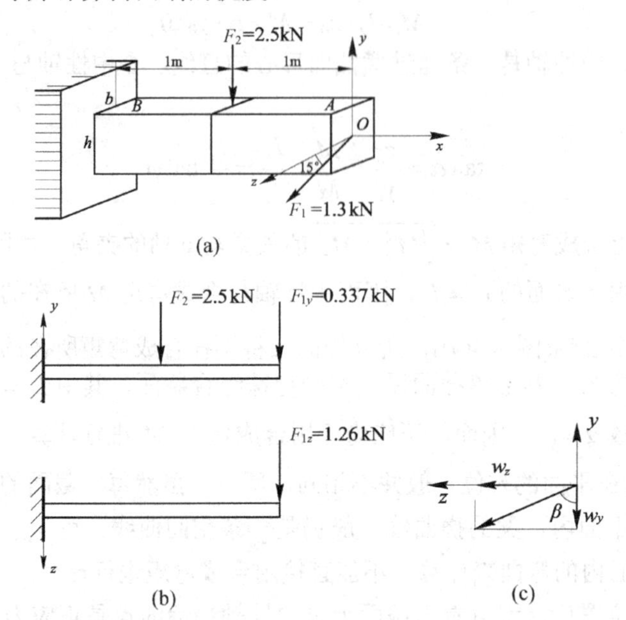

图 8.5　例题 8.1 图

解：(1) 选择梁的截面尺寸。

将自由端的作用荷载 $\boldsymbol{F}_1$ 分解

$$F_{1y}=F_1\sin15^\circ=0.336\text{kN}$$

$$F_{1z}=F_1\cos15^\circ=1.256\text{kN}$$

此梁的斜弯曲可分解为在 xy 平面内及 xz 平面内的两个平面弯曲，如图 8.5(c)所示。由图 8.5 可知，M_z 和 M_y 在固定端的截面上达到最大值，故危险截面上的弯矩

$$M_z = 2.5\times1+0.336\times2=3.172(\text{kN}\cdot\text{m})$$

$$M_y = 1.256\times2=2.215(\text{kN}\cdot\text{m})$$

$$w_z=\frac{1}{6}bh^2=\frac{1}{6}\times0.6h\cdot h^2=0.1h^3$$

$$w_y=\frac{1}{6}hb^2=\frac{1}{6}\times h\cdot(0.6)h^2=0.06h^3$$

上式中 M_z 与 M_y 只取绝对值，且截面上的最大拉(压)应力相等，故

$$\sigma_{\max}=\frac{M_z}{W_z}+\frac{M_y}{W_y}=\frac{3.172\times10^6}{0.1h^3}+\frac{2.512\times10^6}{0.06h^3}$$

$$=\frac{73.587\times10^6}{h^3}\leqslant[\sigma]$$

即

$$h\geqslant\sqrt[3]{\frac{73.587\times10^6}{10}}=194.5(\text{mm})$$

可取 h=200mm，b=120mm。

(2) 计算自由端的挠度。

分别计算 w_y 与 w_z，如图 8.5(c)所示，则

$$w_y=-\frac{F_{1y}l^3}{3EI_z}-\frac{F_2\left(\frac{l}{2}\right)^2}{6EI_z}\left(3l-\frac{l}{2}\right)$$

$$=-\frac{0.336\times10^3\times2^3+\frac{1}{2}\times2.5\times10^3\times1^3\times(3\times2-1)}{3\times1.0\times10^4\times10^6\times\frac{1}{12}\times0.12\times0.2^3}(\text{m})$$

$$=-3.72\times10^{-3}\text{m}=-3.72(\text{mm})$$

$$w_z=\frac{F_{1z}l^3}{3EI_y}=\frac{1.256\times10^3\times2^3}{3\times1.0\times10^4\times10^6\times\frac{1}{12}\times0.2\times0.12^3}(\text{m})$$

$$=0.0116\text{m}=11.6(\text{mm})$$

$$w=\sqrt{w_z^2+w_y^2}=\sqrt{(-3.72)^2+(11.6)^2}=12.18(\text{mm})$$

$$\beta=\arctan\left(\frac{11.6}{3.7}\right)=72.45^\circ$$

8.3　拉伸(压缩)与弯曲的组合

拉伸或压缩与弯曲的组合变形是工程中常见的情况。图 8.6(a)所示的起重机横梁 AB，

其受力简图如图 8.6(b)所示。轴向力 $\boldsymbol{F}_x$ 和 $\boldsymbol{F}_{Ax}$ 引起压缩，横向力 $\boldsymbol{F}_{Ay}$、$\boldsymbol{W}$、$\boldsymbol{F}_y$ 引起弯曲，所以杆件产生压缩与弯曲的组合变形。对于弯曲刚度 EI 较大的杆，由于横向力引起的挠度与横截面的尺寸相比很小，因此，由轴向力引起的弯矩可以略去不计。于是，可分别计算由横向力和轴向力引起的杆横截面上的正应力，按叠加原理求其代数和，即得横截面上的正应力。下面举一简单例子来说明。

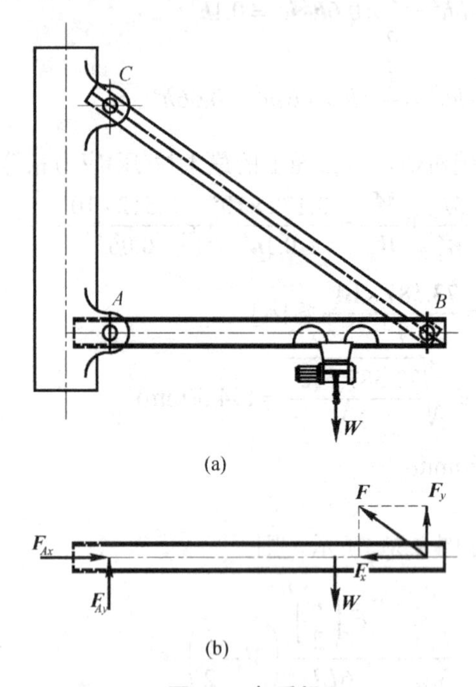

图 8.6 起重机

悬臂梁 AB(图 8.7(a))，在它的自由端 A 作用一与铅直方向成 φ 角的力 $\boldsymbol{F}$(在纵向对称面 xy 平面内)。将 $\boldsymbol{F}$ 力分别沿 x 轴和 y 轴分解，可得

$$F_x = F\sin\varphi$$

$$F_y = F\cos\varphi$$

$\boldsymbol{F}_x$ 为轴向力，对梁引起拉伸变形，如图 8.7(b)所示；$\boldsymbol{F}_y$ 为横向力，引起梁的平面弯曲，如图 8.7(c)所示。

距 A 端 x 的截面上的内力为

$$F_{\rm N} = F_x = F\sin\varphi \qquad \text{轴力}$$

$$M_z = -F_y x = -F\cos\varphi \cdot x \qquad \text{弯矩}$$

在轴向力 $\boldsymbol{F}_x$ 作用下，杆各个横截面上有相同的轴力 $F_{\rm N} = F_x$。而在横向力作用下，固定端横截面上的弯矩最大，$M_{\max} = -F\cos\varphi \cdot l$，故危险截面是在固定端。

与轴力 $\boldsymbol{F}_{\rm N}$ 对应的拉伸正应力 $\sigma_{\rm t}$ 在该截面上各点处均相等，其值为

$$\sigma_{\rm t} = \frac{F_{\rm N}}{A} = \frac{F_x}{A} = \frac{F\sin\varphi}{A}$$

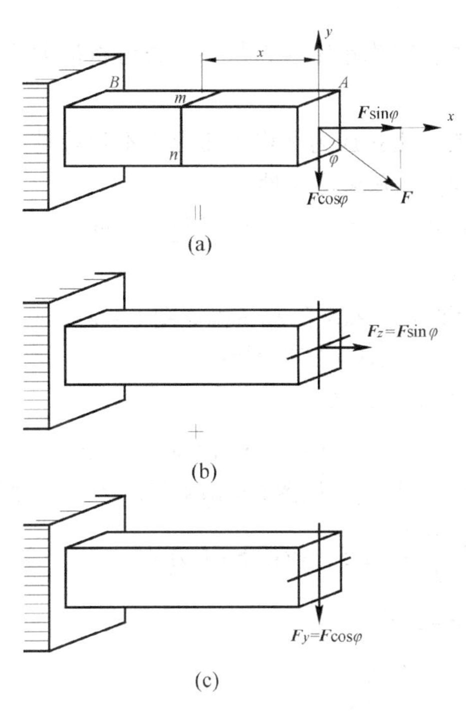

图 8.7　拉弯组合变形

而与 $\boldsymbol{M}_{max}$ 对应的最大弯曲正应力 σ_b，出现在该截面的上、下边缘处，其绝对值为

$$\sigma_b = \left|\frac{M_{max}}{W_z}\right| = \frac{Fl\cos\varphi}{W_z}$$

在危险截面上与 $\boldsymbol{F}_N$、$\boldsymbol{M}_{max}$ 对应的正应力沿截面高度变化的情况分别如图 8.8(a)和图 8.8(b)所示。将弯曲正应力与拉伸正应力叠加后，正应力沿截面高度的变化情况如图 8.8(c)所示。

若 $\sigma_t > \sigma_b$，则 σ_{min} 为拉应力；若 $\sigma_t < \sigma_b$，则 σ_{min} 为压应力。

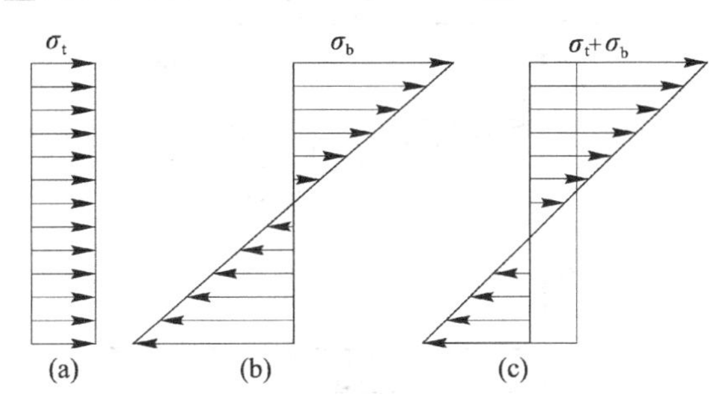

图 8.8　拉弯组合变形的应力叠加

所以 σ_{min} 的值须视轴向力和横向力分别引起的应力而定。图 8.8(c)所示的应力分布图是在 $\sigma_t < \sigma_b$ 的情况下作出的。显然，杆件的最大正应力是危险截面上边缘各点处的拉应力，其值为

$$\sigma_{max} = \frac{F\sin\varphi}{A} + \frac{Fl\cos\varphi}{W_z} \tag{8-3}$$

由于危险点处的应力状态为单轴应力状态，故可将最大拉应力与材料的许用应力相比较，以进行强度计算。

应该注意，当材料的许用拉应力和许用压应力不相等时，杆内的最大拉应力和最大压应力必须分别满足杆件的拉、压强度条件。

若杆件的抗弯刚度很小，则由横向力所引起的挠度与横截面尺寸相比不能略去，此时就应考虑轴向力引起的弯矩。

【例题 8.2】 最大吊重 $W=8\text{kN}$ 的起重机如图 8.9(a)所示。若 AB 杆为工字钢，材料为 Q235 钢，$[\sigma]=100\text{MPa}$ 。试选择工字钢型号。

解：(1) 先求出 CD 杆的长度为

$$l=\sqrt{2.5^2+0.8^2}=2.62(\text{m})$$

(2) 以 AB 为研究对象，其受力如图 8.9(b)所示，由平衡方程 $\sum M_A=0$，得

$$F\cdot\frac{0.8}{2.62}\times2.5-8\times(2.5+1.5)=0$$

$$F=42\text{kN}$$

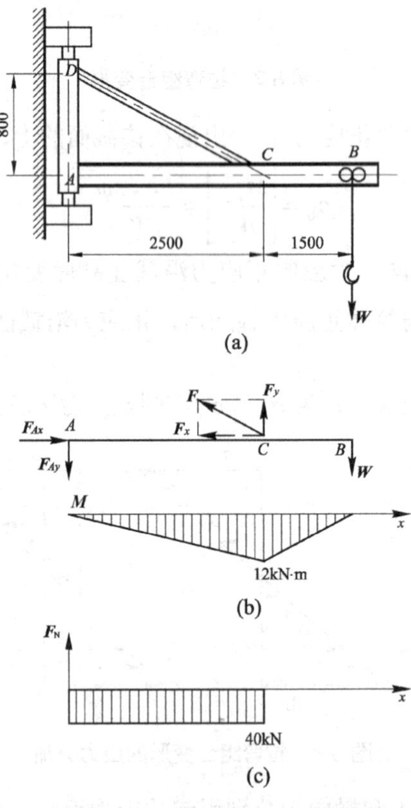

图 8.9 例题 8.2 图

把 $\boldsymbol{F}$ 分解为沿 AB 杆轴线的分量 $\boldsymbol{F}_x$ 和垂直于 AB 杆轴线的分量 $\boldsymbol{F}_y$，可见 AB 杆在 AC 段内产生压缩与弯曲的组合变形。

$$F_x = F \times \frac{2.5}{2.62} = 40(\text{kN})$$

$$F_y = F \times \frac{0.8}{2.62} = 12.8(\text{kN})$$

作 AB 杆的弯矩图和 AC 段的轴力图如图 8.9(b)、(c)所示。从图中可看出，在 C 点左侧的截面上弯矩为最大值，而轴力与其他截面相同，故为危险截面。

开始试算时，可以先不考虑轴力 $\boldsymbol{F}_\text{N}$ 的影响，只根据弯曲强度条件选取工字钢。这时

$$W \geqslant \frac{M_{\max}}{[\sigma]} = \frac{12 \times 10^3}{100 \times 10^6} = 12 \times 10^{-3}(\text{m}^3) = 120(\text{cm}^3)$$

查型钢表，选取 16 号工字钢，$W = 141\text{cm}^3$，$A = 26.1\text{cm}^2$。选定工字钢后，同时考虑轴力 $\boldsymbol{F}_\text{N}$ 及弯矩 $\boldsymbol{M}$ 的影响，再进行强度校核。在危险截面 C 的上边缘各点有最大压应力，且为

$$\begin{aligned}|\sigma_{\max}| &= \left|\frac{F_\text{N}}{A} + \frac{M_{\max}}{W}\right| = \left|-\frac{40 \times 10^3}{26.1 \times 10^4} - \frac{12 \times 10^3}{141 \times 10^{-6}}\right| \\ &= 100.5 \times 10^6(\text{Pa}) = 100.5(\text{MPa})\end{aligned}$$

结果表明，最大压应力与许用应力接近相等，故无须重新选择截面的型号。

8.4　偏心拉伸(压缩)

作用在直杆上的外力，当其作用线与杆的轴线平行但不重合时，将引起**偏心拉伸**或**偏心压缩**。钻床的立柱(图 8.10(a))和厂房中支承吊车梁的柱子(图 8.10(b))即为偏心拉伸和偏心压缩。

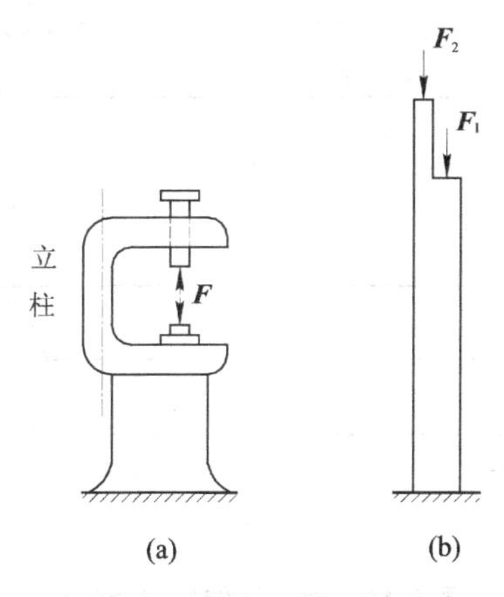

图 8.10　偏心拉(压)实例

8.4.1 偏心拉(压)的应力计算

现以横截面具有两对称轴的等直杆承受距离截面形心为e(称为偏心距)的偏心拉力$\boldsymbol{F}$(图 8.11(a))为例，来说明偏心拉杆的强度计算。设偏心力$\boldsymbol{F}$作用在端面上的K点，其坐标为(e_y, e_z)。将力$\boldsymbol{F}$向截面形心O点简化，把原来的偏心力$\boldsymbol{F}$转化为轴向拉力$\boldsymbol{F}$; 作用在xz平面内的弯曲力偶矩$M_{ey}=Fe_z$；作用在xy平面内的弯曲力偶矩$M_{ez}=Fe_y$。

在这些荷载作用下，如图 8.11(b)所示，杆件的变形是轴向拉伸和两个纯弯曲的组合。当杆的弯曲刚度较大时，同样可按叠加原理求解。在所有横截面上的内力——轴力和弯矩均保持不变，即

$$F_{\mathrm{N}}=F，\quad M_y=M_{ey}=Fe_z，\quad M_z=M_{ez}=Fe_y$$

叠加上述三内力所引起的正应力，即得任意横截面 m—m 上某点$B(y,z)$的应力计算式为

$$\sigma=\frac{F}{A}+\frac{M_y z}{I_y}+\frac{M_z y}{I_z}=\frac{F}{A}+\frac{Fe_z z}{I_y}+\frac{Fe_y y}{I_z} \tag{a}$$

式中，A为横截面面积；I_y、I_z分别为横截面对y轴和z轴的惯性矩。

利用惯性矩与惯性半径的关系(参见附录 A)，有

$$I_y=A\cdot i_y^2，\quad I_z=A\cdot i_z^2$$

于是式(a)可改写为

$$\sigma=\frac{F}{A}\left(1+\frac{e_z z}{i_y^2}+\frac{e_y y}{i_z^2}\right) \tag{b}$$

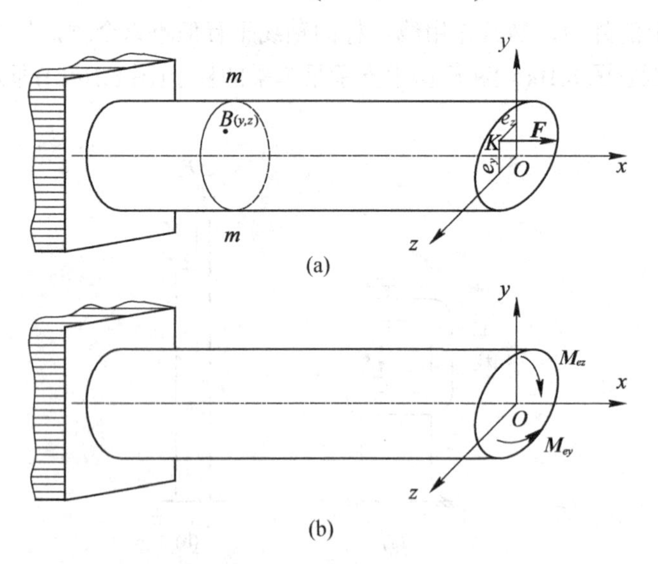

图 8.11 偏心拉伸的应力分析

式(b)是一个平面方程，这表明正应力在横截面上按线性规律变化，而应力平面与横截面相交的直线(沿该直线$\sigma=0$)就是中性轴，如图 8.12 所示。将中性轴上任一点$C(z_0,y_0)$代

入式(b)，即得中性轴方程为

$$1+\frac{e_z z_0}{i_y^2}+\frac{e_y y_0}{i_z^2}=0 \tag{8-4}$$

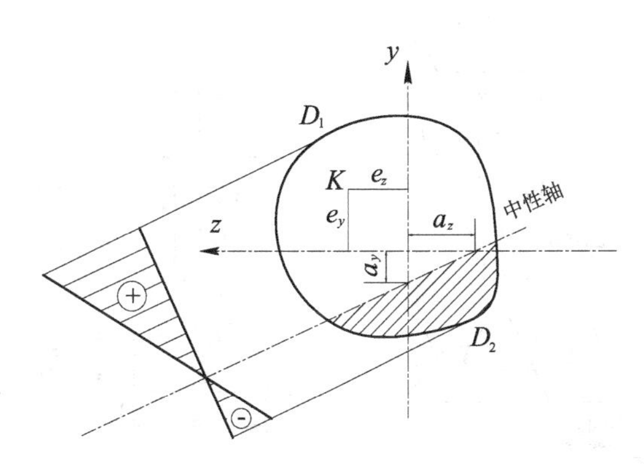

图 8.12　中性轴及应力分布

显然，中性轴是一条不通过截面形心的直线，它在 y 、 z 轴上的截距 a_y 和 a_z 分别可以通过式(8-4)计算出来。在式(8-4)中，令 $z_0=0$ ，相应的 y_0 即为 a_y ，而令 $y_0=0$ ，相应的 z_0 即为 a_z 。由此求得

$$a_y=-\frac{i_z^2}{e_y}，\quad a_z=-\frac{i_y^2}{e_z} \tag{8-5}$$

式(8-5)表明，中性轴截距 a_y 、 a_z 和偏心距 e_y 、 e_z 符号相反，所以中性轴与外力作用点 K 位于截面形心 O 的两侧，如图 8.12 所示。中性轴把截面分为两部分，一部分受拉应力，另一部分受压应力。

确定了中性轴的位置后，可作两条平行于中性轴且与截面周边相切的直线，切点 D_1 与 D_2 分别是截面上最大拉应力与最大压应力的点，分别将 $D_1(z_1,y_1)$ 与 $D_2(z_2,y_2)$ 的坐标代入式(a)，即可求得最大拉应力和最大压应力的值为

$$\begin{cases}\sigma_{D_1}=\dfrac{F}{A}+\dfrac{Fe_z z_1}{I_y}+\dfrac{Fe_y y_1}{I_z}\\[2ex]\sigma_{D_2}=\dfrac{F}{A}-\dfrac{Fe_z z_2}{I_y}-\dfrac{Fe_y y_2}{I_z}\end{cases} \tag{8-6}$$

由于危险点处于单轴应力状态，因此，在求得最大正应力后，就可根据材料的许用应力 $[\sigma]$ 来建立强度条件。

应该注意，对于周边具有棱角的截面，如矩形、箱形、“工”字形等，其危险点必定在截面的棱角处，并可根据杆件的变形来确定，无须确定中性轴的位置。

【例题 8.3】 试求图 8.13(a)所示杆内的最大正应力。力 $\boldsymbol{F}$ 与杆的轴线平行。

解： 横截面如图 8.13(b)所示，其面积为

$$A=4a\times 2a+4a\times a=12a^2$$

形心 C 的坐标为

$$y_C = \frac{a \times 4a \times 4a + 4a \times 2a \times a}{a \times 4a + 4a \times 2a} = 2a$$

$$z_C = 0$$

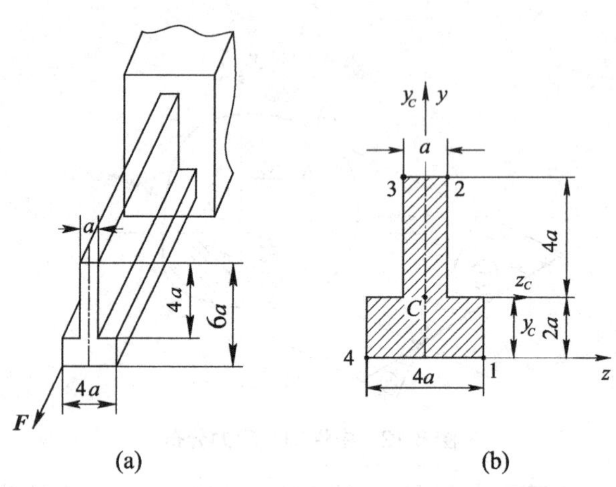

图 8.13　例题 8.3 图

形心主惯性矩为

$$I_{z_C} = \frac{a \times (4a)^3}{12} + a \times 4a \times (2a)^2 + \frac{4a \times (2a)^3}{12} + 2a \times 4a \times a^2 = 32a^4$$

$$I_{y_C} = \frac{1}{12}[2a \times (4a)^3 + 4a \times a^3] = 11a^4$$

力 $\boldsymbol{F}$ 对主惯性轴 y_C 和 z_C 之矩为

$$M_{y_C} = F \times 2a = 2Fa\text{，}\quad M_{z_C} = F \times 2a = 2Fa$$

比较图 8.13(b)所示截面 4 个角点上的正应力可知，角点 4 上的正应力最大，为

$$\sigma_4 = \frac{F}{A} + \frac{M_{z_C} \times 2a}{I_{z_C}} + \frac{M_{y_C} \times 2a}{I_{y_C}} = \frac{F}{12a^2} + \frac{2Fa \times 2a}{32a^4} + \frac{2Fa \times 2a}{11a^4} = 0.572\frac{F}{a^2}$$

8.4.2　截面核心

式(8-6)中的 y_2、z_2 均为负值。因此当外力的偏心距(即 e_y、e_z)较小时，横截面上就可能不出现压应力，即中性轴不与横截面相交。同理，当偏心压力 $\boldsymbol{F}$ 的偏心距较小时，杆的横截面上也可能不出现拉应力。在工程中，有不少材料抗拉性能差，但抗压性能好且价格比较便宜，如砖、石、混凝土、铸铁等。在这类构件的设计计算中，往往认为其拉伸强度为零。这就要求构件在偏心压力作用下，其横截面上不出现拉应力，由式(8-5)可知，对于给定的截面，e_y、e_z 值越小，a_y、a_z 值就越大，即外力作用点离形心越近，中性轴距形心就越远。因此，当外力作用点位于截面形心附近的一个区域内时，就可保证中性轴不与横截面相交，这个区域称为**截面核心**。当外力作用在截面核心的边界上时，与此相对应的中性轴就正好与截面的周边相切，如图 8.14 所示。利用这一关系就可确定截面核心的边界。

为确定任意形状截面(图 8.14)的截面核心边界，可将与截面周边相切的任一直线①看作是中性轴，其在 y 、z 两个形心主惯性轴上的截距分别为 a_{y_1} 和 a_{z_1} 。由式(8-5)确定与该中性轴对应的外力作用点 1，即截面核心边界上一个点的坐标(e_{y_1}, e_{z_1})：

$$e_{y_1} = -\frac{i_z^2}{a_{y_1}}, \quad e_{z_1} = -\frac{i_y^2}{a_{z_1}}$$

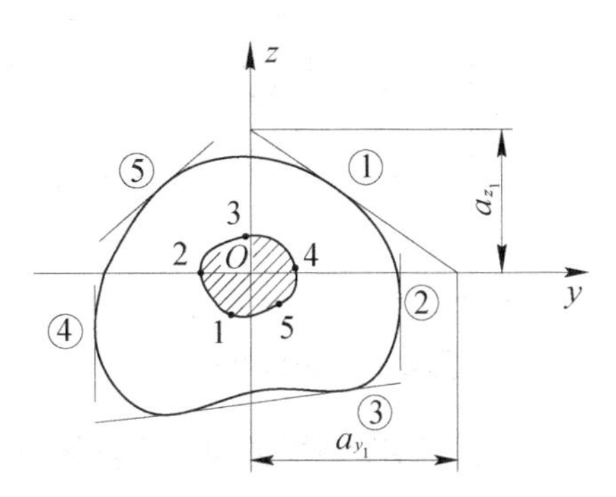

图 8.14　截面核心

同样，分别将与截面周边相切的直线②、③、…看作是中性轴，并按上述方法求得与其对应的截面核心边界上点 2、3、…的坐标。连接这些点所得到的一条封闭曲线，即为所求截面核心的边界，而该边界曲线所包围的带阴影线的面积，即为截面核心，如图 8.14 所示。下面举例说明截面核心的具体做法。

【例题 8.4】 一矩形截面如图 8.15 所示，已知两边长度分别为 b 和 h，求作截面核心。

解：先作与矩形四边重合的中性轴①、②、③和④，利用式(8-5)得

$$e_y = -\frac{i_z^2}{a_y}, \quad e_z = -\frac{i_y^2}{a_z}$$

式中，$i_y^2 = \frac{I_y}{A} = \frac{\frac{bh^3}{12}}{bh} = \frac{h^2}{12}$；$i_z^2 = \frac{I_z}{A} = \frac{\frac{hb^3}{12}}{bh} = \frac{b^2}{12}$；$a_y$、$a_z$ 为中性轴的截距；e_y、e_z 为相应的外力作用点的坐标。

对中性轴①，有 $a_y = \frac{b}{2}$，$a_z = \infty$，代入式(8-5)，得

$$e_{y_1} = -\frac{i_z^2}{a_y} = -\frac{\frac{b^2}{12}}{\frac{b}{2}} = -\frac{b}{6}, \quad e_{z_1} = -\frac{i_y^2}{a_z} = -\frac{\frac{h^2}{12}}{\infty} = 0$$

即相应的外力作用点为图 8.15 上的点 1。

对中性轴②，有 $a_y = \infty$，$a_z = -\frac{h}{2}$，代入式(8-5)，得

$$e_{y_2} = -\frac{i_z^2}{a_y} = -\frac{\frac{b^2}{12}}{\infty} = 0, \quad e_{z_2} = -\frac{i_y^2}{a_z} = -\frac{\frac{h^2}{12}}{-\frac{h}{2}} = \frac{h}{6}$$

即相应的外力作用点为图 8.15 上的点 2。

同理，可得相应于中性轴③和④的外力作用点的位置如图上的点 3 和点 4。

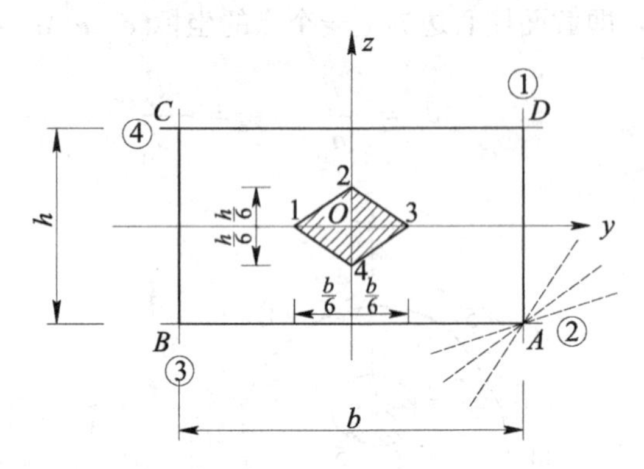

图 8.15 例题 8.4 图

至于由点 1 到点 2，外力作用点的移动规律如何，可以从中性轴①开始，绕截面点 A 作一系列中性轴(图中虚线)，一直转到中性轴②，求出这些中性轴所对应的外力作用点的位置，就可得到外力作用点从点 1 到点 2 的移动轨迹。根据中性轴方程式(8-4)，设 e_y 和 e_z 为常数，y_0 和 z_0 为流动坐标，中性轴的轨迹是一条直线；反之，若设 y_0 和 z_0 为常数，e_y 和 e_z 为流动坐标，则力作用点的轨迹也是一条直线。现在，过角点 A 的所有中性轴有一个公共点，其坐标$\left(\frac{b}{2},-\frac{h}{2}\right)$为常数，相当于中性轴方程式(8-4)中的 y_0 和 z_0，而需求的外力作用点的轨迹则相当于流动坐标 e_y 和 e_z。于是可知，截面上从点 1 到点 2 的轨迹是一条直线。同理可知，当中性轴由②绕角点 B 转到③，由③绕角点 C 转到④时，外力作用点由点 2 到点 3、由点 3 到点 4 的轨迹都是直线。最后得到一个菱形(图中的阴影区)，即矩形截面的截面核心为一菱形，其对角线的长度为截面边长的 1/3。

对于具有棱角的截面，均可按上述方法确定截面核心。对于周边有凹进部分的截面(如槽形或“工”字形截面等)，在确定截面核心的边界时，应该注意不能取与凹进部分的周边相切的直线作为中性轴，因为这种直线显然与横截面相交。

【例题 8.5】 一圆形截面如图 8.16 所示，直径为 d 。试作截面核心。

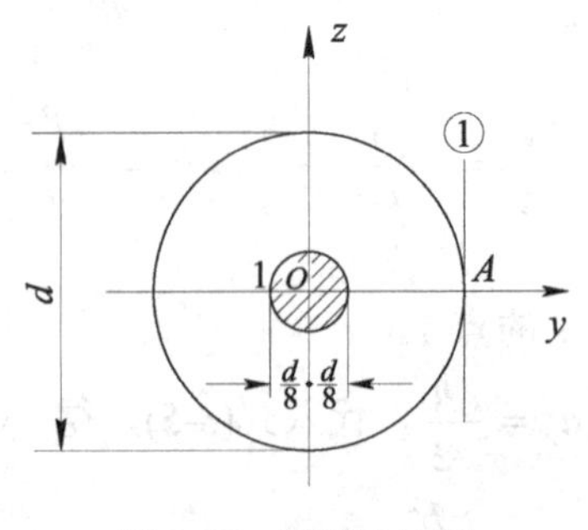

图 8.16 例题 8.5 图

解： 由于圆截面对于圆心 O 是极对称的，因而，截面核心的边界对于圆心也是极对称的，即为一圆心为O的圆。在截面周边上任取一点A，过该点作切线①作为中性轴，该中性轴在y、z两轴上的截距分别为

$$a_{y_1}=\frac{d}{2}, \quad a_{z_1}=\infty$$

而圆形截面的$i_y^2=i_z^2=\dfrac{d^2}{16}$，将以上各值代入式(8-5)，即可得

$$e_{y_1}=-\frac{i_z^2}{a_{y_1}}=-\frac{\dfrac{d^2}{16}}{\dfrac{d}{2}}=-\frac{d}{8}, \quad e_{z_1}=-\frac{i_y^2}{a_{z_1}}=0$$

从而可知，截面核心边界是一个以O为圆心、以$\dfrac{d}{8}$为半径的圆，即图中带阴影的区域。

8.5　扭转与弯曲

机械中的传动轴与带轮、齿轮或飞轮等连接时，往往同时受到扭转与弯曲的联合作用。由于传动轴都是圆截面的，故以圆截面杆为例，讨论杆件发生扭转与弯曲组合变形时的强度计算。

设有一实心圆轴AB，A端固定，B端连一手柄BC，在C处作用一铅直方向力$\boldsymbol{F}$，如图 8.17(a)所示，圆轴AB承受扭转与弯曲的组合变形。略去自重的影响，将力$\boldsymbol{F}$向AB轴端截面的形心B简化后，即可将外力分为两组，一组是作用在轴上的横向力$\boldsymbol{F}$，另一组为在轴端截面内的力偶矩$M_e=Fa$，如图 8.17(b)所示，前者使轴发生弯曲变形，后者使轴发生扭转变形。分别作出圆轴AB的弯矩图和扭矩图，如图 8.17(c)和图 8.17(d)所示。可见，轴的固定端截面是危险截面，其内力分量分别为

$$M=Fl, \quad T=M_e=Fa$$

在截面A上弯曲正应力σ和扭转切应力τ均按线性分布，如图 8.17(e)和图 8.17(f)所示。危险截面上铅垂直径上下两端点C_1和C_2处是截面上的危险点，因在这两点上正应力和切应力均达到极大值，故必须校核这两点的强度。对于抗拉强度与抗压强度相等的塑性材料，只需取其中的一个点C_1来研究即可。C_1点的弯曲正应力和扭转切应力分别为

$$\sigma=\frac{M}{W}, \quad \tau=\frac{T}{W_P} \tag{a}$$

对于直径为d的实心圆截面，抗弯截面系数与抗扭截面系数分别为

$$W=\frac{\pi d^3}{32}, \quad W_P=\frac{\pi d^3}{16}=2W \tag{b}$$

围绕C_1点分别用横截面、径向纵截面和切向纵截面截取单元体，可得C_1点处的应力状态，如图 8.17(g)所示。显然，C_1点处于平面应力状态，其 3 个主应力为

$$\left.\begin{matrix}\sigma_1\\ \sigma_2\end{matrix}\right\}=\frac{\sigma}{2}\pm\frac{1}{2}\sqrt{\sigma^2+4\tau^2}, \quad \sigma_2=0$$

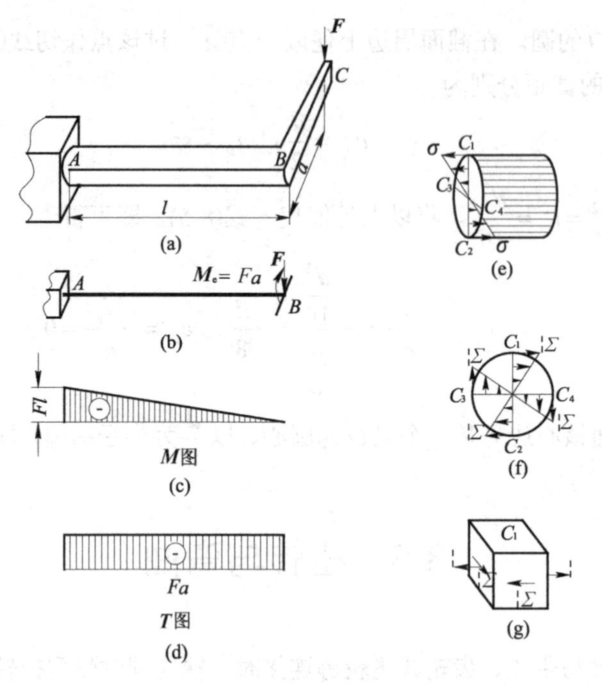

图 8.17　弯扭组合变形

对于用塑性材料制成的杆件，选用第三或第四强度理论来建立强度条件，即 $\sigma_r \leqslant [\sigma]$。

若用第三强度理论，则相当应力为

$$\sigma_{r3} = \sigma_1 - \sigma_3 = \sqrt{\sigma^2 + 4\tau^2} \tag{8-7a}$$

若用第四强度理论，则相当应力为

$$\sigma_{r4} = \sqrt{\sigma_1^2 + \sigma_3^2 - \sigma_1\sigma_3} = \sqrt{\sigma^2 + 3\tau^2} \tag{8-7b}$$

将式(a)和式(b)代入式(8-7)，相当应力表达式可改写为

$$\sigma_{r3} = \sqrt{\left(\frac{M}{W}\right)^2 + 4\left(\frac{T}{W_P}\right)^2} = \frac{\sqrt{M^2 + T^2}}{W} \tag{8-8a}$$

$$\sigma_{r4} = \sqrt{\left(\frac{M}{W}\right)^2 + 3\left(\frac{T}{W_P}\right)^2} = \frac{\sqrt{M^2 + 0.75T^2}}{W} \tag{8-8b}$$

在求得危险截面的弯矩 $\boldsymbol{M}$ 和扭矩 $\boldsymbol{T}$ 后，就可直接利用式(8-8)建立强度条件，进行强度计算。式(8-8)同样适用于空心圆杆，而只需将式中的 W 改用空心圆截面的弯曲截面系数即可。

应该注意的是，式(8-7)适用于图 8.17(g)所示的平面应力状态，而不论正应力 σ 是由弯曲还是由其他变形引起的，不论切应力是由扭转还是由其他变形引起的，也不论正应力和切应力是正值还是负值。工程中有些杆件，如船舶推进轴、有止推轴承的传动轴等，除了承受弯曲和扭转变形外，同时还受到轴向压缩(拉伸)，其危险点处的正应力 σ 等于弯曲正应力与轴向拉(压)正应力之和，相当应力表达式(8-7)仍然适用。但式(8-8)仅适用于扭转与弯曲组合变形下的圆截面杆。

通过以上举例，对传动轴等进行静力强度计算时一般可按下列步骤进行。

(1) 外力分析(确定杆件组合变形的类型)。

(2) 内力分析(确定危险截面的位置)。

(3) 应力分析(确定危险截面上的危险点)。

(4) 强度计算(选择适当的强度理论进行强度计算)。

【例题 8.6】 机轴上的两个齿轮，如图 8.18(a)所示，受到切线方向的力 $P_1=5\text{kN}$，$P_2=10\text{kN}$ 作用，轴承 A 及 D 处均为铰支座，轴的许用应力 $[\sigma]=100\text{MPa}$。求轴所需的直径 d。

解：

(1) 外力分析。把 $\boldsymbol{P}_1$ 及 $\boldsymbol{P}_2$ 向机轴轴心简化成为竖向力 $\boldsymbol{P}_1$、水平力 $\boldsymbol{P}_2$ 及力偶矩，即

$$M_e=P_1\times\frac{d_2}{2}=P_2\times\frac{d_1}{2}=10\times\frac{150\times10^{-3}}{2}=0.75(\text{kN}\cdot\text{m})$$

两个力使轴发生弯曲变形，两个力偶矩使轴在 BC 段内发生扭转变形。

(2) 内力分析。BC 段内的扭矩为

$$T=M_e=0.75\text{kN}\cdot\text{m}$$

轴在竖向平面内因 $\boldsymbol{P}_1$ 作用而弯曲，弯矩图如图 8.18(b)所示，引起 B、C 处的弯矩分别为

$$M_{B_1}=\frac{P_1(l+a)a}{l+2a}，\quad M_{C_1}=\frac{P_1a^2}{l+2a}$$

轴在水平面内因 $\boldsymbol{P}_2$ 作用而弯曲，在 B、C 处的弯矩分别为

$$M_{B_2}=\frac{P_2a^2}{l+2a}，\quad M_{C_2}=\frac{P_2(l+a)a}{l+2a}$$

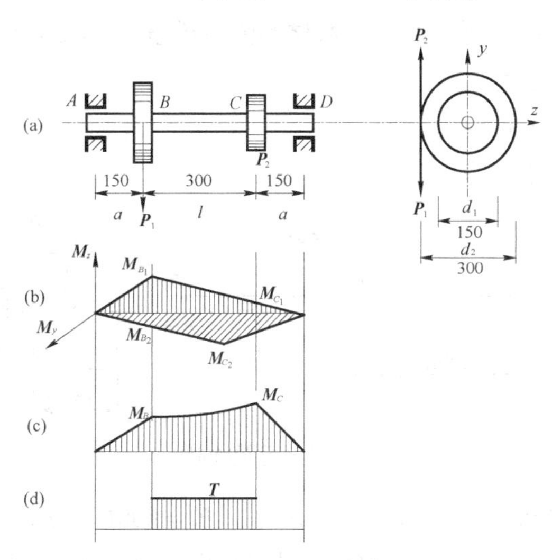

图 8.18　例题 8.6 图

B、C 两个截面上的合成弯矩为

$$M_B=\sqrt{M_{B_1}^2+M_{B_2}^2}=\sqrt{\frac{P_1^2(l+a)^2a^2}{(l+2a)^2}+\frac{P_2^2a^4}{(l+2a)^2}}=0.676\text{kN}\cdot\text{m}$$

$$M_C=\sqrt{M_{C_1}^2+M_{C_2}^2}=\sqrt{\frac{P_1^2a^4}{(l+2a)^2}+\frac{P_2^2(l+a)^2a^2}{(l+2a)^2}}=1.14\text{kN}\cdot\text{m}$$

轴内每一截面的弯矩都由两个弯矩分量合成，且合成弯矩的作用平面各不相同，但因为圆轴的任一直径都是形心主轴，抗弯截面系数W都相同，所以可将各截面的合成弯矩画在同一张图内，如图8.18(c)所示。

(3) 应力分析。

由内力分析可见，C 截面上的危险点上既有正应力又有切应力，是复杂应力状态(如图8.17(g)所示)。

(4) 强度计算。

按第四强度理论建立强度条件，即

$$\sigma_{r4}=\frac{\sqrt{M^2+0.75T^2}}{W}\leqslant[\sigma]$$

$$W=\frac{\pi d^3}{32}\geqslant\frac{\sqrt{(1.44\times10^3)^2+0.75(0.75\times10^3)^2}}{100\times10^6}$$

解之得

$$d=0.051\text{m}=51\text{mm}$$

8.6 习　　题

(1) 矩形截面木制简支梁AB，在跨度中点C处承受一与垂直方向成$\varphi=15^\circ$的集中力$F=10\text{kN}$的作用，如图8.19所示，已知木材的弹性模量$E=1.0\times10^4\text{MPa}$。试确定：

① 截面上中性轴的位置。

② 危险截面上的最大正应力。

③ C点总挠度的大小和方向。

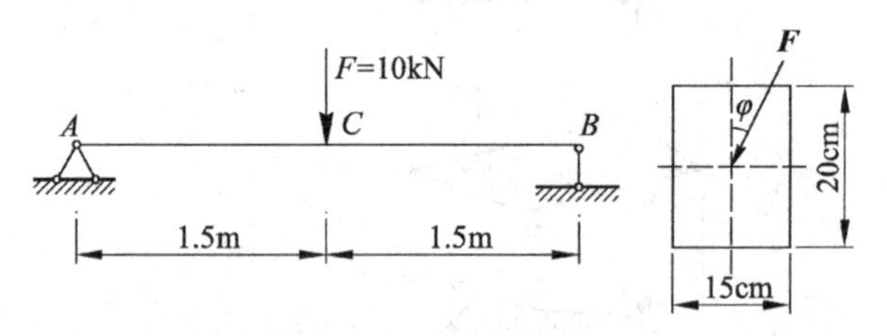

图8.19　习题(1)图

(2) 矩形截面木材悬臂梁受力如图8.20所示，$F_1=800\text{N}$，$F_2=1600\text{N}$。材料许用应力$[\sigma]=10\text{MPa}$，弹性模量$E=1.0\times10^4\text{MPa}$，设梁截面的宽度$b$与高度$h$之比为1∶2。

① 试选择梁的截面尺寸。

② 求自由端总挠度的大小和方向。

(3) 图8.21所示为一楼梯木斜梁，长度为$l=4\text{m}$，截面为$0.2\text{m}\times0.1\text{m}$的矩形，受均布荷载作用，$q=2\text{kN/m}$。试作梁的轴力图和弯矩图，并求横截面上的最大拉应力和最大压应力。

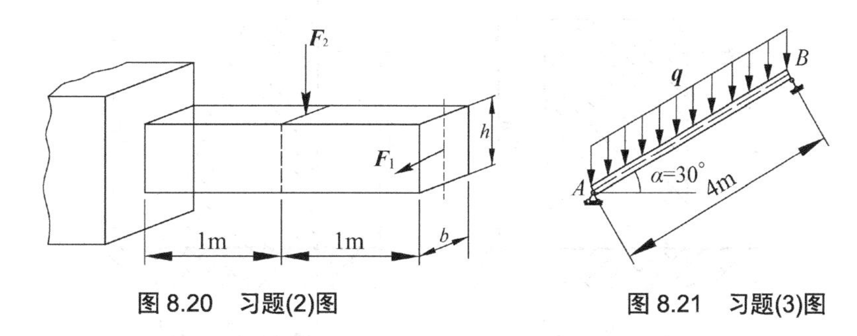

图 8.20　习题(2)图　　　图 8.21　习题(3)图

(4) 图 8.22 所示一悬臂滑车架，杆 AB 为 18 号工字钢，其长度为 $l=2.6\text{m}$ 。试求当荷载 $F=25\text{kN}$ 作用在 AB 的中点 D 处时，杆内的最大正应力。设工字钢的自重可略去不计。

(5) 有一悬臂梁 AB ，长为 l_1，在末端承托一杆 BC ， BC 长为 l_2， C 点为铰接，B 端搁在 AB 梁上(B 处为光滑接触)，在 BC 中点受有垂直荷载 $\boldsymbol{P}$ ，如图 8.23 所示。试求 AB 及 BC 两杆截面中的最大与最小正应力值及其作用点位置(θ=30°)。

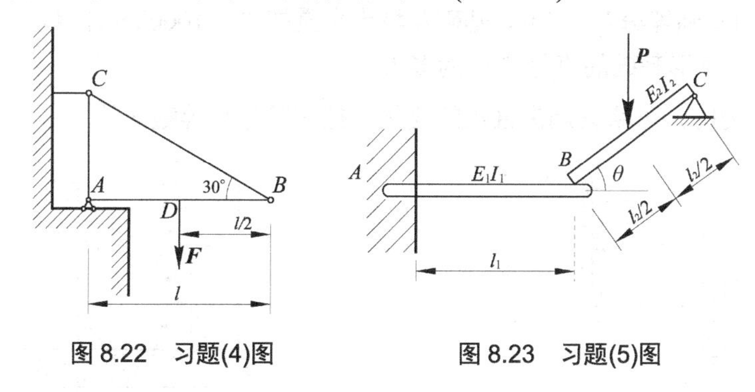

图 8.22　习题(4)图　　　图 8.23　习题(5)图

(6) 简支梁的受力及横截面尺寸如图 8.24 所示。钢材的许用应力 $[\sigma]=160\text{MPa}$ 。试确定梁危险截面中性轴的方向，并校核此梁的强度。

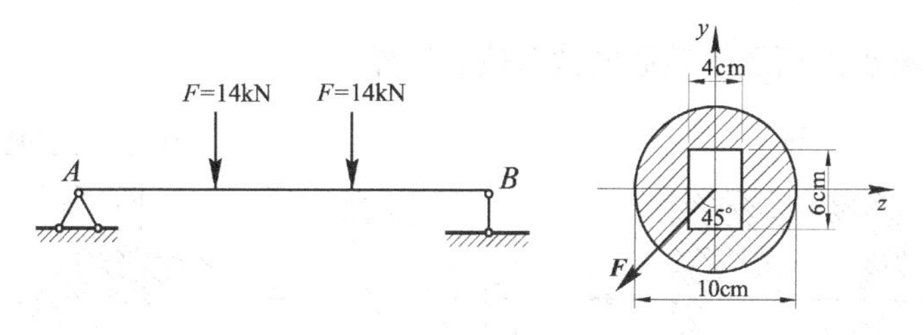

图 8.24　习题(6)图

(7) 图 8.25 所示两种高为 $H=7\text{m}$ 的混凝土堤坝的横截面。若取混凝土容重为 ρ=20kN/m^3，为使堤坝的底面上不出现拉应力，试求坝所必需的宽度 a_1 和 a_2 。

(8) 图 8.26 所示钻床的立柱为铸铁制成， $F=15\text{kN}$ ，许用应力 $[\sigma_t]=35\text{MPa}$ 。试确定立柱所需直径 d 。

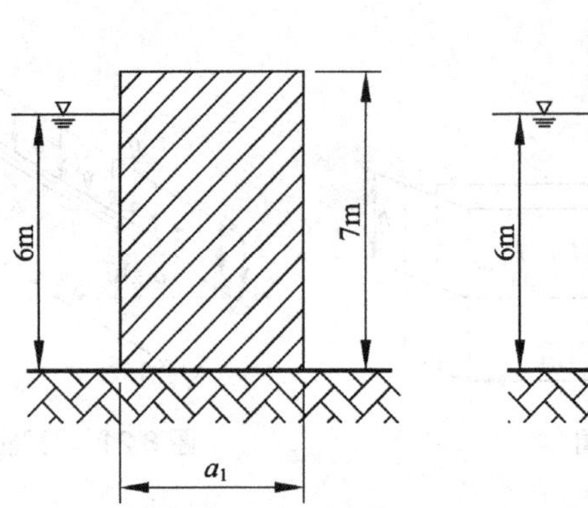

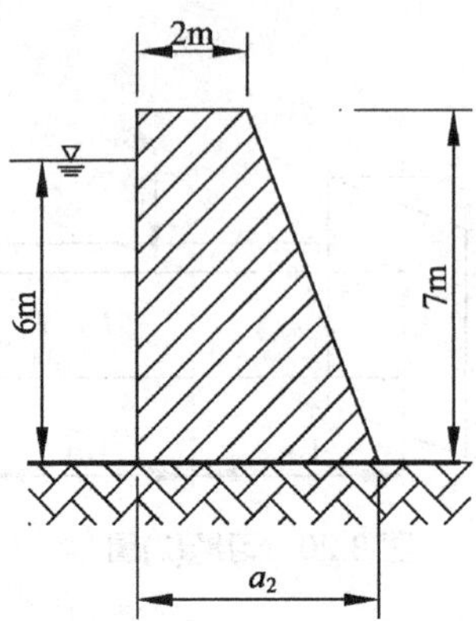

图 8.25　习题(7)图

(9) 砖砌烟囱高 $h = 30\text{m}$，底截面 $m—m$ 的外径 $d_1 = 3\text{m}$，内径 $d_2 = 2\text{m}$，自重 $P_1 = 2000\text{kN}$，受 $q = 1\text{kN/m}$ 的风力作用，如图 8.27 所示。试求：

① 烟囱底截面上的最大应力。

② 若烟囱的基础埋深 $h_0 = 4\text{m}$，基础及填土自重按 $P_2 = 1000\text{kN}$ 计算，土壤的许用压应力 $[\sigma] = 0.3\text{MPa}$，圆形基础的直径 D 应为多大？

注：计算风力时，可略去烟囱直径的变化，把它看作是等截面的。

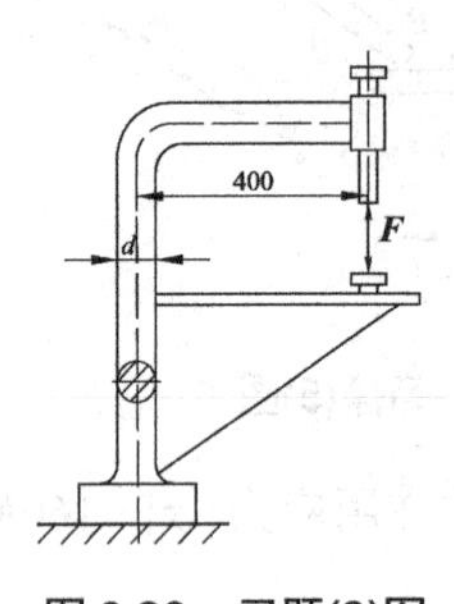

图 8.26　习题(8)图

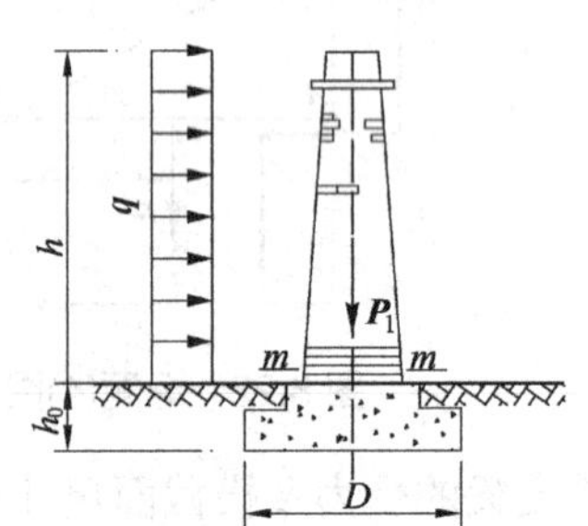

图 8.27　习题(9)图

(10) 试确定图 8.28 所示各截面的截面核心边界。

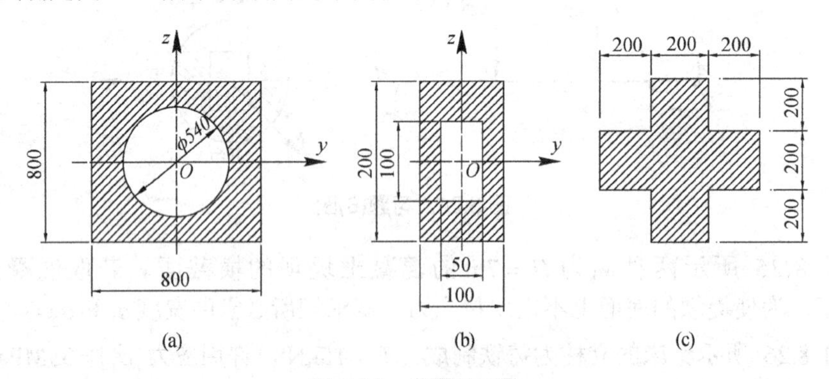

图 8.28　习题(10)图

(11) 悬臂梁在自由端受集中力 $\boldsymbol{F}$ 的作用(图 8.29(a))，该力通过截面形心。设梁截面形状以及力 $\boldsymbol{F}$ 在自由端截面平面内的方向分别如图 8.29(b)～(g)所示，其中图(b)、(c)、(g)中的 φ 为任意角。试判别哪种情况属斜弯曲、哪种情况属于平面弯曲。

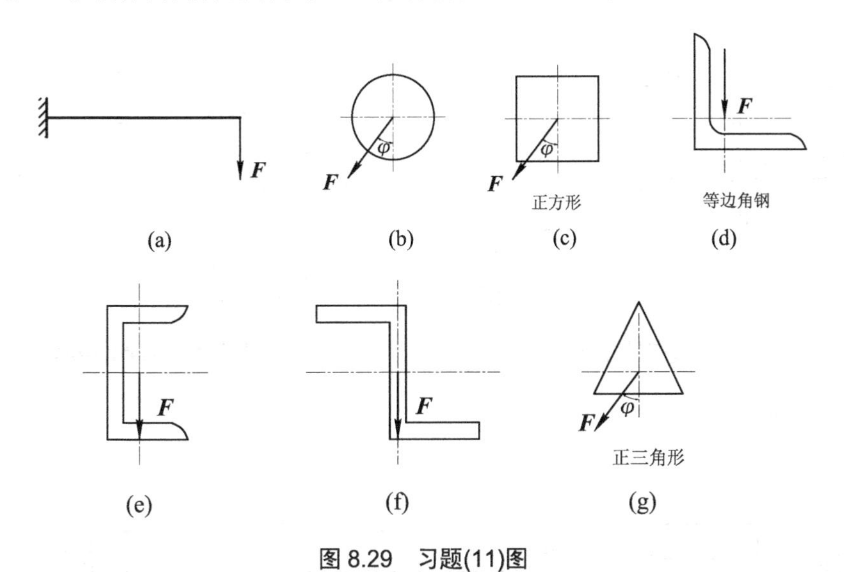

图 8.29　习题(11)图

(12) 曲拐受力如图 8.30 所示，其圆杆部分的直径 $d = 50\text{mm}$。试画出表示 A 点处应力状态的单元体，并求其主应力及最大切应力。

(13) 图 8.31 所示为铁道路标圆信号板，装在外径 $D = 60\text{mm}$ 的空心圆柱上，所受的最大风载 $P = 2\text{kN/m}^2$，$[\sigma] = 60\text{MPa}$。试按第三强度理论选定空心柱的厚度。

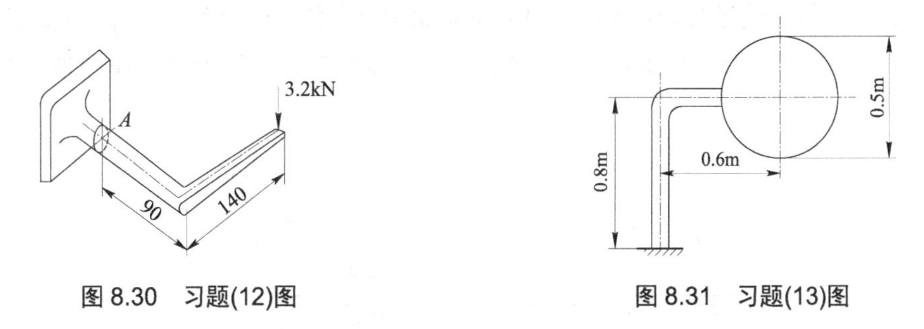

图 8.30　习题(12)图　　　图 8.31　习题(13)图

(14) 手摇绞车如图 8.32 所示，轴的直径 $d = 30\text{mm}$，材料为 Q235 钢，$[\sigma] = 80\text{MPa}$。试按第三强度理论求绞车的最大起重量 $\boldsymbol{P}$。

(15) 折轴杆的横截面为边长12mm 的正方形。用单元体表示 A 点的应力状态，确定其主应力，如图 8.33 所示。

(16) 图 8.34 所示为一紧螺栓连接，当拧螺帽时，螺杆受到拉力 $\boldsymbol{F}$ 以及为了克服摩擦而产生的摩擦扭矩 $\boldsymbol{T}$ 的作用。根据研究，由扭矩所引起的最大切应力 τ 为由拉力 $\boldsymbol{F}$ 所引起的正应力 σ 的一半。已知：拉力 $F = 10\text{kN}$，螺杆直径 $D = 20\text{mm}$，许用应力 $[\sigma] = 50\text{MPa}$。试按第三强度理论校核螺杆强度(不考虑钢板的滑移)。

(17) 承受偏心拉伸的矩形截面杆如图 8.35 所示，今用电测法测得该杆上、下两侧面的纵向应变ε_1和ε_2。试证明偏心距e与应变ε_1、ε_2在弹性范围内满足下列关系式

$$e=\frac{\varepsilon_1-\varepsilon_2}{\varepsilon_1+\varepsilon_2}\cdot\frac{h}{6}$$

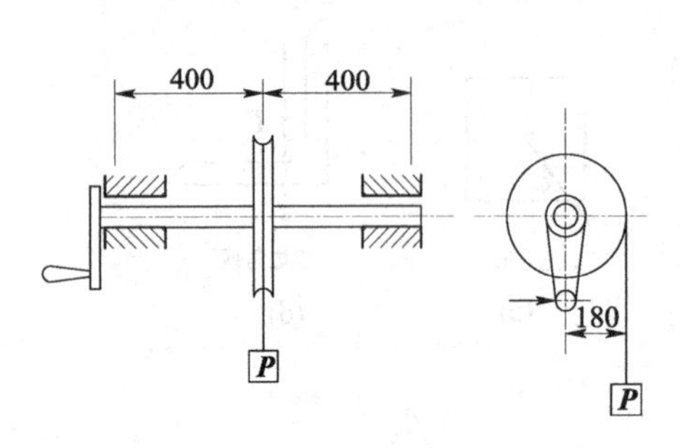

图 8.32 习题(14)图

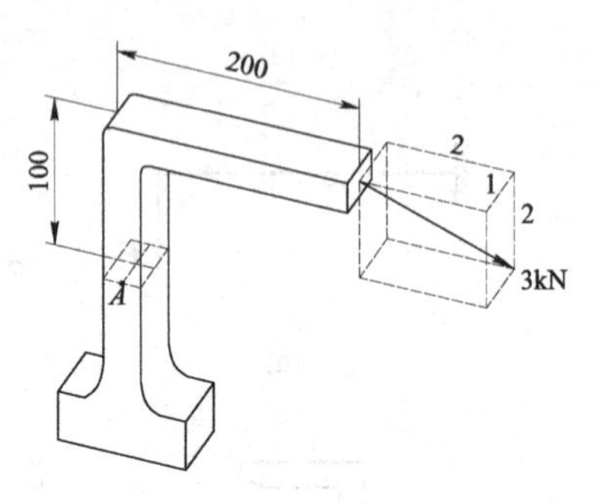

图 8.33 习题(15)图

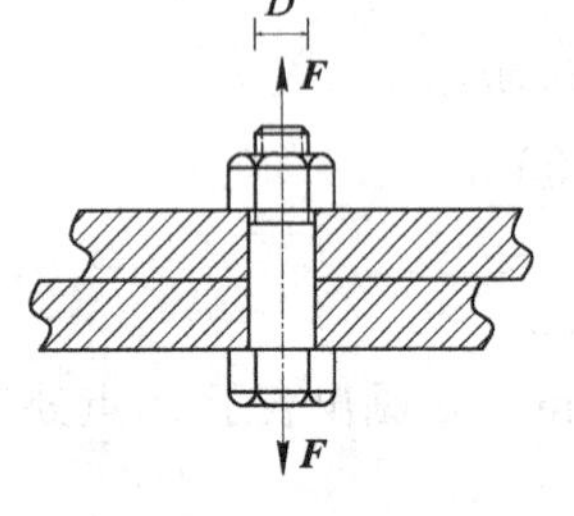

图 8.34 习题(16)图

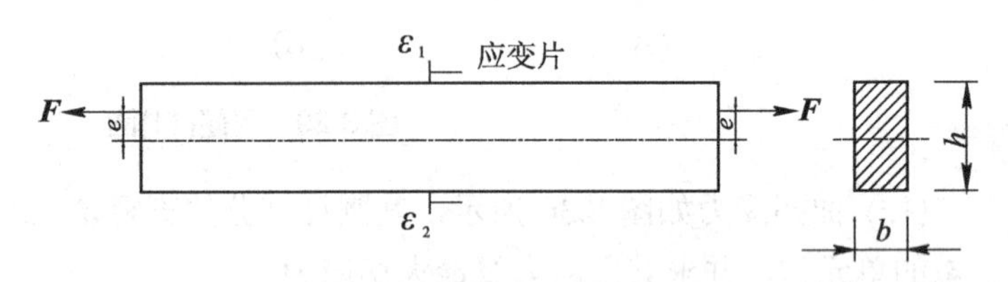

图 8.35 习题(17)图

(18) 如图 8.36 所示，直径为 60cm 的两个相同带轮，$n=100\text{r/min}$ 时传递功率 $P=7.36\text{kW}$，C轮上输送带是水平的，D轮上是铅垂方向的。输送带拉力$F_{T_2}=1.5\text{kN}$，$F_{T_1}>F_{T_2}$，设轴材料许用应力$[\sigma]=80\text{MPa}$。试根据第三强度理论选择轴的直径，带轮的自重略去不计。

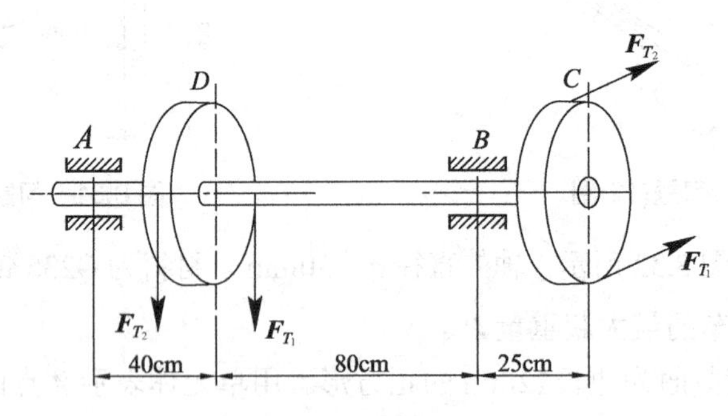

图 8.36 习题(18)图

(19) 悬挂钩架如图 8.37 所示，立柱AB系用 25a 号的工字钢制成。许用应力$[\sigma]=160\text{MPa}$，在钩架C点承受荷载$F=20\text{kN}$。试求：①绘立柱AB的内力图；②找出危险截面，校核立柱强度；③列式表示顶点B的水平位移。

(20) 某型水轮机主轴的示意图如图 8.38 所示。水轮机组的输出功率为$P=37500\text{kW}$，转速 $n=150\text{r/min}$。已知轴向推力 $F_z=4800\text{kN}$，转轮重 $W_1=3900\text{kN}$，主轴的内径

$d = 340\text{mm}$，外径 $D = 750\text{mm}$，自重 $W = 285\text{kN}$。主轴材料为 45 号钢，其许用应力 $[\sigma] = 80\text{MPa}$。试按第四强度理论校核主轴的强度。

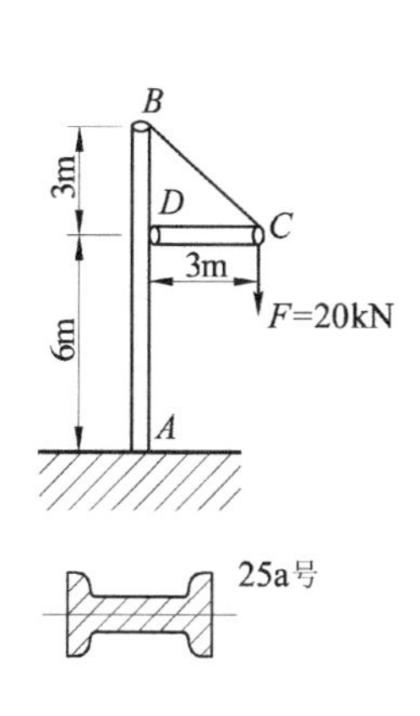

图 8.37　习题(19)图

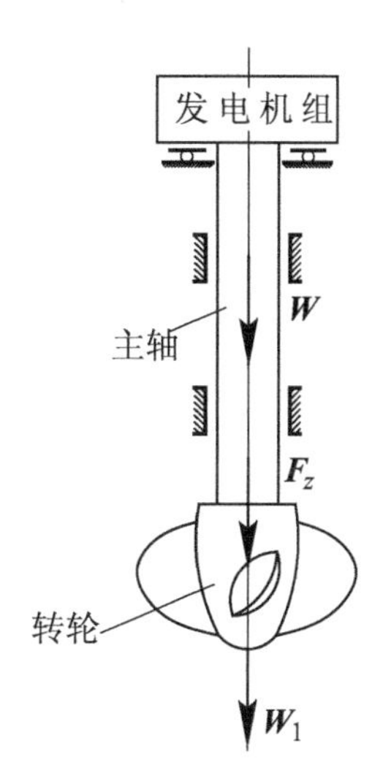

图 8.38　习题(20)图

第9章 压杆稳定

9.1 压杆稳定的概念

在前面几章中讨论了杆件的强度和刚度问题。在工程实际中，杆件除了由于强度、刚度不够而不能正常工作外，还有一种破坏形式就是失稳。什么叫作失稳呢？在实际结构中，对于受压的细长直杆，在轴向压力并不太大的情况下，杆横截面上的应力远小于压缩强度极限，会突然发生弯曲而丧失其工作能力。因此，细长杆受压时，其轴线不能维持原有直线形式的平衡状态而突然变弯这一现象，称为丧失稳定，或称失稳。杆件失稳不仅使压杆本身失去了承载能力，而且对整个结构会因局部构件的失稳而导致整个结构的破坏。因此，对于轴向受压杆件，除应考虑强度与刚度问题外，还应考虑其稳定性问题。稳定性指的是平衡状态的稳定性，亦即物体保持其当前平衡状态的能力。

如图 9.1 所示，两端铰支的细长压杆，当受到轴向压力时，如果所用材料、几何形状等是无缺陷的理想直杆，则杆受力后仍将保持直线形状。当轴向压力较小时，如果给杆一个侧向干扰使其稍微弯曲，则当干扰去掉后，杆仍会恢复原来的直线形状，说明压杆处于稳定的平衡状态，如图 9.1(a)所示。当轴向压力达到某一值时，加干扰力使杆件变弯，而撤除干扰力后，杆件在微弯状态下平衡，不再恢复到原来的直线状态，如图 9.1(b)所示，说明压杆处于不稳定的平衡状态，或称失稳。当轴向压力继续增加并超过一定值时，压杆会产生显著的弯曲变形甚至破坏。称这个使杆在微弯状态下平衡的轴向荷载为临界荷载，简称为临界力，并用 $\boldsymbol{F}_{cr}$ 表示。它是压杆保持直线平衡时能承受的最大压力。对于一个具体的压杆(材料、尺寸、约束等情况均已确定)来说，临界力 $\boldsymbol{F}_{cr}$ 是一个确定的数值。压杆的临界状态是一种随遇平衡状态，因此，根据杆件所受的实际压力是小于或大于该压杆的临界力，就能判定该压杆所处的平衡状态是稳定的还是不稳定的。

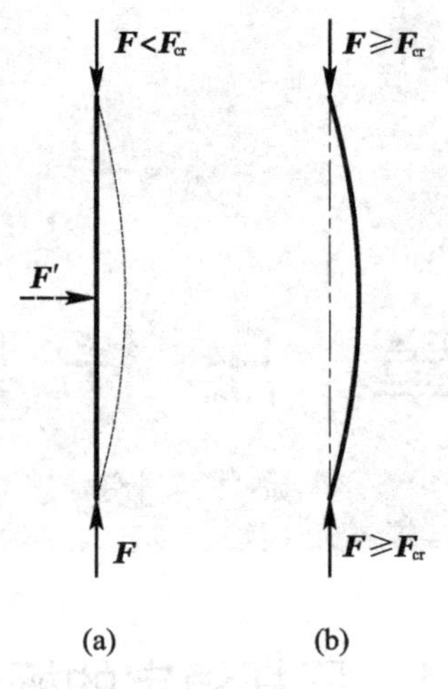

图 9.1 压杆的稳定性

工程实际中许多受压构件都要考虑其稳定性，如千斤顶的丝杆、自卸载重车的液压活塞杆、连杆以及桁架结构中的受压杆等。

解决压杆稳定问题的关键是确定其临界力。如果将压杆的工作压力控制在由临界力所确定的许用范围内，则压杆不致失稳。下面研究如何确定压杆的临界力。

9.2 理想压杆临界力的计算

理想压杆指的是中心受压直杆。因为对于实际的压杆，导致其弯曲的因素有很多，比如，压杆材料本身存在的不均匀性，压杆在制造时其轴线不可避免地会存在初曲率，作用在压杆上外力的合力作用线也不可能毫无偏差地与杆轴线相重合等。这些因素都可能使压杆在外力作用下除发生轴向压缩变形外，还发生附加的弯曲变形。但在对压杆的承载能力进行理论研究时，通常将压杆抽象为由均质材料制成的中心受压直杆的力学模型，即理想压杆。因此“失稳”临界力的概念都是针对这一力学模型而言的。

9.2.1 两端铰支细长压杆的临界力

现以两端铰支、长度为l的等截面细长中心受压杆(图 9.2(a))为例，推导其临界力的计算公式。假设压杆在临界力作用下轴线呈微弯状态，并能维持平衡，如图 9.2(b)所示。此时，压杆任意x截面沿y方向的挠度为w，该截面上的弯矩为

$$M(x)=F_{cr}w \tag{a}$$

弯矩的正、负号按第4章中的规定，压力$\boldsymbol{F}_{cr}$取为正值，挠度w以沿y轴正值方向为正。

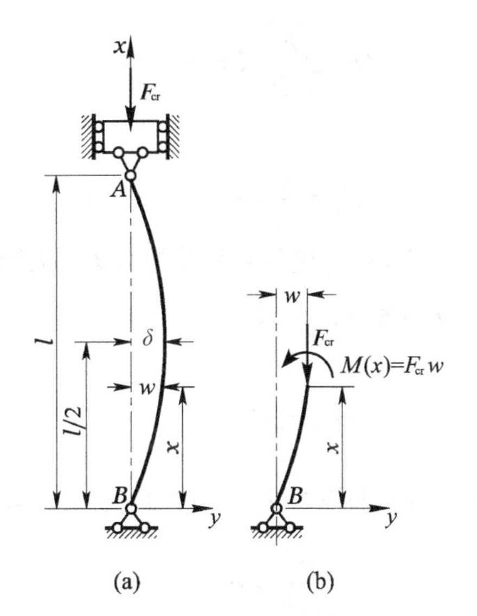

图 9.2 两端铰支的压杆

将弯矩方程 $M(x)$ 代入式(6-1b)中，可得挠曲线的近似微分方程为

$$EIw'' = -M(x) = -F_{cr}w \tag{b}$$

式中，I 为压杆横截面的最小形心主惯性矩。

将式(b)两端均除以 EI，并令

$$\frac{F_{cr}}{EI} = k^2 \tag{c}$$

则式(b)可写成

$$w'' + k^2 w = 0 \tag{d}$$

式(d)为二阶常系数线性微分方程，其通解为

$$w = A\sin kx + B\cos kx \tag{e}$$

式中，A、B 和 k 3个待定常数可用挠曲线的边界条件确定。

边界条件：

当 $x=0$ 时，$w=0$，代入式(e)，得 $B=0$。式(e)为

$$w = A\sin kx \tag{f}$$

当 $x=l$ 时，$w=0$，代入式(f)，得

$$A\sin kl = 0 \tag{g}$$

满足式(g)的条件是 $A=0$，或者 $\sin kl = 0$。若 $A=0$，由式(f)可见，$w=0$，与题意(轴线呈微弯状态)不符。因此，只有

$$\sin kl = 0 \tag{h}$$

即得

$$kl = n\pi \qquad n = 1,3,5,\cdots$$

其最小非零解是 $n=1$ 的解，于是

$$kl = \sqrt{\frac{F_{cr}}{EI}} \cdot l = \pi \tag{i}$$

即得

$$F_{cr} = \frac{\pi^2 EI}{l^2} \tag{9-1}$$

式(9-1)即两端铰支等截面细长中心受压直杆临界力 $\boldsymbol{F}_{cr}$ 的计算公式。由于式(9-1)最早是由欧拉(L.Enlen)导出的，所以称为欧拉公式。

将式(i)代入式(f)得

$$w = A\sin\frac{\pi}{l}x \tag{j}$$

将边界条件 $x = \frac{l}{2}$ 、 $w = \delta$ (δ 为挠曲线中点挠度)代入式(j)，得

$$A = \frac{\delta}{\sin\frac{\pi}{2}} = \delta$$

将上式代入式(j)，可得挠曲线方程为

$$w = \delta\sin\frac{\pi}{l}x \tag{k}$$

即挠曲线为半波正弦曲线。

9.2.2 一端固定、一端自由细长压杆的临界力

如图 9.3 所示，一下端固定、上端自由并在自由端受轴向压力作用的等直细长压杆。杆长为 l ，在临界力作用下，杆失稳时假定可能在 xy 平面内维持微弯状态下的平衡，其弯曲刚度为 EI ，现推导其临界力。

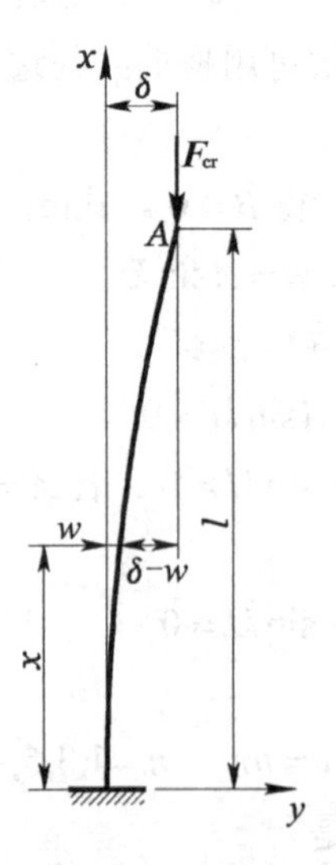

图 9.3 一端固定，一端自由的压杆

根据杆端约束情况，杆在临界力 $\boldsymbol{F}_{cr}$ 作用下的挠曲线形状如图 9.3 所示，最大挠度 δ 发生在杆的自由端。由临界力引起的杆任意 x 截面上的弯矩为

$$M(x)=-F_{cr}(\delta-w) \tag{a}$$

式中，w 为 x 截面处杆的挠度。

将式(a)代入杆的挠曲线近似微分方程，即得

$$EIw''=-M(x)=F_{cr}(\delta-w) \tag{b}$$

式(b)两端均除以 EI，并令 $\dfrac{F_{cr}}{EI}=k^2$，经整理得

$$w''+k^2w=k^2\delta \tag{c}$$

式(c)为二阶常系数非齐次微分方程，其通解为

$$w=A\sin kx+B\cos kx+\delta \tag{d}$$

其一阶导数为

$$w'=Ak\cos kx-Bk\sin kx \tag{e}$$

式(e)中的 A、B、k 可由挠曲线的边界条件确定。

当 $x=0$ 时，$w=0$，有 $B=-\delta$。

当 $x=0$ 时，$w'=0$，有 $A=0$。

将 A、B 值代入式(d)得

$$w=\delta(1-\cos kx) \tag{f}$$

再将边界条件 $x=l$、$w=\delta$ 代入式(f)，即得

$$\delta=\delta(1-\cos kl) \tag{g}$$

由此得

$$\cos kl=0 \tag{h}$$

从而得

$$kl=\frac{n\pi}{2} \quad n=1,3,5,\cdots \tag{i}$$

其最小非零解为 $n=1$ 的解，即 $kl=\dfrac{\pi}{2}$。于是该压杆临界力 $\boldsymbol{F}_{cr}$ 的欧拉公式为

$$F_{cr}=\frac{\pi^2EI}{(2l)^2} \tag{9-2}$$

将 $k=\dfrac{\pi}{2l}$ 代入式(f)，即得此压杆的挠曲线方程为

$$w=\delta\left(1-\cos\frac{\pi x}{2l}\right)$$

式中，δ 为杆自由端的微小挠度，其值不定。

9.2.3　两端固定的细长压杆的临界力

如图 9.4(a)所示，两端固定的压杆，当轴向力达到临界力 $\boldsymbol{F}_{cr}$ 时，杆处于微弯平衡状态。由于对称性，可设杆两端的约束力偶矩均为 $\boldsymbol{M}$，则杆的受力情况如图 9.4(a)所示。将杆从 x

截面截开，并考虑下半部分的静力平衡，如图 9.4(b)所示，可得到 x 截面处的弯矩为

$$M(x)=F_{cr}w-M_e \tag{a}$$

代入挠曲线近似微分方程，得

$$EIw''=-(F_{cr}w-M_e) \tag{b}$$

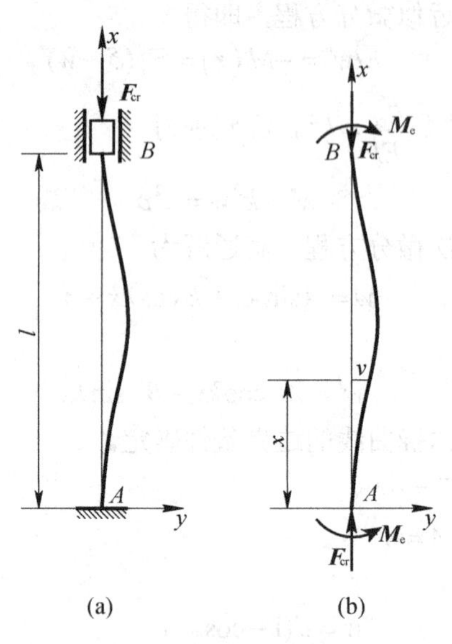

图 9.4　两端固定的压杆

两边同除 EI，并令 $k^2=\dfrac{F_{cr}}{EI}$，经整理得

$$w''+k^2w=\frac{M_e}{EI} \tag{c}$$

此微分方程式的通解为

$$w=A\sin kx+B\cos kx+\frac{M}{F_{cr}} \tag{d}$$

w 的一阶导数为

$$w'=Ak\cos kx-Bk\sin kx \tag{e}$$

边界条件为：

当 $x=0$ 时，$w=0$，$w'=0$。

当 $x=l$ 时，$w=0$，$w'=0$。

将上述条件代入式(d)、式(e)，得

$$\begin{cases} B+\dfrac{M_e}{F_{cr}}=0 \\ Ak=0 \\ A\sin kl+B\cos kl+\dfrac{M_e}{F_{cr}}=0 \\ Ak\cos kl-Bk\sin kl=0 \end{cases} \tag{f}$$

由式(f)中的 4 个方程，解出

$$\cos kl = 1$$

$$\sin kl = 0$$

满足上式的最小非零解为 $kl = 2\pi$ 或 $k = \dfrac{2\pi}{l}$。于是得

$$F_{cr} = k^2 EI = \frac{\pi^2 EI}{(0.5l)^2} \tag{9-3}$$

这就是两端固定细长压杆临界力的欧拉公式。

9.2.4　细长压杆的临界力公式

比较上述 3 种典型压杆的欧拉公式可以看出，3 个公式的形式都一样；临界力与 EI 成正比，与 l^2 成反比，只相差一个系数。显然，此系数与约束形式有关。于是，临界力的表达式可统一写为

$$F_{cr} = \frac{\pi^2 EI}{(\mu l)^2} \tag{9-4}$$

式中，μ 为长度因数；μl 为压杆的相当长度。

不同杆端约束情况下长度因数的值见表 9.1。值得指出，表 9.1 中给出的都是理想约束情况。实际工程问题中，杆端约束多种多样，要根据具体实际约束的性质和相关设计规范选定 μ 值的大小。

表 9.1　不同杆端约束情况下的长度因数

支承情况	两端铰支	一端固定另一端铰支	两端固定	一端固定另一端自由	两端固定但可沿横向相对移动
失稳时挠曲线形状	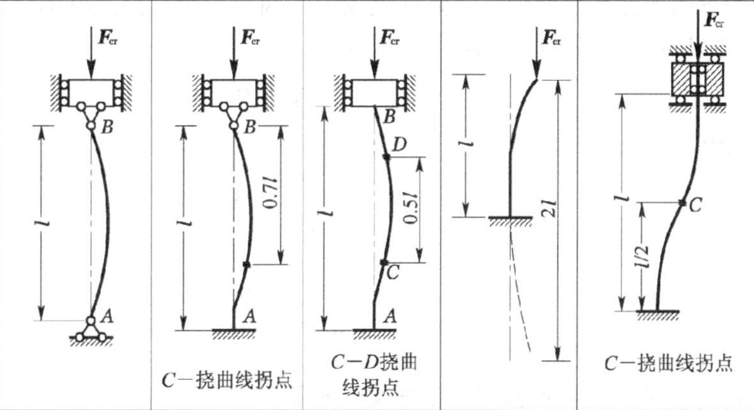	C—挠曲线拐点	C—D挠曲线拐点		C—挠曲线拐点
临界力 F_{cr} 欧拉公式	$F_{cr}=\dfrac{\pi EI}{l^2}$	$F_{cr}\approx\dfrac{\pi^2 EI}{(0.7l)^2}$	$F_{cr}=\dfrac{\pi^2 EI}{(0.5l)^2}$	$F_{cr}=\dfrac{\pi^2 EI}{(2l)^2}$	$F_{cr}=\dfrac{\pi^2 EI}{l^2}$
长度因数 μ	$\mu=1$	$\mu\approx0.7$	$\mu=0.5$	$\mu=2$	$\mu=1$

9.3 欧拉公式的适用范围

9.3.1 临界应力和柔度

当压杆受临界力$\boldsymbol{F}_{\mathrm{cr}}$作用而在直线平衡形式下维持不稳定平衡时，横截面上的压应力可按公式$\sigma=\dfrac{F}{A}$计算。于是，各种支承情况下压杆横截面上的应力为

$$\sigma_{\mathrm{cr}}=\frac{F_{\mathrm{cr}}}{A}=\frac{\pi^2 E}{(\mu l)^2}\cdot\frac{I}{A}=\frac{\pi^2 E}{(\mu l/i)^2} \tag{9-5}$$

式中，σ_{cr}为**临界应力**；i为压杆横截面对中性轴的**惯性半径**，$i=\sqrt{\dfrac{I}{A}}$。

令

$$\lambda=\frac{\mu l}{i} \tag{9-6}$$

λ称为压杆的**长细比**或**柔度**。其值越大，σ_{cr}就越小，即压杆越容易失稳。则式(9-5)可写成

$$\sigma_{\mathrm{cr}}=\frac{\pi^2 E}{\lambda^2} \tag{9-7}$$

式(9-7)称为临界应力的欧拉公式。

9.3.2 欧拉公式的适用范围

在前面推导临界力的欧拉公式过程中，使用了挠曲线近似微分方程。而挠曲线近似微分方程的适用条件是小变形、线弹性范围内。因此，欧拉公式(9-7)只适用于小变形且临界应力不超过材料比例极限σ_{p}的情况，亦即

$$\sigma_{\mathrm{cr}}\leqslant\sigma_{\mathrm{p}}$$

将式(9-7)代入上式，得

$$\frac{\pi^2 E}{\lambda^2}\leqslant\sigma_{\mathrm{p}}$$

或写成

$$\lambda\geqslant\pi\sqrt{\frac{E}{\sigma_{\mathrm{p}}}}=\lambda_{\mathrm{p}} \tag{9-8}$$

式中，λ_{p}为能够应用欧拉公式的压杆柔度的界限值。

通常称$\lambda\geqslant\lambda_{\mathrm{p}}$的压杆为大柔度压杆或细长压杆。而当压杆的柔度$\lambda<\lambda_{\mathrm{p}}$时，就不能应用欧拉公式了。

9.3.3 临界应力总图

当压杆柔度 $\lambda<\lambda_p$ 时，欧拉公式(9-4)和式(9-7)不再适用。对这样的压杆，目前设计中多采用经验公式确定临界应力。常用的经验公式有直线公式和抛物线公式。

1. 直线公式

对于柔度 $\lambda<\lambda_p$ 的压杆，通过试验发现，其临界应力 σ_{cr} 与柔度之间的关系可近似地用以下直线公式表示，即

$$\sigma_{cr}=a-b\lambda \tag{9-9}$$

式中，a、b 为与压杆材料力学性能有关的常数。

事实上，当压杆柔度小于 λ_0 时，不论施加多大的轴向压力，压杆都不会因发生弯曲变形而失稳。一般将 $\lambda<\lambda_0$ 的压杆称为**小柔度杆**。这时只要考虑压杆的强度问题即可。当压杆的 λ 值在 $\lambda_0<\lambda<\lambda_p$ 范围时，称压杆为**中柔度杆**。

对于由塑性材料制成的小柔度杆，当其临界应力达到材料的屈服强度 σ_s 时，即认为失效。所以有

$$\sigma_{cr}=\sigma_s$$

将其代入式(9-9)，可确定 λ_0 的大小，即

$$\lambda_0=\frac{a-\sigma_s}{b} \tag{9-10}$$

如果将式(9-10)中的 σ_s 换成脆性材料的抗压强度 σ_b，即得由脆性材料制成压杆的 λ_0 值。不同材料的 a、b 值及 λ_0、λ_p 的值如表 9.2 所示。

表 9.2 不同材料的 a、b 值及 λ_0、λ_p 的值

材料 σ_s、σ_b/MPa	a/MPa	b/MPa	λ_p	λ_0
Q235 钢(σ_s=235, $\sigma_b\geqslant$372)	304	1.12	100	60
优质碳钢(σ_s=306, $\sigma_b\geqslant$470)	460	2.57	100	60
硅钢(σ_s=353, $\sigma_b\geqslant$510)	577	3.74	100	60
铬钼钢	980	5.29	55	
硬铝	392	3.26	50	
铸铁	332	1.45	80	
松木	28.7	0.2	59	

以柔度 λ 为横坐标、临界应力 σ_{cr} 为纵坐标，将临界应力与柔度的关系曲线绘于图中，即得到全面反映大、中、小柔度压杆的临界应力随柔度变化情况的临界应力总图，如图 9.5

所示。

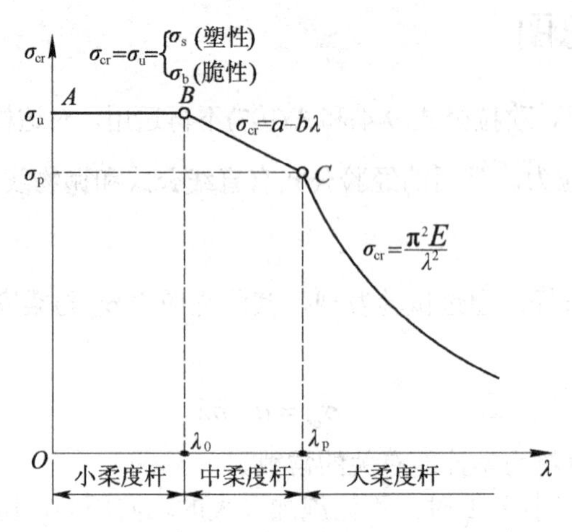

图 9.5　临界应力总图

2. 抛物线公式

我国《钢结构规范》(GB 50017—2003)中，采用以下形式的抛物线公式，即

$$\sigma_{cr}=\sigma_s\left[1-0.43\left(\frac{\lambda}{\lambda_c}\right)^2\right] \qquad \lambda\leqslant\lambda_c \tag{9-11}$$

式中

$$\lambda_c=\pi\sqrt{\frac{E}{0.57\sigma_s}} \tag{9-12}$$

式中，λ_c 为临界应力曲线与抛物线相交点对应的柔度值。

9.4　压杆的稳定计算

9.4.1　稳定安全因数法

对于实际中的压杆，要使其不丧失稳定而正常工作，必须使压杆所承受的工作应力小于压杆的临界应力 σ_{cr}，为了使其具有足够的稳定性，可将临界应力除以适当的安全因数。于是，压杆的稳定条件为

$$\sigma=\frac{F}{A}\leqslant\frac{\sigma_{cr}}{n_{st}}=[\sigma]_{st} \tag{9-13}$$

式中，n_{st} 为**稳定安全因数**；$[\sigma]_{st}$ 为**稳定许用应力**。

式(9-13)即为稳定安全因数法的稳定条件。常见压杆的稳定安全因数见表 9.3。

表 9.3　常见压杆的稳定安全因数

实际压杆	稳定安全因数 n_{st}
金属结构中的压杆	1.8 ~ 3.0
矿山和冶金设备中的压杆	4 ~ 8
机床的走刀丝杠	2.5 ~ 4.0
磨床油缸活塞杆	4 ~ 6
高速发动机挺杆	2.5 ~ 5.0
拖拉机转向机构的推杆	≥ 5
起重螺旋	3.5 ~ 5.0

【例题 9.1】 图 9.6 所示的结构中，梁 *AB* 为 14 号普通热轧工字钢，*CD* 为圆截面直杆，其直径为 d=20mm，二者材料均为 Q235 钢。结构受力如图 9.6 所示，*A*、*C*、*D* 3 处均为球铰约束。若已知 F_p=25kN，l_1=1.25m，l_2=0.55m，σ_s=235MPa。强度安全因数 n_s=1.45，稳定安全因数 $[n]_{st}$=1.8。试校核此结构是否安全。

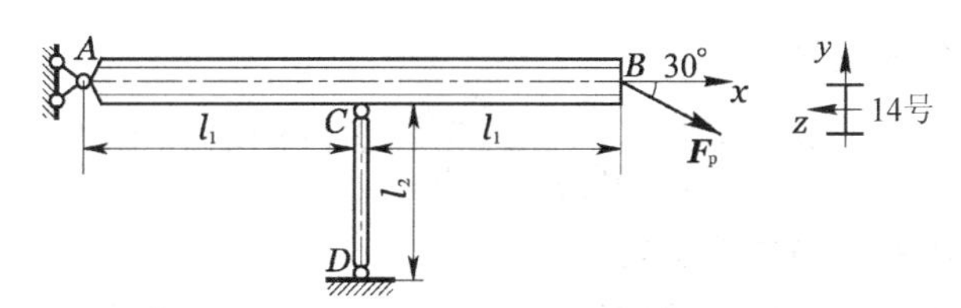

图 9.6　例题 9.1 图

解：在给定的结构中共有两个构件：梁 *AB*，承受拉伸与弯曲的组合作用，属于强度问题；杆 *CD*，承受压缩荷载，属稳定问题。现分别校核如下。

(1) 大梁 *AB* 的强度校核。大梁 *AB* 在截面 *C* 处的弯矩最大，该处横截面为危险截面，其上的弯矩和轴力分别为

$$M_{max} = (F_p \sin 30°) l_1 = (25\times10^3\times0.5)\times1.25$$
$$= 15.63\times10^3 (\text{N}\cdot\text{m}) = 15.63(\text{kN}\cdot\text{m})$$
$$F_N = F_p \cos 30° = 25\times10^3\times\cos 30°$$
$$= 21.65\times10^3(\text{N}) = 21.65(\text{kN})$$

由型钢表查得 14 号普通热轧工字钢为

$$W_z = 102\text{cm}^3 = 102\times10^3\text{mm}^3$$

$$A = 21.5\text{cm}^2 = 21.5\times10^2\text{mm}^2$$

由此得到

$$\sigma_{max} = \frac{M_{max}}{W_z} + \frac{F_N}{A} = \frac{15.63\times10^3}{102\times10^3\times10^{-9}} + \frac{21.65\times10^3}{21.5\times10^2\times10^{-4}}$$

$$=163.2\times10^6(\text{Pa})=163.2(\text{MPa})$$

Q235 钢的许用应力为

$$[\sigma]=\frac{\sigma_s}{n_s}=\frac{235}{1.45}=162(\text{MPa})$$

σ_{max} 略大于 $[\sigma]$，但 $(\sigma_{max}-[\sigma])\times100\%/[\sigma]=0.7\%<5\%$。工程上仍认为是安全的。

(2) 校核压杆 CD 的稳定性。由平衡方程求得压杆 CD 的轴向压力为

$$F_{NCD}=2F_p\sin30^\circ=F_p=25(\text{kN})$$

因为是圆截面杆，故惯性半径为

$$i=\sqrt{\frac{I}{A}}=\frac{d}{4}=5(\text{mm})$$

又因为两端为球铰约束 $\mu=1.0$，所以

$$\lambda=\frac{\mu l}{i}=\frac{1.0\times0.55}{5\times10^{-3}}=110>\lambda_p=101$$

这表明，压杆 CD 为细长杆，故需采用式(9-7)计算其临界应力，有

$$F_{Pcr}=\sigma_{cr}A=\frac{\pi^2E}{\lambda^2}\times\frac{\pi d^2}{4}=\frac{\pi^2\times206\times10^9}{110^2}\times\frac{\pi\times(20\times10^{-3})^2}{4}$$
$$=52.8\times10^3(\text{N})=52.8(\text{kN})$$

于是，压杆的工作安全因数为

$$n_{st}=\frac{\sigma_{cr}}{\sigma_{st}}=\frac{F_{Pcr}}{F_{NCD}}=\frac{52.8}{25}=2.11>[n]_{st}=1.8$$

这一结果说明，压杆的稳定性是安全的。

上述两项计算结果表明，整个结构的强度和稳定性都是安全的。

9.4.2 稳定因数法

在压杆的设计中，经常将压杆的稳定许用应力 $[\sigma]_{st}$ 写成材料的强度许用应力 $[\sigma]$ 乘以一个随压杆柔度 λ 而改变的因数 $\varphi=\varphi(\lambda)$，即

$$[\sigma]_{st}=\varphi[\sigma] \tag{9-14}$$

则稳定条件可写为

$$\sigma=\frac{F}{A}\leqslant[\sigma]_{st}=\varphi[\sigma] \tag{9-15}$$

式中，φ 为**稳定因数**，与 λ 有关。

对于木制压杆的稳定系数 φ 值，我国《木结构设计规范》(GBJ 5—88)中，按照树种的强度等级分别给出了两组计算公式。

树种强度等级为TC17、TC15及TB20时，有

$$\lambda\leqslant75,\quad \varphi=\frac{1}{1+\left(\dfrac{\lambda}{80}\right)^2} \tag{9-16a}$$

$$\lambda > 75，\ \varphi = \frac{3000}{\lambda^2} \tag{9-16b}$$

树种强度等级为TC13、TC11、TB17及TB15时，有

$$\lambda \leqslant 91，\ \varphi = \frac{1}{1+\left(\dfrac{\lambda}{65}\right)^2} \tag{9-17a}$$

$$\lambda > 91，\ \varphi = \frac{2800}{\lambda^2} \tag{9-17b}$$

上述代号后的数字为树种的弯曲强度，单位为MPa。

表9.4给出了Q235钢两类截面分别为a、b的情况下不同λ值对应的稳定因数φ值。

【例题9.2】 由Q235钢加工成的“工”字形截面连杆，两端为柱形铰，即在xy平面内失稳时，杆端约束情况接近于两端铰支，长度因数μ_z=1.0；而在xz平面内失稳时，杆端约束情况接近于两端固定，μ_y=0.6，如图9.7所示。已知连杆在工作时承受的最大压力为F=35kN，材料的强度许用应力$[\sigma]$=206MPa，并符合《钢结构设计规范》(GB 50017—2003)中a类中心受压杆的要求。试校核其稳定性。

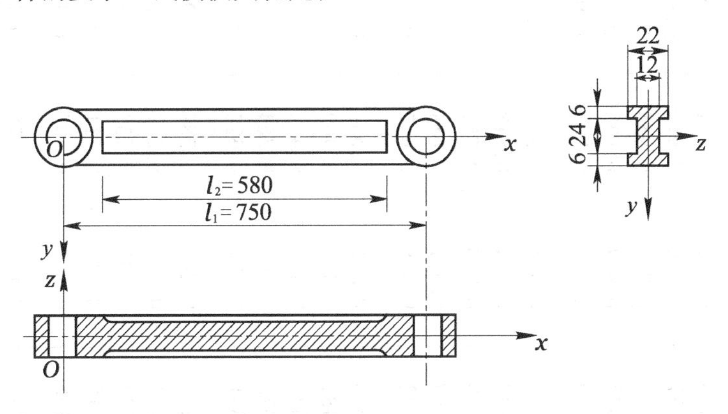

图9.7　例题9.2图

解： 横截面的面积和形心主惯性矩分别为

$$A = 12\times24 + 2\times6\times22 = 552(\text{mm}^2)$$

$$I_z = \frac{12\times24^3}{12} + 2\times\left[\frac{22\times6^3}{12} + 22\times6\times15^2\right]$$

$$= 7.40\times10^4(\text{mm}^4)$$

$$I_y = \frac{24\times12^3}{12} + 2\times\frac{6\times22^3}{12} = 1.41\times10^4(\text{mm}^4)$$

横截面对z轴和y轴的惯性半径分别为

$$i_z = \sqrt{\frac{I_z}{A}} = \sqrt{\frac{7.40\times10^4}{552}} = 11.58(\text{mm})$$

$$i_y = \sqrt{\frac{I_y}{A}} = \sqrt{\frac{1.41\times10^4}{552}} = 5.05(\text{mm})$$

表 9.4　Q235 钢 a 类截面中心受压直杆的稳定因数φ

λ	0	1.0	2.0	3.0	4.0	5.0	6.0	7.0	8.0	9.0
0	1.000	1.000	1.000	1.000	0.999	0.999	0.998	0.998	0.997	0.996
10	0.995	0.994	0.993	0.992	0.991	0.989	0.988	0.986	0.985	0.983
20	0.981	0.979	0.977	0.976	0.974	0.972	0.970	0.968	0.966	0.964
30	0.963	0.961	0.959	0.957	0.955	0.952	0.950	0.948	0.946	0.944
40	0.941	0.939	0.937	0.934	0.932	0.929	0.927	0.924	0.921	0.919
50	0.916	0.913	0.910	0.907	0.904	0.900	0.897	0.894	0.890	0.886
60	0.883	0.879	0.875	0.871	0.867	0.863	0.858	0.851	0.849	0.844
70	0.830	0.834	0.829	0.824	0.818	0.813	0.807	0.801	0.795	0.789
80	0.788	0.776	0.770	0.763	0.757	0.750	0.743	0.736	0.728	0.721
90	0.714	0.706	0.699	0.691	0.684	0.676	0.668	0.661	0.653	0.645
100	0.638	0.630	0.622	0.615	0.607	0.600	0.592	0.585	0.577	0.570
110	0.563	0.555	0.548	0.541	0.534	0.527	0.520	0.514	0.507	0.500
120	0.494	0.488	0.481	0.475	0.469	0.463	0.457	0.451	0.445	0.440
130	0.434	0.429	0.423	0.418	0.412	0.407	0.402	0.397	0.392	0.387
140	0.383	0.378	0.373	0.369	0.364	0.360	0.356	0.351	0.347	0.343
150	0.339	0.335	0.331	0.327	0.323	0.320	0.316	0.312	0.309	0.305
160	0.302	0.298	0.295	0.292	0.289	0.285	0.282	0.279	0.276	0.273
170	0.270	0.267	0.264	0.262	0.259	0.256	0.253	0.251	0.248	0.246
180	0.243	0.241	0.238	0.236	0.233	0.231	0.229	0.226	0.224	0.222
190	0.220	0.218	0.215	0.213	0.211	0.209	0.207	0.205	0.203	0.201
200	0.199	0.198	0.196	0.194	0.192	0.190	0.189	0.187	0.185	0.183
210	0.182	0.180	0.179	0.177	0.175	0.174	0.172	0.171	0.169	0.168
220	0.166	0.165	0.164	1.162	0.161	0.159	0.158	0.157	0.155	0.154
230	0.150	0.152	0.150	0.149	0.148	0.147	0.146	0.144	0.143	0.142
240	0.141	0.140	0.139	0.138	0.136	0.135	0.134	0.133	0.132	0.131
250	0.130									

续表

λ	0	1.0	2.0	3.0	4.0	5.0	6.0	7.0	8.0	9.0
0	1.000	1.000	1.000	0.999	0.999	0.998	0.997	0.996	0.995	0.994
10	0.992	0.991	0.989	0.987	0.985	0.983	0.981	0.978	0.976	0.973
20	0.970	0.967	0.963	0.960	0.957	0.953	0.950	0.946	0.943	0.939
30	0.936	0.932	0.929	0.925	0.922	0.918	0.914	0.910	0.906	0.903
40	0.899	0.895	0.891	0.887	0.882	0.878	0.874	0.870	0.865	0.861
50	0.856	0.852	0.847	0.842	0.838	0.833	0.828	0.823	0.818	0.813
60	0.807	0.802	0.797	0.791	0.786	0.780	0.774	0.769	0.763	0.757
70	0.751	0.745	0.739	0.732	0.726	0.720	0.714	0.707	0.701	0.694
80	0.688	0.681	0.675	0.668	0.661	0.655	0.648	0.641	0.635	0.628
90	0.621	0.614	0.608	0.601	0.594	0.588	0.581	0.575	0.568	0.561
100	0.555	0.549	0.542	0.536	0.529	0.523	0.517	0.511	0.505	0.499
110	0.493	0.487	0.481	0.475	0.470	0.464	0.458	0.453	0.447	0.442
120	0.437	0.432	0.426	0.421	0.416	0.411	0.406	0.402	0.397	0.392
130	0.387	0.383	0.378	0.374	0.370	0.365	0.361	0.357	0.353	0.349
140	0.345	0.341	0.337	0.333	0.329	0.326	0.322	0.318	0.315	0.311
150	0.308	0.304	0.301	0.298	0.265	0.291	0.288	0.285	0.282	0.279
160	0.276	0.273	0.270	0.267	0.265	0.262	0.259	0.256	0.254	0.251
170	0.249	0.246	0.244	0.241	0.239	0.236	0.234	0.232	0.229	0.227
180	0.225	0.223	0.220	0.218	0.216	0.214	0.212	0.210	0.208	0.206
190	0.204	0.202	0.200	0.198	0.197	0.195	0.193	0.191	0.190	0.188
200	0.186	0.184	0.183	0.181	0.180	0.178	0.176	0.175	0.173	0.172
210	0.170	0.169	0.167	0.166	0.165	0.163	0.162	0.160	0.159	0.158
220	0.156	0.155	0.154	0.153	0.151	0.150	0.149	0.148	0.146	0.145
230	0.144	0.143	0.142	0.141	0.140	0.138	0.137	0.136	0.135	0.134
240	0.133	0.132	0.131	0.130	0.129	0.128	0.127	0.126	0.125	0.124
250	0.123									

于是，连杆的柔度值为

$$\lambda_z=\frac{\mu_z l_1}{i_z}=\frac{1.0\times 750}{11.58}=64.8$$

$$\lambda_y=\frac{\mu_y l_2}{i_y}=\frac{0.6\times 580}{5.05}=68.9$$

在两柔度值中，应按较大的柔度值$\lambda_y=68.9$来确定压杆的稳定因数φ。由表9.4，并用内插法求得

$$\varphi=0.849+\frac{9}{10}\times(0.844-0.849)=0.845$$

将φ值代入式(9-14)，即得杆的稳定许用应力为

$$[\sigma]_{st}=\varphi[\sigma]=0.845\times 206=174(\text{MPa})$$

将连杆的工作应力与稳定许用应力比较，可得

$$\sigma=\frac{F}{A}=\frac{35\times 10^3}{552\times 10^{-6}}=63.4(\text{MPa})<[\sigma]_{st}$$

故连杆满足稳定性要求。

9.4.3 稳定条件的应用

与强度条件类似，压杆的稳定条件式(9-13)、式(9-15)同样可以解决三类问题。

(1) 校核压杆的稳定性。

(2) 确定许用荷载。

(3) 利用稳定条件设计截面尺寸。

【例题9.3】 一强度等级为TC13的圆松木，长6m，中径为300mm，其强度许用应力为10MPa。现将圆木用来当作起重机用的扒杆，如图9.8所示。试计算圆木所能承受的许可压力值。

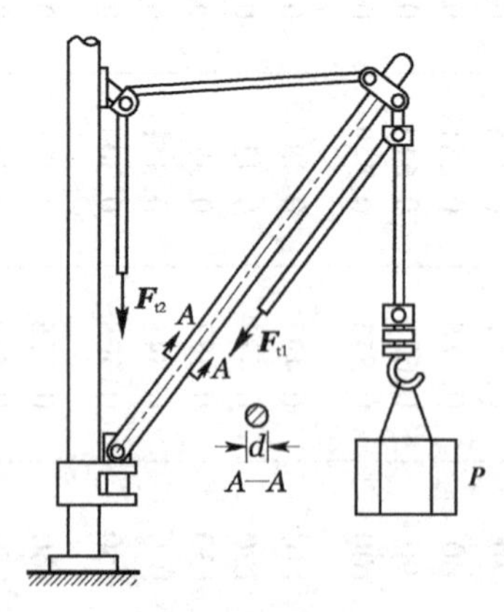

图9.8 例题9.3图

解：在图示平面内，若扒杆在轴向压力的作用下失稳，则杆的轴线将弯成半个正弦波，长度因数可取为 $\mu=1$。于是，其柔度为

$$\lambda=\frac{\mu l}{i}=\frac{1\times 6}{\frac{1}{4}\times 0.3}=80$$

根据 $\lambda=80$，按式(9-17a)，求得木压杆的稳定因数为

$$\varphi=\frac{1}{1+\left(\frac{\lambda}{65}\right)^2}=\frac{1}{1+\left(\frac{80}{65}\right)^2}=0.398$$

从而可得圆木所能承受的许可压力为

$$[F]=\varphi[\sigma]A=0.398\times(10\times10^6)\times\frac{\pi}{4}\times(0.3)^2=281.3\ (\text{kN})$$

如果扒杆的上端在垂直于纸面的方向并无任何约束，则杆在垂直于纸面的平面内失稳时只能视为下端固定而上端自由，即 $\mu=2$。于是有

$$\lambda=\frac{\mu l}{i}=\frac{2\times 6}{\frac{1}{4}\times 0.3}=160$$

按式(9-17b)求得

$$\varphi=\frac{2800}{\lambda^2}=\frac{2800}{160^2}=0.109$$

$$[F]=\varphi[\sigma]A=0.109\times(10\times10^6)\times\frac{\pi}{4}\times(0.3)^2=77\ (\text{kN})$$

显然，圆木作为扒杆使用时，所能承受的许可压力应为 77 kN，而不是 281.3 kN。

【例题 9.4】 厂房的钢柱长 7m，上、下两端分别与基础和梁连接。由于与梁连接的一端可发生侧移，因此，根据柱顶和柱脚的连接刚度，钢柱的长度因数取为 $\mu=1.3$。钢柱由两根 Q235 钢的槽钢组成，符合《钢结构设计规范》(GB 50017—2003)中的实腹式 b 类截面中心受压杆的要求。在柱脚和柱顶处用螺栓借助连接板与基础和梁连接，同一横截面上最多有 4 个直径为 30mm 的螺栓孔。钢柱承受的轴向压力为 270kN，材料的强度许用应力为 $[\sigma]$=170MPa，如图 9.9 所示。试为钢柱选择槽钢号码。

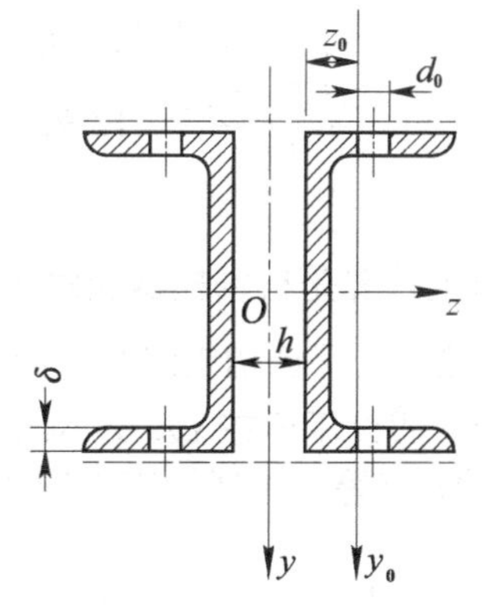

图 9.9　例题 9.4 图

解：

(1) 按稳定条件选择槽钢号码。在选择截面时，由于$\lambda=\mu l/i$中的i不知道，λ值无法算出，相应的稳定因数φ也就无法确定。于是，先假设一个φ值进行计算。

假设$\varphi=0.50$，得到压杆的稳定许用应力为

$$[\sigma]_{st}=\varphi[\sigma]=0.50\times170=85(\text{MPa})$$

按稳定条件可算出每根槽钢所需的横截面面积为

$$A=\frac{F/2}{[\sigma]_{st}}=\frac{270\times10^3/2}{85\times10^6}=15.9\times10^{-4}(\text{m}^2)$$

由型钢表查得，14a 号槽钢的横截面面积为$A=18.51\text{cm}^2$，$i_z=5.52\text{cm}$。对于图示组合截面，由于I_z和A均为单根槽钢的2倍，故i_z值与单根槽钢截面的值相同。由i_z算得

$$\lambda=\frac{1.3\times7}{5.52\times10^{-2}}=165$$

由表 9.4 查出，Q235 钢压杆对应于柔度$\lambda=165$的稳定因数为

$$\varphi=0.262$$

显然，前面假设的$\varphi=0.50$过大，需重新假设较小的φ值再进行计算。但重新假设的φ值也不应采用$\varphi=0.262$，因为降低φ后所需的截面面积必然加大，相应的i_z也将加大，从而使λ减小而φ增大。因此，试用$\varphi=0.35$进行截面选择。

$$A=\frac{F/2}{\varphi[\sigma]}=\frac{270\times10^3/2}{0.35\times(170\times10^6)}=22.7\times10^{-4}(\text{m}^2)$$

试用 16 号槽钢：$A=25.162\text{cm}^2$，$i_z=6.1\text{cm}$，柔度为

$$\lambda=\frac{\mu l}{i_z}=\frac{1.3\times7}{6.1\times10^{-2}}=149.2$$

与λ值对应的φ为 0.311，接近于试用的$\varphi=0.35$。按$\varphi=0.311$进行核算，以校核 16 号槽钢是否可用。此时，稳定许用应力为

$$[\sigma]_{st}=\varphi[\sigma]=0.311\times170=52.9(\text{MPa})$$

而钢柱的工作应力为

$$\sigma=\frac{F/2}{A}=\frac{270\times10^3/2}{25.15\times10^{-4}}=53.7(\text{MPa})$$

虽然工作应力略大于压杆的稳定许用应力，但仅超过

$$\frac{53.7-52.9}{52.9}=1.5\%$$

这是允许的。

(2) 计算组合槽钢间距h。以上计算是根据横截面对于z轴的惯性半径i_z进行的，亦即考虑的是压杆在xy平面内的稳定性。为保证槽钢组合截面压杆在xz平面内的稳定性，须计算两槽钢的间距h，如图 9.9 所示。假设压杆在xy、xz两平面内的长度因数相同，则应使槽钢组合截面对y轴的i_y与对z轴的i_z相等。由惯性矩平行移轴定理，有

$$I_y=I_{y_0}+A\left(z_0+\frac{h}{2}\right)^2$$

可得

$$i_y^2 = i_{y_0}^2 + \left(z_0 + \frac{h}{2}\right)^2$$

16 号槽钢的 $i_{y_0} = 1.82\text{cm} = 18.2\text{mm}$， $z_0 = 1.75\text{cm} = 17.5\text{mm}$ 。令 $i_y = i_z = 61\text{mm}$ ，可得

$$\frac{h}{2} = \sqrt{61^2 - 18.2^2} - 17.5 = 40.7(\text{mm})$$

从而得到

$$h = 2 \times 40.7 = 81.4(\text{mm})$$

实际所用的两槽钢间距应不小于 81.4mm。

组成压杆的两根槽钢是靠缀板(或缀条)将它们连接成整体的，为了防止单根槽钢在相邻两缀板间局部失稳，应保证其局部稳定性不低于整个压杆的稳定性。根据这一原则来确定相邻两缀板的最大间距。有关这方面的细节问题将在钢结构计算中讨论。

(3) 核净截面强度。被每个螺栓孔所削弱的横截面面积为

$$\delta d_0 = 10 \times 30 = 300(\text{mm}^2)$$

因此，压杆横截面的净截面面积为

$$2A - 4\delta d_0 = 2 \times 2515 - 4 \times 300 = 3830(\text{mm}^2)$$

从而净截面上的压应力为

$$\sigma = \frac{F}{2A - 4\delta d_0} = \frac{270 \times 10^3}{3.830 \times 10^{-3}} = 70.5(\text{MPa}) < [\sigma]$$

由此可见，净截面的强度是足够的。

9.5　压杆的合理截面设计

提高压杆的稳定性，就是要提高压杆的临界力。从临界力或临界应力的公式可以看出，影响临界力的主要因素不外乎以下几个方面：压杆的截面形状、压杆的长度、约束条件及材料性质等。下面分别加以讨论。

1. 选择合理的截面形状

压杆的临界力与其横截面的惯性矩成正比。因此，应该选择截面惯性矩较大的截面形状。并且，当杆端各方向约束相同时，应尽可能使杆截面在各方向的惯性矩相等。如图 9.10 所示的两种压杆截面，在面积相同的情况下，图 9.10(b)比图 9.10(a)合理，因为图 9.10(b)的惯性矩大。由槽钢制成的压杆，有两种摆放形式，如图 9.11 所示，图 9.11(b)比图 9.11(a)合理，因为图 9.11(a)中截面对竖轴的惯性矩比另一方向小很多，降低了杆的临界力。

2. 减小压杆长度

欧拉公式表明，临界力与压杆长度的平方成反比。所以，在设计时，应尽量减小压杆的长度，或设置中间支座以减小跨长，以达到提高稳定性的目的。

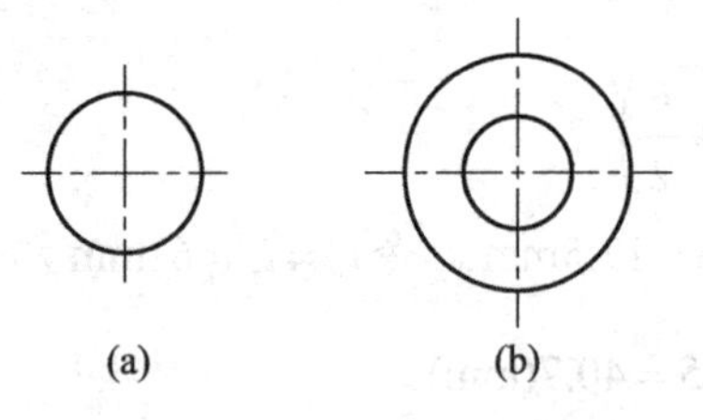

图 9.10　不同的压杆截面

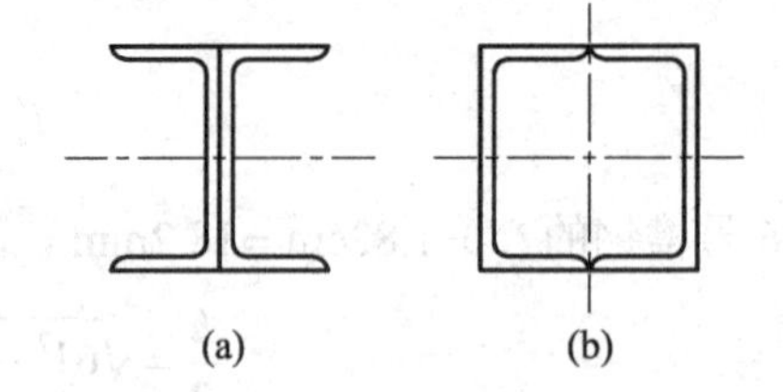

图 9.11　不同的摆放形式

3. 改善约束条件

对细长压杆来说，临界力与反映杆端约束条件的长度因数 μ 的平方成反比。通过加强杆端约束的紧固程度，可以降低 μ 值，从而提高压杆的临界力。

4. 合理选择材料

欧拉公式表明，临界力与压杆材料的弹性模量成正比。弹性模量高的材料制成的压杆，其稳定性好。合金钢等优质钢材虽然强度指标比普通低碳钢高，但其弹性模量与低碳钢的相差无几。所以，大柔度杆选用优质钢材对提高压杆的稳定性作用不大。而对中小柔度杆，其临界力与材料的强度指标有关，强度高的材料，其临界力也大，所以选择高强度材料对提高中小柔度杆的稳定性有一定作用。

9.6　习　　题

(1) 图 9.12(a)和图 9.12(b)所示的两细长杆均与基础刚性连接，但第一根杆(图 9.12(a))的基础放在弹性地基上，第二根杆(图 9.12(b))的基础放在刚性地基上。试问两杆的临界力是否均为 $F_{cr}=\dfrac{\pi^2 EI_{min}}{(2l)^2}$？为什么？并由此判断压杆长度因数 μ 是否可能大于 2。

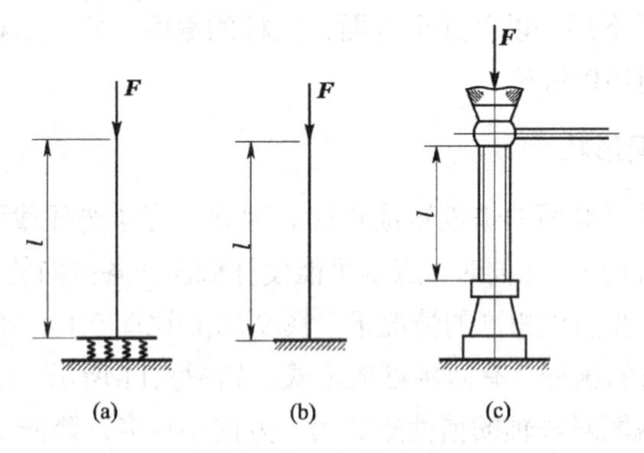

图 9.12　习题(1)图

(2) 如图 9.13 所示，各杆材料和截面均相同。试问杆能承受的压力哪根最大、哪根最小(图 9.13(f)所示的杆在中间杆支承处不能转动)？

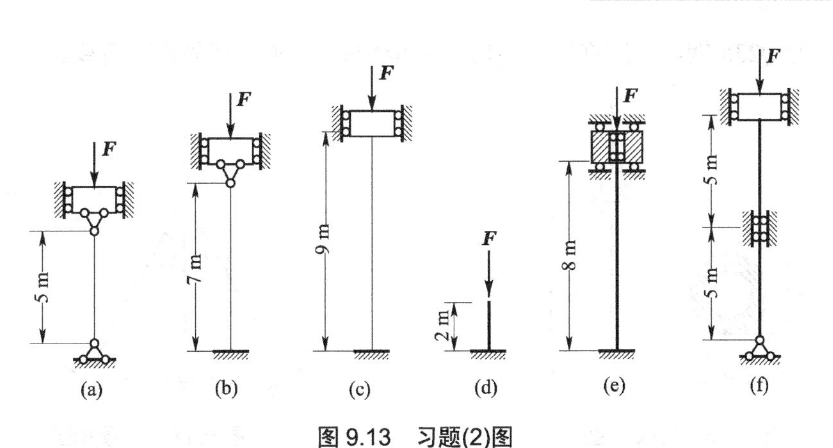

图 9.13　习题(2)图

(3) 压杆的 A 端固定，B 端自由，如图 9.14(a)所示。为提高其稳定性，在中点增加铰支座 C，如图 9.14(b)所示。试求加强后压杆的欧拉公式。

(4) 如图 9.15 所示正方形桁架，5 根相同直径的圆截面杆，已知杆直径 d=50mm，杆长 a=1m，材料为 Q235 钢，弹性模量 E=200GPa。试求桁架的临界力。若将荷载 $\boldsymbol{F}$ 方向反向，桁架的临界力又为何值？

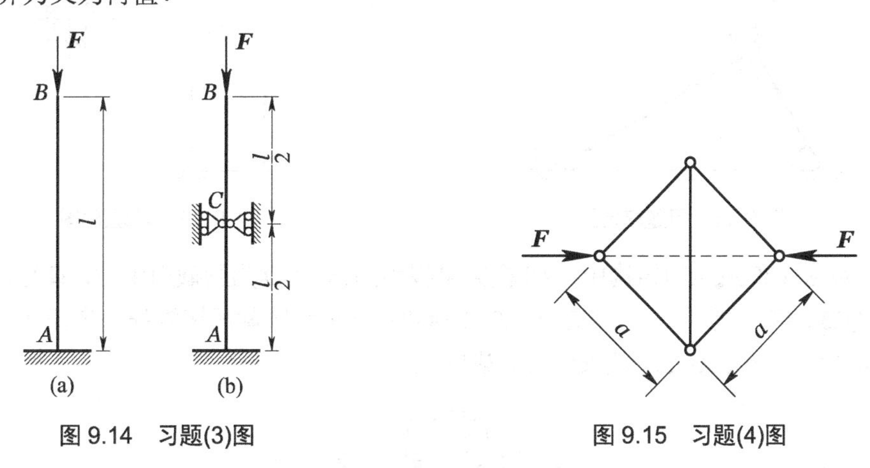

图 9.14　习题(3)图

图 9.15　习题(4)图

(5) 如图 9.16 所示，两端固定的空心圆柱形压杆，材料为 Q235 钢，E=200GPa，$\lambda_p=100$，外径与内径之比 $D/d=1.2$。试确定能用欧拉公式时压杆长度与外径的最小比值，并计算这时压杆的临界力。

(6) 图 9.17 所示的结构 $ABCD$，由 3 根直径均为 d 的圆截面钢杆组成，在 B 点铰支，而在 A 点和 C 点固定，D 为铰接点，$\dfrac{l}{d}=10\pi$。若此结构由于杆件在平面 $ABCD$ 内弹性失稳而丧失承受能力，试确定作用于节点 D 处的荷载 $\boldsymbol{F}$ 的临界力。

(7) 如图 9.18 所示的铰接杆系 ABC 由两根具有相同材料的细长杆所组成。若由于杆件在平面 ABC 内失稳而引起毁坏，试确定荷载 $\boldsymbol{F}$ 为最大时的 θ 角$\left(假定0<\theta<\dfrac{\pi}{2}\right)$。

(8) 下端固定、上端铰支、长 l=4m 的压杆，由两根 10 号槽钢焊接而成，如图 9.19 所示，符合《钢结构设计规范》(GB 50017—2003)中实腹式 b 类截面中心受力压杆的要求。已知杆的材料为Q235钢，强度许用应力$[\sigma]=170\text{MPa}$。试求压杆的许可荷载。

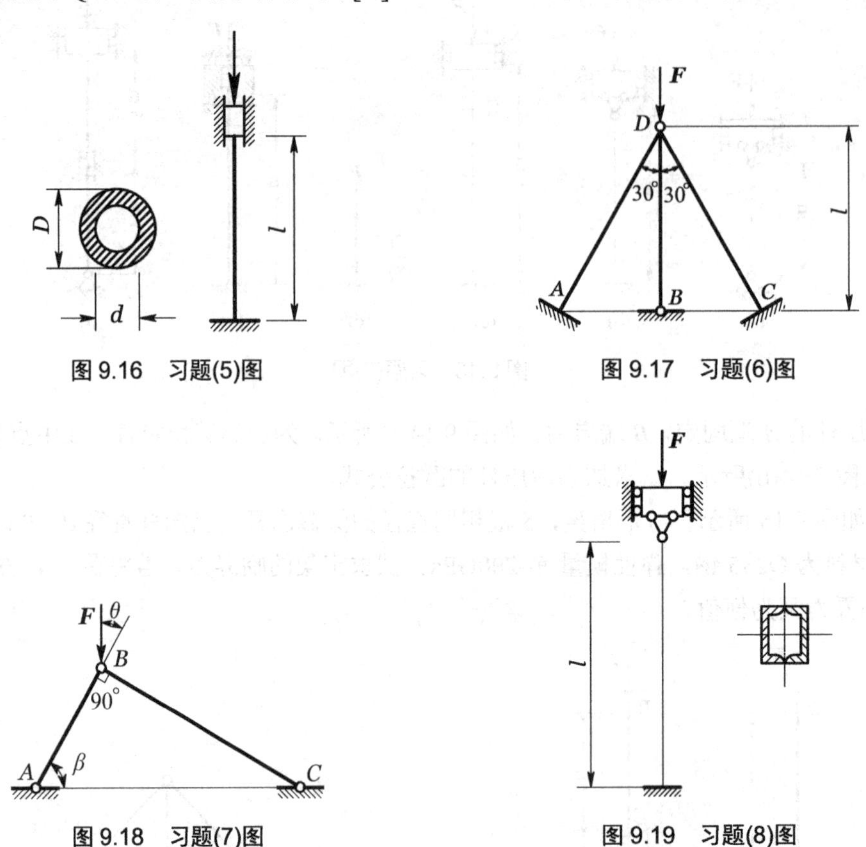

图9.16 习题(5)图

图9.17 习题(6)图

图9.18 习题(7)图

图9.19 习题(8)图

(9) 如图9.20所示的结构中，*AB*横梁可视为刚体，*CD*为圆截面钢杆，直径$d_1=50\text{mm}$，材料为Q235钢a类，$[\sigma]=160\text{GPa}$，$E=200\text{GPa}$，*EF*为圆截面铸铁杆，直径$d_2=100\text{mm}$，$[\sigma]=120\text{MPa}$，$E=120\text{GPa}$。试求许用荷载$[F]$。

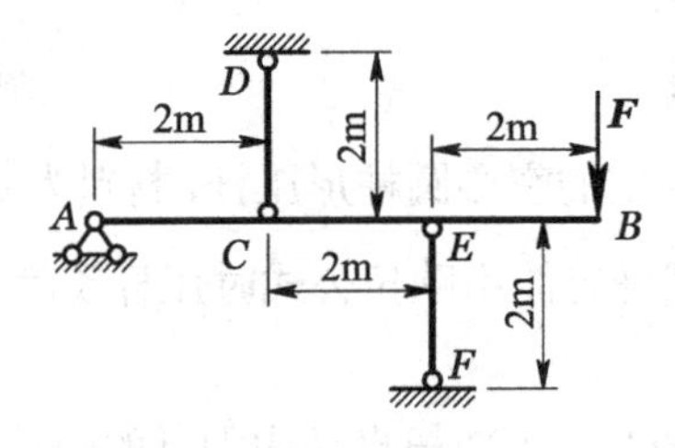

图9.20 习题(9)图

(10) 如图9.21所示的结构由钢曲杆*AB*和强度等级为TC13的木杆*BC*组成。已知结构所有的连接均为铰连接，在*B*点处承受垂直荷载$F=1.3\text{kN}$，木材的强度许用应力$[\sigma]=10\text{MPa}$。试校核*BC*的稳定性。

(11) 如图9.22所示的一简单托架，其撑杆*AB*为圆截面木杆，强度等级为TC15。若架上受集度为$q=50\text{kN/m}$的均布荷载作用，*AB*两端为柱形铰，材料的强度许用应力$[\sigma]=11\text{MPa}$。试求撑杆所需的直径*d*。

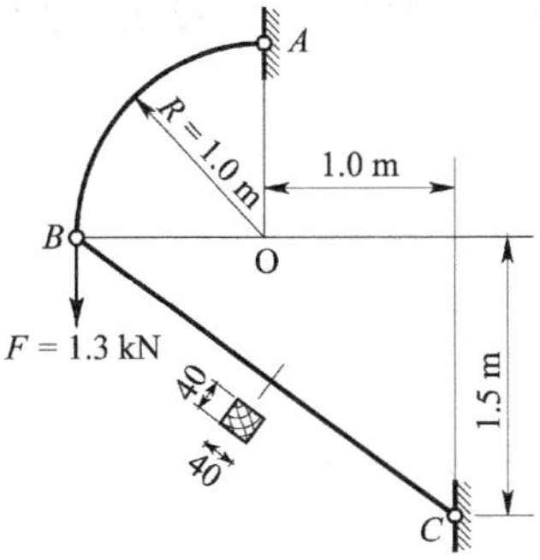

图 9.21　习题(10)图

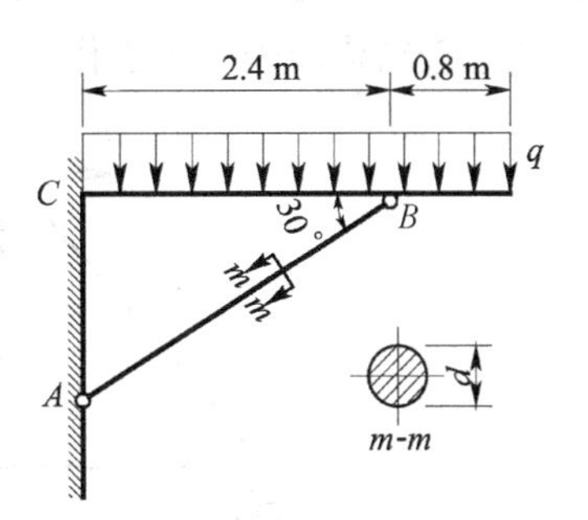

图 9.22　习题(11)图

(12) 如图 9.23 所示的结构中，杆 *AC* 与 *CD* 均由 Q235 钢制成，*C*、*D* 两处均为球铰。已知 d=20mm，b=100mm，h=180mm；E=200GPa，σ_s=235MPa，σ_b=400MPa；强度安全因数 n=2.0，稳定安全因数 n_{st}=3.0。试确定该结构的许可荷载。

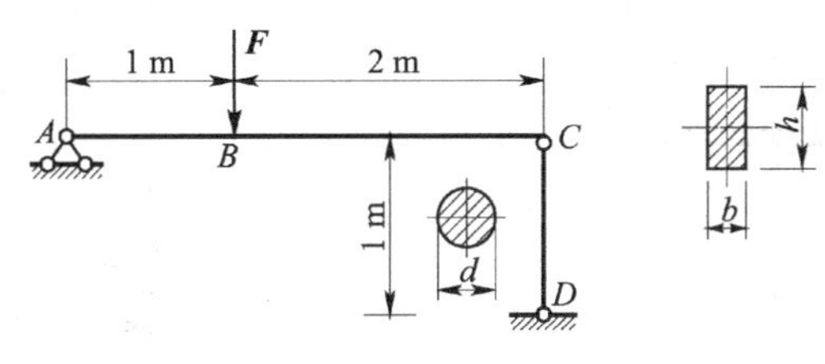

图 9.23　习题(12)图

(13) 如图 9.24 所示的结构中，钢梁 *AB* 及立柱 *CD* 分别由 16 号工字钢和连成一体的两根 63mm×63mm×5mm 角钢制成，杆 *CD* 符合《钢结构设计规范》(GB 50017—2003)中实腹式 b 类截面中心受压杆的要求。均布荷载集度 q=48kN/m。梁和柱的材料均为 Q235 钢，$[\sigma]$=170MPa，E=210GPa。试验算梁和立柱是否安全。

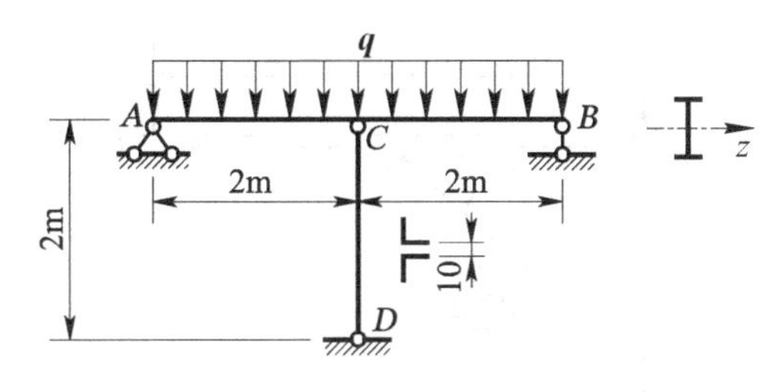

图 9.24　习题(13)图

(14) 如图 9.25 所示的结构中，*AB* 为 b=40mm，h=60mm 的矩形截面梁，*AC* 及 *CD* 为 d=40mm 的圆形截面杆，l=1m，材料均为 Q235 钢，若取强度安全因数 n=1.5，规定稳定安全因数 n_{st}=4。试求许可荷载$[F]$。

(15) 如图 9.26 所示的结构中，刚性杆 *AB*，*A* 点为固定铰支，*C*、*D* 处与两细长杆铰接，已知两细长杆长为 l，抗弯刚度为 EI。试求当结构因细长杆失稳而丧失承载能力时荷载 F 的临界值。

(16) 如图 9.27 所示的三角桁架，两杆均为由 Q235 钢制成的圆截面杆。已知杆直径

d=20mm，F=15kN，材料的 σ_s=240MPa，E=200GPa，强度安全因数 n=2.0，稳定安全因数 n_{st}=2.5。试检查结构能否安全工作。

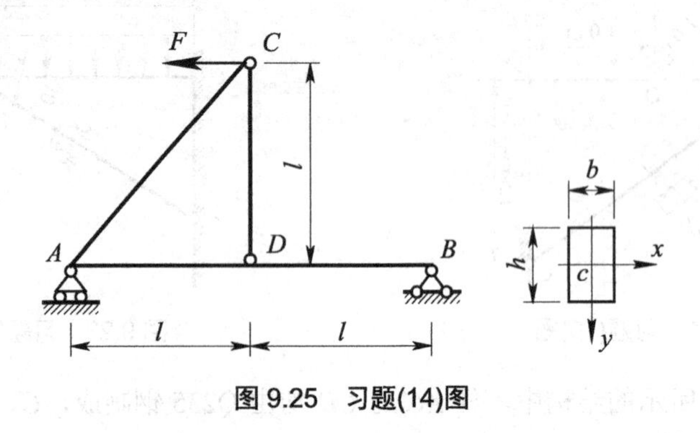

图 9.25　习题(14)图

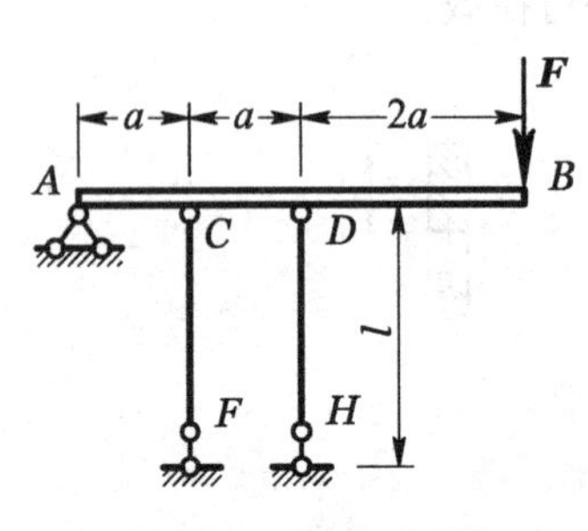

图 9.26　习题(15)图

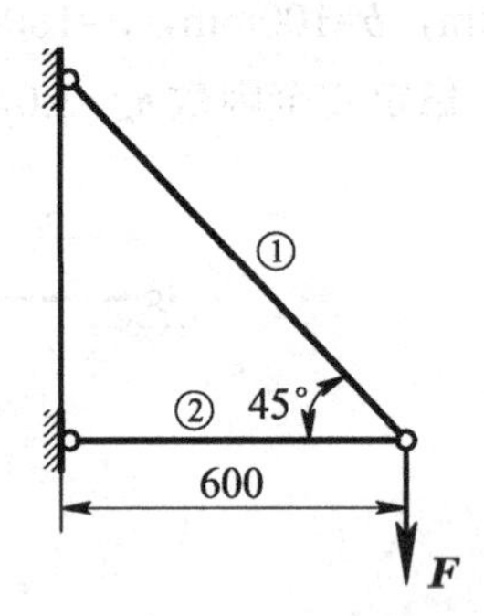

图 9.27　习题(16)图

(17) 如图 9.28 所示的结构，已知 F=12kN，AB 横梁用 14 号工字钢制成，许用应力 $[\sigma]$=160MPa，CD 杆由圆环形截面 Q235 钢制成，外径 D=36mm，内径 d=26mm，E=200GPa，稳定安全因数 n_{st}=2.5。试检查结构能否安全工作。

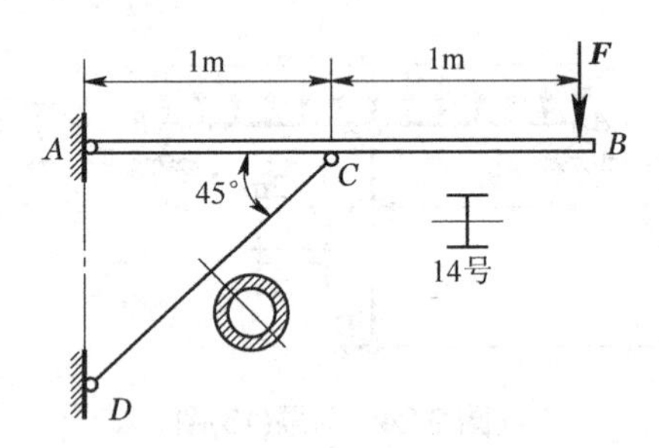

图 9.28　习题(17)图

第10章 能 量 法

10.1 概 述

对于弹性体，由于变形的可逆性，即当外力逐渐解除时，变形能又可全部转变为功。外力在相应的位移上所做的功，在数值上就等于积蓄在物体内的应变能。当外力撤除时，这种应变能将全部转换为其他形式的能量。本章将利用功和能的概念求解可变形固体的位移、变形和内力等，这种方法统称为**能量法**。用能量法求解任意结构的变形和位移及超静定结构都是非常简便的。某些原理、方法并不局限于线弹性问题，也可适用于非线性和塑性问题，应就具体问题选择适宜的方法。能量法的应用很广，也是用有限单元法求解固体力学问题的重要基础。

本章首先介绍应变能和余能的概念；然后在此基础上讨论计算弹性杆的力和位移的两个定理，即卡氏第一定理、卡氏第二定理，以及求解超静定问题。

10.2 应变能和余能

10.2.1 应变能

当线弹性体上有多个力 $\boldsymbol{F}_i\,(i=1,2,\cdots,n)$作用时，若设每个外力作用点处的位移为$\varDelta$，则不论按何种次序加载，外力对该弹性体所做的外力功为

$$W=\frac{1}{2}\sum_{i=1}^{n}F_i\varDelta_i \tag{10-1}$$

式(10-1)中F_i称为**广义力**，即为集中力，或为力偶矩，或为一对大小相等、方向相反的力或力偶矩等；位移$\varDelta_i$是指相应于广义力的**广义位移**。例如，当广义力为集中力时，相应的广义位移为该力方向上的线位移。

对于拉伸和压缩杆件，作用在$\mathrm{d}x$微段上的轴力$\boldsymbol{F}_{\mathrm{N}}$，使微段的两相邻横截面产生相对位移$\mathrm{d}(\Delta l)$，轴力$\boldsymbol{F}_{\mathrm{N}}$因而做功，用$\mathrm{d}W$表示，其值为

$$dW = \frac{1}{2}F_N d(\Delta l)$$

此功全部转变为微段的应变能。若用 dV_ε 表示，于是有

$$dV_\varepsilon = dW = \frac{1}{2}F_N d(\Delta l)$$

其中 $d(\Delta l)$ 为微段的轴向变形量，Δl 为杆件的总伸长或缩短量。将 $d(\Delta l) = \frac{F_N}{EA}dx$ 代入上式，并沿杆长 l 积分后，得到杆件的应变能表达式为

$$V_\varepsilon = \int_0^l \frac{F_N^2}{2EA}dx = \frac{F_N^2 l}{2EA} \tag{10-2}$$

对于承受扭转的圆轴，作用在 dx 微段上的扭矩 $\boldsymbol{T}$，使微段的两相邻横截面产生相对扭转角 $d\varphi$，扭矩 $\boldsymbol{T}$ 因而做功，其值为

$$dW = \frac{1}{2}T d\varphi$$

此功全部转变为微段的应变能。于是有

$$dV_\varepsilon = dW = \frac{1}{2}T d\varphi$$

应用圆轴微段两截面绕杆轴线的相对扭转角的公式有

$$d\varphi = \frac{T}{GI_P}dx$$

代入上式，并沿杆长 l 积分后，得到轴的应变能表达式为

$$V_\varepsilon = \frac{1}{2}\int_0^l T d\varphi = \frac{T^2 l}{2GI_P} \tag{10-3}$$

对于承受纯弯曲的梁，作用在 dx 微段上的弯矩 $\boldsymbol{M}$，使微段的两相邻横截面产生相对转角 $d\theta$，弯矩 $\boldsymbol{M}$ 因而做功，其值为

$$dW = \frac{1}{2}M d\theta$$

此功全部转变为微段的应变能。于是有

$$dV_\varepsilon = dW = \frac{1}{2}M d\theta$$

应用梁弯曲时的曲率公式有

$$d\theta = \frac{M}{EI}dx$$

代入上式，并沿杆长 l 积分后，得到梁的应变能表达式为

$$V_\varepsilon = \frac{1}{2}\int_0^l M d\theta = \frac{M^2 l}{2EI} \tag{10-4}$$

对于承受横力弯曲的梁，横截面上既有弯矩又有剪力，并且都是 x 的函数。仿照上述应变能的推导，得到横力弯曲梁的应变能为

$$V_\varepsilon = W = \int_l \frac{M^2(x)dx}{2EI} + \int_l \alpha_s \frac{F_S^2(x)dx}{2GA} \tag{10-5}$$

式中，α_s 为剪切不均匀系数。

由于剪力 $F_S(x)$ 的外力功较小，通常忽略不计，所以上式可写成

$$V_\varepsilon = W = \int \frac{M^2(x)\mathrm{d}x}{2EI} \tag{10-6}$$

由于在拉杆的各横截面上所有点的应力均相同，故杆的单位体积所积蓄的应变能，可由杆的应变能 V_ε 除以体积 V 来计算。这种单位体积的应变能，称为比能，并用 v_ε 表示，比如拉压杆比能为

$$v_\varepsilon = \frac{1}{2}\sigma\varepsilon \tag{10-7}$$

受扭杆比能为

$$v_\varepsilon = \frac{1}{2}\tau\gamma \tag{10-8}$$

需要注意的是，上述表达式必须在小变形条件下，并且在线弹性范围内加载才适用。

作为普遍情况，材料是非线性弹性体。现以拉杆为例，如图 10.1(a)所示，讨论非线性弹性体在外力 $\boldsymbol{F}$ 作用下，在其杆端位移 $\varDelta$ 上所做的功，如图 10.1(b)所示。材料在轴向拉伸时的应力-应变曲线如图 10.1(c)所示。

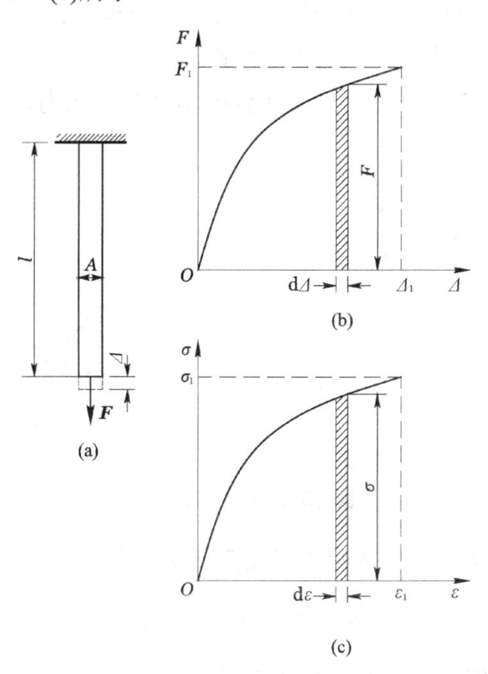

图 10.1　杆件的拉伸变形

当外力由 0 逐渐增大到 F_1 时，杆端位移就由 0 逐渐增至 $\varDelta_1$，此时，外力所做的功为

$$W = \int_0^{\varDelta_i} F\mathrm{d}\varDelta$$

从如图 10.1(b)可见，$F\mathrm{d}\varDelta$ 相当于图中带阴影线的长条面积。由此可知，外力所做的功就相当于从 $\varDelta=0$ 到 $\varDelta=\varDelta_1$ 之间 F-$\varDelta$ 曲线下的面积。由于材料是弹性体，所以在略去加载和卸载过程中的能量损耗后，外力所做的功 W 在数值上就等于积蓄在杆内的应变能 V_ε，即

$$v_\varepsilon = W = \int_0^{\Delta} F \mathrm{d}\Delta \tag{10-9}$$

由比能的定义可知，非线性弹性体的比能为

$$v_\varepsilon = \int_0^{\varepsilon_i} \sigma \mathrm{d}\varepsilon \tag{10-10}$$

若取出的单元体各边长分别为dx、dy、dz，则单元体内所积蓄的应变能为

$$\mathrm{d}v_\varepsilon = v_\varepsilon \mathrm{d}x\mathrm{d}y\mathrm{d}z$$

若令 $\mathrm{d}x\mathrm{d}y\mathrm{d}z=\mathrm{d}V$ (单元体的体积)，则整个拉杆内所积蓄的应变能为

$$V_\varepsilon = \int \mathrm{d}V_\varepsilon = \int_V v_\varepsilon \mathrm{d}V \tag{10-11a}$$

又因在拉杆整个体积内各点处的 v_ε 为常数，故有

$$V_\varepsilon = \int_V v_\varepsilon \mathrm{d}V = v_\varepsilon V = v_\varepsilon AL \tag{10-11b}$$

在计算梁或轴内所积蓄的应变能时，也可采用式(10-9)的形式，但应将其中的 F 和 Δ 分别改为作用在梁上的荷载 $\boldsymbol{F}$ (或 $\boldsymbol{M}_\mathrm{e}$)和施力点处的挠度 w (或转角 θ)，或者作用在轴上的扭转外力偶矩 $\boldsymbol{M}_\mathrm{e}$ 和施力截面的扭转角 φ。对应于扭转变形的比能，式(10-10)中的 σ 和 ε 应分别改为 τ 和 γ。

【例题 10.1】 线弹性杆件受力如图 10.2 所示，若两杆的拉、压刚度均为 EA。试利用外力功与应变能之间的关系计算 B 点的铅垂位移。

解：外力作用在线弹性杆系上，外力所做的功完全转化为杆系的应变能。利用该关系可以计算 B 点的位移。

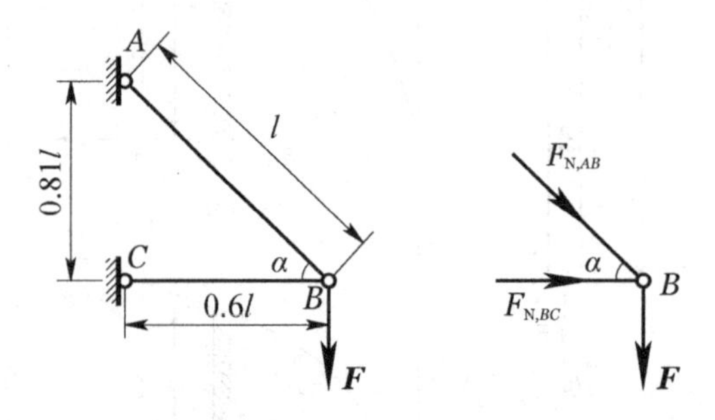

图 10.2 例题 10.1 图

(1) 计算各杆轴力。由节点 B 的静力平衡条件求得各杆轴力为

$$F_{\mathrm{N},AB} = -\frac{5}{4}F, \quad F_{\mathrm{N},BC} = \frac{3}{4}F$$

(2) 计算杆系的应变能。杆系的应变能为两杆应变能之和，即

$$V_\varepsilon = V_{\varepsilon,AB} + V_{\varepsilon,BC} = \frac{F_{\mathrm{N},AB}^2 l_{AB}}{2EA} + \frac{F_{\mathrm{N},BC}^2 l_{BC}}{2EA}$$

式中 $l_{AB}=l,\ l_{BC}=0.6l$，则

$$V_\varepsilon = \frac{\left(-\frac{5}{4}F\right)^2 l}{2EA} + \frac{\left(\frac{3}{4}F\right)^2 (0.6l)}{2EA} = \frac{1.9F^2 l}{2EA}$$

(3) 计算 B 点位移。设 B 点铅垂位移为 Δ_{Bv}，外力 F 由 0 逐渐增加的过程中，F 与 Δ_{Bv} 始终保持正比关系，外力所做的功为 $W=\dfrac{1}{2}F\Delta_{Bv}$，并和杆系的应变能相等，即

$$\frac{1}{2}F\Delta_{Bv}=\frac{1.9F^2l}{2EA}$$

得

$$\Delta_{Bv}=\frac{1.9Fl}{EA}$$

10.2.2 余能

设图 10.3(a)所示为非线性弹性材料所制成的拉杆。当外力从 0 增加到 F_1 时，由于材料为非线性弹性，则拉杆的 F - Δ 曲线如图 10.3(b)所示，仿照外力功的表达式计算另一积分为

$$\int_0^{F_1}\Delta\mathrm{d}F$$

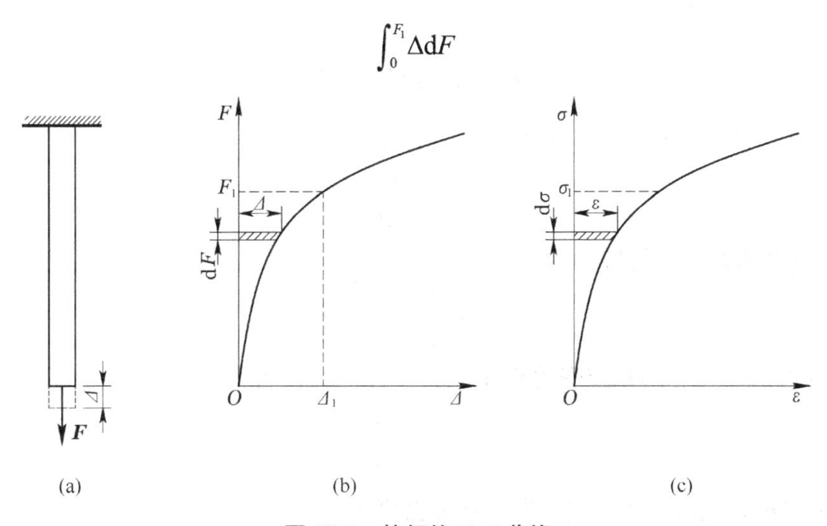

图 10.3 拉杆的 F-Δ 曲线

上式积分是 F - Δ 曲线与纵坐标轴间的面积，其量纲与外力功相同，称其为**“余功”**，用 W_c 表示，即

$$W_c=\int_0^{F_1}\Delta\mathrm{d}F \tag{10-12}$$

由图 10.3 可见，余功与外力功 $\int_0^{F_1}F\mathrm{d}\Delta$ 之和正好等于矩形面积 $F_1\Delta_1$。由于材料是弹性的，仿照功与应变能相等的关系，可得与余功相应的能称为余能，并用 V_c 表示。余功和余能在数值上相等，即

$$V_c=W_c=\int_0^{F_1}\Delta\mathrm{d}F \tag{10-13}$$

同样仿照计算比能的方式，得到单位体积余能的计算表达式为

$$v_c=\int_0^{\sigma_1}\varepsilon\mathrm{d}\sigma \tag{10-14}$$

对应的余能可写成

$$V_c = \int_V v_c \mathrm{d}V \tag{10-15}$$

应该指出，余功、余能、单位体积余能都没有具体的物理概念，它们只不过是具有功和能的量纲而已，与外力功、应变能、比能在计算方法上也截然不同。下面结合例题来说明余能的计算。

【例题 10.2】 试计算图 10.4 所示结构在荷载 $\boldsymbol{F}_1$ 作用下的余能 V_ε。结构中两杆的长度均为 l，横截面面积均为 A。材料在单轴拉伸时的应力-应变曲线如图 10.4(b)所示。

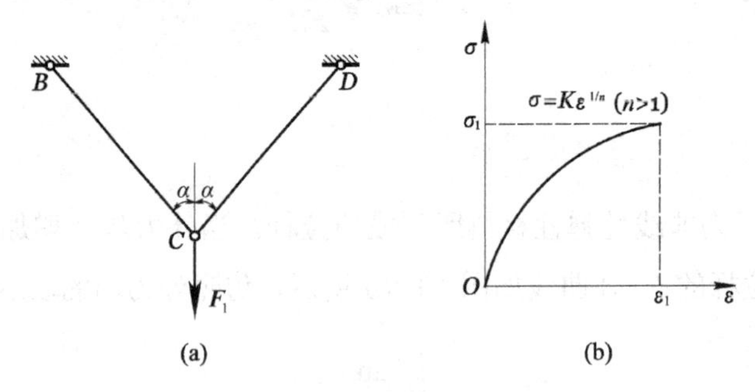

图 10.4　例题 10.2 图

解： 由节点 C 的平衡方程，可得两杆轴力为

$$F_{\mathrm{N}} = \frac{F_1}{2\cos\alpha} \tag{a}$$

于是，两杆横截面上的应力为

$$\sigma_1 = \frac{F_{\mathrm{N}}}{A} = \frac{F_1}{2A\cos\alpha} \tag{b}$$

由非线弹性材料的应力-应变关系 $\sigma = K\varepsilon^{1/n}$ 且 $n>1$，可得

$$\varepsilon = \left(\frac{\sigma}{K}\right)^n \tag{c}$$

将式(b)和式(c)代入式(10-14)，即得余能密度为

$$v_c = \int_0^{\sigma_1} \varepsilon \mathrm{d}\sigma = \int_0^{\sigma_1} \left(\frac{\sigma}{K}\right)^n \mathrm{d}\sigma = \frac{1}{K^n(n+1)}\left(\frac{F_1}{2A\cos\alpha}\right)^{n+1}$$

由于轴向拉伸杆内各点的应变状态均相同，因此，结构在荷载 $\boldsymbol{F}_1$ 作用下的余能为

$$V_c = v_c(2lA) = \frac{2lA}{K^n(n+1)}\left(\frac{F_1}{2A\cos\alpha}\right)^{n+1} \tag{d}$$

$$= \frac{l}{(2A)^n K^n (n+1)}\left(\frac{F_1}{\cos\alpha}\right)^{n+1}$$

10.3 卡氏定理

利用式(10-1)和式(10-12)，卡斯蒂利亚诺(A.Casligliano)导出了计算弹性杆件的力和位移的两个定理，通常称之为卡氏第一定理和卡氏第二定理。下面先介绍卡氏第一定理。

10.3.1　卡氏第一定理

设如图 10.5 所示的梁材料为非线弹性材料。梁上有 n 个集中荷载作用，与其相应的最后位移分别为 $\Delta_1,\Delta_2,\cdots,\Delta_n$。假定这些荷载同时作用在梁上，并按同一比例逐渐从 0 增加到其最后值 $P_1,P_2,\cdots,P_n$，于是外力所做总功就等于每个集中荷载在加载过程中所做功的总和。由于梁内应变能 V_ε 在数值上就等于外力功，所以，可仿照式(10-1)写出 V_ε 的表达式为

$$V_\varepsilon=W=\sum_{i=1}^{n}\int_0^{\Delta_i}F_i\mathrm{d}\Delta_i \tag{10-16}$$

由于式(10-16)右端每个积分 $\int_0^{\Delta_i}F_i\mathrm{d}\Delta_1$ 都是位移 Δ_i 的函数，所以式(10-16)表示梁内的应变能 V_ε 是其上所有荷载相应的最后位移 Δ_i 的函数。

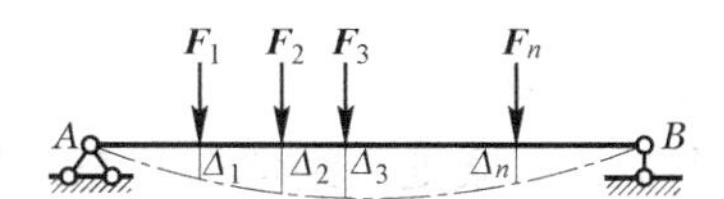

图 10.5　梁的横力弯曲变形

假设与第 i 个荷载相应的位移有一微小增量 $\mathrm{d}\Delta_i$，则梁内应变能的变化 $\mathrm{d}V_\varepsilon$ 应写成

$$\mathrm{d}V_\varepsilon=\frac{\partial V_\varepsilon}{\partial \Delta_i}\mathrm{d}\Delta_i \tag{a}$$

式(a)中，$\dfrac{\partial V_\varepsilon}{\partial \Delta_i}$ 代表应变能对于位移 Δ_i 的变化率。又因为只有与第 i 个荷载相应的位移有增量，而与其余荷载相应的位移保持不变。因此，对于此位移的微小增量 $\mathrm{d}\Delta_i$，只有 $\boldsymbol{F}_i$ 做了功，于是，外力功的变化为

$$\mathrm{d}W=F_i\mathrm{d}\Delta_i \tag{b}$$

由于外力功在数值上等于应变能，故有

$$\mathrm{d}V_\varepsilon=\mathrm{d}W \tag{c}$$

将式(a)、式(b)代入式(c)，经整理得

$$F_i=\frac{\partial V_\varepsilon}{\partial \Delta_i} \tag{10-17}$$

这是一个普遍规律，通常称式(10-17)为**卡氏第一定理**。它表明，**弹性杆件的应变能 V_ε 对于杆件上与某一荷载相应的位移的变化率，就等于该荷载的数值**。应该指出，卡氏第一定理适用于一切受力状态下的弹性杆件。式(10-17)中，F_i 代表作用在杆件上的广义力，可以是一个力、一个力偶、一对力或一对力偶；而 Δ_i 则为与之相对应的广义位移，可以是一个线位移、一个角位移、相对线位移或相对角位移。

【例题 10.3】 弯曲刚度为 EI 的悬臂梁如图 10.6 所示，试按卡氏第一定理，根据其自由端的已知转角 θ，确定施加于该处的外力偶矩 $\boldsymbol{M}_\mathrm{e}$。梁的材料在线弹性范围内工作。

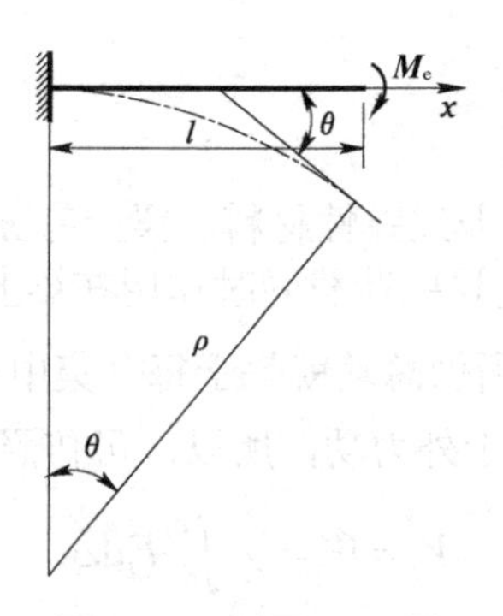

图 10.6 例题 10.3 图

解：悬臂梁自由端施加一外力偶矩 $\boldsymbol{M}_e$ 时，梁处于纯弯曲状态。梁内任一点处的线应变为

$$\varepsilon = y/\rho \tag{a}$$

式(a)中，ρ 为挠曲线的曲率半径。梁处于纯弯曲状态，挠曲线为圆弧，由图可见

$$\rho\theta = l \tag{b}$$

于是，式(a)可改写为

$$\varepsilon = y\theta/l \tag{c}$$

按式(10-7)可得梁内任一点处的比能 v_ε 的表达式为

$$v_\varepsilon = \frac{1}{2}\sigma\varepsilon = \frac{1}{2}E\varepsilon^2 = \frac{1}{2}\frac{E\theta^2}{l^2}y^2 \tag{d}$$

将 v_ε 的表达式代入式(10-11a)，并在积分时取 dA 为梁横截面的微面积，则得到用转角 θ 表示的应变能 V_ε 的表达式为

$$\begin{aligned} V_\varepsilon &= \int_V v_\varepsilon \mathrm{d}V = \int_l \left(\int_A v_\varepsilon \mathrm{d}A\right)\mathrm{d}x \\ &= \int_l \left(\frac{1}{2}\frac{E\theta^2}{l^2}\int_A y^2 \mathrm{d}A\right)\mathrm{d}x = \frac{1}{2}\frac{EI}{l}\theta^2 \end{aligned} \tag{e}$$

按卡氏第一定理，即式(10-17)，可得

$$M_e = \frac{\partial V_\varepsilon}{\partial \theta} = \frac{1}{2}\frac{EI}{l}(2\theta) = \frac{EI\theta}{l} \tag{f}$$

由式(f)即可根据已知的转角 θ 求得外力偶矩 $\boldsymbol{M}_e$ 的值。

10.3.2 卡氏第二定理

仍以如图 10.5 所示的梁为例。为了计算方便，仍将这些集中荷载按简单加载的方式施加在梁上。此时，外力的总余功就等于每个集中荷载的余功的总和。于是，梁内的余能可仿照式(10-13)写为

$$V_c = W_c = \sum_{i=1}^{n}\int_0^{F_i} \Delta_i \mathrm{d}F_i \tag{10-18}$$

式(10-18)说明，梁内的余能是作用在梁上一系列荷载 F_i 的函数。

假设第 i 个荷载有一微小增量 $\mathrm{d}F_i$，而其余荷载均维持为常量不变。由于 F_i 改变了 $\mathrm{d}F_i$，外力总余功的相应改变量为

$$\mathrm{d}W_c = \Delta_i \mathrm{d}F_i \tag{a}$$

而由于 F_i 改变了 $\mathrm{d}F_i$，梁内余能的相应改变量则为

$$\mathrm{d}V_c = \frac{\partial V_c}{\partial F_i}\mathrm{d}F_i \tag{b}$$

如前所述，外力功在数值上应等于弹性杆件的余能，因此，得

$$\mathrm{d}V_c = \mathrm{d}W_c \tag{c}$$

将式(a)、式(b)代入式(c)，经整理后，即得

$$\Delta_i = \frac{\partial V_c}{\partial F_i} \tag{10-19}$$

式(10-19)称为**余能定理**，可用来计算非线弹性杆件或杆系于某一荷载 F_i 相应的位移 Δ_i。

在线弹性杆件或杆系中，由于力与位移成正比，杆内的应变能 V_ε 在数值上等于余能 V_c。因此对于线弹性杆件或杆系，可用应变能 V_ε 代替式(10-19)中的余能 V_c，从而得到

$$\Delta_i = \frac{\partial V_\varepsilon}{\partial F_i} \tag{10-20}$$

式(10-20)称为**卡氏第二定理**。它表明，线弹性杆件或杆系的应变能 V_ε 对于作用在该杆件或杆系上的某一荷载的变化率，等于该荷载的相应位移。显然，卡氏第二定理是余能定理在线弹性情况下的特例。

特别需要注意的是，卡氏第一定理既适用线弹性体，也适用于非线弹性体；而卡氏第二定理则仅适用于线弹性体。卡氏第一定理、余能定理、卡氏第二定理都属于能量法。

【例题 10.4】 弯曲刚度为 EI 的悬臂梁受三角形分布荷载如图 10.7 所示。梁的材料为线弹性体，且不计切应变对挠度的影响。试用卡氏第二定理计算悬臂梁自由端的挠度。

解：为利用卡氏第二定理确定梁自由端的挠度，需在自由端加上与需求位移相应的虚设外力 $\boldsymbol{F}$。在求得梁在分布荷载和虚设外力共同作用下的应变能 V_ε 对虚设外力 $\boldsymbol{F}$ 的变化率 $\frac{\partial V_\varepsilon}{\partial F}$ 后，由于卡氏第二定理对外力的数值并无要求，因此，在 $\frac{\partial V_\varepsilon}{\partial F}$ 的表达式中，令虚设外力 $F=0$，所得结果即为梁自由端的挠度 w_A。

在三角形分布荷载和虚设外力共同作用下，梁的任意 x 截面处的弯矩为

$$M(x) = M_q(x) + M_F(x) = -\left(\frac{1}{6}\frac{q_0}{l}x^3 + Fx\right)$$

于是，得梁内的应变能为

$$\begin{aligned} V_\varepsilon &= \int_V v_\varepsilon \mathrm{d}V = \int_0^l \frac{M^2(x)}{2EI}\mathrm{d}x \\ &= \int_0^l \frac{1}{2EI}\left(\frac{1}{6}\frac{q_0}{l}x^3 + Fx\right)^2 \mathrm{d}x \end{aligned}$$

$$=\int_0^l \frac{1}{2EI}\left(\frac{1}{36}\frac{q_0^2}{l^2}x^6+2\times\frac{1}{6}\frac{q_0}{l}Fx^4+F^2x^2\right)dx$$

$$=\frac{1}{2EI}\left(\frac{1}{252}q_0^2l^5+\frac{1}{15}q_0Fl^4+\frac{F^2}{3}l^3\right)$$

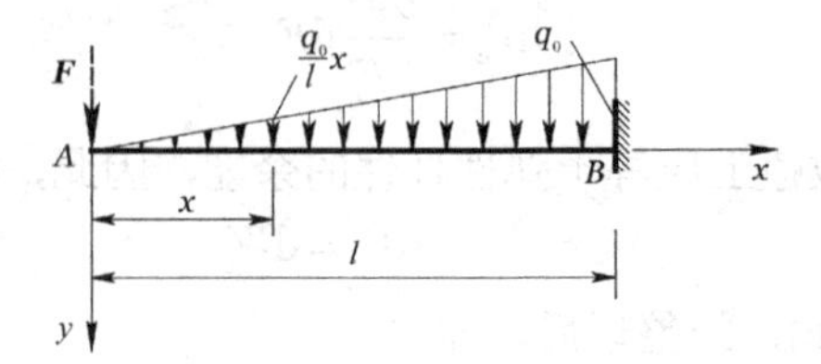

图 10.7　例题 10.4 图

V_ε 对 F 的变化率 $\frac{\partial V_\varepsilon}{\partial F}$ 为

$$\frac{\partial V_\varepsilon}{\partial F}=\frac{1}{2EI}\left(\frac{1}{15}q_0l^4+\frac{2}{3}Fl^3\right)$$

上式中令 $F=0$，即得梁自由端的挠度为

$$w_A=\left.\frac{\partial V_\varepsilon}{\partial F}\right|_{F=0}=\frac{1}{2EI}\times\frac{1}{15}q_0l^4=\frac{q_0l^4}{30EI}$$

正值的 w_A 表示挠度的指向与虚设力 $\boldsymbol{F}$ 的指向一致。

在计算较复杂的弯曲问题时，可以将 $\left.\frac{\partial V_\varepsilon}{\partial F}\right|_{F=0}$ 写成

$$\left.\frac{\partial V_\varepsilon}{\partial F}\right|_{F=0}=\int_0^l\left.\frac{\partial M^2(x)}{\partial F}\right|_{F=0}\times\frac{1}{2EI}dx$$

由于 $M(x)$ 是 $\boldsymbol{F}$ 的函数，故

$$\left.\frac{\partial M^2(x)}{\partial F}\right|_{F=0}=\frac{\partial M^2(x)}{\partial M(x)}\times\left.\frac{\partial M(x)}{\partial F}\right|_{F=0}$$

$$=2M(x)|_{F=0}\times\left.\frac{\partial M(x)}{\partial F}\right|_{F=0}$$

$$=2M_q(x)\times\left.\frac{\partial M(x)}{\partial F}\right|_{F=0}$$

式中，$M(x)|_{F=0}=[M_q(x)+M_F(x)]_{F=0}=M_q(x)$，即为由原荷载引起的弯矩。这样，计算工作将大为简化。

10.4　用能量法求解超静定问题

有关超静定问题的求解，在前面都已做过介绍，所采用的方法综合考虑静力、几何和物理 3 个方面，即除建立静力平衡方程外，还需建立几何相容方程，并引入物理关系作为

外充方程，最后联立求出未知力。在本章中，讨论了应用能量方法求解线性或非线性杆件或杆系在任意荷载作用下的位移。于是，利用能量法求解的力-位移间的物理关系，就可使求解超静定问题的范围扩展到复杂荷载的作用下线弹性或非线弹性的复杂结构超静定问题，下面举例说明用能量法求解超静定系统的方法。

【例题 10.5】 试用卡氏第二定理求图 10.8(a)所示刚架的支反力。已知两杆的弯曲刚度均为 EI，不计剪力和轴力对刚架变形的影响。

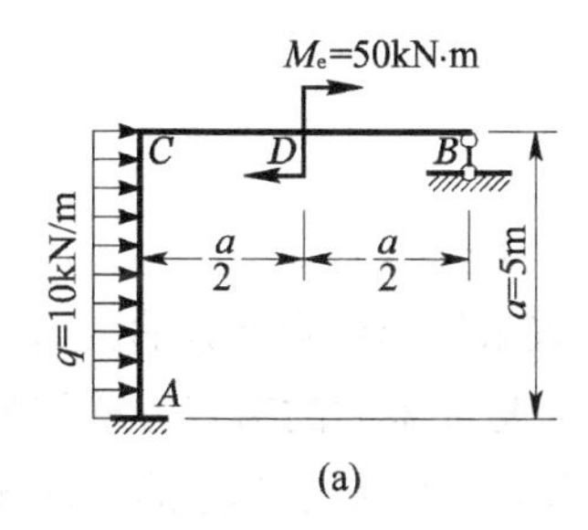

(a)

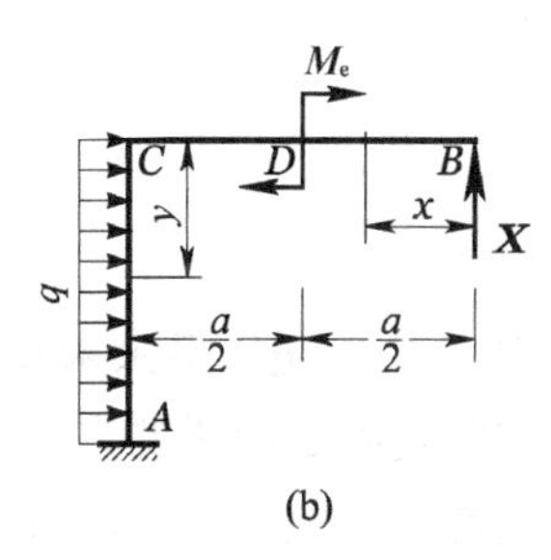

(b)

图 10.8　例题 10.5 图

解： 刚架为一次超静定。取支座 B 为多余约束，解除该约束并以多余未知力 X 代替，得到基本静定系如图 10.8(b)所示。和原刚架相比较，应满足的变形相容条件是在 B 点处的挠度为 0，即

$$w_B = 0 \tag{a}$$

按卡氏第二定理，得力与位移的物理关系为

$$w_B = \frac{\partial V_\varepsilon}{\partial X} = \frac{1}{EI}\int_l M(x)\frac{\partial M(x)}{\partial X}\mathrm{d}x \tag{b}$$

刚架各段的弯矩方程及其对 X 的偏导数分别为

BD 段

$$M(x) = Xx \qquad 0 \leqslant x \leqslant \frac{a}{2}$$

$$\frac{\partial M(x)}{\partial X} = x$$

DC 段

$$M(x) = Xx - M_e \qquad \frac{a}{2} \leqslant x \leqslant a$$

$$\frac{\partial M(x)}{\partial X} = x$$

CA 段

$$M(y) = Xa - M_e - \frac{qy^2}{2} \qquad 0 \leqslant y \leqslant a$$

$$\frac{\partial M(y)}{\partial X} = a$$

将上列各式代入式(b)，再由式(a)得补充方程为

$$w_B = \frac{1}{EI}\left[\int_0^{\frac{a}{2}} Xx \cdot x\mathrm{d}x + \int_{\frac{a}{2}}^{a}(Xx - M_e)x\mathrm{d}x + \int_0^a\left(Xa - M_e - \frac{qy^2}{2}\right)\right]a\mathrm{d}y = 0$$

将上式积分、整理并代入荷载 M_e 及 q 值后，得

$$X=\frac{1}{32a}(33M_e+4qa^2)$$
$$=\frac{1}{32\times5}\times[33\times50\times10^3+4\times10\times10^3\times5^2]\text{N}$$
$$=16.56\times10^3\text{ N}=16.56\text{ kN}$$

求得多余未知力 X 值后，便可按基本静定系，如图 10.8(b)所示，由平衡方程求得固定端 A 的支反力为

$$F_{Ax}=50\text{ kN}\ (\leftarrow)$$
$$F_{Ay}=16.56\text{ kN}\ (\downarrow)$$
$$M_A=92.2\text{ kN}\cdot\text{m}(\frown)$$

在例题 10.5 中，是以多余未知力作为基本未知量来求解超静定问题的。这种以力为基本未知量来求解超静定问题的方法，统称为力法。如果是以未知的节点位移作为基本未知量，来求解超静定问题的方法，统称为位移法。力法和位移法是求解超静定问题的两种基本方法，将在结构力学课程中详细介绍，本书不再细述。

10.5 习 题

(1) 试求图 10.9 所示杆的应变能。各杆均由同一种材料制成，弹性模量为 E。各杆的长度相同。

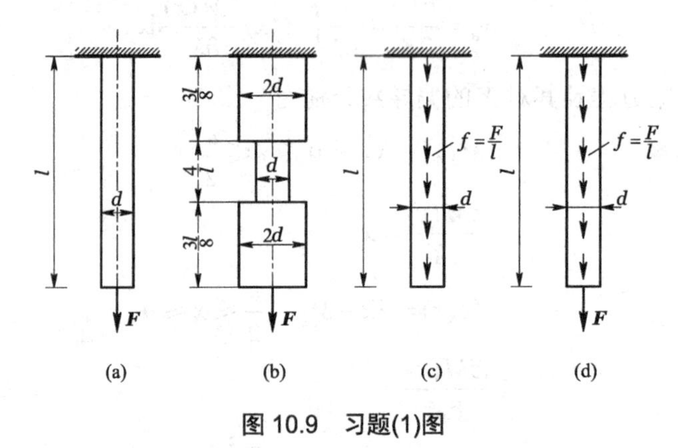

图 10.9 习题(1)图

(2) 试求图 10.10 所示受扭圆轴内的应变能($d_2=1.5d_1$)。

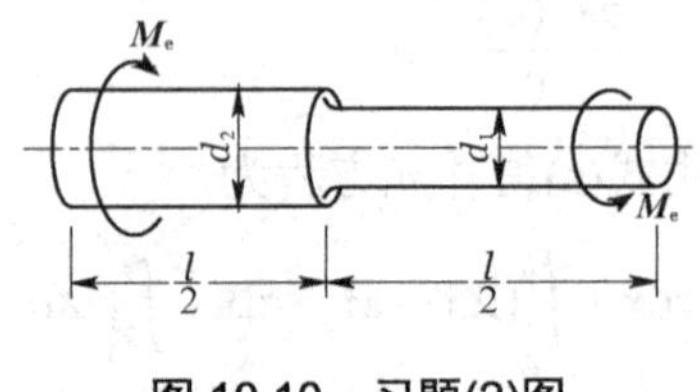

图 10.10 习题(2)图

(3) 试计算图 10.11 所示梁或结构内的应变能。略去剪切的影响，EI 为已知。对于只受

拉伸(或压缩)的杆件，考虑拉伸(压缩)时的应变能。

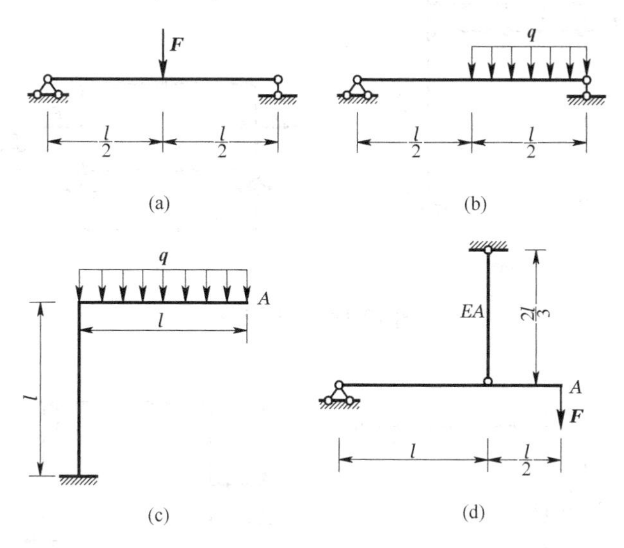

图 10.11　习题(3)图

(4) 试用卡氏第二定理求图 10.12 所示各刚架截面 A 的位移和截面 B 的转角。略去剪力 F_S 和轴力 F_N 的影响，EI 为已知。

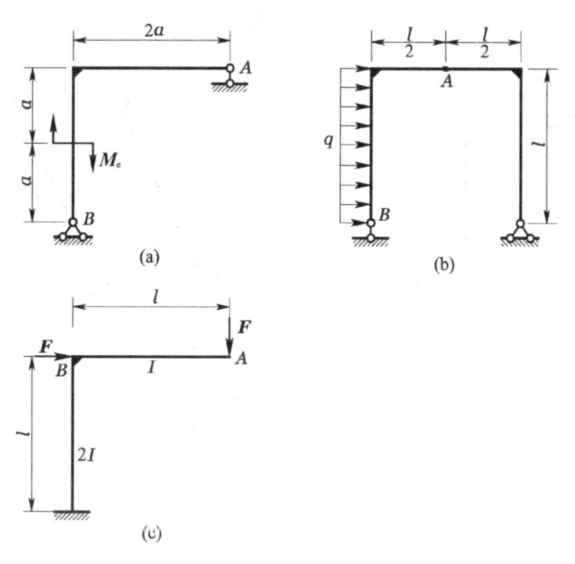

图 10.12　习题(4)图

(5) 试用卡氏第二定理求图 10.13 所示刚架上点 A、B 间的相对位移和 C 点处两侧截面的相对角位移。各杆的弯曲刚度均为 EI。

(6) 试用卡氏第二定理求解图 10.14 所示超静定结构。已知各杆的 EI、EA 相同。

(7) 试用卡氏第二定理求解如图 10.15 所示的超静定刚架并绘出内力图。已知各杆的 EI 相同，且 $GI_P = 0.8EI$。

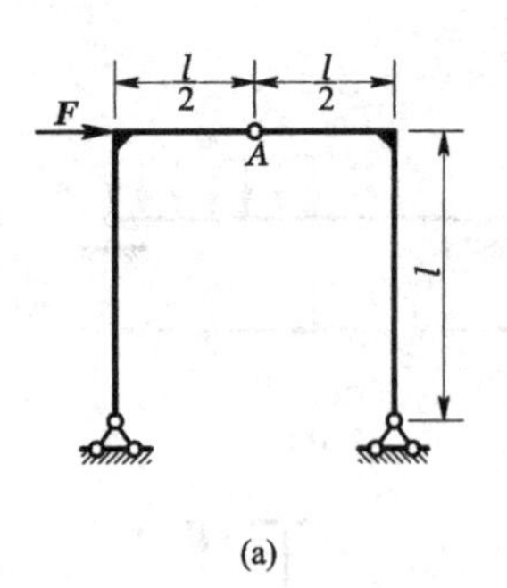

(a)

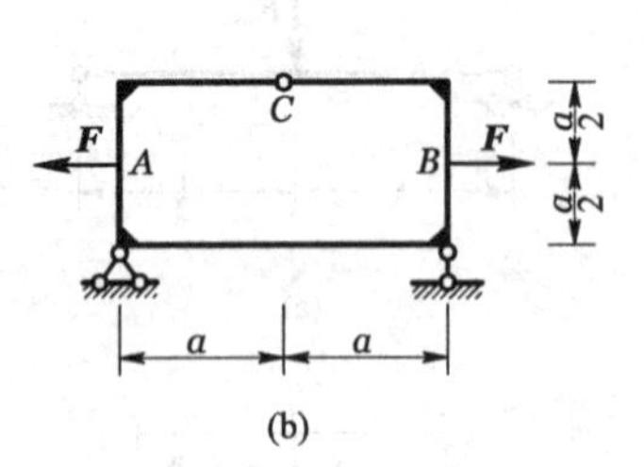

(b)

图 10.13　习题(5)图

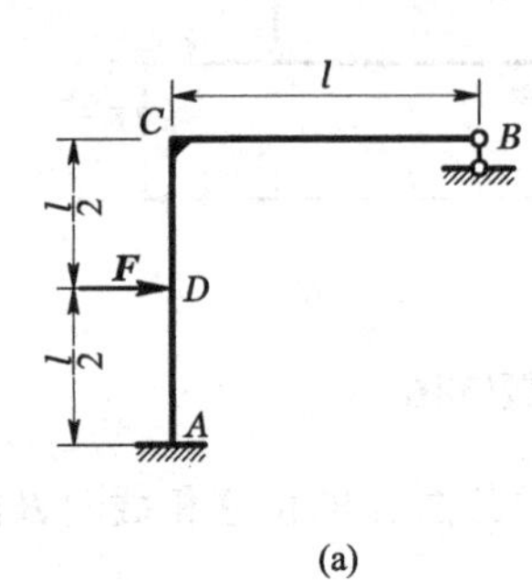

(a)

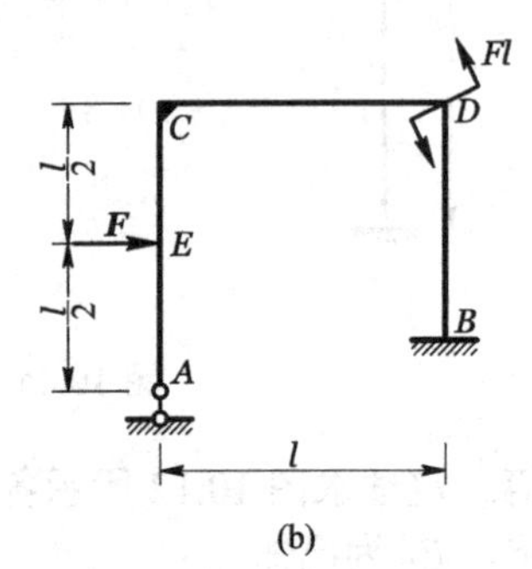

(b)

图 10.14　习题(6)图

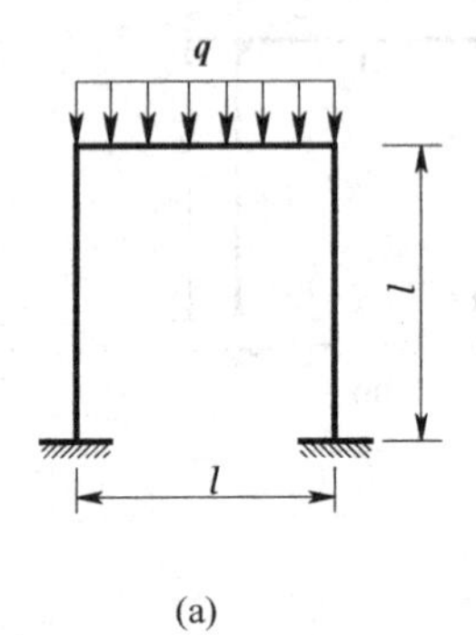

(a)

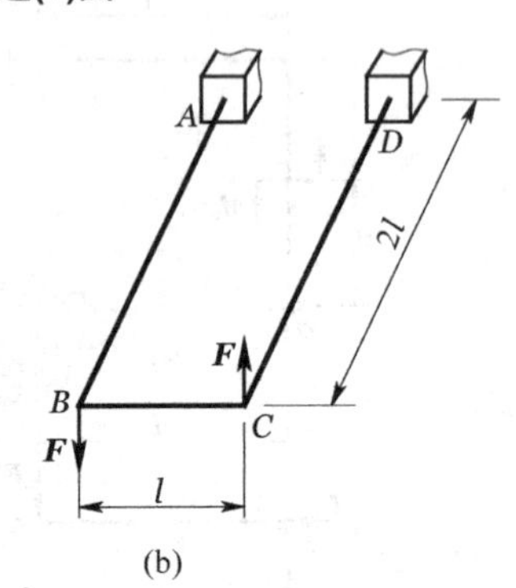

(b)

图 10.15　习题(7)图

第 11 章　动荷载与交变应力

11.1　概　　述

以上几章所讨论的都是静荷载作用下产生的变形和应力，这种应力称为静应力。在实际工程中，常会遇到动荷载问题。**动荷载**是指随时间急剧变化的荷载，以及做加速运动或转动系统中构件的惯性力等。构件上由于动荷载引起的应力，称为**动应力**。若构件内的应力随时间做交替变化，则称为**交变应力**，构件长期在交变应力作用下，虽然最大工作应力远低于材料的屈服强度，且无明显的塑性变形，却往往发生骤然断裂。这种破坏现象，称为**疲劳破坏**。因此，在交变应力作用下的构件还应校核疲劳强度。

本章主要讨论 3 个问题：①等加速直线运动和等角速度转动问题中的动荷载问题；②冲击问题；③疲劳破坏及其强度校核问题。

11.2　加速直线运动或等角速转动时的动应力计算

11.2.1　构件做等加速直线运动

如图 11.1 所示，一个正在起重的吊车，当吊车以匀速吊起重物时，绳索所受的力就是重物的重量 $\boldsymbol{P}$，亦即把吊重作为静荷载作用在绳索上。设绳索的横截面面积为 A，则绳索横截面中的静应力为

$$\sigma_{st}=\frac{P}{A} \tag{a}$$

现在计算当吊车以加速度 a 吊起重物时绳中的应力。取重物为研究对象，则其受力为：自身重量 $\boldsymbol{P}$，绳索的拉力 $\boldsymbol{F}_{Nd}$，另外，还有因向上的加速度引起的向下的惯性力，其大小为 $\frac{P}{g}a$（g 为重力加速度)，则竖直向上的平衡方程为

$$F_{\mathrm{Nd}}-P-\frac{P}{g}a=0$$

解得

$$F_{\mathrm{Nd}}=P\left(1+\frac{a}{g}\right)$$

于是，绳索横截面中的正应力为

$$\sigma_{\mathrm{d}}=\frac{F_{\mathrm{Nd}}}{A}=\frac{P}{A}\left(1+\frac{a}{g}\right)$$

将式(a)代入上式，得

$$\sigma_{\mathrm{d}}=\left(1+\frac{a}{g}\right)\sigma_{\mathrm{st}} \tag{b}$$

令

$$k_{\mathrm{d}}=1+\frac{a}{g} \tag{c}$$

则式(b)可写成

$$\sigma_{\mathrm{d}}=k_{\mathrm{d}}\sigma_{\mathrm{st}} \tag{11-1}$$

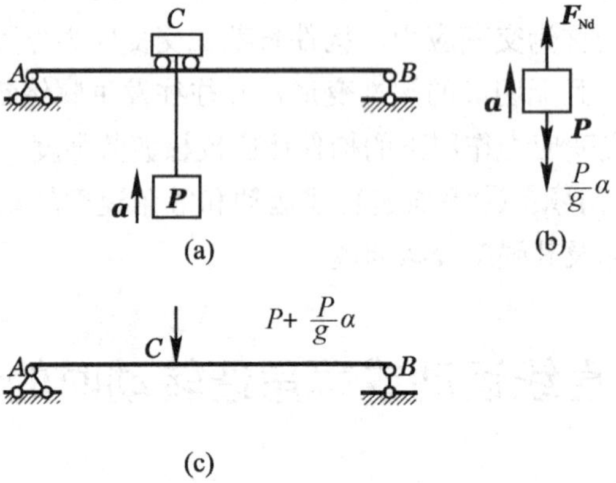

(a) (b) (c)

图 11.1　吊车起吊重物示意图

式(11-1)表明，动荷载作用下的应力用相应的静应力乘以一个大于 1 的系数 k_{d} 得到。k_{d} 称为**动荷系数**。动荷系数反映了动荷载与相应静荷载大小的比值。

现在计算吊车梁的动应力和变形。设梁上起吊设备 C 的重量为 P_{c}，不计梁的自重。设没有加速度 a 时，梁承受静荷载($P_{\mathrm{c}}+P$)，梁中应力为 σ_{st}；当以加速度 a 提升重物时，梁承受的荷载为 $\left(P_{\mathrm{c}}+P+\frac{P}{g}a\right)$。于是，动荷载与静荷载之比，即动荷系数为

$$k_{\mathrm{d}}=1+\frac{Pa}{(P_{\mathrm{c}}+P)g}$$

然后，即可用式(11-1)计算梁的应力。

对于线弹性结构，其变形、应力等均与荷载呈线性比例关系。所以当荷载增大到原来

的 k_{d} 倍时，变形和应力也相应增大到原来的 k_{d} 倍。设静荷载作用下梁某截面处挠度为 w_{st}，则动荷载下该处挠度为

$$w_{\mathrm{d}} = k_{\mathrm{d}} w_{\mathrm{st}} \tag{11-2}$$

可见，对上述动荷载问题，归结为计算动荷系数 k_{d}，并将动荷载看成放大 k_{d} 倍的静荷载，构件的变形和动应力也可以通过将相应的静变形和静应力等乘以动荷系数得到。这种分析方法称为**动荷系数法**。

【例题 11.1】 一钢索起吊重物 M，如图 11.2(a)所示，以等加速度 $\boldsymbol{a}$ 提升。重物 M 的重力为 $\boldsymbol{P}$，钢索的横截面面积为 A，其重量与 P 相比甚小可略去不计。试求钢索横截面上的动应力 σ_{d}。

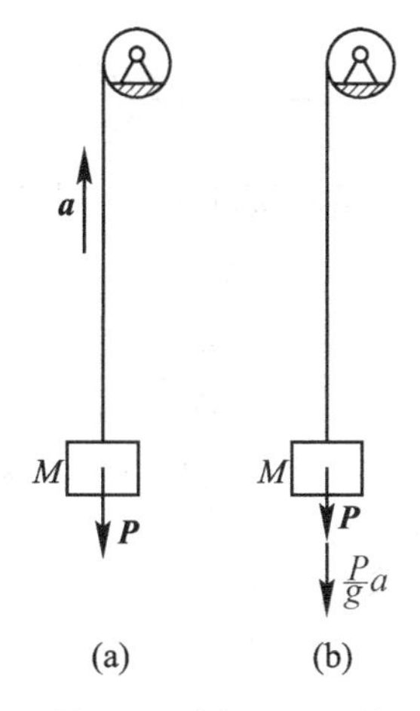

图 11.2　例题 11.1 图

解： 由于重物 M 以等加速度 $\boldsymbol{a}$ 提升，故钢索除受重力 $\boldsymbol{P}$ 外，还受动荷载(惯性力)作用。根据动静法，将惯性力 $P\dfrac{a}{g}$(其指向与加速度 $\boldsymbol{a}$ 的指向相反)加在重物上，如图 11.2(b)所示，于是，可按静荷载问题求得钢索横截面上的轴力 $\boldsymbol{F}_{\mathrm{Nd}}$，重物 M 的平衡方程为

$$F_{\mathrm{Nd}} - P - \frac{P}{g}a = 0 \tag{a}$$

解得

$$F_{\mathrm{Nd}} = P + \frac{P}{g}a = P\left(1 + \frac{a}{g}\right) \tag{b}$$

从而，可得钢索横截面上的动应力为

$$\sigma_{\mathrm{d}} = \frac{P_{\mathrm{Nd}}}{A} = \frac{P}{A}\left(1 + \frac{a}{g}\right) = \sigma_{\mathrm{st}}\left(1 + \frac{a}{g}\right) \tag{c}$$

式中，$\sigma_{\mathrm{st}} = \dfrac{P}{A}$ 为 P 作为静荷载作用时钢索横截面上的静应力。若将 $(1 + a/g)$ 视为**动荷系数**并用 k_{d} 表示，则式(c)又可写为

$$\sigma_{\mathrm{d}} = k_{\mathrm{d}} \sigma_{\mathrm{st}} \tag{d}$$

对于有动荷载作用的构件，常用动荷系数 k_{d} 来反映动荷载的效应，在以下两节中将普

遍采用。

11.2.2 构件做等角速转动

在某些工程问题中，可能不存在相应的静荷载，也就无法计算其动荷系数，但构件却仍承受动荷载。

当圆环的平均直径D大于厚度δ时，可以认为环内各点的向心加速度大小相等，均为$a_n=\dfrac{D}{2}\omega^2$。设圆环横截面面积为A，单位体积重量为ρ，则作用在环中心线单位长度的惯性力为

$$q_d=\frac{A\rho}{g}a_n=\frac{A\rho D}{2g}\omega^2$$

其方向与向心加速度方向相反，且沿圆环中心线上各点大小相等，如图11.3(b)所示。

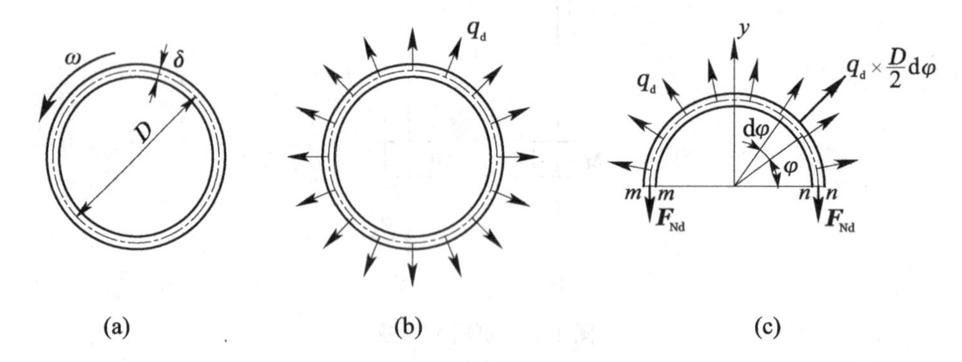

图 11.3 圆环等速转动时承受的动荷载

为计算圆环的应力，将圆环沿任意直径切开，并设切开后截面上的拉力为$\boldsymbol{F}_{Nd}$，则由上半部分平衡方程$\sum F_y=0$，得

$$2F_{Nd}=\int_0^{\pi}q_d\sin\varphi\frac{1}{2}D\mathrm{d}\varphi=q_dD$$

即

$$F_{Nd}=\frac{q_dD}{2}=\frac{A\rho D^2}{4g}\omega^2$$

于是圆环横截面上应力为

$$\sigma_d=\frac{F_{Nd}}{A}=\frac{\rho D^2}{4g}\omega^2=\frac{\rho}{g}v^2$$

式中，$v=\dfrac{D\omega}{2}$为圆环中心线上各点处的切向线速度。上式表明，圆环中应力仅与材料单位体积重量ρ和线速度v有关。这意味着增大圆环横截面面积并不能改善圆环强度。

【例题 11.2】 一圆杆以角速度ω_0绕A轴在铅垂平面内旋转。圆杆的B端有一质量m的小球，已知$m=10\,\text{kg}$，$\omega_0=0.1\text{rad/s}$，$l=1\text{m}$，$b=0.9\text{m}$，圆杆直径$d=10\text{mm}$。若杆在C点受力而使杆的转速在时间$t=0.05\text{s}$内均匀地减为0。试求杆内最大动应力$\sigma_{d,\max}$。忽略杆本身

重量，重力加速度 g=9.8m/s²，如图 11.4 所示。

解：(1) 计算 B 点的切向加速度。杆的角加速度大小为

$$\beta=\frac{\omega_0}{t}=\frac{0.1}{0.05}=2(\text{rad/s}^2)$$

于是，B 点切向加速度的大小为

$$a=l\beta=1\times 2=2(\text{m/s}^2)$$

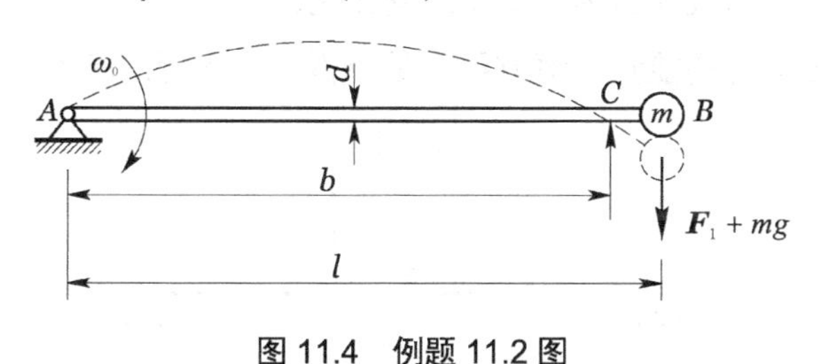

图 11.4　例题 11.2 图

(2) 计算杆内最大动应力。作用在 B 端集中质量 m 上的惯性力大小为

$$F_1=ma=10\times 2=20(\text{N})$$

在 F_1 和 C 点阻力的共同作用下，在圆杆 C 截面弯矩最大，其值为 $(F_1+mg)\ (l+b)$。所以，杆中最大动应力发生在 C 截面，其大小为

$$\sigma_{\text{d,max}}=\frac{(F_1+mg)(l-b)}{W_z}=\frac{(20+10\times 9.8)\times(1-0.9)}{\pi\times(0.01)^3/32}$$
$$=120.2\times 10^6(\text{Pa})=120.2(\text{MPa})$$

11.3 冲 击 荷 载

对有些工程问题，计算加速度本身就是件很困难的事情。例如，运动的物体(冲击物)以一定的速度作用到构件上(被冲击物)，由于被冲击物的阻碍，冲击物的速度在极短的时间(千分之几秒)内变为 0。这时，冲击物和被冲击物之间产生很大的相互作用力。这类问题称为**冲击**。冲击物和被冲击物之间的相互作用力，称为**冲击荷载**。显然，冲击过程中冲击物的加速度及其变化情况很难确定。

冲击问题，工程中通常采用能量守恒原理进行分析。现在以图 11.5 所示问题为例，说明冲击过程中能量的相互转换关系。重为 $\boldsymbol{P}$ 的物体从高度为 h 的位置自由落下，在重物触到被冲击物的瞬间，重物 $\boldsymbol{P}$ 的势能 Ph 转化为动能，这时其加速度最大。当它与被冲击物接触后，对梁产生一个冲击荷载，使梁发生变形。当冲击物速度减为 0 时，梁所受的冲击荷载最大，梁的变形也达到最大。设冲击荷载的最大值为 F_d，对应的梁的变形为 $\varDelta_\text{d}$。此时，重物的势能继续减少到 $P\ (h+\varDelta_\text{d})$。这些能量绝大部分转化为梁的应变能，少部分以声、热以及局部塑性变形等形式耗散掉了。另外，如果冲击物本身也发生变形的话，还有一部分转化为冲击物的应变能。可见，实际的冲击过程中的能量转化情况非常复杂。

为简化分析，通常做以下假设：①冲击物为刚体，即不计冲击物本身变形引起的应变

能；②忽略被冲击物的质量，即不考虑冲击过程中被冲击物的动能；③忽略其他形式的能量损失，即不计冲击过程中发声、发热以及局部塑性变形等消耗的能量。根据上述假设，可以认为冲击物减少的能量完全转化为被冲击物的应变能，即

$$\Delta E = \Delta V_{\varepsilon} \tag{11-3}$$

式中，ΔE 表示冲击物冲击前后能量的变化量，通常包括动能变化量 ΔE_{k} 和势能变量 ΔE_{P}，即 $\Delta E = \Delta E_{\mathrm{k}} + \Delta E_{\mathrm{P}}$；$\Delta V_{\varepsilon}$ 为被冲击物应变能的变化量。

式(11-3)称为冲击问题的能量守恒方程，是分析冲击问题的基本方程。

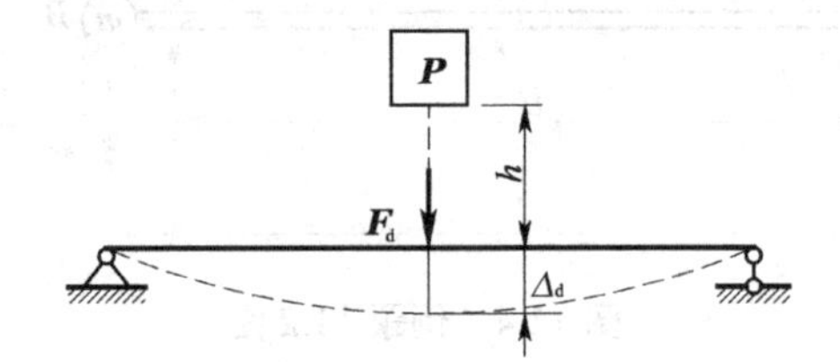

图 11.5　梁受冲击荷载作用

根据前面的分析，当梁的变形最大时，重物能量改变量为

$$\Delta E = \Delta E_{\mathrm{k}} + \Delta E_{\mathrm{P}} = 0 + P(h + \varDelta_{\mathrm{d}})$$

而梁的应变能从 0 变为

$$V_{\varepsilon} = \frac{1}{2} F_{\mathrm{d}} \varDelta_{\mathrm{d}}$$

于是，由式(11-3)得

$$F_{\mathrm{d}} \varDelta_{\mathrm{d}} - 2P\varDelta_{\mathrm{d}} - 2Ph = 0 \tag{a}$$

设重物 P 静置在该梁上和被冲击点同一位置时，梁在冲击方向上的静位移为 $\varDelta_{\mathrm{st}}$，梁中应力为 σ_{st}，则根据前一节的分析，对小变形、线弹性体而言，F_{d}、$\varDelta_{\mathrm{d}}$ 以及动应力 σ_{d} 分别与静荷载 P、$\varDelta_{\mathrm{st}}$、静应力 σ_{st} 成固定的比例关系

$$\frac{F_{\mathrm{d}}}{P} = \frac{\varDelta_{\mathrm{d}}}{\varDelta_{\mathrm{st}}} = \frac{\sigma_{\mathrm{d}}}{\sigma_{\mathrm{st}}} = k_{\mathrm{d}} \tag{b}$$

式中，k_{d} 为动荷系数。

将式(b)代入式(a)，得

$$\varDelta_{\mathrm{st}} k_{\mathrm{d}}^2 - 2\varDelta_{\mathrm{st}} k_{\mathrm{d}} - 2h = 0$$

解得

$$k_{\mathrm{d}} = 1 \pm \sqrt{1 + \frac{2h}{\varDelta_{\mathrm{st}}}}$$

取其中大于 1 的解，得

$$k_{\mathrm{d}} = 1 + \sqrt{1 + \frac{2h}{\varDelta_{\mathrm{st}}}} \tag{11-4}$$

式中，h 为冲击物距被冲击构件的高度；$\varDelta_{\mathrm{st}}$ 为冲击物作为静荷载作用在冲击方向时，引起的被冲击构件在冲击点处沿冲击方向的位移。计算出 k_{d} 后，可由式(b)计算其他所需的量。

式(11-4)即为自由落体冲击问题动荷系数计算公式。

值得指出，不同的冲击形式，动荷系数 k_d 的计算公式也不相同，不可盲目套用式(11-4)。重要的是从能量守恒方程式(11-3)出发，具体问题具体分析。

下面就几种工程中常见的冲击形式，讨论动荷系数的计算公式。

1) 突加荷载情况

h=0，由式(11-4)得

$$k_d = 1 + \sqrt{1+0} = 2$$

可见，突加荷载情况下，构件的变形和应力是静荷载作用时的 2 倍。

2) 水平冲击问题

重为 $\boldsymbol{P}$ 的物体以水平速度 v 冲击构件，如图 11.6 所示。在构件被冲击变形最大时，冲击物的初始动能完全转化为构件的应变能，于是由能量守恒方程(11-3)和式(b)得到

$$k_d = \sqrt{\frac{v^2}{g\Delta_{st}}} \tag{11-5}$$

式中，Δ_{st} 为大小等于 P 的水平力作用在构件的被冲击点时引起的水平方向(即冲击方向)的静位移。

3) 突然刹车问题

如图 11.7 所示的重物 $\boldsymbol{P}$，在匀速下降过程中突然刹车。设重物 P 静止悬挂在绳索上时，绳索的变形为 Δ_{st}，突然刹车后，绳索中最大拉力为 F_d、最大变形为 Δ_d，则重物刹车前后能量减小为 $\Delta E = \Delta E_k + \Delta E_P = \frac{1}{2}\frac{P}{g}v^2 + P(\Delta_d - \Delta_{st})$，绳索应变能增加量为 $\Delta V_\varepsilon = \frac{1}{2}F_d\Delta_d - \frac{1}{2}P\Delta_{st}$。代入式(11-3)，可解得

$$k_d = 1 + \sqrt{\frac{v^2}{g\Delta_{st}}} \tag{11-6}$$

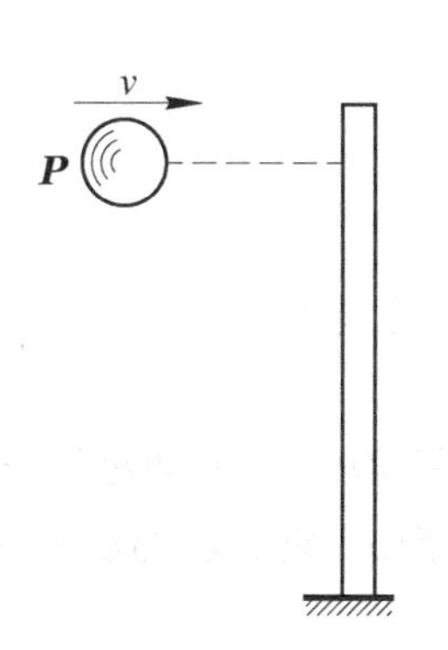

图 11.6　物体受水平冲击荷载

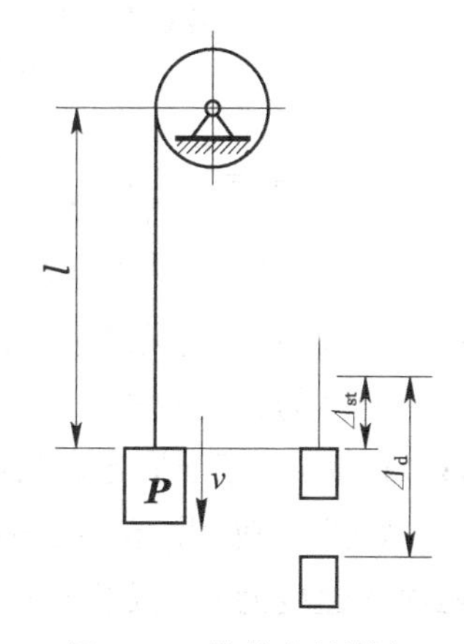

图 11.7　物体突然刹车

【例题 11.3】 图 11.8 所示两个相同的钢梁受相同的自由落体冲击，一个支于刚性支座上，另一个支于弹簧常数为 k=100N/mm 的弹簧上，已知 l=3m，h=50mm，p=1kN，钢梁的 I=34×10^{6}mm^4，$W_z = 309\times10^3$mm^3，E=200GPa。试比较二者的动应力。

解：该冲击属自由落体冲击，动荷系数为

$$k_{\rm d}=1+\sqrt{1+\frac{2h}{\varDelta_{\rm st}}}$$

在图 11.8(a)中，有

$$\varDelta_{\rm st}=\frac{pl^3}{48EI}=\frac{1\times10^3\times3^3}{48\times200\times10^9\times3400\times10^{-8}}$$

$$=8.27\times10^{-5}({\rm m})=0.0827({\rm mm})$$

$$k_{\rm d}=1+\sqrt{1+\frac{2\times5\times10^{-2}}{8.27\times10^{-5}}}=35.8$$

$$\sigma_{\rm st,max}=\frac{pl}{4W_z}=\frac{1\times10^3\times3}{4\times309\times10^{-6}}=2.43({\rm MPa})$$

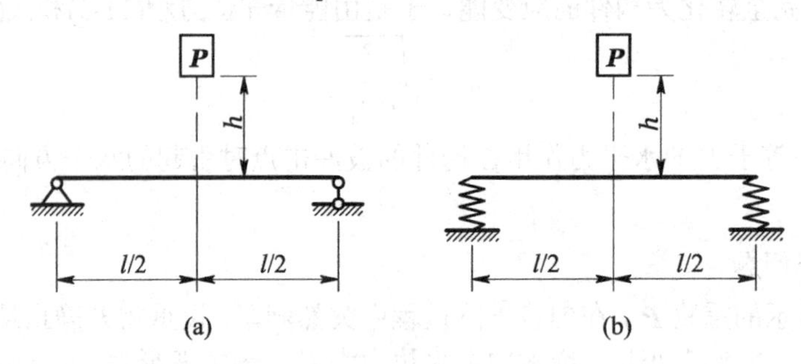

图 11.8　例题 11.3 图

于是，得

$$\sigma_{\rm d,max}=k_{\rm d}\sigma_{\rm st,max}=35.8\times2.43=86.9({\rm MPa})$$

在图 11.8(b)中，有

$$\varDelta_{\rm d}=\frac{pl^3}{48EI}+\frac{p}{2k}=8.27\times10^{-5}+\frac{1\times10^3}{2\times100\times10^3}$$

$$=5.0827\times10^{-3}({\rm m})=5.0827({\rm mm})$$

$$k_{\rm d}=1+\sqrt{1+\frac{2\times5\times10^{-2}}{5.0827\times10^{-3}}}=5.55$$

$$\sigma_{\rm d,max}=k_{\rm d}\sigma_{\rm st,max}=5.55\times2.43=13.5({\rm MPa})$$

由于图 11.8(b)所示钢梁采用了弹簧支座，减小了系统的刚度，因而使动荷系数减小，这是降低冲击应力的有效方法。

【例题 11.4】 一下端固定、长度为 l 的铅直圆截面杆 AB，在 C 点处被一物体 G 沿水平方向冲击，如图 11.9(a)所示。已知 C 点到杆下端的距离为 a，物体 G 的重量为 P，物体 G 在与杆接触时的速度为 v。试求杆在危险点处的冲击应力。

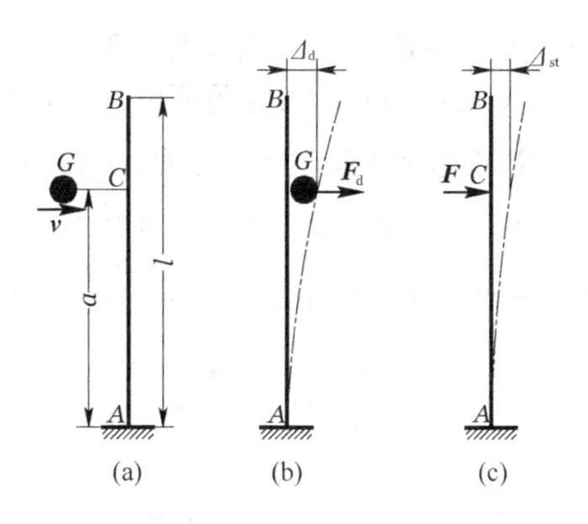

图 11.9　例题 11.4 图

解：在冲击过程中，物体 G 的速度由 v 降低为 0，所以动能的减少为 $E_k=\dfrac{Fv^2}{2g}$。又因冲击是沿水平方向的，所以物体的势能没有改变，也即 $E_p=0$。

杆内应变能为 $V_{\varepsilon d}=\dfrac{1}{2}\cdot F_d\Delta_d$。由于杆受水平方向的冲击后将发生弯曲，所以其中 Δd 为杆在被冲击点 C 处的冲击挠度，如图 11.9(b)所示，其与 F_d 间的关系为 $\Delta_d=\dfrac{F_d a^3}{3EI}$，由此得 $F_d=\dfrac{3EI}{a^3}\Delta_d$。于是，可得杆内的应变能为

$$V_{\varepsilon d}=\frac{1}{2}F_d\Delta_d=\frac{1}{2}\left(\frac{3EI}{a^3}\right)\Delta_d^2$$

由机械能守恒定律可得

$$\frac{Pv^2}{2g}=\frac{1}{2}\left(\frac{3EI}{a^3}\right)\Delta_d^2$$

由此解得 Δ_d 为

$$\Delta_d=\sqrt{\frac{v^2}{g}\left(\frac{Pa^3}{3EI}\right)}=\sqrt{\frac{v^2}{g}\Delta_{st}}=\Delta_{st}\sqrt{\frac{v^2}{g\Delta_{st}}}$$

式中，$\Delta_{st}=\dfrac{Pa^3}{3EI}$，是杆在 C 处受到一个数值等于冲击物重量 $\boldsymbol{P}$ 的水平力 $\boldsymbol{F}$(即 $F=P$)作用时，该点的静挠度，如图 11.9(c)所示。由上式即得在水平冲击情况下的动荷系数 k_d 为

$$k_d=\frac{\Delta_d}{\Delta_{st}}=\sqrt{\frac{v^2}{g\Delta_{st}}}$$

当杆在 C 点处受水平力 $\boldsymbol{F}$ 作用时，杆的固定端横截面最外边缘(即危险点)处的静应力为

$$\sigma_{st}=\frac{M_{max}}{W}=\frac{Fa}{W}$$

于是，杆在危险点处的冲击应力 σ_d 为

$$\sigma_d=k_d\sigma_{st}=\sqrt{\frac{v^2}{g\Delta_{st}}}\cdot\frac{Fa}{W}$$

【例题 11.5】 图 11.10 所示的 AB 轴在 A 端突然刹车(即 A 端突然停止转动)。试求轴内最大动应力。设轴长为 l，切变模量为 G，飞轮角速度为 ω，转动惯量为 I_x。

解： 当 A 端紧急刹车时，B 端飞轮具有动能，因而 AB 轴受扭转冲击，发生扭转变形。在冲击过程中，飞轮的角速度最后降到 0，它的动能全部转变为轴的应变能。飞轮动能的改变为 $\Delta E_k = \frac{1}{2}I_x\omega^2$。$AB$ 轴的扭转应变能从 0 增加到 $V_\varepsilon = \frac{T_d^2 l}{2GI_P}$。根据能量守恒方程有

$$\frac{1}{2}I_x\omega^2 = \frac{T_d^2 l}{2GI_P}$$

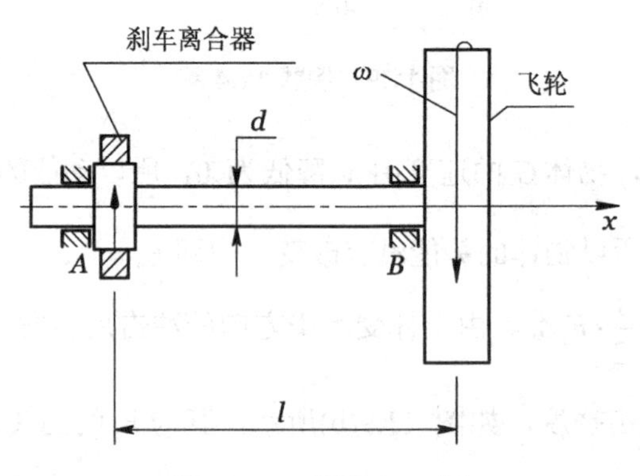

图 11.10　例题 11.5 图

由此求得

$$T_d = \omega\sqrt{\frac{I_x GI_P}{l}}$$

轴内最大扭转冲击切应力为

$$\tau_{d,\max} = \frac{T_d}{W_P} = \omega\sqrt{\frac{I_x GI_P}{lW_P^2}}$$

对于圆轴，有

$$\frac{I_P}{W_P^2} = \frac{\frac{1}{32}\pi d^4}{\left(\frac{1}{16}\pi d^3\right)^2} = \frac{2}{\frac{1}{4}\pi d^2} = \frac{2}{A}$$

式中，A 为轴的横截面积。于是

$$\tau_{d,\max} = \omega\sqrt{\frac{2GI_x}{Al}}$$

可见，冲击时轴内的最大动应力 $\tau_{d,\max}$ 与轴的体积 Al 有关。体积 Al 越大，$\tau_{d,\max}$ 越小。

提高构件抗冲击能力的措施：前面的分析表明，冲击时构件中动应力的大小与动荷载系数有关，所以，要提高构件的抗冲击能力，主要从降低冲击动荷系数着手。

从动荷系数的计算式(11-4)可知，被冲击构件的静位移 Δ_{st} 越大，动荷系数越小。这是因为产生较大静位移的构件，其刚度较小，能吸收较多的冲击能量，从而增大构件的缓冲能

力。所以，减小构件刚度可以达到降低冲击动应力的目的。但是，如果采用缩减截面尺寸的方法来减小构件刚度，则又会使应力增大，其结果未必能达到降低冲击动应力的目的。因此，工程上往往是在受冲击构件上增设缓冲装置，如加缓冲弹簧、橡胶垫、弹性支座等，这样既能减小整体刚度，又不增大构件中的应力。

11.4　交 变 应 力

11.4.1　交变应力及应力-时间历程

转动的列车轮轴中部表面上任一点的弯曲正应力是时间的周期函数。桥梁构件危险点的应力随车流、风力风向的改变而反复变化。这种随时间做交替变化的应力称为**交变应力**。交变应力随时间而变化的过程，称为应力-时间历程(或称为应力谱)。

1. 应力-时间历程的分类

根据数学处理方法的不同，可对应力-时间历程分为确定性的和随机性的两大类。

如果应力与时间之间有确定的函数关系式，且能用这一关系式确定未来任一瞬时的应力，这种应力-时间历程称为确定性的应力-时间历程；否则，称为随机性应力-时间历程。

确定性的应力-时间历程又分为周期性应力-时间历程(应力是时间的周期函数)和非周期性应力-时间历程两类。

本章只研究具有周期性应力-时间历程的金属疲劳问题。

2. 周期性应力-时间历程的特征量

设周期性应力-时间历程如图 11.11 所示，其特征量有应力循环、最大应力、最小应力、平均应力、应力幅和应力比。

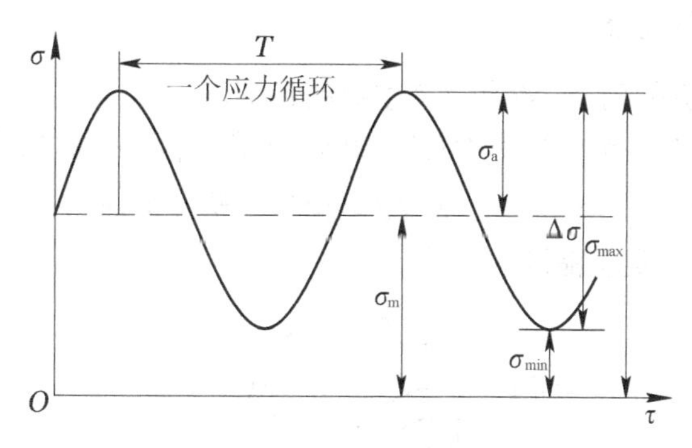

图 11.11　应力-时间历程

应力循环： 应力由某值再变回该值的过程。
最大应力： 一个应力循环中代数值的最大应力，用 σ_{max} 表示。
最小应力： 一个应力循环中代数值的最小应力，用 σ_{min} 表示。

平均应力：最大应力与最小应力的均值，即

$$\sigma_m = \frac{\sigma_{max} + \sigma_{min}}{2} \tag{11-7}$$

应力幅：由平均应力到最大或最小应力的变幅，用σ_a表示为

$$\sigma_a = \frac{\sigma_{max} - \sigma_{min}}{2} \tag{11-8}$$

应力的变动幅度还可用应力范围来描述，即

$$\Delta\sigma = 2\sigma_a \tag{11-9}$$

应力比(应力循环特征)：一个用于描述应力变化不对称程度的量，即

$$r = \frac{\sigma_{max}}{\sigma_{min}} \tag{11-10}$$

它的可能取值范围为$-\infty < r < +\infty$。

在5个特征量σ_{max}、σ_{min}、σ_m、σ_a(或$\Delta\sigma$)和r中，只有两个是独立的，即只要已知其中的任意两个，就可求出其他的量。

3. 应力循环的类型

应力循环按应力幅是否恒为常量，分为常幅应力循环和变幅应力循环。

应力循环按应力比分类，如：

$$\begin{cases} 对称循环：r=-1 \\ 非对称循环：r \neq -1 \begin{cases} 脉动循环：r=0或r=-\infty \\ 静应力：r=1 \\ 其他一般应力循环 \end{cases} \end{cases}$$

11.4.2 金属疲劳破坏的概念

1. 金属疲劳破坏的特征

金属材料发生疲劳破坏，一般有3个主要的特征。

(1) 交变应力的最大值σ_{max}远小于材料的强度极限σ_b，甚至比屈服极限σ_s也小得多。

(2) 所有的疲劳破坏均表现为脆性断裂(即使材料塑性很好)。

(3) 断裂面有光滑区及粗糙区，如图11.12所示。

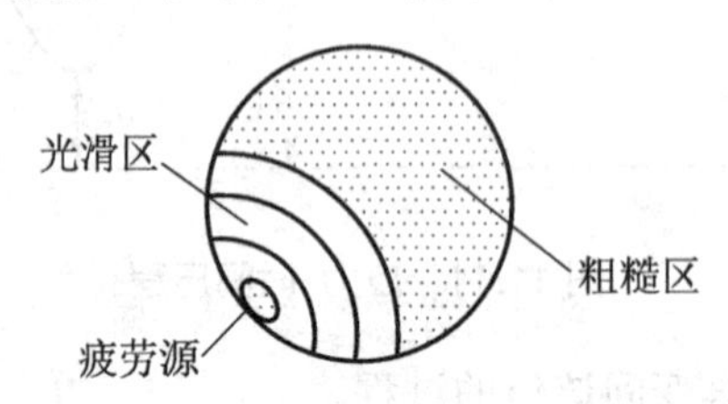

图11.12 金属疲劳时的断面特征

2. 疲劳破坏的过程

(1) 无初始裂纹的塑性材料。构件在交变应力作用下，在构件内部应力最大或材质薄弱处，局部材料达到屈服，并逐渐形成微观裂纹(疲劳源)。这一阶段称为裂纹萌生阶段。

微观裂纹形成之后，在交变应力的作用下，裂纹缓慢稳定地扩展，直至裂纹尺寸达到一临界值。这一阶段称为裂纹(稳定)扩展阶段。由于裂纹反复地开闭，两裂纹面反复相互研磨，形成光滑面。可见，断口上的光滑区对应裂纹稳定扩展阶段。

裂纹的前沿为三向拉应力区，当裂纹尺寸达到临界尺寸后，裂纹发生快速扩展(又称失稳扩展)而断裂。这一阶段持续时间极短，称为断裂阶段，对应断口上的粗糙区。

(2) 含裂纹的构件。许多构件上存在着初始裂纹，如焊缝在冷却后会产生小裂纹；材料的夹杂、孔隙、加工损伤都是裂纹源，在交变应力作用下，很快就会萌生裂纹，因此，也可视为初始裂纹。

有初始裂纹的构件，在交变应力作用下，疲劳破坏过程只有裂纹扩展阶段和断裂阶段。

11.4.3　金属材料的 *S-N* 曲线和疲劳极限

材料的 *S-N* 曲线，是由标准光滑试样测得的σ_{max} - N(或τ_{max} - N) 曲线。S 为广义应力记号，泛指正应力和切应力。若为拉、压交变或反复弯曲交变，S 为正应力σ值；若为反复扭转交变，则 S 为切应力τ值。N 为在应力循环的应力比r、最大应力σ_{max}不变的情况下，试样破坏前所经历的应力循环次数，又称为**疲劳寿命**。

一般来说，应力越低，寿命越高。对于寿命 $N>10^4$ 的疲劳问题，称为高周疲劳问题；反之，称为低周疲劳问题。

标准试样在变交应力作用下，经历无限次应力循环而不发生破坏的最大应力值，称为**材料的疲劳极限**，用σ_r表示，角标r表示应力比。

材料的 *S-N* 曲线或疲劳极限除了与材料本身的材质有关外，还与变形形式、应力比有关，需要通过试验测定。试验选择的变形形式要尽量与构件的变形形式相符。应力比通常选择对称循环，这主要是因为对称循环下的疲劳极限最低，且对称循环加载容易实现。为了贴近实际情况，也常会选择脉动循环。

1. 疲劳试验

(1) 试验标准。试验标准是试验的依据。应根据构件的使用环境、疲劳类型和变形形式来选择适当的试验标准。例如，对于在常温、无腐蚀环境中承受高周疲劳的杆类构件，若交变应力为弯曲应力，可选用《金属旋转弯曲疲劳实验方法》(GB/T 4337)；若交变应力为轴向拉、压应力，应选用《金属轴向疲劳试验方法》(GB/T 3075)；若交变应力为扭转切应力，则需选用《金属扭应力疲劳试验方法》(GB/T 12443)。

(2) 试样。测定材料的疲劳性能标准，必须采用试验标准中规定的试样，称为标准试样。这种试样尺寸较小，加工质量较高，所以又称为光滑小试样。

测定材料的 *S-N* 曲线需要一组(设有 n 个)同样的试样。为了提高 *S-N* 曲线的精度，应增加试样的数量。

(3) 试验机。疲劳试验机可分高周疲劳试验机和低周疲劳试验机两大类。按给试样施加的变形形式，又有旋转弯曲疲劳试验机、拉压疲劳试验机和扭转疲劳试验机等。

选择试验机的依据是构件的疲劳类型和变形形式。

(4) 试验方法。试验标准中都详细地给出了试验方法。

值得注意的是，为了提高试验的效率和效果，应当用心地设计一组试样中各试样将要承受的应力值。常常需要根据已测得的数据调整后续试验中试样的应力值。

按照相同的应力比及设定的最大应力，对每个试样逐一进行疲劳试验，记下最大应力和破坏时试样已经历的应力循环数(即疲劳寿命)$(\sigma_{max}, N_i)(i=1,2,\cdots,n)$。

建立以疲劳寿命的对数为横坐标 $\lg N$、最大应力 σ_{max} 为纵坐标的坐标系，根据试验测得的数据$(\sigma_{max}, N_i)(i=1,2,\cdots,n)$，利用描点作图法或数理统计拟合法作出 σ_{max} - N 曲线，即 S-N 曲线。

2. S-N 曲线与疲劳极限

图 11.13 所示为低碳钢和铝合金在对称循环弯曲交变应力下的 S-N 曲线示意图。

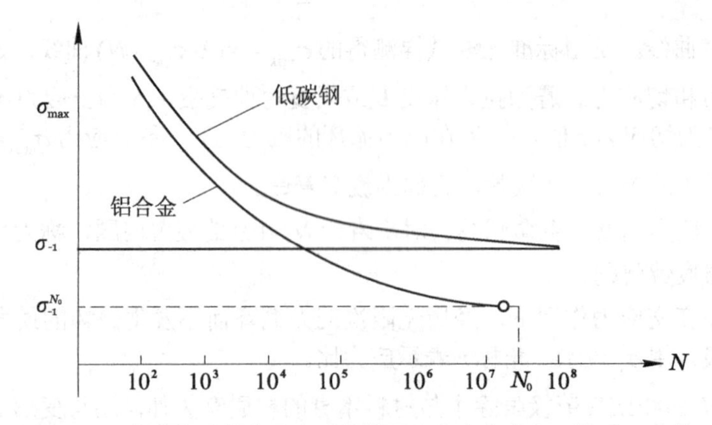

图 11.13 低碳钢和铝合金在对称循环弯曲交变应力下的 S-N 曲线

低碳钢、铸铁等金属材料的 S-N 曲线有一水平渐近线，这条渐近线的纵坐标就是材料的疲劳极限 σ_{-1}。显然，当材料的最大应力低于该值时，将不会发生疲劳破坏。

铝合金等有色金属材料的 S-N 曲线没有水平渐近线，不存在疲劳极限。在这种情况下，通常用一个指定的寿命 N_0 所对应的最大应力作为材料的疲劳极限，又称为**条件疲劳极限**，用 $\sigma_{-1}^{N_0}$ 表示，如图 11.13 所示。一般规定 $N_0 = 5\times10^5 \sim 5\times10^7$。

11.4.4 钢结构构件及其连接部位的 S-N 曲线

焊接是制造钢构件的主要工艺，而焊缝是构件疲劳破坏的主要部位。这是因为焊缝处存在着很高的残余拉应力和烧伤、夹渣及初始裂纹等缺陷。由于这些因素在小试样中不可能充分再现，使得小试样的疲劳试验结果与实际出入较大。因此，人们不得不花费昂贵的代价做构件的疲劳试验。美国公路研究协作规划(NCHRP)管理机构在 1970 年和 1974 年发表的 102 和 147 报告中载有 531 根钢筋的疲劳试验结果。我国等一些国家，也进行了一定数量的构件疲劳试验。这些成果为制定钢结构规范提供了依据。

1. 影响构件焊接部位疲劳寿命的因素

焊接钢梁的常幅疲劳试验结果表明了以下因素的影响情况。

(1) 应力范围。应力范围$\Delta\sigma$是影响钢梁焊接部位疲劳寿命的重要因素，而名义最大应力σ_{max}(或平均应力σ_m)的影响很小。这是因为焊缝处很大的残余拉应力使得这里实际的最大应力σ'_{max}恒为屈服极限σ_s。按照卸载规律，应力循环中实际的最小应力$\sigma'_{min}=\sigma_s-\Delta\sigma$。可见，在交变应力各特征值中，对焊接部位的疲劳强度起控制作用的是应力范围$\Delta\sigma$，它被用来作为疲劳强度的应力指标。

(2) 焊接工艺。焊接工艺和质量对焊接部位的疲劳强度有显著影响，是规范中对构造部位分类的主要依据。

2. *S-N* 曲线

用常温、无腐蚀环境下的常幅高频疲劳试验结果(σ_i, N_i)($i=1,2,\cdots,n$)，在坐标系$\Delta\sigma_i$ - N_i中绘制曲线，在双对数坐标系$\lg\Delta\sigma_i-\lg N_i$中是一条直线，如图 11.14 所示，其表达式为

$$\lg\Delta\sigma=\frac{1}{\beta}(\lg a-\lg N) \tag{11-11a}$$

或

$$\Delta\sigma=\left(\frac{a}{N}\right)^{\frac{1}{\beta}} \tag{11-11b}$$

式中，a、β为由试验结果统计得到的常数；$\frac{1}{\beta}$为上述直线的斜率；$\frac{\lg a}{\beta}$为直线在$\Delta\sigma$轴上的截距。

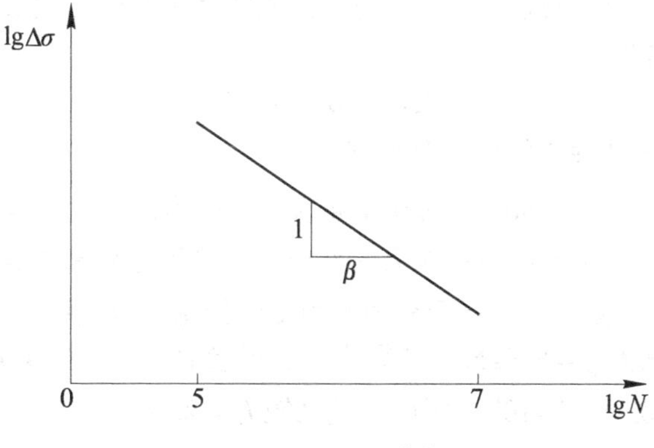

图 11.14　*S-N* 曲线

11.4.5 钢结构构件及其连接部位的疲劳计算

1. 常幅应力循环下的疲劳计算

1) 许用疲劳强度曲线

由构件及其连接部位在常温、无腐蚀环境下的常幅高频疲劳 $\Delta\sigma_i$ - N_i 曲线，即式(11-11b)，引进安全系数，可得到**许用疲劳强度曲线**，即许用应力范围-寿命曲线($[\Delta\sigma]$ - N 曲线)，图形依然如图 11.14 所示，其表达式为

$$[\Delta\sigma]=\left(\frac{C}{N}\right)^{\frac{1}{\beta}} \tag{11-12}$$

式中，参数 C 和 β 的值从表 11.1 中查取 (表 11.1 摘自《钢结构设计规范》(GB 50017—2003))。

表 11.1 参数 C、β 的值

构件和连接类别	1	2	3	4	5	6	7	8
C	1940×10^{12}	861×10^{12}	3.26×10^{12}	2.18×10^{12}	1.47×10^{12}	0.96×10^{12}	0.65×10^{12}	0.41×10^{12}
β	4	4	3	3	3	3	3	3

2) 疲劳强度条件

常幅疲劳强度条件为

$$\Delta\sigma\leqslant[\Delta\sigma] \tag{11-13a}$$

式中，$\Delta\sigma$ 为危险点处应力循环中的应力范围。

对于焊接部位有

$$\Delta\sigma=\sigma_{max}-\sigma_{min}$$

对于非焊接部位，因无残余拉应力，考虑到其实际平均应力较低，《钢结构设计规范》(GB 50017—2003)推荐取为

$$\Delta\sigma=\sigma_{max}-0.7\sigma_{min} \tag{11-13b}$$

式中，σ_{max}、σ_{min} 应按弹性连续体计算得到。

《钢结构设计规范》(GB 50017—2003)要求，当应力循环次数 $N\geqslant10^5$ 时，应进行疲劳强度计算，而在应力循环中不出现拉应力的部位，则可不必验算疲劳强度。

【例题 11.6】 一焊接“工”字形截面的简支梁如图 11.15 所示。附梁跨中作用有一脉动常幅交变荷载 $\boldsymbol{F}$，其 $F_{max}=800\text{kN}$。该梁由手工焊接而成，属第 4 类构件，已知构件在服役期内荷载的交变次数为 2.4×10^6，截面的惯性矩 $I_z=2.041\times10^{-3}\text{m}^4$，材料为 Q235 钢。试校核梁 AB 的疲劳强度。

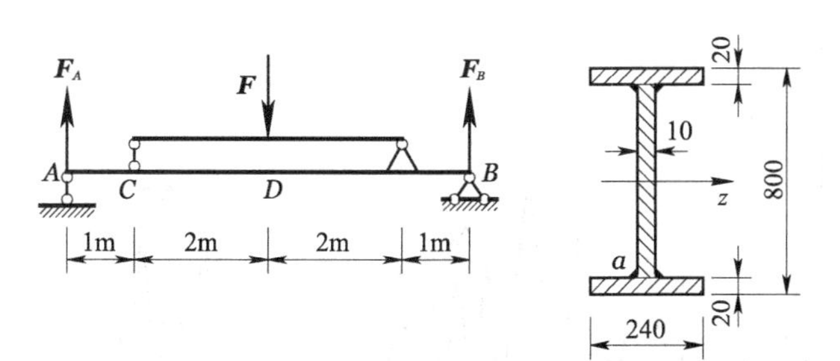

图 11.15　例题 11.6 图

解：(1) 求危险点的应力范围。疲劳强度的危险截面为跨中截面 D，该截面上有

$$M_{\max} = 100\text{kN}\cdot\text{m}\ ,\quad M_{\min} = 0$$

疲劳强度危险点位于截面 D 上焊缝 a 处，有

$$\sigma_{\max} = \frac{M_{\max} y_{\max}}{I_z} = \frac{400\times10^3\times0.42}{2.041\times10^{-3}} = 82.29(\text{MPa})$$

$$\sigma_{\min} = 0$$

$$\Delta\sigma = \sigma_{\max} - \sigma_{\min} = 82.29\text{MPa}$$

(2) 许用应力范围。该梁焊缝为第 4 类连接，从表 11.1 中查得

$$C = 2.18\times10^{12},\ \beta = 3$$

则许用应力范围为

$$[\Delta\sigma] = \left(\frac{C}{N}\right)^{\frac{1}{\beta}} = \left(\frac{2.18\times10^{12}}{2.4\times10^6}\right)^{\frac{1}{3}} = 96.85(\text{MPa})$$

最大弯曲正应力发生在截面 D 下边缘上。

(3) 校核疲劳强度。

$$\Delta\sigma < [\Delta\sigma]$$

由此可见，该梁在服役期内能满足疲劳强度要求。

2. 变幅应力循环下的疲劳计算

设变幅应力循环由 k 级常幅循环构成，如图 11.16 所示，其中 $\Delta\sigma_i$、n_i 为第 i 级常幅应力循环的应力范围和循环数，i=1、2、…、k。

1) 迈因纳(M.A. Miner)法则

在交变应力作用下，疲劳破坏是一渐进的过程，是损伤逐渐累积的结果。计算累积损伤的法则已有多种，但以迈因纳的线性累积损伤理论应用最为广泛。

(1) 常幅应力循环时的线性累积损伤计算法则。假设每一次应力循环对构件造成的损伤都相同，若寿命为 N，则每次应力循环的损伤度(率)为 $1/N$，n 次循环累积损伤度则为

$$D = \frac{n}{N} \tag{11-14}$$

当 $n=N$，即 $D=1$ 时，构件发生疲劳破坏。

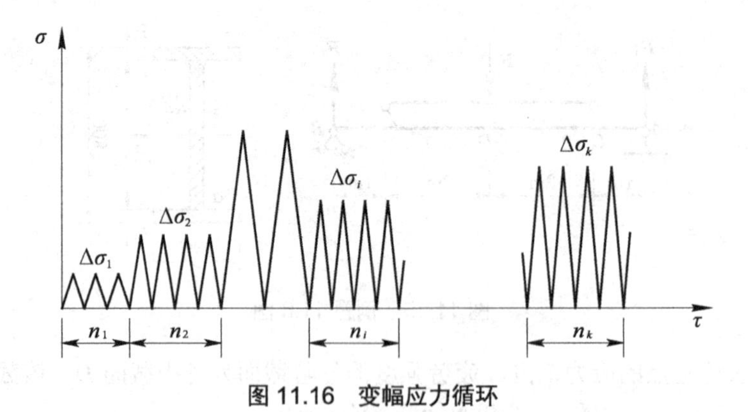

图 11.16　变幅应力循环

因为累积损伤度与循环次数 n 呈线性关系，故这种计算累积损伤的法则称为**线性累积损伤法则**。

(2) 变幅应力循环时的线性累积损伤计算。在多级常幅应力循环交变应力(如图 11.16 所示)作用下，构件的损伤度为

$$D=\sum\frac{n_i}{N_i} \tag{11-15}$$

当 D=1 时，发生疲劳破坏。式中，N_i 是仅在应力范围为 $\Delta\sigma_i$ 的常幅应力循环下构件的疲劳寿命。

2) 等效应力范围

上述的多级常幅交变应力的总循环次数为 $n=\sum n_i$，造成的累积损伤为

$$D=\sum\frac{n_i}{N_i} \tag{a}$$

设构件在应力范围为 $\Delta\sigma_c$ 的常幅循环应力下疲劳寿命为 N，当循环次数等于多级常幅交变应力的总循环次数 n 时，造成的损伤度也等于多级常幅交变应力造成的累积损伤度，即

$$\frac{\sum n_i}{N}=D \tag{b}$$

这时称 $\Delta\sigma_c$ 为**等效应力范围**。

由式(a)和式(b)得

$$\frac{\sum n_i}{N}=\sum\frac{n_i}{N_i} \tag{c}$$

由式(11-11b)可求出

$$N_i=\frac{a}{(\Delta\sigma_i)^\beta}，\quad N=\frac{a}{(\Delta\sigma_c)^\beta}$$

代入式(c)，可得到

$$\Delta\sigma_c=\left\{\frac{\sum[n_i(\Delta\sigma_i)^\beta]}{\sum n_i}\right\}^{\frac{1}{\beta}} \tag{11-16}$$

3) 疲劳强度条件

采用等效应力范围，由式(11-13a)可建立起多级常幅循环应力下的疲劳强度条件为

$$\Delta\sigma_c < [\Delta\sigma] \tag{11-17}$$

对于一般的变幅应力循环，需要选用计数法(如雨流法)进行处理，变换成图 11.16 所示的多级常幅应力循环问题，再用上述方法进行疲劳强度计算。详细介绍请参见有关的专著。

3. 提高疲劳强度的措施

提高构件的疲劳强度，就是提高构件各部位的许用应力范围$[\Delta\sigma]$。由式(11-12)画出各类构件和连接的$[\Delta\sigma]$-N 曲线，比较图中各类别的$[\Delta\sigma]$-N 曲线可知，类别号越低，疲劳强度越高。为了提高构件的疲劳强度，在设计和制造构件时，应尽量选择类别号较低的构件和连接的设计形式和制造工艺。

因为疲劳裂纹大多发生在有应力集中的部位、焊缝及构件表面，所以，一般来说，提高构件疲劳强度应从减缓应力集中、提高加工质量等方面入手，基本措施如下。

(1) **合理设计构件形状，减缓应力集中**。构件上应避免出现有内角的孔和带尖角的槽；在截面变化处，应使用较大的过渡圆角或斜坡；在角焊缝处，应采用坡口焊接。

(2) **选择合适的焊接工艺，提高焊接质量**。要保证较高的焊接质量，最好的方法是采用自动焊接设备。

(3) **提高构件表面质量**。制造中，应尽量降低构件表面的粗糙度；使用中，应尽量避免构件表面发生机械损伤和化学损伤(如腐蚀、锈蚀等)。

(4) **增加表层强度**。适当地进行表层强化处理，可以显著提高构件的疲劳强度。如采用高频淬火热处理方法，渗碳、氮化等化学处理方法，滚压、喷丸等机械处理方法。这些方法在机械零件制造中应用较多。

(5) **采用止裂措施**。当构件上已经出现了宏观裂纹后，可以通过在裂尖钻孔、热熔等措施，减缓或终止裂纹扩展，提高构件的疲劳强度。

11.5 习　　题

(1) 用两根吊索向上以匀加速度平行地吊起一根 14 号工字钢，如图 11.17 所示。已知加速度 a=10m/s^2，工字钢长 $l = 12$ m，吊索横截面面积 $A = 72$ mm^2。只考虑工字钢重量，而不计吊索自重。试求工字钢的最大弯曲动应力和吊索的动应力。

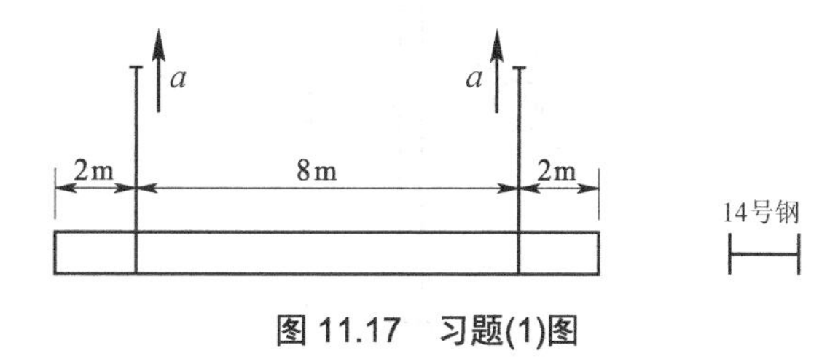

图 11.17　习题(1)图

(2) 轴上装有一铜质圆盘，盘上有一圆孔，如图 11.18 所示。轴和盘以等角速度 $\omega = 40\,\text{rad/s}$ 旋转。试求轴内由该圆孔引起的最大正应力。

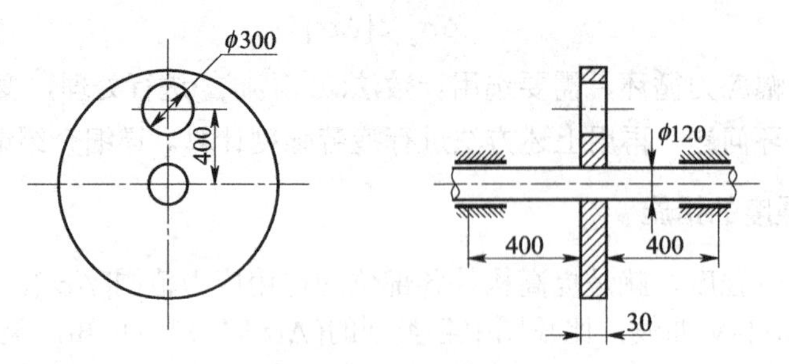

图 11.18 习题(2)图

(3) 重 $W = 1\,\text{kN}$ 的物体，从 $h = 40\,\text{mm}$ 的高度自由下落，如图 11.19 所示。试求梁的最大冲击应力。已知梁的长度 $l = 2\,\text{m}$，弹性模量 $E = 10\,\text{GPa}$，梁的横截面为矩形，尺寸如图 11.19 所示。

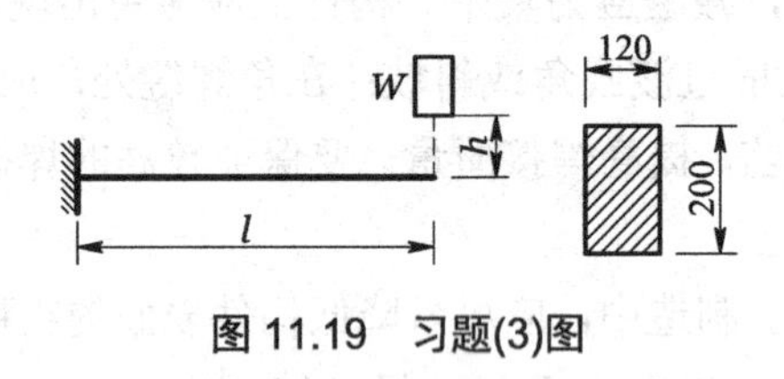

图 11.19 习题(3)图

(4) 重为 W 的物体自由下落在梁上，如图 11.20 所示，设梁的弯曲刚度 EI 及抗弯截面系数 W_z 为已知。试求梁的最大正应力及梁跨中间截面的挠度。

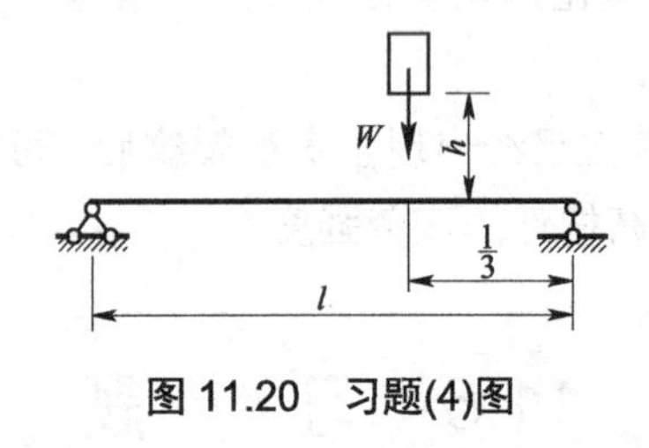

图 11.20 习题(4)图

(5) 重为 W 的物体以速度 v 水平冲击在构件 C 点，如图 11.21 所示，已知构件的截面惯性矩 I、抗弯截面系数 W_z 和弹性 E。试求构件的最大弯曲动应力和最大挠度。

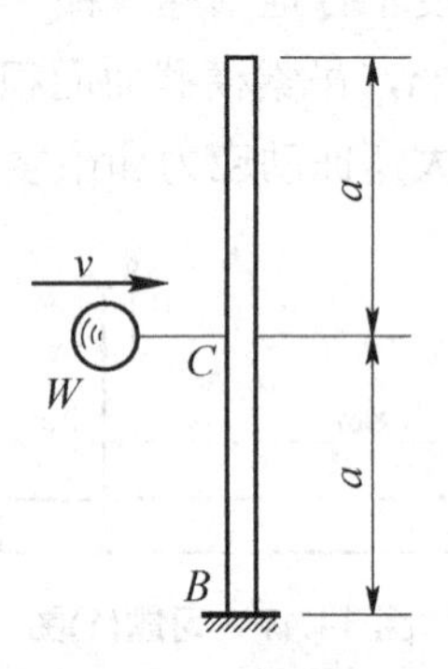

图 11.21 习题(5)图

(6) 重为W的物体以速度v水平冲击刚架的A点，如图 11.22 所示。设刚架的弯曲刚度为EI，抗弯截面系数W_z。试求刚架的最大正应力。

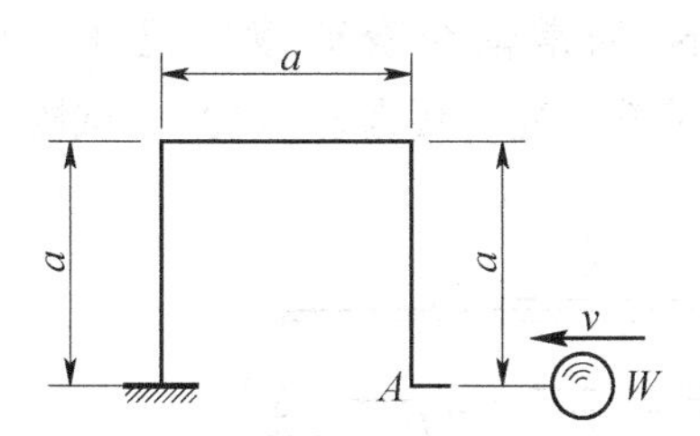

图 11.22　习题(6)图

(7) 悬臂梁在自由端安装一吊车，将重为W的物体以匀速v下降，如图 11.23 所示。令吊车突然制动。试求绳索中的动应力。已知梁的长度为l，弯曲刚度为EI，绳索长为l_1，拉压刚度为EA，不计梁、吊车和绳索的质量。

(8) 图 11.24 所示的钢索一端挂有重为$W = 50\text{ kN}$的重物，另一端绕在绞车鼓轮上。重物以等速度$v = 1.6\text{ m/s}$下降，钢索的横截面面积$A = 1000\text{ mm}^2$，材料的$E = 200\text{ GPa}$。当钢索的长度$l = 240\text{ m}$时，绞车突然刹住，试求钢索内的动应力。

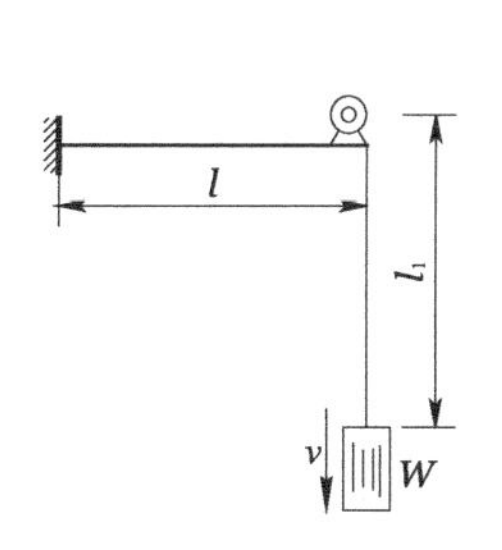

图 11.23　习题(7)图

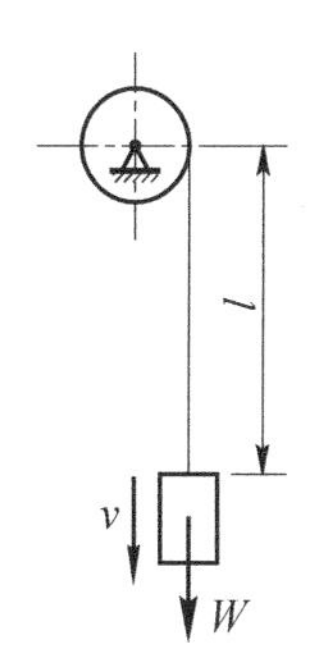

图 11.24　习题(8)图

(9) 已知交变应力的平均应力$\sigma_m = 10\text{ MPa}$，应力幅值$\sigma_a = 40\text{ MPa}$，则其循环应力的极值σ_{max}、σ_{min}和应力比r分别为多少？

(10) 已知应力循环的应力幅为σ_a，应力比为r。试求最大正应力。

(11) 图 11.25 所示的矩形截面悬臂梁，在自由端处安装了一部有偏心转子的电机。已知，梁的长度$l = 1\text{ m}$，抗弯截面系数$W_z = 20\times10^3\text{ mm}^3$；电机重力$F = 1\text{ kN}$，电机匀速转动，其偏心转子的离心惯性力为$F_1 = 200\text{ N}$。试求悬臂梁上表面危险点处的最大弯曲正应力和应力比。

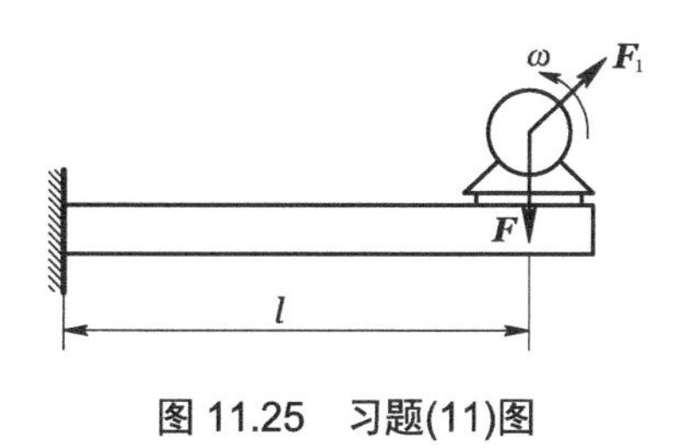

图 11.25　习题(11)图

(12) 图 11.26 所示的“工”字形截面的简支梁由手工焊接而成，中部 C、D 段采用双翼缘，两层翼缘之间纵向焊缝为 4 级焊接，C、D 处的横向焊缝为 7 级焊缝。在跨中作用一个 $F_{\min}=100\ \text{kN}$，$F_{\max}=200\ \text{kN}$ 的常幅交变荷载。已知 AC、DB 段横截面的惯性矩 $I_z=5.8\times10^{-4}\ \text{m}^4$。服役期内荷载交变次数为 6.4×10^6。试校核该梁的疲劳强度。

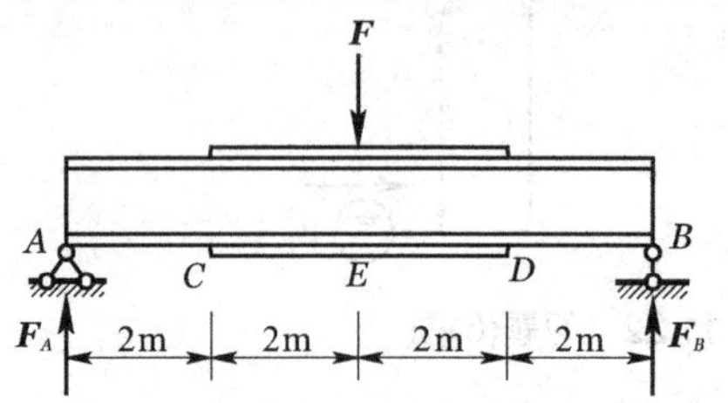

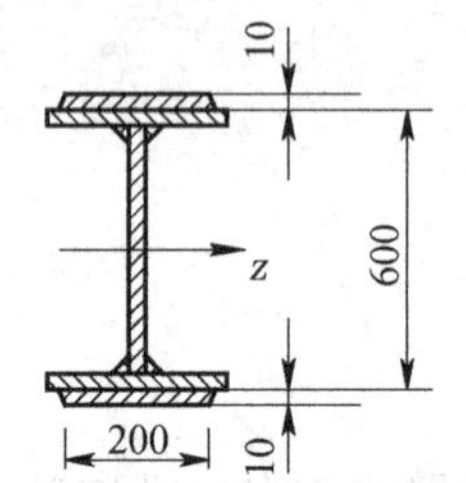

图 11.26 习题(12)图

附录 A　截面的几何性质

A.1　截面的形心和静矩

计算杆在外力作用下的应力和变形时，用到杆横截面的几何性质。例如，在杆的拉(压)计算中用到横截面的面积 A，在圆杆扭转计算中用到横截面的极惯性矩 I_{P}，在梁的弯曲计算中所用到横截面的静矩、惯性矩等。

设任意形状截面如附图 A.1 所示，其截面积为 A。从截面中坐标(x,y)处取一面积元素 $\mathrm{d}A$，则 $x\mathrm{d}A$ 和 $y\mathrm{d}A$ 分别称为该面积元素 $\mathrm{d}A$ 对于 y 轴和 x 轴的**静矩**，而积分

$$S_y=\int_A x\mathrm{d}A,\quad S_x=\int_A y\mathrm{d}A \tag{A-1}$$

分别定义为该截面对于 y 轴和 x 轴的静矩。上述积分应遍及整个截面的面积 A。

从理论力学已知，在 Oxy 坐标系中，均质等厚薄板的重心坐标为

$$x_C=\frac{\int_A x\mathrm{d}A}{A},\quad y_C=\frac{\int_A y\mathrm{d}A}{A}$$

而均质薄板的重心与该薄板平面图形的形心是重合的，所以，上式可用来计算截面(如附图 A.1 所示)的形心坐标。于是可将上式改写为

$$x_C=\frac{S_x}{A},\quad y_C=\frac{S_y}{A} \tag{A-2}$$

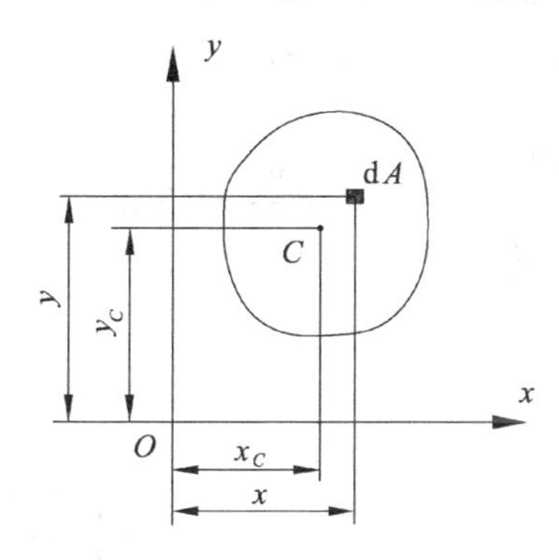

附图 A.1　形心和静矩

因此，在知道截面对于 y 轴和 x 轴的静矩以后，即可求得截面形心的坐标。若将式(A-2)改写为

$$S_y=Ax_C,\quad S_y=Ay_C \tag{A-3}$$

则在已知截面的面积 A 及其形心的坐标$(x_C,\ y_C)$时，就可求得截面对于 y 轴和 x 轴的静矩。

由以上式(A-2)、式(A-3)可见，若截面对于某一轴的静矩等于零，则该轴必通过截面的

形心；反之，截面对通过其形心轴的静矩恒等于 0。

应该注意，截面的静矩是对于一定的轴而言的，同一截面对不同坐标轴的静矩不同。静矩可能是正值或负值，也可能为 0。其量纲为[长度]^3，常用单位为 m^3 或 mm^3。

当截面由若干简单图形如矩形、圆形或三角形等组成时，由于简单图形的面积及其形心位置均为已知，可分别计算简单图形对该轴的静矩，然后再代数相加，即

$$S_x = \sum_{i=1}^{n} A_i x_i \ , \quad S_y = \sum_{i=1}^{n} A_i y_i \tag{A-4}$$

式中，A_i 和 x_i、y_i 分别代表各简单图形的面积和形心坐标；n 为简单图形的个数。

将式(A-4)代入式(A-2)，可得计算组合截面形心坐标的公式，即

$$x_C = \frac{\sum_{i=1}^{n} A_i x_i}{\sum_{i=1}^{n} A_i} \ , \quad y_C = \frac{\sum_{i=1}^{n} A_i y_i}{\sum_{i=1}^{n} A_i} \tag{A-5}$$

【例题 A.1】 试计算附图 A.2 所示三角形截面对于与其底边重合的 x 轴的静矩。

解：取平行于 x 轴的狭长条作为面积元素，即 $\mathrm{d}A = b(y)\mathrm{d}y$。由相似三角形关系，可知 $b(y) = \dfrac{b}{h}(h-y)$，因此有 $\mathrm{d}A = \dfrac{b}{h}(h-y)\mathrm{d}y$。将其代入式(A-1)的第二式，即得

$$S_x = \int_A y\mathrm{d}A = \int_0^h \frac{b}{h}(h-y)y\mathrm{d}y = b\int_0^h y\mathrm{d}y - \frac{b}{h}\int_0^h y^2\mathrm{d}y = \frac{bh^2}{6}$$

【例题 A.2】 对称 T 形截面，其尺寸如附图 A.3 所示。求该截面的形心位置。

解：因图形相对 y 轴对称，其形心一定在该对称轴上。取一对直角参考坐标(x,y)，其中 $x_C = 0$，只需计算 y_C 值。将截面分成 I 、II 两个矩形，则

$$A_{\mathrm{I}} = 0.072\mathrm{m}^2 \qquad A_{\mathrm{II}} = 0.08\mathrm{m}^2$$

$$y_{\mathrm{I}} = 0.46\mathrm{m} \qquad y_{\mathrm{II}} = 0.2\mathrm{m}$$

$$y_C = \frac{\sum_{i=1}^{n} A_i y_i}{\sum_{i=1}^{n} A_i} = \frac{A_{\mathrm{I}} y_{\mathrm{I}} + A_{\mathrm{II}} y_{\mathrm{II}}}{A_{\mathrm{I}} + A_{\mathrm{II}}} = 0.323\mathrm{m}$$

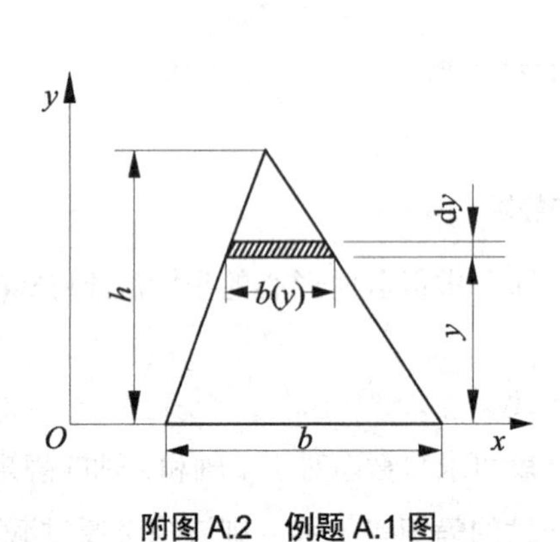

附图 A.2　例题 A.1 图

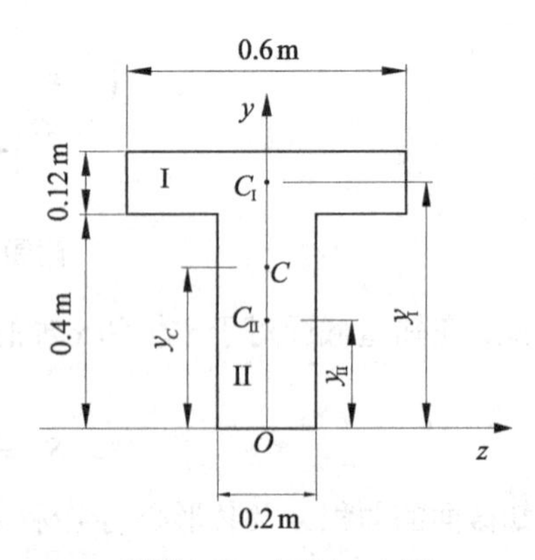

附图 A.3　例题 A.2 图

A.2　极惯性矩、惯性矩、惯性积

设一面积为 A 的任意形状截面如附图 A.4 所示。从截面中坐标为(x, y)处取一面积元素 $\mathrm{d}A$，则 $\mathrm{d}A$ 与其坐标原点距离平方的乘积 $\rho^2\mathrm{d}A$，称为面积元素对 O 点的**极惯性矩**。

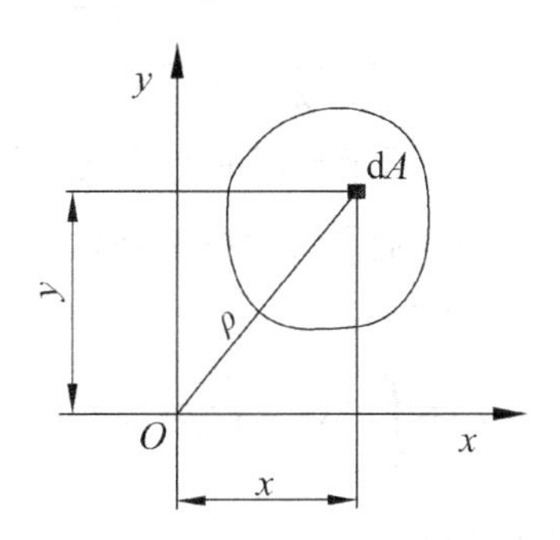

附图 A.4　极惯性矩、惯性矩和惯性积

而以下积分

$$I_{\mathrm{P}} = \int_A \rho^2 \mathrm{d}A \tag{A-6}$$

定义为整个截面对于 O 点的极惯性矩。上述积分应遍及整个截面面积 A 。显然，极惯性矩的数值恒为正值，其单位为 m^4 或 mm^4 。

面积元素 $\mathrm{d}A$ 与其至 y 轴或 x 轴距离平方的乘积 $x^2\mathrm{d}A$ 或 $y^2\mathrm{d}A$，分别称为该面积元素对于 y 轴或 x 轴的**惯性矩**。而以下积分

$$I_y = \int_A x^2 \mathrm{d}A\text{，}\quad I_x = \int_A y^2 \mathrm{d}A \tag{A-7}$$

则分别定义为整个截面对于 y 轴和 x 轴的惯性矩。同样，上述积分应遍及整个截面的面积 A 。

由附图 A.4 所示，$\rho^2 = x^2 + y^2$，故有

$$I_{\mathrm{P}} = \int_A \rho^2 \mathrm{d}A = \int_A (x^2 + y^2)\mathrm{d}A = I_y + I_x \tag{A-8}$$

式(A-8)表明，截面对任意一对互相垂直轴的惯性矩之和，等于截面对该二轴交点的极惯性矩。

面积元素 $\mathrm{d}A$ 与其分别至 y 轴和 x 轴距离的乘积 $xy\mathrm{d}A$，称为该面积元素对于两坐标轴的**惯性积**。而以下积分

$$I_{xy} = \int_A xy\mathrm{d}A \tag{A-9}$$

定义为整个截面对于 x、y 两坐标轴的惯性积，其积分也应遍及整个截面的面积。

从上述定义可见，惯性矩 I_x 、I_y 和惯性积 I_{xy} 都是对轴而言的，同一截面对不同轴的数值不同。极惯性矩是对点而言的。同一截面对不同点的极惯性矩值也是不相同的。惯性矩恒为正值，而惯性积则可正可负，也可能等于零。若 x、y 两坐标轴中有一个为截面的对称

轴，则其惯性积 I_{xy} 恒等于零。惯性矩和惯性积的单位相同，均为 m^4 或 mm^4 。

在某些应用中，将惯性矩表示为截面面积 A 与某一长度平方的乘积，即

$$I_y = i_y^2 A\,,\quad I_x = i_x^2 A \tag{A-10a}$$

式中，i_y 和 i_x 分别称为截面对于 y 轴和 x 轴的**惯性半径**，其单位为 m 或 mm 。

当已知截面面积 A 和惯性矩 I_x 、I_y 时，惯性半径即可从式(A-10b)求得，即

$$i_y = \sqrt{\frac{I_y}{A}}\,,\quad i_x = \sqrt{\frac{I_x}{A}} \tag{A-10b}$$

【例题 A.3】试计算如附图 A.5 所示矩形截面对于其对称轴(即形心轴) x 和 y 的惯性矩。

解：先计算对 x 轴的惯性矩。取平行于 x 轴的阴影面积为面积元素，则

$$\mathrm{d}A = b\mathrm{d}y$$

$$I_x = \int_A y^2 \mathrm{d}A = \int_{-\frac{h}{2}}^{\frac{h}{2}} by^2 \mathrm{d}A = \frac{bh^2}{12}$$

同理，可求得对 y 轴的惯性矩为 $I_y = \dfrac{hb^3}{12}$ 。

【例题 A.4】试计算如附图 A.6 所示圆截面对圆心 O 的极惯性矩及其形心轴(即直径轴)的惯性矩。

解：取图示圆环形面积为面积元素，则

$$\mathrm{d}A = 2\pi\rho\mathrm{d}\rho$$

$$I_\mathrm{P} = \int_A \rho^2 \mathrm{d}A = \int_0^{\frac{d}{2}} 2\pi\rho\mathrm{d}\rho = \frac{\pi d^4}{32}$$

由于 y 、x 轴通过圆心，所以 $I_x = I_y$ ，由式(A-8)可得

$$I_\mathrm{P} = I_x + I_y = 2I_x$$

即

$$I_x = I_y = \frac{I_\mathrm{P}}{2} = \frac{\pi d^4}{64}$$

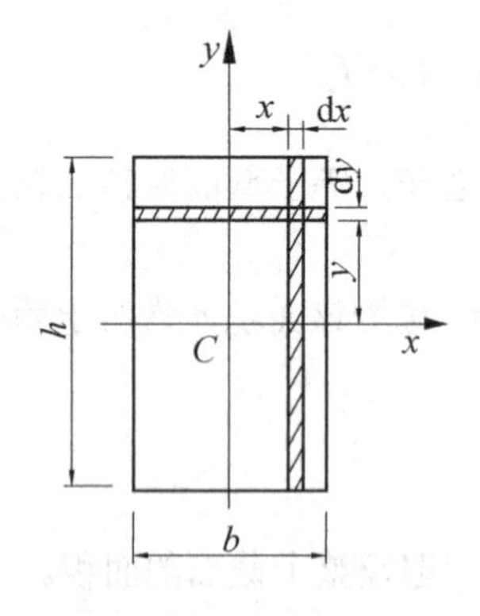

附图 A.5　例题 A.3 图

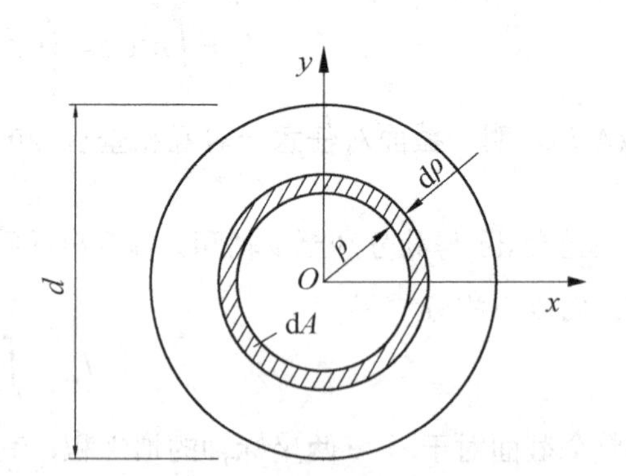

附图 A.6　例题 A.4 图

A.3　惯性矩和惯性积的平行移轴公式及转轴公式

已知同一截面对不同坐标轴的惯性矩(惯性积)的数值是各不相同的，本节将讨论坐标轴变换时，截面对不同轴的惯性矩(惯性积)之间的关系。

A.3.1　惯性矩和惯性积的平行移轴公式

设一面积为 A 的任意形状的截面，如附图 A.7 所示。截面对任意的 x、y 两坐标轴的惯性矩和惯性积分别为 I_x、I_y 和 I_{xy}。另外，通过截面的形心 C 有分别与 x、y 轴平行的 x_C、y_C 轴，称为**形心轴**。截面对于形心轴的惯性矩和惯性积分别为 I_{x_C}、I_{y_C} 和 $I_{x_C y_C}$。

由附图 A.7 可见，截面上任一面积元素 $\mathrm{d}A$ 在两坐标系内的坐标(x,y)和(x_C, y_C)之间的关系为

$$x = x_C + b，\quad y = y_C + a \tag{a}$$

式中，a、b 为截面形心在 Oxy 坐标系内的坐标值。

将式(a)中的 y 代入式(A-7)中的第二式，可得

$$\begin{aligned} I_x &= \int_A y^2 \mathrm{d}A = \int_A (y_C + a)^2 \mathrm{d}A = \int_A y_C^2 \mathrm{d}A + 2a\int_A y_C \mathrm{d}A + a^2 \int_A \mathrm{d}A \\ &= I_{x_C} + 2aS_{x_C} + a^2 A \end{aligned}$$

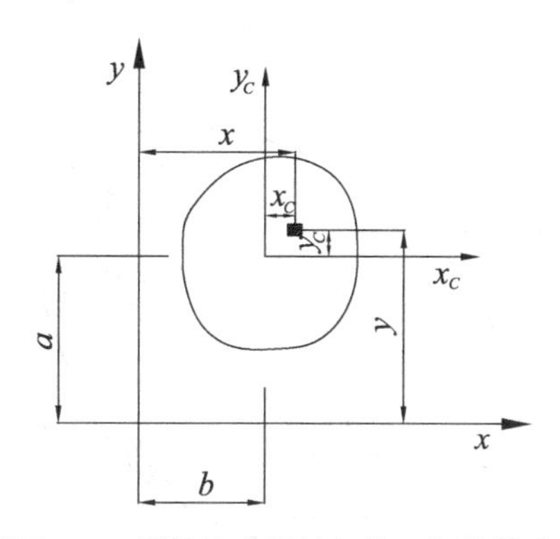

附图 A.7　惯性矩和惯性积的平行移轴公式

因为 x_C 轴为形心轴，所以 $S_{x_C} = 0$，因此可得

$$I_x = I_{x_C} + a^2 A \tag{A-11a}$$

同理

$$I_y = I_{y_C} + b^2 A \tag{A-11b}$$

式(A-11a)称为**惯性矩的平行移轴公式**。其中，$a^2 A$ 与 $b^2 A$ 均为正值，因此，截面对通过其形心轴的惯性矩是对所有平行轴的惯性矩中的最小者。

下面求对 x、y 轴的惯性积。根据定义，截面对 x、y 轴的惯性积为

$$I_{xy}=\int_A xy\mathrm{d}A=\int_A (x_C+b)(y_C+a)\mathrm{d}A$$
$$=\int_A x_C y_C\mathrm{d}A+b\int_A y_C\mathrm{d}A+a\int_A x_C\mathrm{d}A+ab\int_A \mathrm{d}A$$
$$=I_{x_C y_C}+bS_{x_C}+aS_{y_C}+abA$$

因为x_C、y_C轴为形心轴，所以$S_{x_C}=S_{y_C}=0$，因此可得

$$I_{xy}=I_{x_C y_C}+abA \tag{A-12}$$

式(A-12)即为**惯性积的平行移轴公式**。

前式中的a、b均存在正负问题，其正负是以截面的形心在Oxy坐标系中的位置来确定的。所以移轴后的惯性积可能增加也可能减少。

应该注意，惯性矩与惯性积的平行移轴公式中，x_C、y_C必须是形心轴，否则不能应用。

A.3.2 惯性矩和惯性积的转轴公式

如附图 A.8 所示，截面对与任意的x、y两坐标轴的惯性矩和惯性积分别为I_x、I_y和I_{xy}。现将 Oxy 坐标系绕坐标原点O逆时针转过α角(α角以逆时针转向为正)得到新的坐标系Ox_1y_1。现要求截面对新坐标系的I_{x_1}、I_{y_1}和$I_{x_1y_1}$与截面对原坐标系的I_x、I_y和I_{xy}之间的关系。

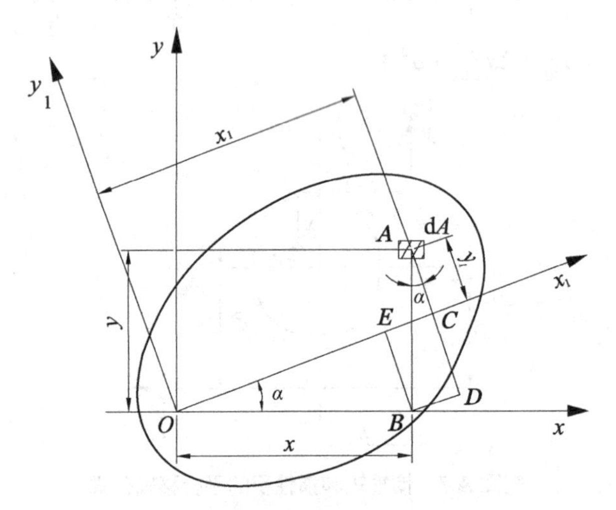

图 A.8 惯性矩和惯性积的转轴公式

根据转轴时的坐标转换，有

$$x_1=OC=OE+BD=x\cos\alpha+y\sin\alpha$$

$$y_1=AC=AD-EB=y\cos\alpha-x\sin\alpha$$

由惯性矩与惯性积的积分定义，可得

$$
\begin{cases}
I_{x_1} = \int_A y_1^2 \mathrm{d}A = \int_A (y\cos\alpha - x\sin\alpha)^2 \mathrm{d}A \\
I_{y_1} = \int_A x_1^2 \mathrm{d}A = \int_A (x\cos\alpha + y\sin\alpha)^2 \mathrm{d}A \\
I_{x_1y_1} = \int_A x_1y_1 \mathrm{d}A = \int_A (x\cos\alpha + y\sin\alpha)(y\cos\alpha - x\sin\alpha)\mathrm{d}A
\end{cases} \tag{A-13}
$$

将式(A-13)各项展开，应用惯性矩和惯性积的定义，可得

$$
\begin{cases}
I_{x_1} = I_y\sin^2\alpha + I_x\cos^2\alpha - I_{xy}\sin 2\alpha \\
I_{y_1} = I_y\cos^2\alpha + I_x\sin^2\alpha + I_{xy}\sin 2\alpha \\
I_{x_1y_1} = \dfrac{I_x - I_y}{2}\sin 2\alpha + I_{xy}\cos 2\alpha
\end{cases} \tag{A-14a}
$$

利用二倍角函数的关系，可得

$$
\begin{cases}
I_{x_1} = \dfrac{I_x + I_y}{2} + \dfrac{I_x - I_y}{2}\cos 2\alpha - I_{xy}\sin 2\alpha \\
I_{y_1} = \dfrac{I_x + I_y}{2} - \dfrac{I_x - I_y}{2}\cos 2\alpha + I_{xy}\sin 2\alpha \\
I_{x_1y_1} = \dfrac{I_x - I_y}{2}\sin 2\alpha + I_{xy}\cos 2\alpha
\end{cases} \tag{A-14b}
$$

以上式(A-13)、式(A-14a)、式(A-14b)就是惯性矩和惯性积的**转轴公式**。

将式(A-14b)中的 I_{x_1} 和 I_{y_1} 相加，可得

$$
I_{x_1} + I_{y_1} = I_x + I_y \tag{A-15}
$$

式(A-15)表明，截面对通过同一点的任意一对相互垂直的坐标轴的两惯性矩之和为一常数，并等于截面对该坐标原点的极惯性矩。

A.4　主惯性轴和主惯性矩

由惯性积的转轴公式

$$
I_{x_1y_1} = \frac{I_x - I_y}{2}\sin 2\alpha + I_{xy}\cos 2\alpha
$$

可知，当 α 变化时，惯性积 $I_{x_1y_1}$ 也随之做周期性变化且有正有负。因此，总可以找到一对坐标轴 (x_0, y_0)，使截面对 (x_0, y_0) 轴的惯性积等于 0。截面对其惯性积等于零的一对坐标轴，称为**主惯性轴**。截面对于主惯性轴的惯性矩，称为**主惯性矩**。当一对主惯性轴的交点与截面的形心重合时，就称为**形心主惯性轴**。截面对于形心主惯性轴的惯性矩，称为**形心主惯性矩**。

设 α_0 为主惯性轴与原坐标轴 x、y 间的夹角，将 α_0 代入惯性积的转轴公式并令其为零，即

$$\frac{I_x - I_y}{2}\sin 2\alpha_0 + I_{xy}\cos 2\alpha_0 = 0$$

改写为

$$\tan 2\alpha_0 = \frac{-2I_{xy}}{I_x - I_y} \tag{A-16}$$

由上式解得的 α_0 值，就确定了两主惯性轴中 x_0 轴的位置。

将所得 α_0 值代入式(A-14b)的第一、第二式，即得截面的主惯性矩。为此，利用式(A-16)，将 $\cos 2\alpha_0$ 和 $\sin 2\alpha_0$ 写成

$$\cos 2\alpha_0 = \frac{1}{\sqrt{1+\tan^2 2\alpha_0}} = \frac{I_x - I_y}{\sqrt{\left(I_x - I_y\right)^2 + 4I_{xy}^2}} \tag{a}$$

$$\sin 2\alpha_0 = \frac{\tan 2\alpha_0}{\sqrt{1+\tan^2 2\alpha_0}} = \frac{-2I_{xy}}{\sqrt{\left(I_x - I_y\right)^2 + 4I_{xy}^2}} \tag{b}$$

将式(a)、式(b)代入式(A-14b)的第一、第二式，经过简化后得惯性矩的计算公式为

$$\begin{cases} I_{x_0} = \dfrac{I_x + I_y}{2} + \dfrac{1}{2}\sqrt{(I_x - I_y)^2 + 4I_{xy}^2} \\ I_{y_0} = \dfrac{I_x + I_y}{2} - \dfrac{1}{2}\sqrt{(I_x - I_y)^2 + 4I_{xy}^2} \end{cases} \tag{A-17}$$

可以证明，两主惯性矩值是截面通过 O 点各轴的惯性矩中的最大者和最小者。

过截面上的任何一点均可找到一对惯性主轴。通过截面形心的主惯性轴，称为形心主惯性轴(简称**形心主轴**)，对形心主轴的惯性矩称为**形心主矩**。

具有对称轴的截面如矩形、“工”字形、圆形等，其对称轴就是形心主轴，因为对称轴既是主惯性轴(惯性积等于零)又通过截面的形心。

A.5 组合截面的形心主轴与形心主惯性矩

工程计算中应用最广泛的是组合截面的形心主惯性矩。为此，必须首先确定截面的形心以及形心主轴的位置。

根据惯性矩的定义可知，组合截面关于形心主轴的惯性矩就等于各组成部分对该轴的惯性矩之和。

【例题 A.5】 T 形截面的各部分尺寸如附图 A.9 所示，求截面的形心主惯性矩。

解： (1) 首先确定形心位置。

$$y_C = \frac{\sum_{i=1}^{n} A_i y_i}{\sum_{i=1}^{n} A_i} = \frac{A_1 y_1 + A_2 y_2}{A_1 + A_2}$$

$$= \frac{300 \times 50 \times 25 + 250 \times 50 \times 175}{300 \times 50 + 250 \times 50}$$

$=93.18\text{mm}$

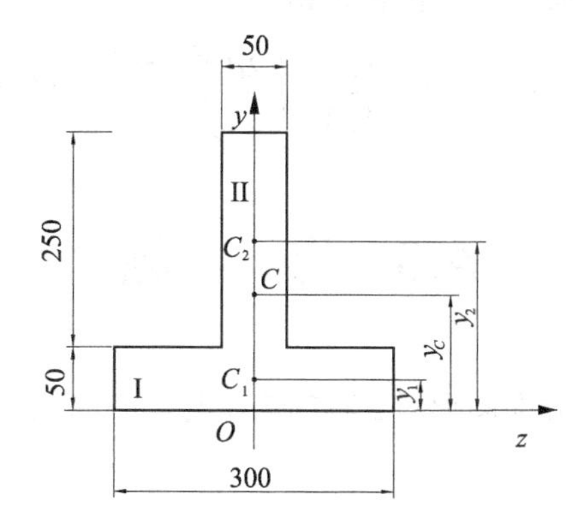

附图 A.9　例题 A.5 图

(2) 确定形心主轴。如附图 A.9 所示的(y_C, z_C)即为形心主轴。

(3) 求形心主惯性矩。形心主轴 z_C 到两个矩形形心的距离分别为

$$a_{\mathrm{I}} = y_C - 25 = 68.18\text{mm}$$

$$a_{\mathrm{II}} = 175 - y_C = 81.82\text{mm}$$

截面对 z_C 轴的惯性矩为两个矩形截面对 z_C 轴的惯性矩之和，即

$$I_{z_C} = I_{z_C}^{\mathrm{I}} + I_{z_C}^{\mathrm{II}} = \frac{300 \times 50^3}{12} + 68.18^2 \times 300 \times 50 + \frac{50 \times 250^3}{12} + 81.82^2 \times 250 \times 50$$

$$= 2.2 \times 10^8 (\text{mm}^4)$$

$$I_{y_C} = I_{y_C}^{\mathrm{I}} + I_{y_C}^{\mathrm{II}} = \frac{500 \times 300^3}{12} + \frac{250 \times 50^3}{12} = 1.15 \times 10^8 (\text{mm}^4)$$

【例题 A.6】 半圆形截面如附图 A.10 所示，形心 C 到截面底边的距离 $y_C = \frac{2d}{3\pi}$，z_0 为平行于底边的形心轴。试计算截面对 z_0 轴的惯性矩。

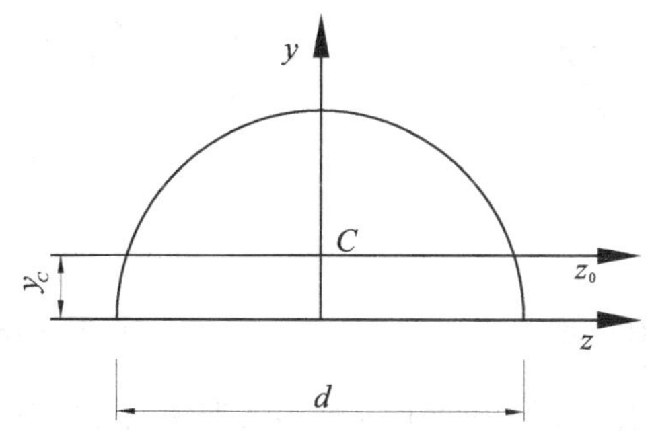

附图 A.10　例题 A.6 图

解： 沿截面底边建立坐标轴 z，半圆形截面对 z 轴的惯性矩为

$$I_z = \frac{1}{2} \times \frac{\pi d^4}{64} = \frac{\pi d^4}{128}$$

由平行移轴公式可知

$$I_z = I_{z0} + y_C^2 A$$

因此，半圆形截面积对形心轴 z_0 的惯性矩为

$$I_z = I_z - y_C^2 A = \frac{\pi d^4}{128} - \left(\frac{2d}{3\pi}\right)^2 \cdot \frac{\pi d^2}{8} = 0.00684 d^4$$

A.6 习　　题

(1) 求如附图 A.11 所示截面图形对 z 轴的静矩与形心的位置。

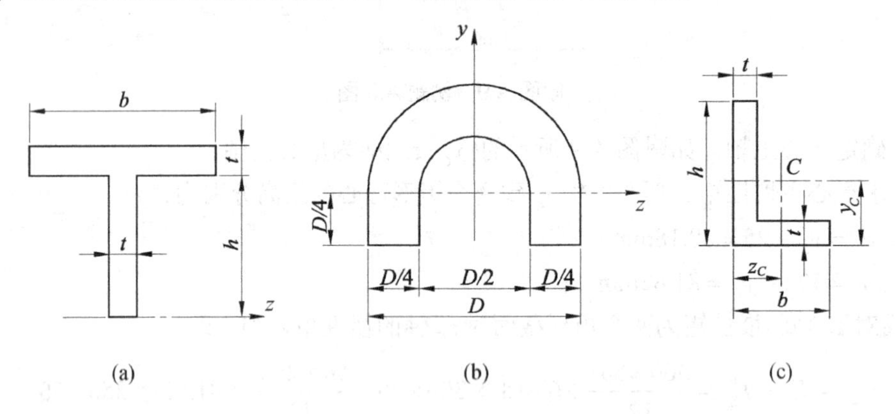

附图 A.11　习题(1)图

(2) 如附图 A.12 所示的三角形中 b、h 均为已知。试用积分法求 I_z、I_y、I_{yz}。

(3) 试确定附图 A.13 所示图形的形心主轴和形心主惯性矩(单位：mm)。

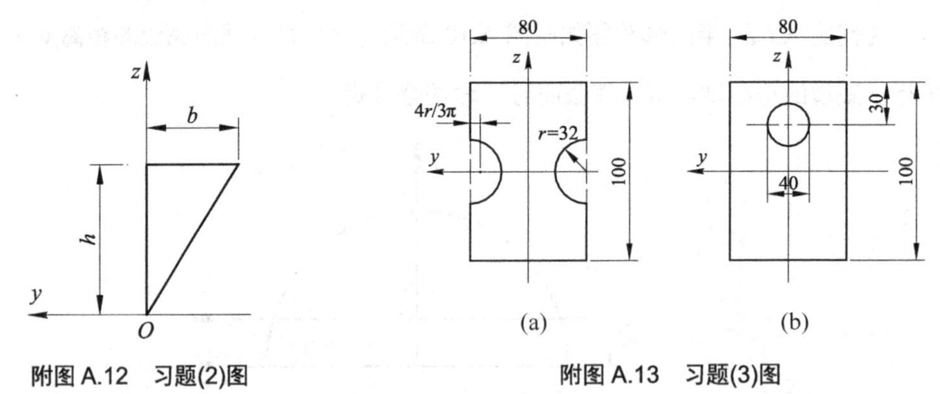

附图 A.12　习题(2)图　　　附图 A.13　习题(3)图

(4) 如附图 A.14 所示组合截面为两根 20a 号的普通热轧槽型钢所组成的截面，今欲使 $I_z = I_y$。试求 b(提示：计算所需数据均可由型钢表中查得)。

(5) 已知如附图 A.15 所示的矩形截面中 I_{y_1} 及 b、h。试求 I_{y_2}，现有 4 种答案，判断正确的是(　　)。

A. $I_{y_2}=I_{y_1}+\frac{1}{4}bh^3$　　B. $I_{y_2}=I_{y_1}+\frac{3}{16}bh^3$

C. $I_{y_2}=I_{y_1}+\frac{1}{16}bh^3$　　D. $I_{y_2}=I_{y_1}-\frac{3}{16}bh^3$

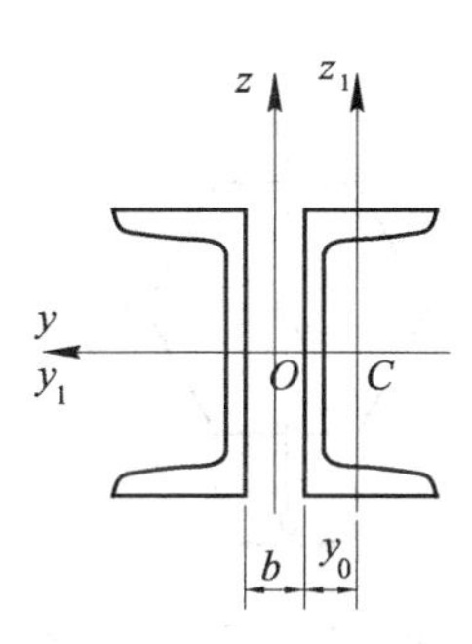

附图 A.14　习题(4)图

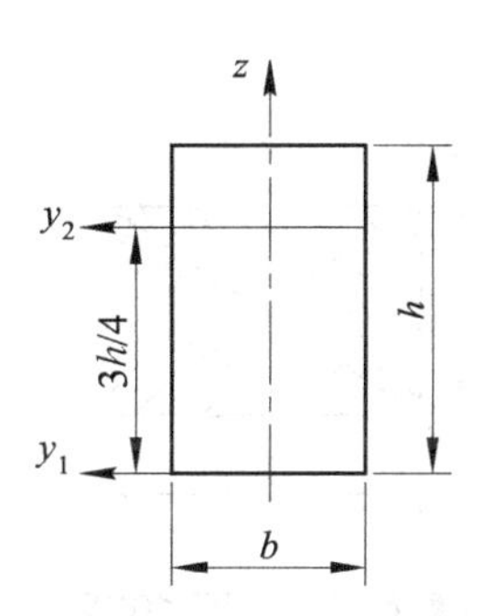

附图 A.15　习题(5)图

(6) 试求附图 A.16 所示正方形截面对其对角线的惯性矩。

(7) 试分别求附图 A.17 所示环形和箱形截面对其对称轴 x 的惯性矩。

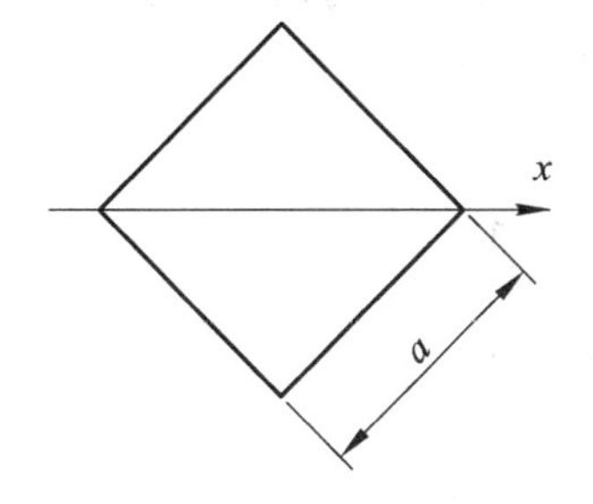

附图 A.16　习题(6)图

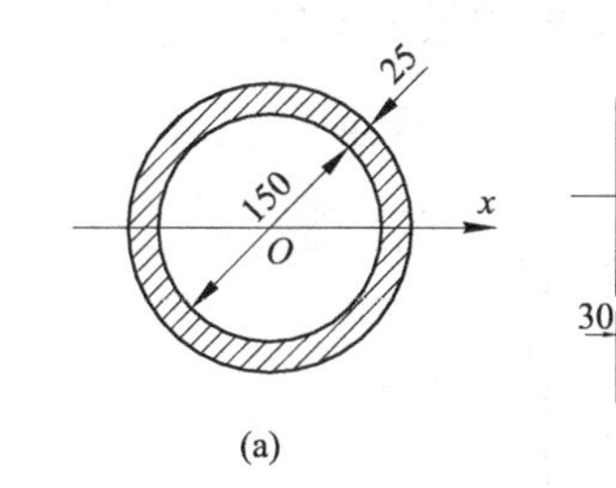

附图 A.17　习题(7)图

(8) 如附图 A.18 所示矩形截面 $h:b=3:2$。试求通过左下角 A 点的一对主轴 u 及 v 的方位角，并求 I_u 及 I_v 的值。

(9) 求如附图 A.19 所示各图形的形心位置、形心主惯性轴方位角与形心主惯性矩值。

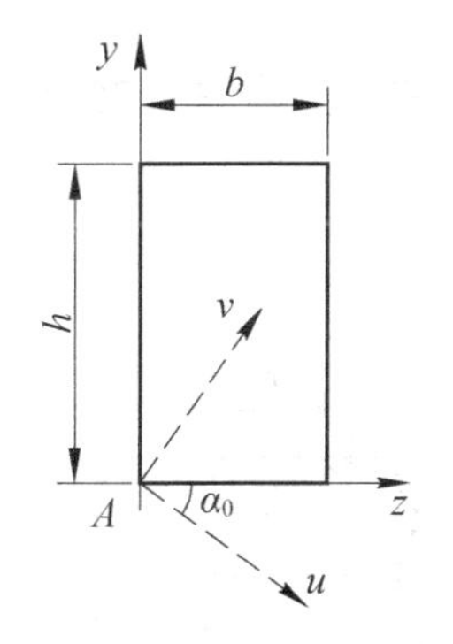

附图 A.18　习题(8)图

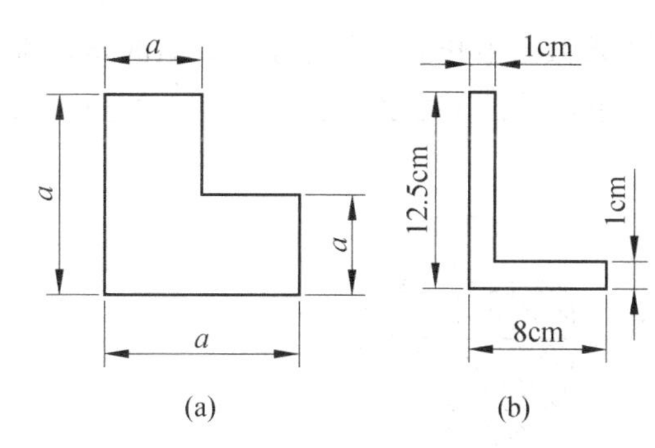

附图 A.19　习题(9)图

(10) 试证明由一矩形以其对角线所分成的两个三角形分别对 x 及 y 轴的惯性积是相等的，如附图 A.20 所示。

(11) 如附图 A.21 所示的正六边形截面。试计算惯性矩 I_x 和 I_y。

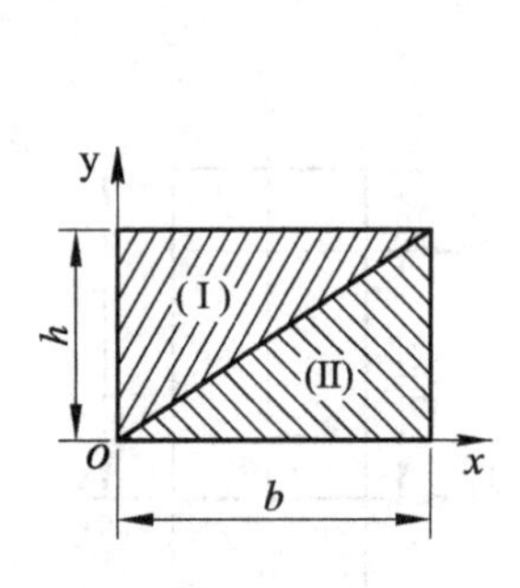

附图 A.20　习题(10)图

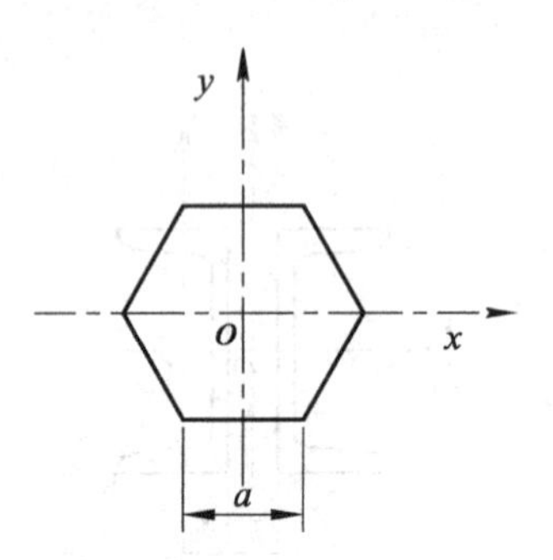

附图 A.21　习题(11)图

(12) 如附图 A.22 所示的截面由 14b 号的槽钢截面与 12cm×2cm 的矩形截面组成，试确定其形心主惯性矩。

(13) 如附图 A.23 所示，截面由两个 125mm×125mm×10mm 的等边角钢及缀板(图中虚线)组合而成。试求该截面的最大惯性矩 I_{max} 和最小惯性矩 I_{min}。

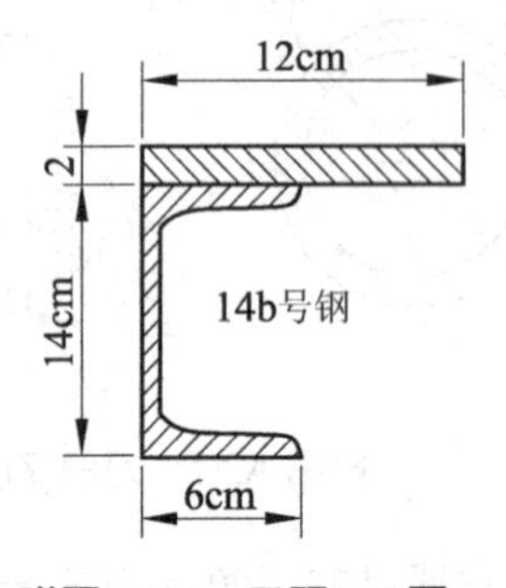

附图 A.22　习题(12)图

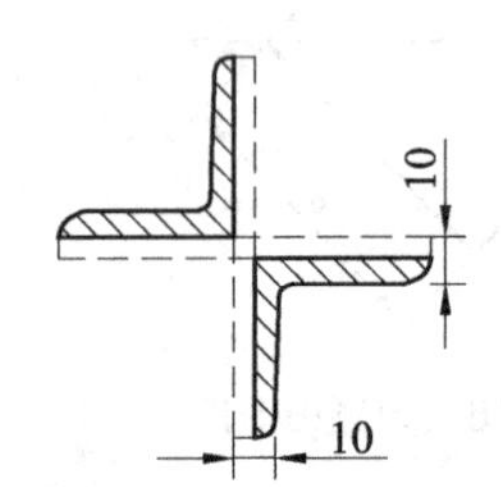

附图 A.23　习题(13)图

(14) 在直径 $D=8a$ 的圆截面中，开了一个 $2a\times4a$ 的矩形孔，如附图 A.24 所示。试求截面对水平形心轴和竖直形心轴的惯性矩 I_x 和 I_y。

(15) 正方形截面中开了一个直径为 $d=100\,\text{mm}$ 的半圆形孔，如附图 A.25 所示。试确定截面的形心位置，并计算对水平形心轴和竖直形心轴的惯性矩。

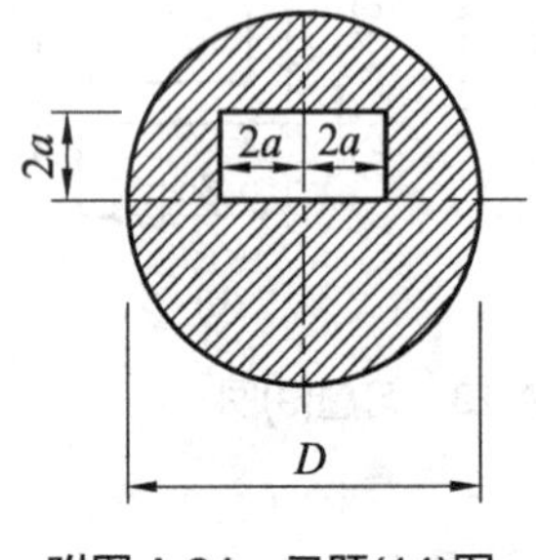

附图 A.24　习题(14)图

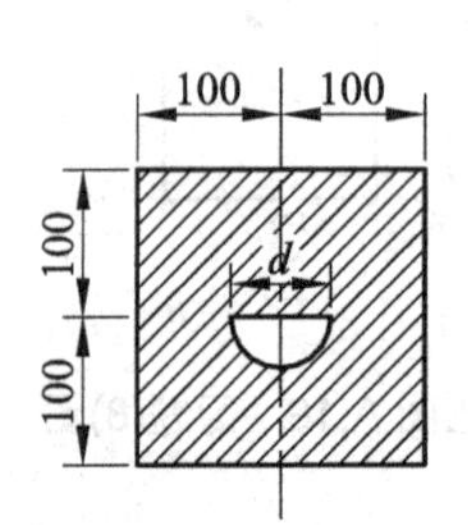

附图 A.25　习题(15)图

(16) 试求如附图 A.26 所示组合截面对于形心轴 x 的惯性矩。

(17) 试求如附图 A.27 所示各组合截面对其对称轴 x 的惯性矩。

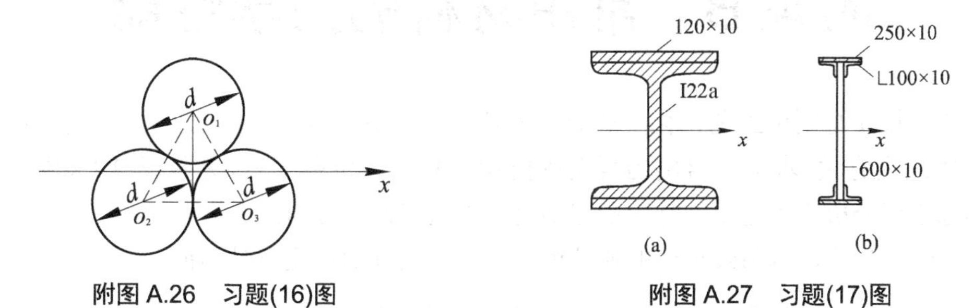

附图 A.26　习题(16)图　　　附图 A.27　习题(17)图

(18) 直角三角形截面斜边中点 D 处的一对正交坐标轴 x、y 如附图 A.28 所示。试问：

① x、y 是否为一对主惯性轴？

② 不用积分，计算其 I_x 和 I_{xy} 值。

(19) 附图 A.29 所示为一等边三角形中心挖去一半径为 r 的圆孔的截面。试证明该截面通过形心 C 的任一轴均为形心主惯性轴。

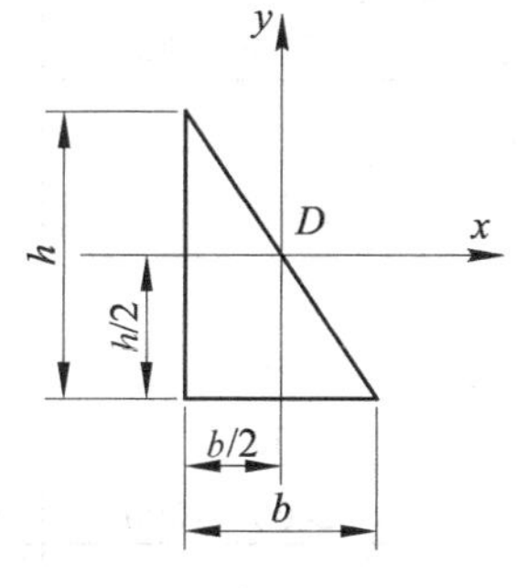

附图 A.28　习题(18)图

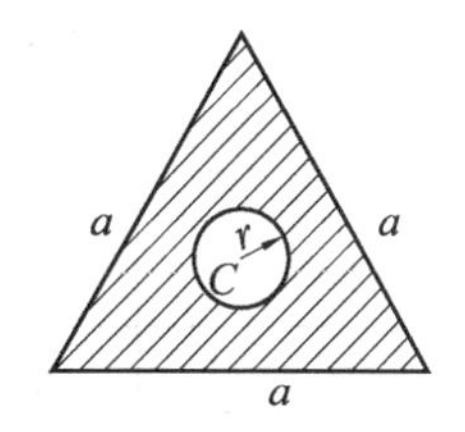

附图 A.29　习题(19)图

附录B　常用材料的力学性能

材料的性质与制造工艺、化学成分、内部缺陷、使用温度、受载历史、服役时间、试件尺寸等因素有关。本附录给出的材料性能参数只是典型范围值，见附表B.1和附表B.2。用于实际工程分析或工程设计时，请咨询材料制造商或供应商。

除非特别说明，本附录给出的弹性模量、屈服强度均指拉伸时的值。

附表B.1　材料的弹性模量、泊松比、密度和热膨胀系数

材料名称	弹性模量 E /GPa	泊松比/ μ	密度 ρ /(kg/m^3)	热膨胀系数 α/(10^{-3}/°C^{-1})
铝合金	70～79	0.33	2600～2800	23
黄铜	96～110	0.34	8400～8600	19.1～21.2
青铜	96～120	0.34	8200～8800	18～21
铸铁	83～170	0.2～0.3	7000～7400	9.9～12
混凝土(压缩)	17～31	0.1～0.2		
普通			2300	
增强			2400	7～14
轻质			1100～1800	
铜及其合金	110～120	0.33～0.36	8900	16.6～17.6
玻璃	48～83	0.17～0.27	2400～2800	5～11
镁合金	41～45	0.35	1760～1830	26.1～28.8
镍合金(蒙乃尔铜)	170	0.32	8800	14
镍	210	0.31	8800	13
塑料				
尼龙	2.1～3.4	0.4	880～1100	70～140
聚乙烯	0.7～1.4	0.4	960～1400	140～290
岩石(压)				
花岗岩、大理石、石英石	40～100	0.2～0.3	2600～2900	5～9
石灰石、沙石	20～70	0.2～0.3	2000～2900	
橡胶	0.0007～0.004	0.45～0.5	960～1300	130～200
沙、土壤、沙砾			1200～2200	
钢		0.27～0.30		10～18
高强钢				14
不锈钢	190～210		7850	17
结构钢				12
钛合金	100～120	0.33	4500	8.1～11

续表

材料名称	弹性模量 E /GPa	泊松比/ μ	密度 ρ /(kg/m^3)	热膨胀系数 α/(10^{-3}/°C^{-1})
钨	340～380	0.2	1900	4.3
木材(弯曲)				
杉木	11～13		480～560	
橡木	11～12		640～720	
松木	11～14		560～640	

附表 B.2　材料的力学性能

材料名称/牌号	屈服强度 σ_s /MPa	抗拉强度 σ_b /MPa	伸长率 δ_5 /%	备　注
铝合金	35～500	100～550	1～45	
LY12	274	412	19	硬铝
黄铜	70～550	200～620	4～60	
青铜	82～690	200～830	5～60	
铸铁(拉伸)	120～290	69～480	0～1	
HT150		150		
HT250				
铸铁(压缩)		340～1400		
混凝土(压缩)		10～70		
铜及其合金	55～760	230～830	4～50	
玻璃		30～1000	0	
平板玻璃		70		
玻璃纤维		7000～20000		
镁合金	80～280	140～340	2～20	
镍合金(蒙乃尔铜)	170～1100	450～1200	2～50	
镍	100～620	310～760	2～50	
塑料				
尼龙		40～80	20～100	
聚乙烯		7～28	15～300	
岩石(压缩)				
花岗岩、大理石、石英石		50～280		
石灰石、沙石		20～200		
橡胶	1～7	7～20	100～800	

续表

材料名称/牌号	屈服强度 σ_s /MPa	抗拉强度 σ_b /MPa	伸长率 δ_5 /%	备　注
普通碳素钢				
Q215	215	335～450	26～31	旧牌号 A2
Q235	235	375～500	21～26	旧牌号 A3
Q255	255	410～550	19～24	旧牌号 A4
Q275	275	490～630	15～20	旧牌号 A5
优质碳素钢				
25	275	450	23	25 号钢
35	315	530	20	35 号钢
45	355	600	16	45 号钢
55	380	645	13	55 号钢
低合金钢				
15MnV	390	530	18	15 锰钒
16Mn	345	510	21	15 锰
合金钢				
20Cr	540	835	10	20 铬
40Cr	785	980	9	40 铬
30CrMnSi	885	1080	10	30 铬锰硅
铸钢				
ZG200～400	200	400	25	
ZG270～500	270	500	18	
钢线	280～1000	550～1400	5～40	
钛合金	760～1000	900～1200	10	
钨		1400～4000	0～4	
木材(弯曲)				
杉木	30～50	40～70		
橡木	30～40	30～50		
松木	30～50	40～70		

附表C 型 钢 表

附表C.1 热轧等边角钢(GB 9787—1988)

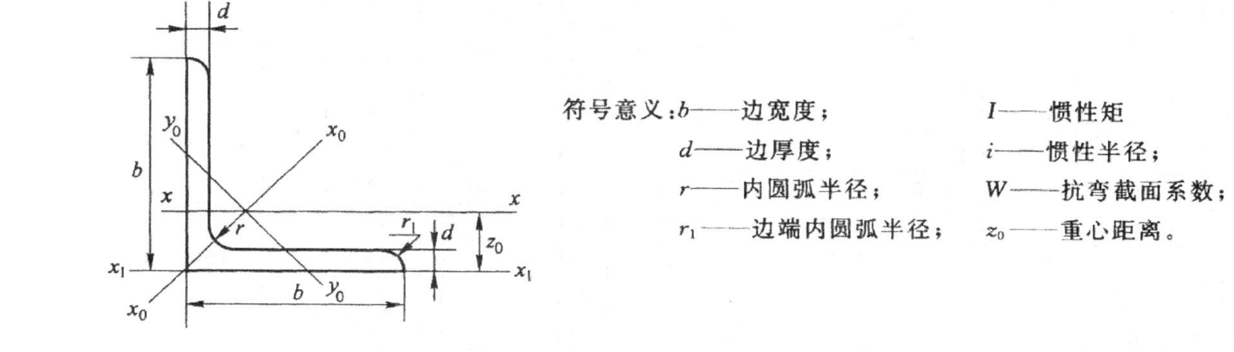

符号意义：b——边宽度；　I——惯性矩

d——边厚度；　i——惯性半径；

r——内圆弧半径；　W——抗弯截面系数；

r_1——边端内圆弧半径；　z_0——重心距离。

角钢号数	尺寸/mm			截面面积/cm^2	理论重量/(kg/m)	外表面积/(m^2/m)	参考数值										z_0/cm
							$x-x$			x_0-x_0			y_0-y_0			x_1-x_1	
	b	d	r				I_x/cm^4	i_x/cm	W_x/cm^3	I_{x_0}/cm^4	i_{x_0}/cm	W_{x_0}/cm^3	I_{y_0}/cm^4	i_{y_0}/cm	W_{y_0}/cm^3	I_{x_1}/cm^4	
2	20	3	3.5	1.132	0.889	0.078	0.40	0.59	0.29	0.63	0.75	0.45	0.17	0.39	0.20	0.81	0.60
		4		1.459	1.145	0.077	0.50	0.58	0.36	0.78	0.73	0.55	0.22	0.38	0.24	1.09	0.64
2.5	25	3		1.432	1.124	0.098	0.82	0.76	0.46	1.29	0.95	0.73	0.34	0.49	0.33	1.57	0.73
		4		1.859	1.459	0.097	1.03	0.74	0.59	1.62	0.93	0.92	0.43	0.48	0.40	2.11	0.76

续表

角钢号数	尺寸/mm			截面面积/cm²	理论重量/(kg/m)	外表面积/(m²/m)	参考数值										z_0/cm
							$x-x$			x_0-x_0			y_0-y_0			x_1-x_1	
	b	d	r				I_x/cm⁴	i_x/cm	W_x/cm³	I_{x_0}/cm⁴	i_{x_0}/cm	W_{x_0}/cm³	I_{y_0}/cm⁴	i_{y_0}/cm	W_{y_0}/cm³	I_{x_1}/cm⁴	
3.0	30	3	4.5	1.749	1.373	0.117	1.46	0.91	0.68	2.31	1.15	1.09	0.61	0.59	0.51	2.71	0.85
		4		2.276	1.786	0.117	1.84	0.90	0.87	2.92	1.13	1.37	0.77	0.58	0.62	3.63	0.89
3.6	36	3		2.109	1.656	0.141	2.58	1.11	0.99	4.09	1.39	1.61	1.07	0.71	0.76	4.68	1.00
		4		2.756	2.163	0.141	3.29	1.09	1.28	5.22	1.38	2.05	1.37	0.70	0.93	6.25	1.04
		5		3.382	2.654	0.141	3.95	1.08	1.56	6.24	1.36	2.45	1.65	0.70	1.09	7.84	1.07
4.0	40	3	5	2.359	1.852	0.157	3.58	1.23	1.23	5.69	1.55	2.01	1.49	0.79	0.96	6.41	1.09
		4		3.086	2.422	0.157	4.60	1.22	1.60	7.29	1.54	2.58	1.91	0.79	1.19	8.56	1.13
		5		3.791	2.976	0.156	5.53	1.21	1.96	8.76	1.52	3.10	2.30	0.78	1.39	10.74	1.17
4.5	45	3		2.659	2.088	0.177	5.17	1.40	1.58	8.20	1.76	2.58	2.14	0.89	1.24	9.12	1.22
		4		3.486	2.736	0.177	6.65	1.38	2.05	10.56	1.74	3.32	2.75	0.89	1.54	12.18	1.26
		5		4.292	3.369	0.176	8.04	1.37	2.51	12.74	1.72	4.00	3.33	0.88	1.81	15.25	1.30
		6		5.076	3.985	0.176	9.33	1.36	2.95	14.76	1.70	4.64	3.89	0.88	2.06	18.36	1.33
5	50	3	5.5	2.971	2.332	0.197	7.18	1.55	1.96	11.37	1.96	3.22	2.98	1.00	1.57	12.50	1.34
		4		3.897	3.059	0.197	9.26	1.54	2.56	14.70	1.94	4.16	3.82	0.99	1.96	16.69	1.38
		5		4.803	3.770	0.196	11.21	1.53	3.13	17.79	1.92	5.03	4.64	0.98	2.31	20.90	1.42
		6		5.688	4.465	0.196	13.05	1.52	3.68	20.68	1.91	5.85	5.42	0.98	2.63	25.14	1.46
5.6	56	3	6	3.343	2.624	0.221	10.19	1.75	2.48	16.14	2.20	4.08	4.24	1.13	2.02	17.56	1.48
		4		4.390	3.446	0.220	13.18	1.73	3.24	20.92	2.18	5.28	5.46	1.11	2.52	23.43	1.53
		5		5.415	4.251	0.220	16.02	1.72	3.97	25.42	2.17	6.42	6.61	1.10	2.98	29.33	1.57
		6		8.367	6.568	0.219	23.63	1.68	6.03	37.37	2.11	9.44	9.89	1.09	4.16	46.24	1.68

续表

角钢号数	尺寸/mm			截面面积 /cm²	理论重量 /(kg/m)	外表面积 /(m²/m)	参考数值										z_0 /cm
							$x-x$			x_0-x_0			y_0-y_0			x_1-x_1	
	b	d	r				I_x /cm⁴	i_x /cm	W_x /cm³	I_{x_0} /cm⁴	i_{x_0} /cm	W_{x_0} /cm³	I_{y_0} /cm⁴	i_{y_0} /cm	W_{y_0} /cm³	I_{x_1} /cm⁴	
6.3	63	4	7	4.978	3.907	0.248	19.03	1.96	4.13	30.17	2.46	6.78	7.89	1.26	3.29	33.35	1.70
		5		6.143	4.822	0.248	23.17	1.94	5.08	36.77	2.45	8.25	9.57	1.25	3.90	41.73	1.74
		6		7.288	5.721	0.247	27.12	1.93	6.00	43.03	2.43	9.66	11.20	1.24	4.46	50.14	1.78
		8		9.515	7.469	0.247	34.46	1.90	7.75	54.56	2.40	12.25	14.33	1.23	5.47	67.11	1.85
		10		11.657	9.151	0.246	41.09	1.88	9.39	64.85	2.36	14.56	17.33	1.22	6.36	84.31	1.93
7	70	4	8	5.570	4.372	0.275	26.39	2.18	5.14	41.80	2.74	8.44	10.99	1.40	4.17	45.74	1.86
		5		6.875	5.397	0.275	32.21	2.16	6.32	51.08	2.73	10.32	13.34	1.39	4.95	57.21	1.91
		6		8.160	6.406	0.275	37.77	2.15	7.48	59.93	2.71	12.11	15.61	1.38	5.67	68.73	1.95
		7		9.424	7.398	0.275	43.09	2.14	8.59	68.35	2.69	13.81	17.82	1.38	6.34	80.29	1.99
		8		10.667	8.373	0.274	48.17	2.12	9.68	76.37	2.68	15.43	19.98	1.37	6.98	91.92	2.03
7.5	75	5	9	7.412	5.818	0.295	39.97	2.33	7.32	63.30	2.92	11.94	16.63	1.50	5.77	70.56	2.04
		6		8.797	6.905	0.294	46.95	2.31	8.64	74.38	2.90	14.02	19.51	1.49	6.67	84.55	2.07
		7		10.160	7.976	0.294	53.57	2.30	9.93	84.96	2.89	16.02	22.18	1.48	7.44	98.71	2.11
		8		11.503	9.030	0.294	59.96	2.28	11.20	95.07	2.88	17.93	24.86	1.47	8.19	112.97	2.15
		10		14.126	11.089	0.293	71.98	2.26	13.64	113.92	2.84	21.48	30.05	1.46	9.56	141.71	2.22
8	80	5	9	7.912	6.211	0.315	48.79	2.48	8.34	77.33	3.13	13.67	20.25	1.60	6.66	85.36	2.15
		6		9.397	7.376	0.314	57.35	2.47	9.87	90.98	3.11	16.08	23.72	1.59	7.65	102.50	2.19
		7		10.860	8.525	0.314	65.58	2.46	11.37	104.07	3.10	18.40	27.09	1.58	8.58	119.70	2.23
		8		12.303	9.658	0.314	73.49	2.44	12.83	116.60	3.08	20.61	30.39	1.57	9.46	136.97	2.27
		10		15.126	11.874	0.313	88.43	2.42	15.64	140.09	3.04	24.76	36.77	1.56	11.08	171.74	2.35

续表

角钢号数	尺寸/mm			截面面积/cm^2	理论重量/(kg/m)	外表面积/(m^2/m)	参考数值										z_0/cm
							$x-x$			x_0-x_0			y_0-y_0			x_1-x_1	
	b	d	r				I_x/cm^4	i_x/cm	W_x/cm^3	I_{x_0}/cm^4	i_{x_0}/cm	W_{x_0}/cm^3	I_{y_0}/cm^4	i_{y_0}/cm	W_{y_0}/cm^3	I_{x_1}/cm^4	
9	90	6	10	10.637	8.350	0.354	82.77	2.79	12.61	131.26	3.51	20.63	34.28	1.80	9.95	145.87	2.44
		7		12.301	9.656	0.354	94.83	2.78	14.54	150.47	3.50	23.64	39.18	1.78	11.19	170.30	2.48
		8		13.944	10.946	0.353	106.47	2.76	16.42	168.97	3.48	26.55	43.97	1.78	12.35	194.80	2.52
		10		17.167	13.476	0.353	128.58	2.74	20.07	203.90	3.45	32.04	53.26	1.76	14.52	244.07	2.59
		12		20.306	15.940	0.352	149.22	2.71	23.57	236.21	3.41	37.12	62.22	1.75	16.49	293.76	2.67
10	100	6	12	11.932	9.366	0.393	114.95	3.10	15.68	181.98	3.90	25.74	47.92	2.00	12.69	200.07	2.67
		7		13.796	10.830	0.393	131.86	3.09	18.10	208.97	3.89	29.55	54.74	1.99	14.26	233.54	2.71
		8		15.638	12.276	0.393	148.24	3.08	20.47	235.07	3.88	33.24	61.41	1.98	15.75	267.09	2.76
		10		19.261	15.120	0.392	179.51	3.05	25.06	284.68	3.84	40.26	74.35	1.96	18.54	334.48	2.84
		12		22.800	17.898	0.391	208.90	3.03	29.48	330.95	3.81	46.80	86.84	1.95	21.08	402.34	2.91
		14		26.256	20.611	0.391	236.53	3.00	33.73	374.06	3.77	52.90	99.00	1.94	23.44	470.75	2.99
		16		29.267	23.257	0.390	262.53	2.98	37.82	414.16	3.74	58.57	110.89	1.94	25.63	539.80	3.06
11	110	7	12	15.196	11.928	0.433	177.16	3.41	22.05	280.94	4.30	36.12	73.38	2.20	17.51	310.64	2.96
		8		17.238	13.532	0.433	199.46	3.40	24.95	316.49	4.28	40.69	82.42	2.19	19.39	355.20	3.01
		10		21.261	16.690	0.432	242.19	3.39	30.60	384.39	4.25	49.42	99.98	2.17	22.91	444.65	3.09
		12		25.200	19.782	0.431	282.55	3.35	36.05	448.17	4.22	57.62	116.93	2.15	26.15	534.60	3.16
		14		29.056	22.809	0.431	320.71	3.32	41.31	508.01	4.18	65.31	133.40	2.14	29.14	625.16	3.24

续表

角钢号数	尺寸/mm			截面面积/cm²	理论重量/(kg/m)	外表面积/(m²/m)	参考数值										
							$x-x$			x_0-x_0			y_0-y_0			x_1-x_1	z_0 /cm
	b	d	r				I_x /cm⁴	i_x /cm	W_x /cm³	I_{x_0} /cm⁴	i_{x_0} /cm	W_{x_0} /cm³	I_{y_0} /cm⁴	i_{y_0} /cm	W_{y_0} /cm³	I_{x_1} /cm⁴	
12.5	125	8	14	19.750	15.504	0.492	297.03	3.88	32.52	470.89	4.88	53.28	123.16	2.50	25.86	521.01	3.37
		10		24.373	19.133	0.491	361.67	3.85	39.97	573.89	4.85	64.93	149.46	2.48	30.62	651.93	3.45
		12		28.912	22.696	0.491	423.16	3.83	41.17	671.44	4.82	75.96	174.88	2.46	35.03	783.42	3.53
		14		33.367	26.193	0.490	481.65	3.80	54.16	763.73	4.78	86.41	199.57	2.45	39.13	915.61	3.61
14	140	10		27.373	21.488	0.551	514.65	4.34	50.58	817.27	5.46	82.56	212.04	2.78	39.20	915.11	3.82
		12		32.512	25.522	0.551	603.68	4.31	59.80	958.79	5.43	96.85	248.57	2.76	45.02	1099.28	3.90
		14		37.567	29.490	0.550	688.81	4.28	68.75	1093.56	5.40	110.47	284.06	2.75	50.45	1284.22	3.98
		16		42.539	33.393	0.549	770.24	4.26	77.46	1221.81	5.36	123.42	318.67	2.74	55.55	1470.07	4.06
16	160	10	16	31.502	24.729	0.630	779.53	4.98	66.70	1237.30	6.27	109.36	321.76	3.20	52.76	1365.33	4.31
		12		37.441	29.391	0.630	916.58	4.95	78.98	1455.68	6.24	128.67	377.49	3.18	60.74	1639.57	4.39
		14		43.296	33.987	0.629	1048.36	4.92	90.95	1665.02	6.20	147.17	431.70	3.16	68.24	1914.68	4.47
		16		49.067	38.518	0.629	1175.08	4.89	102.63	1865.57	6.17	164.89	484.59	3.14	75.31	2190.82	4.55
18	180	12	16	42.241	33.159	0.710	1321.35	5.59	100.82	2100.10	7.05	165.00	542.61	3.58	78.41	2332.80	4.89
		14		48.896	38.383	0.709	1514.48	5.56	116.25	2407.42	7.02	189.14	621.53	3.56	88.38	2723.48	4.97
		16		55.467	43.542	0.709	1700.99	5.54	131.13	2703.37	6.98	212.40	698.60	3.55	97.83	3115.29	5.05
		18		61.955	48.634	0.708	1875.12	5.50	145.64	2988.24	6.94	234.78	762.01	3.51	105.14	3502.43	5.13
20	200	14	18	54.642	42.894	0.788	2103.55	6.20	144.70	3343.26	7.82	236.40	863.83	3.98	111.82	3734.10	5.46
		16		62.013	48.680	0.788	2366.15	6.18	163.65	3760.89	7.79	265.93	971.41	3.96	123.96	4270.39	5.54
		18		69.301	54.401	0.787	2620.64	6.15	182.22	4164.54	7.75	294.48	1076.74	3.94	135.52	4808.13	5.62
		20		76.505	60.056	0.787	2867.30	6.12	200.42	4554.55	7.72	322.06	1180.04	3.93	146.55	5347.51	5.69
		24		90.661	71.168	0.785	3338.25	6.07	236.17	5294.97	7.64	374.41	1381.53	3.90	166.65	6457.16	5.87

注：截面图中的 $r_1=d/3$ 及表中 r 值，用于孔型设计，不作为交货条件。

附表C.2　热轧不等边角钢(GB 9788—1988)

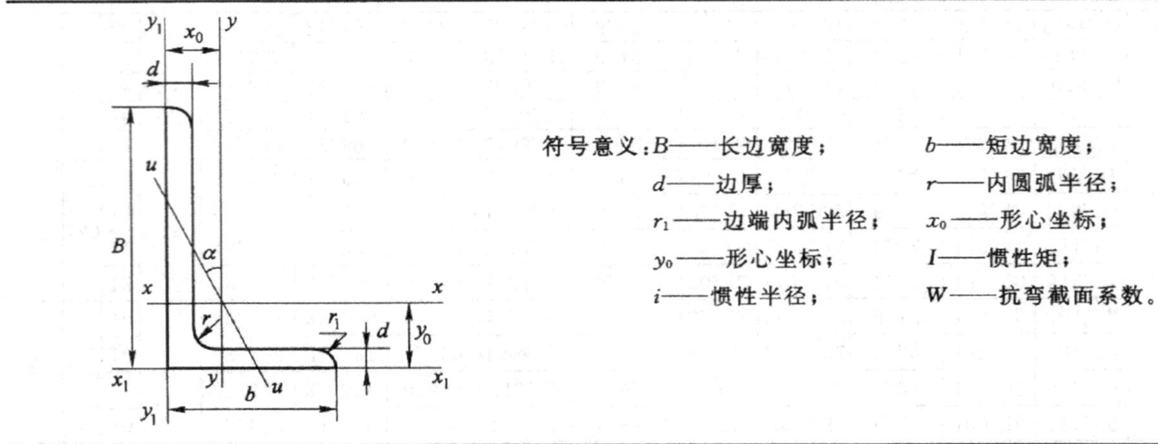

符号意义：B——长边宽度；　b——短边宽度；
d——边厚；　r——内圆弧半径；
r_1——边端内弧半径；　x_0——形心坐标；
y_0——形心坐标；　I——惯性矩；
i——惯性半径；　W——抗弯截面系数。

角钢号数	尺寸/mm				截面面积/cm²	理论重量/(kg/m)	外表面积/(m²/m)	参考数值													
								$x-x$			$y-y$			x_1-x_1		y_1-y_1		$u-u$			
	B	b	d	r				I_x/cm⁴	i_x/cm	W_x/cm³	I_y/cm⁴	i_y/cm	W_y/cm³	I_{x_1}/cm⁴	y_0/cm	I_{y_1}/cm⁴	x_0/cm	I_u/cm⁴	i_u/cm	W_u/cm³	tan α
2.5/1.6	25	16	3	3.5	1.162	0.912	0.080	0.70	0.78	0.43	0.22	0.44	0.19	1.56	0.86	0.43	0.42	0.14	0.34	0.16	0.392
			4		1.499	1.176	0.079	0.88	0.77	0.55	0.27	0.43	0.24	2.09	0.90	0.59	0.46	0.17	0.34	0.20	0.381
3.2/2	32	20	3		1.492	1.171	0.102	1.53	1.01	0.72	0.46	0.55	0.30	3.27	1.08	0.82	0.49	0.28	0.43	0.25	0.382
			4		1.939	1.22	0.101	1.93	1.00	0.93	0.57	0.54	0.39	4.37	1.12	1.12	0.53	0.35	0.42	0.32	0.374
4/2.5	40	25	3	4	1.890	1.484	0.127	3.08	1.28	1.15	0.93	0.70	0.49	5.39	1.32	1.59	0.59	0.56	0.54	0.40	0.385
			4		2.467	1.936	0.127	3.93	1.26	1.49	1.18	0.69	0.63	8.53	1.37	2.14	0.63	0.71	0.54	0.52	0.381
4.5/2.8	45	28	3	5	2.149	1.687	0.143	4.45	1.44	1.47	1.34	0.79	0.62	9.10	1.47	2.23	0.64	0.80	0.61	0.51	0.383
			4		2.806	2.203	0.143	5.69	1.42	1.91	1.70	0.78	0.80	12.13	1.51	3.00	0.68	1.02	0.60	0.66	0.380

续表

角钢号数	尺寸/mm				截面面积/cm^2	理论重量/(kg/m)	外表面积/(m^2/m)	参考数值													
								$x-x$			$y-y$			x_1-x_1		y_1-y_1		$u-u$			
	B	b	d	r				I_x/cm^4	i_x/cm	W_x/cm^3	I_y/cm^4	i_y/cm	W_y/cm^3	I_{x_1}/cm^4	y_0/cm	I_{y_1}/cm^4	x_0/cm	I_u/cm^4	i_u/cm	W_u/cm^3	$\tan\alpha$
5/3.2	50	32	3	5.5	2.431	1.908	0.161	6.24	1.60	1.84	2.02	0.91	0.82	12.49	1.60	3.31	0.73	1.20	0.70	0.68	0.404
			4		3.177	2.494	0.160	8.02	1.59	2.39	2.58	0.90	1.06	16.65	1.65	4.45	0.77	1.53	0.69	0.87	0.402
5.6/3.6	56	36	3	6	2.743	2.153	0.181	8.88	1.80	2.32	2.92	1.03	1.05	17.54	1.78	4.70	0.80	1.73	0.79	0.87	0.408
			4		3.590	2.818	0.180	11.45	1.78	3.03	3.76	1.02	1.37	23.39	1.82	6.33	0.85	2.23	0.79	1.13	0.408
			5		4.415	3.466	0.180	13.86	1.77	3.71	4.49	1.01	1.65	29.25	1.87	7.94	0.88	2.67	0.79	1.36	0.404
6.3/4	63	40	4	7	4.058	3.185	0.202	16.49	2.02	3.87	5.23	1.14	1.70	33.30	2.04	8.63	0.92	3.12	0.88	1.40	0.398
			5		4.993	3.920	0.202	20.02	2.00	4.74	6.31	1.12	2.71	41.63	2.08	10.86	0.95	3.76	0.87	1.71	0.396
			6		5.908	4.638	0.201	23.36	1.96	5.59	7.29	1.11	2.43	49.98	2.12	13.12	0.99	4.34	0.86	1.99	0.393
			7		6.802	5.339	0.201	26.53	1.98	6.40	8.24	1.10	2.78	58.07	2.15	15.47	1.03	4.97	0.86	2.29	0.389
7/4.5	70	45	4	7.5	4.547	3.570	0.226	23.17	2.26	4.86	7.55	1.29	2.17	45.92	2.24	12.26	1.02	4.40	0.98	1.77	0.410
			5		5.609	4.403	0.225	27.95	2.23	5.92	9.13	1.28	2.65	57.10	2.28	15.39	1.06	5.40	0.98	2.19	0.407
			6		6.647	5.218	0.225	32.54	2.21	6.95	10.62	1.26	3.12	68.35	2.32	18.58	1.09	6.35	0.93	2.59	0.404
			7		7.657	6.011	0.225	37.22	2.20	8.03	12.01	1.25	3.57	79.99	2.36	21.84	1.13	7.16	0.97	2.94	0.402
(7.5/5)	75	50	5	8	6.125	4.808	0.245	34.86	2.39	6.83	12.61	1.44	3.30	70.00	2.40	21.04	1.17	7.41	1.10	2.74	0.435
			6		7.260	5.699	0.245	41.12	2.38	8.12	14.70	1.42	3.88	84.30	2.44	25.37	1.21	8.54	1.08	3.19	0.435
			8		9.467	7.431	0.244	52.39	2.35	10.52	18.53	1.40	4.99	112.50	2.52	34.23	1.29	10.87	1.07	4.10	0.429
			10		11.590	9.098	0.244	62.71	2.33	12.79	21.96	1.38	6.04	140.80	2.60	43.43	1.36	13.10	1.06	4.99	0.423
8/5	80	50	5	8	6.375	5.005	0.255	41.96	2.56	7.78	12.82	1.42	3.32	85.21	2.60	21.06	1.14	7.66	1.10	2.74	0.388
			6		7.560	5.935	0.255	49.49	2.56	9.25	14.95	1.41	3.91	102.53	2.65	25.41	1.18	8.85	1.08	3.20	0.387
			7		8.724	6.848	0.255	56.16	2.54	10.58	16.96	1.39	4.48	119.33	2.69	29.82	1.21	10.18	1.08	3.70	0.384
			8		9.867	7.745	0.254	62.83	2.52	11.92	18.85	1.38	5.03	136.41	2.73	34.32	1.25	11.38	1.07	4.16	0.381

续表

角钢号数	尺寸/mm				截面面积/cm²	理论重量/(kg/m)	外表面积/(m²/m)	参考数值													
								$x-x$			$y-y$			x_1-x_1		y_1-y_1		$u-u$			
	B	b	d	r				I_x/cm⁴	i_x/cm	W_x/cm³	I_y/cm⁴	i_y/cm	W_y/cm³	I_{x_1}/cm⁴	y_0/cm	I_{y_1}/cm⁴	x_0/cm	I_u/cm⁴	i_u/cm	W_u/cm³	tan α
9/5.6	90	56	5	9	7.212	5.661	0.287	60.45	2.90	9.92	18.32	1.59	4.21	121.32	2.91	29.53	1.25	10.98	1.23	3.49	0.385
			6		8.557	6.717	0.286	71.03	2.88	11.74	21.42	1.58	4.96	145.59	2.95	35.58	1.29	12.90	1.23	4.18	0.384
			7		9.880	7.756	0.286	81.01	2.86	13.49	24.36	1.57	5.70	169.66	3.00	41.71	1.33	14.67	1.22	4.72	0.382
			8		11.183	8.779	0.286	91.03	2.85	15.27	27.15	1.56	6.41	194.17	3.04	47.93	1.36	16.34	1.21	5.29	0.380
10/6.3	100	63	6	10	9.617	7.550	0.320	99.06	3.21	14.64	30.94	1.79	6.35	199.71	3.24	50.50	1.43	18.42	1.38	5.25	0.394
			7		11.111	8.722	0.320	113.45	3.20	16.88	35.26	1.78	7.29	233.00	3.28	59.14	1.47	21.00	1.38	6.02	0.394
			8		12.584	9.878	0.319	127.37	3.18	19.08	39.39	1.77	8.21	266.32	3.32	67.88	1.50	23.50	1.37	6.78	0.391
			10		15.467	12.142	0.319	153.81	3.15	23.32	47.12	1.74	9.98	333.06	3.40	85.73	1.58	28.33	1.35	8.24	0.387
10/8	100	80	6	10	10.637	8.350	0.354	107.04	3.17	15.19	61.24	2.40	10.16	199.83	2.95	102.68	1.97	31.65	1.72	8.37	0.627
			7		12.301	9.656	0.354	122.73	3.16	17.52	70.08	2.39	11.71	233.20	3.00	119.98	2.01	36.17	1.72	9.60	0.626
			8		13.944	10.946	0.353	137.92	3.14	19.81	78.58	2.37	13.21	266.61	3.04	137.37	2.05	40.58	1.71	10.80	0.625
			10		17.167	13.476	0.353	166.87	3.12	24.24	94.65	2.35	16.12	333.63	3.12	172.48	2.13	49.10	1.69	13.12	0.622
11/7	110	70	6	10	10.637	8.350	0.354	133.37	3.54	17.85	42.92	2.01	7.90	265.78	3.53	69.08	1.57	25.36	1.54	6.53	0.403
			7		12.301	9.656	0.354	153.00	3.53	20.60	49.01	2.00	9.09	310.07	3.57	80.82	1.61	28.95	1.53	7.50	0.402
			8		13.944	10.946	0.353	172.04	3.51	23.30	54.87	1.98	10.25	354.39	3.62	92.70	1.65	32.45	1.53	8.45	0.401
			10		17.167	13.467	0.353	208.39	3.48	28.54	65.88	1.96	12.48	443.13	3.70	116.83	1.72	39.20	1.51	10.29	0.397
12.5/8	125	80	7	11	14.096	11.066	0.403	227.98	4.02	26.86	74.42	2.30	12.01	454.99	4.01	120.32	1.80	43.81	1.76	9.92	0.408
			8		15.989	12.551	0.403	256.77	4.01	30.41	83.49	2.28	13.56	519.99	4.06	137.85	1.84	49.15	1.75	11.18	0.407
			10		19.712	15.474	0.402	312.04	3.98	37.33	100.67	2.26	16.56	650.09	4.14	173.40	1.92	59.45	1.74	13.64	0.404
			12		23.351	18.330	0.402	364.41	3.95	44.01	116.67	2.24	19.43	780.39	4.22	209.67	2.00	69.35	1.72	16.01	0.400

续表

角钢号数	尺寸/mm				截面面积/cm²	理论重量/(kg/m)	外表面积/(m²/m)	参考数值														
								$x-x$			$y-y$			x_1-x_1		y_1-y_1		$u-u$				
	B	b	d	r				I_x/cm⁴	i_x/cm	W_x/cm³	I_y/cm⁴	i_y/cm	W_y/cm³	I_{x_1}/cm⁴	y_0/cm	I_{y_1}/cm⁴	x_0/cm	I_u/cm⁴	i_u/cm	W_u/cm³	tan α
14/9	140	90	8	12	18.038	14.160	0.453	365.64	4.50	38.48	120.69	2.59	17.34	730.53	4.50	195.79	2.04	70.83	1.98	14.31	0.411
			10		22.261	17.475	0.452	445.50	4.47	47.31	146.03	2.56	21.22	913.20	4.58	245.92	2.21	85.82	1.96	17.48	0.409
			12		26.400	20.724	0.451	521.59	4.44	55.87	169.79	2.54	24.95	1096.09	4.66	296.89	2.19	100.21	1.95	20.54	0.406
			14		30.456	23.908	0.451	594.10	4.42	64.18	192.10	2.51	28.54	1279.26	4.74	348.82	2.27	114.13	1.94	23.52	0.403
16/10	160	100	10	13	25.315	19.872	0.512	668.69	5.14	62.13	205.03	2.85	26.56	1362.89	5.24	336.59	2.28	121.74	2.19	21.92	0.390
			12		30.054	23.592	0.511	784.91	5.11	73.49	239.09	2.82	31.28	1635.56	5.32	405.94	2.36	142.33	2.17	25.79	0.388
			14		34.709	27.247	0.510	896.30	5.08	84.56	271.20	2.80	35.83	1908.50	5.40	476.42	2.43	162.23	2.16	29.56	0.385
			16		39.281	30.835	0.510	1003.04	5.05	95.33	301.60	2.77	40.24	2181.79	5.48	548.22	2.51	182.57	2.16	33.44	0.382
18/11	180	110	10	14	28.373	22.273	0.571	956.25	5.80	78.96	278.11	3.13	32.49	1940.40	5.89	447.22	2.44	166.50	2.42	26.88	0.376
			12		33.712	26.464	0.571	1124.72	5.78	93.53	325.03	3.10	38.32	2328.35	5.98	538.94	2.52	194.87	2.40	31.66	0.374
			14		38.967	30.589	0.570	1286.91	5.75	107.76	369.55	3.08	43.97	2716.60	6.06	631.95	2.59	222.30	2.39	36.32	0.372
			16		44.139	34.649	0.569	1443.06	5.72	121.64	411.85	3.06	49.44	3105.15	6.14	726.46	2.67	248.84	2.38	40.87	0.369
20/12.5	200	125	12		37.912	29.761	0.641	1570.90	6.44	116.73	483.16	3.57	49.99	3193.85	6.54	787.74	2.83	285.79	2.74	41.23	0.392
			14		43.867	34.436	0.640	1800.97	6.41	134.65	550.83	3.54	57.44	3726.17	6.62	922.47	2.91	326.58	2.73	47.34	0.390
			16		49.739	39.045	0.639	2023.35	6.38	152.18	615.44	3.52	64.69	4258.86	6.70	1058.86	2.99	366.21	2.71	53.32	0.388
			18		55.526	43.588	0.639	2238.30	6.35	169.33	677.19	3.49	71.74	4792.00	6.78	1197.13	3.06	404.83	2.70	59.18	0.385

注：1. 括号内型号不推荐使用。

2. 截面图中的 $r_1=d/3$ 及表中 r 值，用于孔型设计，不作为交货条件。

附表C.3　热轧普通槽钢(GB707—1988)

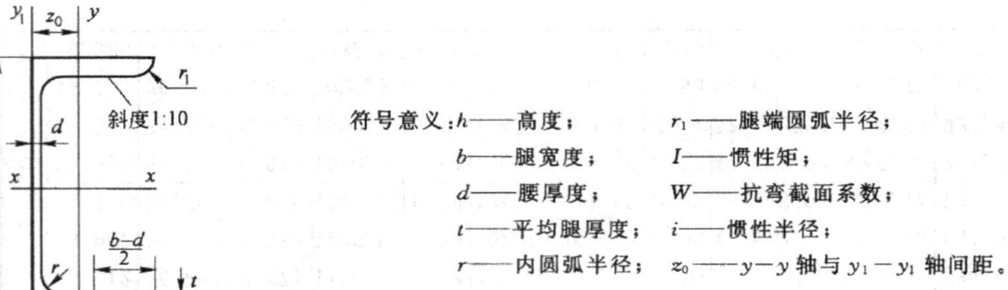

符号意义：h——高度；　r_1——腿端圆弧半径；
b——腿宽度；　I——惯性矩；
d——腰厚度；　W——抗弯截面系数；
t——平均腿厚度；　i——惯性半径；
r——内圆弧半径；　z_0——$y-y$ 轴与 y_1-y_1 轴间距。

型号	尺寸/mm						截面面积/cm²	理论重量/(kg/m)	参考数值							
									$x-x$			$y-y$			y_1-y_1	
	h	b	d	t	r	r_1			W_x/cm³	I_x/cm⁴	i_x/cm	W_y/cm³	I_y/cm⁴	i_y/cm	I_{y_1}/cm⁴	z_0/cm
5	50	37	4.5	7	7.0	3.5	6.928	5.438	10.4	26.0	1.94	3.55	8.30	1.10	20.9	1.35
6.3	63	40	4.8	7.5	7.5	3.8	8.451	6.634	16.1	50.8	2.45	4.50	11.9	1.19	28.4	1.36
8	80	43	5.0	8	8.0	4.0	10.248	8.045	25.3	101	3.15	5.79	16.6	1.27	37.4	1.43
10	100	48	5.3	8.5	8.5	4.2	12.748	10.007	39.7	198	3.95	7.8	25.6	1.41	54.9	1.52
12.6	126	53	5.5	9	9.0	4.5	15.692	12.318	62.1	391	4.95	10.2	38.0	1.57	77.1	1.59
14a	140	58	6.0	9.5	9.5	4.8	18.516	14.535	80.5	564	5.52	13.0	53.2	1.70	107	1.71
14b	140	60	8.0	9.5	9.5	4.8	21.316	16.733	87.1	609	5.35	14.1	61.1	1.69	121	1.67

续表

型号	尺寸/mm						截面面积/cm^2	理论重量/(kg/m)	参考数值							
									$x-x$			$y-y$			y_1-y_1	z_0/cm
	h	b	d	t	r	r_1			W_x/cm^3	I_x/cm^4	i_x/cm	W_y/cm^3	I_y/cm^4	i_y/cm	I_{y_1}/cm^4	
16 a	160	63	6.5	10	10.0	5.0	21.962	17.240	108	866	6.28	16.3	73.3	1.83	144	1.80
16	160	65	8.5	10	10.0	5.0	25.162	19.752	117	935	6.10	17.6	83.4	1.82	161	1.75
18 a	180	68	7.0	10.5	10.5	5.2	25.699	20.174	141	1270	7.04	20.0	98.6	1.96	190	1.88
18	180	70	9.0	10.5	10.5	5.2	29.299	23.000	152	1370	6.84	21.5	111	1.95	210	1.84
20 a	200	73	7.0	11	11.0	5.5	28.837	22.637	178	1780	7.86	24.2	128	2.11	244	2.01
20	200	75	9.0	11	11.0	5.5	32.837	25.777	191	1910	7.64	25.9	144	2.09	268	1.95
22 a	220	77	7.0	11.5	11.5	5.8	31.846	24.999	218	2390	8.67	28.2	158	2.23	298	2.10
22	220	79	9.0	11.5	11.5	5.8	36.246	28.453	234	2570	8.42	30.1	176	2.21	326	2.03
25 a	250	78	7.0	12	12.0	6.0	34.917	27.410	270	3370	9.82	30.6	176	2.24	322	2.07
25 b	250	80	9.0	12	12.0	6.0	39.917	31.335	282	3530	9.41	32.7	196	2.22	353	1.98
25 c	250	82	11.0	12	12.0	6.0	44.917	35.260	295	3690	9.07	35.9	218	2.21	384	1.92
28 a	280	82	7.5	12.5	12.5	6.2	40.034	31.427	340	4760	10.9	35.7	218	2.33	388	2.10
28 b	280	84	9.5	12.5	12.5	6.2	45.634	35.823	366	5130	10.6	37.9	242	2.30	428	2.02
28 c	280	86	11.5	12.5	12.5	6.2	51.234	40.219	393	5500	10.4	40.3	268	2.29	463	1.95
32 a	320	88	8.0	14	14.0	7.0	48.513	38.083	475	7600	12.5	46.5	305	2.50	552	2.24
32 b	320	90	10.0	14	14.0	7.0	54.913	43.107	509	8140	12.2	59.2	336	2.47	593	2.16
32 c	320	92	12.0	14	14.0	7.0	61.313	48.131	543	8690	11.9	52.6	374	2.47	643	2.09
36 a	360	96	9.0	16	16.0	8.0	60.910	47.814	660	11900	14.0	63.5	455	2.73	818	2.44
36 b	360	98	11.0	16	16.0	8.0	68.110	53.466	703	12700	13.6	66.9	497	2.70	880	2.37
36 c	360	100	13.0	16	16.0	8.0	75.310	59.118	746	13400	13.4	70.0	536	2.67	948	2.34
40 a	400	100	10.5	18	18.0	9.0	75.068	58.928	879	17600	15.3	78.8	592	2.81	1070	2.49
40 b	400	102	12.5	18	18.0	9.0	83.068	65.208	932	18600	15.0	82.5	640	2.78	1140	2.44
40 c	400	104	14.5	18	18.0	9.0	91.068	71.488	986	19700	14.7	86.2	688	2.75	1220	2.42

附表C.4　热轧普通工字钢(GB 706—1988)

符号意义：h——高度；　r_1——腿端圆弧半径；
b——腿宽度；　I——惯性矩；
d——腰厚度；　W——抗弯截面系数；
t——平均腿厚度；　i——惯性半径；
r——内圆弧半径；　S——半截面的静力矩。

型号	尺寸/mm						截面面积	理论重量	参考数值						
									$x-x$				$y-y$		
	h	b	d	t	r	r_1	/cm²	/(kg/m)	I_x /cm⁴	W_x /cm³	i_x /cm	$I_x:S_x$ /cm	I_y /cm⁴	W_y /cm³	i_y /cm
10	100	68	4.5	7.6	6.5	3.3	14.345	11.261	245	49.0	4.14	8.59	33.0	9.72	1.52
12.6	126	74	5.0	8.4	7.0	3.5	18.118	14.223	488	77.5	5.20	10.8	46.9	12.7	1.61
14	140	80	5.5	9.1	7.5	3.8	21.516	16.890	712	102	5.76	12.0	64.4	16.1	1.73
16	160	88	6.0	9.9	8.0	4.0	26.131	20.513	1130	141	6.58	13.8	93.1	21.2	1.89
18	180	94	6.5	10.7	8.5	4.3	30.756	24.143	1660	185	7.36	15.4	122	26.0	2.00
20a	200	100	7.0	11.4	9.0	4.5	35.578	27.929	2370	237	8.15	17.2	158	31.5	2.12
20b	200	102	9.0	11.4	9.0	4.5	39.578	31.069	2500	250	7.96	16.9	169	33.1	2.06
22a	220	110	7.5	12.3	9.5	4.8	42.128	33.070	3400	309	8.99	18.9	225	40.9	2.31
22b	220	112	9.5	12.3	9.5	4.8	46.528	36.524	3570	325	8.78	18.7	239	42.7	2.27

续表

型号	尺寸/mm						截面面积/cm^2	理论重量/(kg/m)	参考数值						
									$x-x$				$y-y$		
	h	b	d	t	r	r_1			I_x/cm^4	W_x/cm^3	i_x/cm	$I_x:S_x$/cm	I_y/cm^4	W_y/cm^3	i_y/cm
25a	250	116	8.0	13.0	10.0	5.0	48.541	38.105	5020	402	10.2	21.6	280	48.3	2.40
25b	250	118	10.0	13.0	10.0	5.0	53.541	42.030	5280	423	9.94	21.3	309	52.4	2.40
28a	280	122	8.5	13.7	10.5	5.3	55.404	43.492	7110	508	11.3	24.6	345	56.6	2.50
28b	280	124	10.5	13.7	10.5	5.3	61.004	47.888	7480	534	11.1	24.2	379	61.2	2.49
32a	320	130	9.5	15.0	11.5	5.8	67.156	52.717	11100	692	12.8	27.5	460	70.8	2.62
32b	320	132	11.5	15.0	11.5	5.8	73.556	57.741	11600	726	12.6	27.1	502	76.0	2.61
32c	320	134	13.5	15.0	11.5	5.8	79.956	62.765	12200	760	12.3	26.3	544	81.2	2.61
36a	360	136	10.0	15.8	12.0	6.0	76.480	60.037	15800	875	14.4	30.7	552	81.2	2.69
36b	360	138	12.0	15.8	12.0	6.0	83.680	65.689	16500	919	14.1	30.3	582	84.3	2.64
36c	360	140	14.0	15.8	12.0	6.0	90.880	71.341	17300	962	13.8	29.9	612	87.4	2.60
40a	400	142	10.5	16.5	12.5	6.3	86.112	67.598	21700	1090	15.9	34.1	660	93.2	2.77
40b	400	144	12.5	16.5	12.5	6.3	94.112	73.878	22800	1140	16.5	33.6	692	96.2	2.71
40c	400	146	14.5	16.5	12.5	6.3	102.112	80.158	23900	1190	15.2	33.2	727	99.6	2.65
45a	450	150	11.5	18.0	13.5	6.8	102.446	80.420	32200	1430	17.7	38.6	855	114	2.89
45b	450	152	13.5	18.0	13.5	6.8	111.446	87.485	33800	1500	17.4	38.0	894	118	2.84
45c	450	154	15.5	18.0	13.5	6.8	120.446	94.550	35300	1570	17.1	37.6	938	122	2.79
50a	500	158	12.0	20.0	14.0	7.0	119.304	93.654	46500	1860	19.7	42.8	1120	142	3.07
50b	500	160	14.0	20.0	14.0	7.0	129.304	101.504	48600	1940	19.4	42.4	1170	146	3.01
50c	500	162	16.0	20.0	14.0	7.0	139.304	109.354	50600	2080	19.0	41.8	1220	151	2.96
56a	560	166	12.5	21.0	14.5	7.3	135.435	106.316	65600	2340	22.0	47.7	1370	165	3.18
56b	560	168	14.5	21.0	14.5	7.3	146.635	115.108	68500	2450	21.6	47.2	1490	174	3.16
56c	560	170	16.5	21.0	14.5	7.3	157.835	123.900	71400	2550	21.3	46.7	1560	183	3.16
63a	630	176	13.0	22.0	15.0	7.5	154.658	121.407	93900	2980	24.5	54.2	1700	193	3.31
63b	630	178	15.0	22.0	15.0	7.5	167.258	131.298	98100	3160	24.2	53.5	1810	204	3.29
63c	630	180	17.0	22.0	15.0	7.5	179.858	141.189	102000	3300	23.8	52.9	1920	214	3.27

附录 D　简单荷载作用下梁的挠度和转角

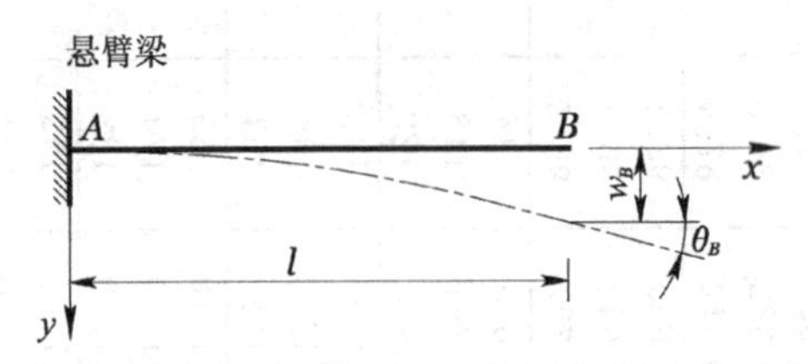

w = 沿 y 方向的挠度

$w_B = w(l)$ = 梁右端处的挠度

$\theta_B = w'(l)$ = 梁右端处

序　号	梁上荷载及弯矩图	挠曲线方程	转角和挠度
1	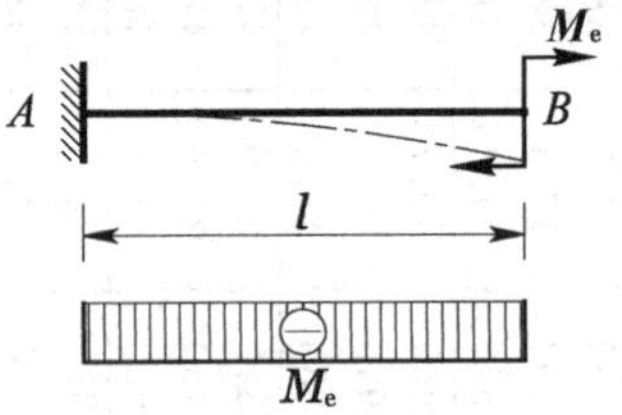	$w=\dfrac{M_e x^2}{2EI}$	$\theta_B=\dfrac{M_e l}{EI}$ $w_B=\dfrac{M_e l^2}{2EI}$
2	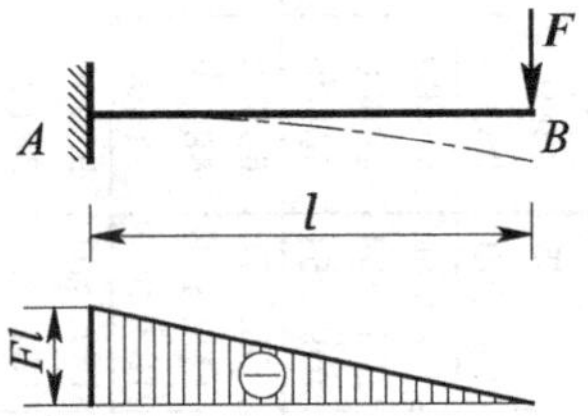	$w=\dfrac{Fx^2}{6EI}(3l-x)$	$\theta_B=\dfrac{Fl^2}{2EI}$ $w_B=\dfrac{Fl^3}{3EI}$
3	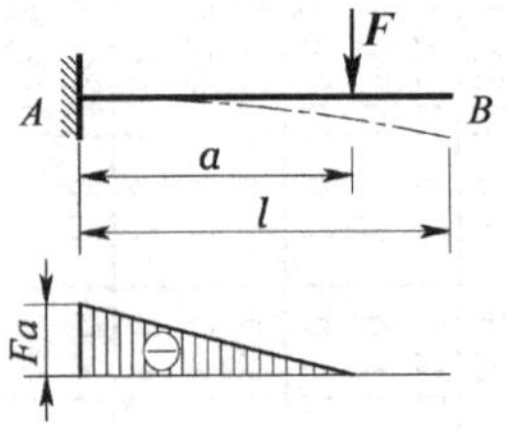	$w=\dfrac{Fx^2}{6EI}(3a-x)$ $(0\leqslant x\leqslant a)$ $w=\dfrac{Fa^2}{6EI}(3x-a)$ $(a\leqslant x\leqslant l)$	$\theta_B=\dfrac{Fa^2}{2EI}$ $w_B=\dfrac{Fa^2}{6EI}(3l-a)$
4	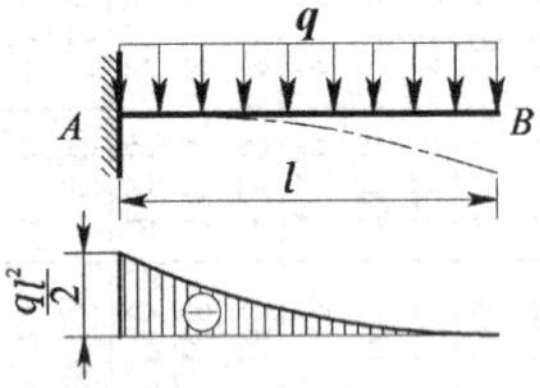	$w=\dfrac{qx^2}{24EI}(x^2+6l^2-4lx)$	$\theta_B=\dfrac{ql^3}{6EI}$ $w_B=\dfrac{ql^4}{8EI}$
5	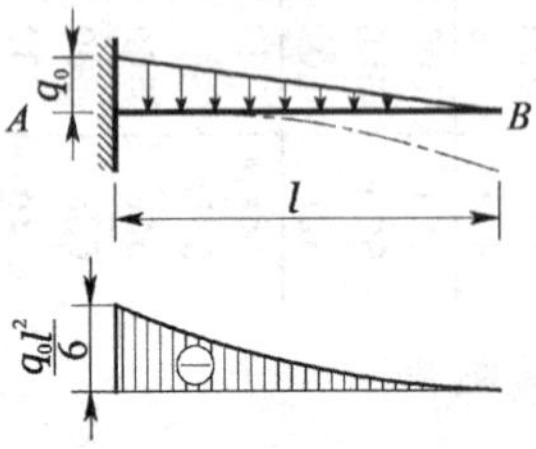	$w=\dfrac{q_0 x^2}{120EIl}(10l^4-10l^2x+5lx^2-x^3)$	$\theta_B=\dfrac{q_0 l^3}{24EI}$ $w_B=\dfrac{q_0 l^4}{30EI}$

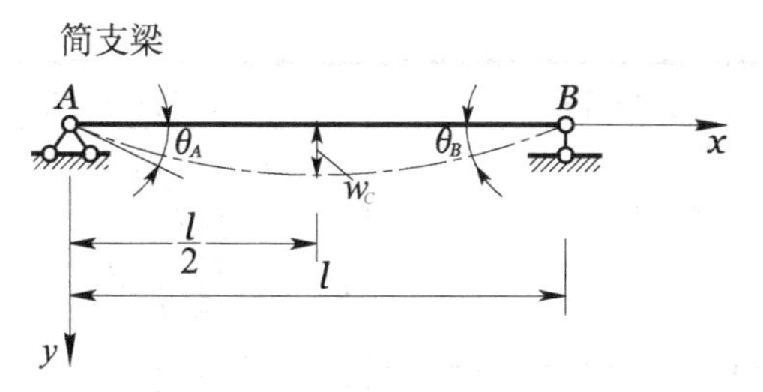

w = 沿 y 方向的挠度

$w_C = w(l/2)$ = 梁的中点挠度

$\theta_A = w'(0)$ = 梁左端处的转角

$\theta_B = w'(l)$ = 梁右端处的转角

序　号	梁上荷载及弯矩图	挠曲线方程	转角和挠度
6	M_A A B l M_A ⊕	$w=\frac{M_A x}{6EIl}(l-x)(2l-x)$	$\theta_A=\frac{M_A l}{3EI}$ $\theta_B=-\frac{M_A l}{6EI}$ $w_C=\frac{M_A l^2}{16EI}$
7	M_B A B l M_B ⊕	$w=\frac{M_B x}{6EIl}(l^2-x^2)$	$\theta_A=\frac{M_B l}{6EI}$ $\theta_B=-\frac{M_B l}{3EI}$ $w_C=\frac{M_B l^2}{16EI}$
8	q A B l $\frac{ql^2}{8}$ ⊕	$w=\frac{qx}{24EI}(l^3-2lx^2+x^3)$	$\theta_A=\frac{ql^3}{24EI}$ $\theta_B=-\frac{ql^3}{24EI}$ $w_C=\frac{5ql^4}{384EI}$
9	q_0 A B l $\frac{q_0 l^2}{9\sqrt{3}}$ $\frac{l}{\sqrt{3}}$ ⊕	$w=\frac{q_0 x}{360EIl}(7l^4-10l^2x^2+3x^4)$	$\theta_A=\frac{7q_0 l^3}{360EI}$ $\theta_B=-\frac{q_0 l^3}{45EI}$ $w_C=\frac{5q_0 l^4}{768EI}$
10	F A B $\frac{l}{2}$ $\frac{l}{2}$ $\frac{Fl}{4}$ ⊕	$w=\frac{Fx}{48EI}(3l^2-4x^2)(0\leqslant x\leqslant\frac{1}{2})$	$\theta_A=\frac{Fl^2}{16EI}$ $\theta_B=-\frac{Fl^2}{16EI}$ $w_C=\frac{Fl^3}{48EI}$

续表

序　号	梁上荷载及弯矩图	挠曲线方程	转角和挠度
11	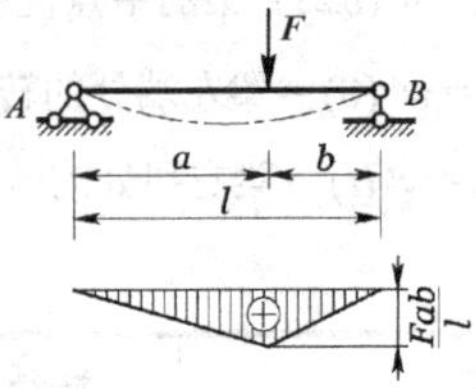 F; A, B; a, b, l; $\frac{Fab}{l}$	$w=\frac{Fab}{6EIl}(l^2-x^2+b^2)$ $(0\leqslant x\leqslant a)$ $w=\frac{Fb}{6EIl}\left[\frac{1}{b}(l-a)^2+(l^2-b^2)x-x^3\right]$ $(a\leqslant x\leqslant l)$	$\theta_A=\frac{Fab(l+b)}{6EIl}$ $\theta_B=-\frac{Fab(l+a)}{6EIl}$ $w_C=\frac{Fb(2l^2-4b^2)}{48EI}$ (当$a\geqslant b$时)
12	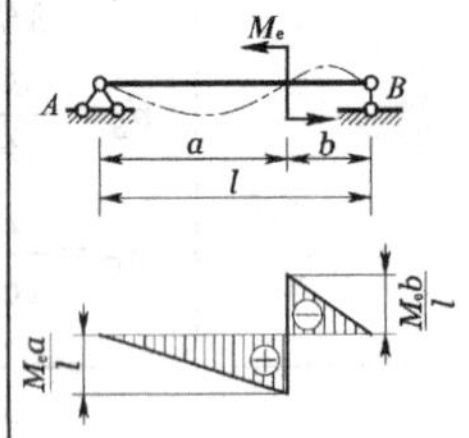 M_e; A, B; a, b, l; $\frac{M_e a}{l}$, $\frac{M_e b}{l}$	$w=\frac{M_e x}{6EIl}(6la-3a^2-2l^2-x^2)$ $(0\leqslant x\leqslant a)$ 当$a=b=\frac{1}{2}$时, $w=\frac{M_e x}{24EIl}(l^2-4x^2)$ $(0\leqslant x\leqslant l/2)$	$\theta_A=\frac{M_e}{6EI}(6al-3a^2-2l^2)$ $\theta_B=\frac{M_e}{6EI}(l^2-3a^2)$ 当$a=b=\frac{1}{2}$时, $\theta_A=\frac{M_e l}{24EI}$ $\theta_B=\frac{M_e l}{24EI}$, $w_C=0$
13	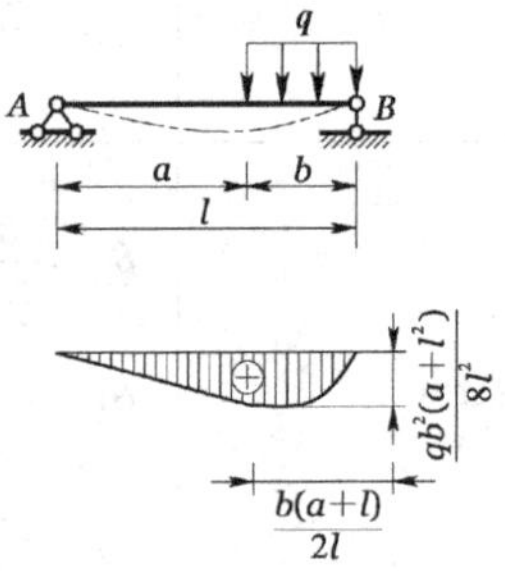 q; A, B; a, b, l; $\frac{qb^2(a+l)^2}{8l^2}$; $\frac{b(a+l)}{2l}$	$w=-\frac{qb^2}{24EIl}\left[2\frac{x^2}{b^2}-\frac{x}{b}\left(2\frac{l^2}{b^2}-1\right)\right]$ $(0\leqslant x\leqslant a)$ $w=-\frac{q}{24EIl}\left[2\frac{b^2x^3}{l}-\frac{b^2x}{l}(2l^2-b^2)-(x-a)^4\right]$ $(a\leqslant x\leqslant l)$	$\theta_A=\frac{qb^3(2l^2-b^2)}{24EIl}$ $\theta_A=-\frac{qb^2(2l-b)^2}{24EIl}$ $w_C=\frac{qb^5}{24EIl}\left(\frac{3}{4}\frac{l^3}{b^3}-\frac{1}{2}\frac{l}{b}\right)$ (当$a>b$时) $w_C=\frac{qb^5}{24EIl}\left[\frac{3}{4}\frac{l^3}{b^3}-\frac{1}{2}\frac{l}{b}+\frac{1}{16}\frac{l^5}{b^5}\left(1-\frac{2a}{l}\right)^4\right]$ (当$a<b$时)

附录E　常见截面的几何性质

序　号	截面形状	形心位置	惯 性 矩
1	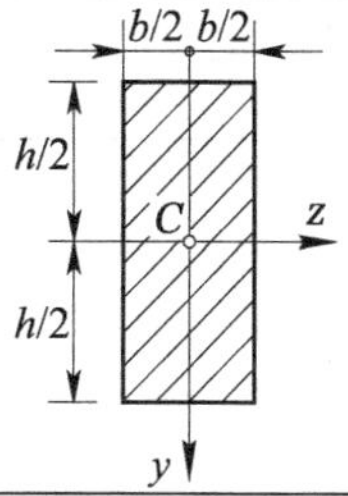	截面中心	$I_z = \dfrac{bh^3}{12}$
2	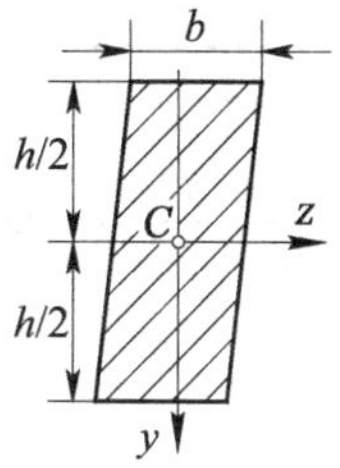	截面中心	$I_z = \dfrac{bh^3}{12}$
3	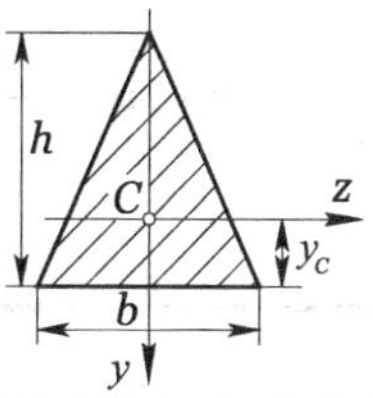	$y_C = \dfrac{h}{3}$	$I_z = \dfrac{bh^3}{36}$
4	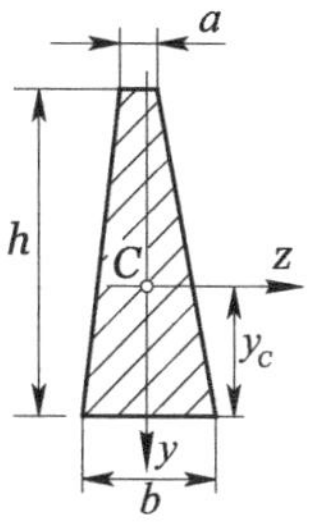	$y_C = \dfrac{h(2a+b)}{3(a+b)}$	$I_z = \dfrac{h^3(a^2+4ab+b^2)}{36(a+b)}$
5	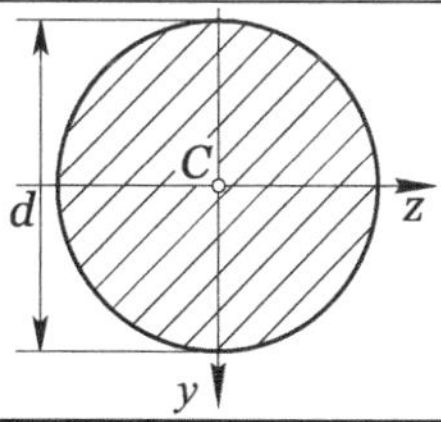	圆心处	$I_z = \dfrac{\pi d^3}{64}$

续表

序 号	截面形状	形心位置	惯性矩
6	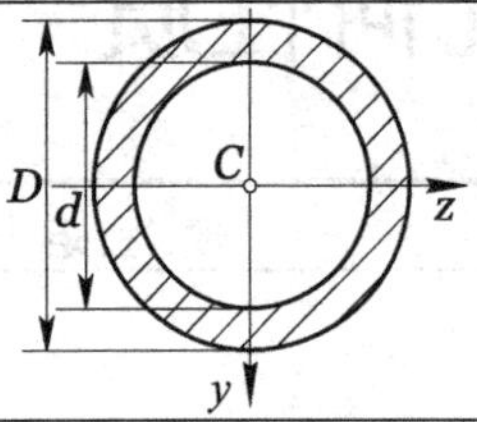	圆心处	$I_z=\frac{\pi(D^4-d^4)}{64}=\frac{\pi D^4}{64}(1-\alpha^4)$ $\alpha=d/D$
7	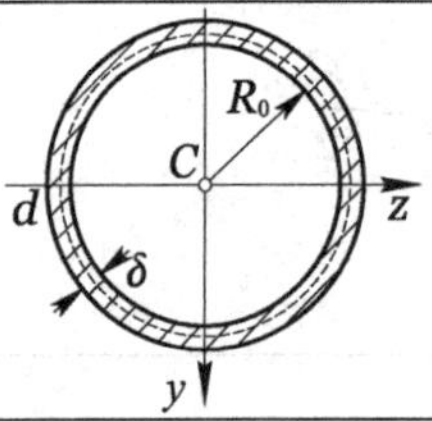	圆心处	$I_z=\pi R_0^3\delta$
8	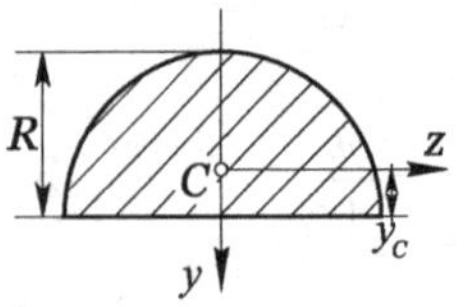	$y_C=\frac{4R}{3\pi}$	$I_z=\frac{(9\pi^2-64)R^4}{72\pi}=0.109R^4$
9	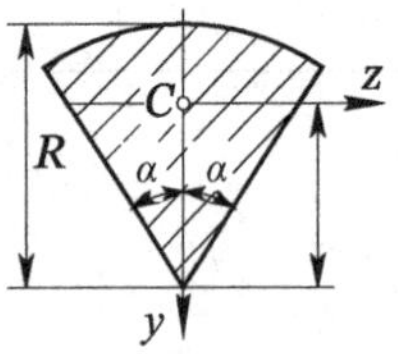	$y_C=\frac{4R\sin x}{3x}$	$I_z=\frac{R^4}{4}\left(\alpha+\sin\alpha\cos\alpha-\frac{16\sin 2\alpha}{9\alpha}\right)$

有关术语中英文对照表

A

安全因数　safety factor

B

比例极限　proportional limit

闭口薄壁截面杆　thin-walled bar with closed cross section

变形　deformation

变形仪　instrument of measure deformation

变形几何相容方程　geometrically compatibility equation of deformation

边界条件　boundary condition

标距　gauge length

泊松比　Poisson ratio

C

材料力学　mechanics of materials

长度因数　factor of length

长细比　slenderness

超静定问题　statically indeterminate problem

超静定结构　statically indeterminate structure

超静定次数　degree of statically indeterminate problem

超静定梁　statically indeterminate beam

冲击荷载　impact load

残余应力　residual stress

纯弯曲　pure bending

纯扭转　pure torsion

纯剪切应力状态　shearing state of stresses

脆性材料　brittle materials

脆性断裂　brittle fracture

D

大柔度压杆　long column; slender column

单轴应力状态　state of uniaxial stress

单位长度扭转角　torsional angle perunit length

单位荷载　unit load

等强度梁　beam of constant strength

叠加原理　superposition principle

断面收缩率　percentage reduction of area
对称弯曲　symmetric bending
多余约束　redundant constrain
多余反力　redundant reaction
多余未知力　redundant unknown force
动荷载　dynamic load

F

非对称弯曲　unsymmetric bending
分布力　distributed force
复杂应力状态　state of triaxial stress

G

杆件　bar
刚度　stiffness
刚度条件　stiffness condition
刚架　frame
各向同性假设　isotropy assumption
工作应力　working stress
各向异性　anisotropy
各向异性材料　material with anisotropy
割线弹性模量　secant elastic modulus
构件　member
惯性矩　moment of inertia of an area
惯性积　product of inertia of an area
惯性半径　radius of gyration of an area
广义胡克定律　generalized Hooke's law
固定端　fixed end
固定铰支座　fixed support of pin joint
规定非比例伸长应力　proof stress of nonproportional elongation

H

横向　transverse
横截面　cross section
横向变形因数　factor of transverse deformation
横力弯曲　bending by transverse force
荷载　load
胡克定律　Hooke's law
滑移线　slip lines

J

集中力　point force
几何相容条件　geometrically compatibility condition
基本静定系　primary statically determinate system
挤压　bearing
挤压力　bearing force
挤压应力　bearing stress
计算挤压面　effective bearing surface
极限应力　ultimate stress
极限应力圆　limit stress circle
极惯性矩　polar moment of inertia of an area
剪力　shearing force
剪力方程　equation of shearing force
剪力图　shearing force diagram
剪切　shear
剪切胡克定律　Hooke's law in shear
剪切面　shear surface
简支梁　simply supported beam
交变压力　alternating stress
截面法　method of section
截面的几何性质　geometrical properties of an area
截面二次极矩　second polar moment of an area
截面二次轴矩　second axial moment of an area
截面核心　core of section
结构　structure
静定问题　statically determinate problem
静定梁　statically determinate beam
静荷载　static load
静矩　static moment of an area
局部变形阶段　stage of local deformation
均匀性假设　homogenization assumption

K

开口薄壁截面杆　thin-walled bar with open cross section
可变形固体　deformable solid
可动铰支座　roller support of pin joint
空间应力状态　state of triaxial stress
跨　span
跨长　length of span

L

拉(压)杆　axially loaded bar
拉力　tensile force
拉伸刚度　tensile rigidity
拉伸图　tensile diagram
拉伸强度　tensile strength
冷作硬化　cold hardening
冷作时效　cold time-effect
力学性能　mechanical properties
理论应力集中因数　theoretical stress concentration factor
连续性假设　continuity assumption
连续分布　continuous distribution
连续条件　continuity condition
连续梁　continuous beam
连接件　connective element
梁　beam
临界力　critical force
临界压力　critical compressive force
临界应力　critical stress
临界应力总图　total diagram of critical stress

M

莫尔应力圆　Mohr circle for stress
莫尔强度理论　Mohr theory for failure
名义屈服应力　offset yielding stress

N

挠度　deflection
挠曲线　deflection curve
挠曲线方程　equation of deflection curve
挠曲线近似微分方程　approximately differential equation of the deflection curve
内力　internal force
内力图　internal force diagram
能量法　energy method
扭矩　torsional moment; torque
扭矩图　torque diagram; torsional diagram
扭转截面系数　section modulus of torsion
扭转刚度　torsion rigidity

O

欧拉公式　Euler formula

欧拉临界应力曲线　Euler curve of critical stress

P

偏心拉伸　eccentric compression

平均应力　meam stress

平面假设　plane assumption

平面弯曲　plane bending

平面刚架　plane frame

平面应力状态　state of planstress

平行移轴公式　paralled axis formula

Q

强度　strength

强度极限　ultimate strength

强度阶段　strengthing stage

强度理论　theory of strength

强度条件　strength condition

翘曲　warping

切应力　shearing stress

切应变　shearing strain

切应力互等定理　theorem of conjugate shearing stress

切变模量　shear modulus

切线弹性模量　tangent modulus elasticity

屈服　yield

屈服阶段　yielding stage

屈服极限　yield limit

屈服强度　yield strength

屈服点应力　yielding point stress

曲杆　curved bar

曲率　curvature

R

柔度，长细比　slenderness

S

三弯矩方程　three moment equation

圣维南原理　Saint-Venant principle

伸长率　percentage elongation

失稳　lost stability buckling

上屈服强度　　upper yield strength
塑性变形　　plastic deformation
塑性材料　　ductile material
塑性屈服　　plastic yield
缩颈　　necking

T

弹性变形　　elastic deformation
弹性阶段　　elastic stage
弹性极限　　elastic limit
弹性模量　　modulus of elasticity
弹性曲线　　elastic curve
弹性曲线方程　　equation of elastic curve
体应变　　volume strain

W

外伸梁　　overhang beam
弯曲　　bending
弯矩　　bending moment
弯矩方程　　equation of bending moment
弯矩图　　bending moment diagram
弯曲正应力　　normal stress in bending
弯曲切应力　　shearing stress in bending
弯曲截面系数　　section modulus in bending
弯曲刚度　　flexural rigidity
万能试验机　　universal testing machine
危险截面　　critical section
危险点　　critical point
位移　　displacement
温度内力　　temperature intenal force
温度应力　　temperature stress
稳定性　　stability
稳定因数　　stability factor
稳定安全系数　　safety factor for stability
稳定条件　　stability condition

X

下屈服强度　　lower yield strength
细长压杆　　slender column; long column
线应变　　linear strain; strain

线弹性范围　region of linear elasticity
相对扭转角　relative angle of twist
相对极惯性矩　equivalent polar moment of an area
相当系统　equivalent system
相当应力　equivalent stress
相当长度　equivalent length
小柔度压杆　short column
斜弯曲　oblique bending
卸载规律　unloading rule
形心　center of an area
形心轴　centroidal axis
形心主惯性矩　centroidal principal moment of inertia of an area
形心主惯性轴　centroidal principal axis of inertia of an area
许用应力　allowable stress
悬臂梁　cantilever beam

Y

压力　compressive force
压缩刚度　compressive rigidity
压缩图　compressive diagram
一次矩　first moment of an area
一点处的应力状态　state of stress at a given point
应力　stress
应力状态　state of stress
应变　strain
应变能　strain energy
应力-应变轴线　stress-strain curve
应立集中　stress concentration
应力圆　stress circle
约束扭转　constrained torsion
约束条件　constraint　condition
预应力　pre-stress

Z

折减弹性模量　discounted modulus of elasticity
正应力　normal stress
正交各向异性材料　material with othotropy
中性层　neutral surface
中性轴　neutral axis

重心　center of gravity
中柔度杆　intermediate columns
轴线　axial
轴向拉伸　axial tension
轴向压缩　axial compression
轴向拉力　axially tensile force
轴向压力　axially compressive force
轴力　normal force
轴力图　normal force diagram
轴　shaft
主惯性矩　principal moment of inertia of an area
主惯性轴　principal axis of inertia of an area
主平面　principal plane
主应力　principal stress
主应变　principal strain
转角　slope rotation angle
转轴公式　rotation axis formula
装配内力　assemble internal force
装配应力　assemble stress
最大工作应力　maximum active stress theory
最大拉应力理论　maximum tensile stress theory
最大伸长线应变理论　maximum elongated strain theory
最大切应力　maximum shearing stress
最大切应力理论　maximum shearing stress theory
自由扭转　free torsion
总应力　overall stress
纵向　longitudinal
纵向伸长　longitudinal elongation
纵向缩短　longitudinal shortening
组合变形　combined deformation
组合截面　composite area

各章习题参考答案

第2章

(1) (a) $F_{N1}=50kN$, $F_{N2}=10kN$, $F_{N3}=-20kN$

(b) $F_{N1}=F$, $F_{N2}=0$, $F_{N3}=F$

(c) $F_{N1}=0$, $F_{N2}=4F$, $F_{N3}=3F$

(d) $F_{N1}=F$, $F_{N2}=-2F$

(2) $F_{N1}=-20kN$, $\sigma_1=-100MPa$

$F_{N2}=-10kN$, $\sigma_2=-33.3MPa$

$F_{N3}=10kN$, $\sigma_3=25MPa$

(3) $\sigma_{AB}=25MPa$, $\sigma_{BC}=-41.7MPa$, $\sigma_{AC}=33.3MPa$, $\sigma_{CD}=-25MPa$

(4) 答案见下表。

截面方位	σ_α/MPa	τ_α/MPa
0°	100	0
30°	75	43.3
45°	50	50
60°	25	43.3
90°	0	0

(5) $\Delta_D=\dfrac{Fl}{3EA}$

(6) ① 7.14; ② 7.14; ③ $\sigma_{ste}=-200MPa$, $\sigma_{con}=-28MPa$

(7) ① $x=0.6m$; ② $F=200kN$

(8) $\Delta_A=5.6mm$ ，与水平轴成$113.65°$

(9) ① $\sigma=735MPa$; ② $\Delta=83.7mm$; ③ $F=96.4kN$

(10) $\Delta l=\dfrac{4Fl}{\pi E d_1 d_2}$

(11) (a)图：② $\sigma_{AB}=95.5MPa$, $\sigma_{BC}=113MPa$; ③ $\Delta l=1.06\ mm$

(b)图：② $\sigma_{AB}=44.1MPa$, $\sigma_{BC}=-18.1MPa$; ③ $\Delta l=0.0881mm$

(12) $\Delta l_{AC}=2.947mm$, $\Delta l_{AD}=5.286mm$

(13) $\Delta l_{CD}=-1.003\dfrac{\mu F}{4E\delta}$

(14) ② $F=13.75kN$; ③ $\delta=29.99mm$

(15) $F_{N1}=-30kN$, $\sigma_1=-0.75MPa$

$F_{N2}=-20\text{kN}$，$\sigma_2=-1\text{MPa}$

$F_{N3}=-30\text{kN}$，$\sigma_3=-0.75\text{MPa}$

(16) 螺栓内径 $d_1 \geqslant 22.6\text{mm}$

(17) $[P]=51.2\text{kN}$

(18) $d_{AB} \geqslant 17.2\text{mm}$，$d_{BC}=d_{BD} \geqslant 17.2\text{mm}$

(19) 杆 AB：2L100×10；杆 AD：2L80×6

(20) $F=698\text{kN}$

(21) $b=398\text{mm}$

(22) 杆 AC：2L80×7；杆 CD：2L75×6

(23) $F_{N1}=30\text{kN}$，$F_{N2}=60\text{kN}$，$A_1=A_2=600\text{mm}^2$

(24) $\sigma_{上}=-66.7\text{MPa}$，$\sigma_{下}=-33.3\text{MPa}$

(25) $F_{N1}=F_{N2}=\dfrac{\delta E_1 A_1 E_3 A_3 \cos^2\alpha}{2E_1 A_1 \cos^3\alpha + E_3 A_3}\cdot\dfrac{1}{l}$，

$F_{N3}=\dfrac{2\delta E_1 A_1 E_3 A_3 \cos^2\alpha}{2E_1 A_1 \cos^3\alpha + E_3 A_3}\cdot\dfrac{1}{l}$

(26) 略

(27) $F_{NCD}=19.25\text{kN}$，$F_B=2.71\text{kN}$

(28) $\sigma_1=\dfrac{FE_2}{E_1A_1+E_2A_2}\cdot\dfrac{A_2}{A_1}$，$\sigma_2=\dfrac{-FE_2}{E_1A_1+E_2A_2}$

第 3 章

(1) 略

(2) 最大正扭矩 $T=0.860\text{kN}\cdot\text{m}$，最大负扭矩 $T=2.006\text{kN}\cdot\text{m}$

(3) $m=0.0135\text{kN}\cdot\text{m/m}$

(4) 略

(5) $\tau_{\max}=\dfrac{16M}{\pi d_2^3}$

(6) ① $\tau_{\max}=46.6\text{MPa}$；② $P=71.8\text{kW}$

(7) ① $\tau_{\max}=69.8\text{MPa}$；② $\varphi_{CA}=2^\circ$

(8) $\varphi_B=\dfrac{M_e l^2}{2GI_p}$

(9) $\mu=0.3$

(10) ① $\varphi_{AB}=\dfrac{32M_e l}{\pi G\cdot 3(d_2-d_1)}\cdot\left(\dfrac{1}{d_1^3}-\dfrac{1}{d_2^3}\right)=7.152\dfrac{M_e l}{Gd_1^4}$；② $\varDelta=-2.7\%$

(11) $E=216\text{GPa}$，$G=81.8\text{GPa}$，$\mu=0.32$

(12) $d \geqslant 393\text{mm}$，$d_1 \leqslant 24.7\text{mm}$，$d_2 \geqslant 41.2\text{mm}$

(13) $d \geqslant 111.3\text{mm}$

(14) $d \geqslant 74.4\text{mm}$

(15) $\tau_{AC\max} = 49.4\text{MPa} < [\tau]$，$\tau_{DB} = 21.3\text{MPa} < [\tau]$，$\varphi_{\max} = 1.77^\circ/\text{m} < [\varphi]$，安全

(16) ① $d_1 \geqslant 84.6\text{mm}$，$d_2 \geqslant 74.5\text{mm}$；② $d \geqslant 84.6\text{mm}$；

③ 主动轮 1 放在从动轮 2、3 之间比较合理

(17) 略

(18) $d \geqslant 57.5\text{mm}$

(19) 略

(20) $T_1 = 1.32\text{kN}\cdot\text{m}$，$T_2 = 0.68\text{kN}\cdot\text{m}$，$\tau_{1\max} = 41.0\text{MPa}$，$\tau_{2\max} = 54.1\text{MPa}$

(21) $M_A = \dfrac{22}{33}M_e$，$M_B = \dfrac{1}{33}M_e$

(22) 截面 C 左侧 $\tau_{\max} = 59.8\text{MPa}$，右侧 $\tau_{\max} = 29.9\text{MPa}$，$\varphi_{AC} = \varphi_{BC} = 0.714^\circ$

(23) $F = 226\text{kN}$

(24) $t = 95.5\text{mm}$

(25) $\tau = 66.3\text{MPa}$，$\sigma_{bs} = 102\text{MPa}$

(26) $\tau = 30.3\text{MPa}$，$\sigma_{bs} = 44\text{MPa}$

(27) $d_1 = 19.1\text{mm}$

(28) $l = 200\text{mm}$，$a = 20\text{mm}$

(29) $F \geqslant 177\text{N}$，$\tau = 17.6\text{MPa}$

(30) $d \geqslant 15.2\text{mm}$

(31) $l = 158\text{mm}$

(32) $d = 14\text{mm}$

(33) $\tau = 52.6\text{MPa}$，$\sigma_{bs} = 90.9\text{MPa}$，$\sigma = 166.7\text{MPa}$

第 4 章

(1) (a) $F_{S1} = 0$，$M_1 = -2\text{ kN}\cdot\text{m}$，$F_{S2} = -5\text{ kN}$，$M_2 = -12\text{ kN}\cdot\text{m}$

(b) $F_{S1} = -qa$，$M_1 = -qa^2$，$F_{S2} = -qa$，$M_2 = -3qa^2$，$F_{S3} = -2qa$，$M_3 = -4.5qa^2$

(c) $F_{S1} = 4\text{ kN}$，$M_1 = 4\text{ kN}\cdot\text{m}$，$F_{S2} = 4\text{ kN}$，$M_2 = -6\text{ kN}\cdot\text{m}$

(d) $F_{S1} = -1.67\text{ kN}$，$M_1 = 5\text{ kN}\cdot\text{m}$

(2) (a) 最大剪力：6kN；最大负弯矩：6kN·m

(b) 最大正剪力：0；最大负剪力：0；最大负弯矩：5kN·m

(c) 最大负剪力：$\dfrac{1}{2}q_0 l$；最大负弯矩：$\dfrac{1}{6}q_0 l^2$

(d) 最大负剪力：22kN；最大正弯矩：6kN·m

(e) 最大正剪力：F；最大负剪力：F；最大正弯矩：Fa

(f) 最大正剪力：qa；最大负剪力：$\frac{1}{8}qa$；最大负弯矩：$\frac{1}{2}qa^2$

(3) (a) 最大正剪力：$\frac{5}{8}ql$；最大负剪力：$\frac{3}{8}ql$；最大正弯矩：$\frac{9}{128}ql^2$；最大负弯矩：$\frac{1}{8}ql^2$

(b) 最大正剪力：0；最大负剪力：0；最大正弯矩：10kN·m

(c) 最大正剪力：5kN；最大负弯矩：10kN·m

(d) 最大正剪力：15kN；最大负弯矩：25kN·m

(e) 最大正剪力：$\frac{3}{2}qa$；最大负剪力：$\frac{3}{2}qa$；最大正弯矩：$\frac{21}{8}qa^2$

(f) 最大负剪力：$\frac{M_e}{3a}$；最大负弯矩：$2M_e$

(g) 最大正剪力：2kN；最大负剪力：14kN；最大正弯矩：4.5kN·m；最大负弯矩：20kN·m；

(h) 最大正剪力：25kN；最大负剪力：25kN；最大正弯矩：40kN·m

(i) 最大正剪力：$\frac{11}{16}F$；最大负剪力：$\frac{11}{16}F$；最大正弯矩：$\frac{5}{16}Fa$；最大负弯矩：$\frac{3}{8}Fa$

(j) 最大正剪力：$\frac{2}{3}$；最大正弯矩：0.5132

(k) 最大正剪力：280kN；　最大负剪力：280kN；　最大正弯矩：545kN·m

(l) 最大正剪力：$\frac{2}{3}F$；最大负剪力：F；最大正弯矩：$\frac{1}{3}Fa$；最大负弯矩：Fa；

(m) 最大正剪力：$\frac{11}{6}qa$；最大负剪力：$\frac{7}{6}qa$；最大正弯矩：$\frac{49}{72}qa^2$；最大负弯矩：qa^2

(n) 最大正剪力：$2qa$；最大正弯矩：qa^2

(o) 最大正剪力：110kN；最大正弯矩：151.25kN·m

(p) 最大正剪力：50kN；最大正弯矩：42.5kN·m

(4) (a) 最大正剪力：qa；最大负剪力：qa；最大正弯矩：$\frac{qa^2}{2}$；最大负弯矩：qa^2

(b) 最大正剪力：0；　最大负剪力：qa；最大正弯矩：0；最大负弯矩：qa^2

(c) 最大正剪力：$\frac{3}{2}qa$；最大负剪力：$\frac{qa}{2}$；最大正弯矩：0；最大负弯矩：qa^2

(d) 最大正剪力：qa；最大负剪力：qa；最大正弯矩：qa^2；最大负弯矩：$\frac{1}{2}qa^2$

(5) (a) 最大正弯矩：$\frac{3}{2}Fa$

(b) 最大负弯矩：qa^2

(c) 最大负弯矩：$\frac{1}{2}qa^2$

(d) 最大负弯矩：qa^2

(6) 略

(7) (a) 最大负剪力：10kN

(b) 最大负剪力：20kN

(8) (a) 最大正剪力：20kN；最大弯矩：80kN·m；最大压力：10kN

(b) 最大正剪力：6kN；最大负剪力：0；最大弯矩：15kN·m；

最大拉力：6kN；最大压力：0

(9) (a) $F_N = F\sin\varphi$，$F_S = -F\cos\varphi$，$M = FR\sin\varphi$　最大弯矩：FR 下方受拉

(b) $F_N = F\cos\varphi$，$F_S = -F\sin\varphi$，$M = FR(1-\cos\varphi)$　最大弯矩：FR (外上受拉)

第 5 章

(1) ① $x = \frac{l}{2} - \frac{a}{4}$，$M_{max} = \frac{F}{2l}\left(l - \frac{a}{2}\right)^2$；

② $x = 0$，$F_{A,max} = 2F - \frac{Fa}{l}$，$F_{S,max} = F_{A,max} = 2F - \frac{Fa}{l}$

(2) F=47.4kN

(3) $[F] = 28.9$ kN

(4) $\Delta l = \frac{ql^3}{2bh^2E}$

(5) $b \geqslant 61.5$ mm，$h \geqslant 184.5$ mm

(6) $\frac{h}{b} = \sqrt{2}$，$d_{min} = 227$ mm

(7) $d_{max} = 115$ mm

(8) a=1.385mm

(9) $\delta \geqslant 27$ mm

(10) ① 对于叠合梁，正应力沿每根梁横截面线性分布

② $F = 2F'$

(11) $[F] = 7.26$ kN

(12) $\sigma_{c,max} = 30.2$ MPa，$\sigma_{t,max} = 30.2$ MPa

(13) a=2.12m，$q = 26.4$ kN/m

(14) 实心轴 $\sigma_{max} = 159$ MPa，空心轴 $\sigma_{max} = 93.6$ MPa，空心轴截面比实心轴截面的最大正应力减少了 41%

(15) b=510mm

(16) $[F] = 44.3$ kN

(17) 截面横放时梁内的最大正应力为 3.91MPa，竖放时梁内的最大正应力为 1.95MPa

(18) $[q]=15.68\,\text{kN/m}$

(19) No.16

(20) $[F]\leqslant 3.94\,\text{kN}$，$\sigma_{\max}=9.47\,\text{MPa}$

(21) $\sigma_{\max}=7.05\,\text{MPa}$，$\tau_{\max}=0.478\,\text{MPa}$

(22) $h\geqslant 208\,\text{mm}$，$b\geqslant 138.7\,\text{mm}$

(23) 选 120a

(24) $\sigma_{\max}=\dfrac{3Fl}{4bh^2}$

(25) 略

第 6 章

(1) $\theta_A=\dfrac{7q_0l^3}{360EI}$，$\theta_B=-\dfrac{q_0l^3}{45EI}$，$w_{\max}=0.00652\dfrac{q_0l^4}{EI}$

(2) $\theta_A=-\dfrac{5ql^3}{48EI}$，$\theta_B=-\dfrac{ql^3}{24EI}$，$w_A=\dfrac{ql^4}{24EI}$，$w_D=-\dfrac{ql^4}{384EI}$

(3) $w_B=\dfrac{2Fl^3}{9EI}$

(4) ① x=0.152l；② $x=\dfrac{l}{6}$

(5) $w_A=\left[\dfrac{(l+a)a^2}{3EI}+\dfrac{(l+a)^2}{kl^2}\right]F\ (\downarrow)$

(6) $w_{B,\max}=\dfrac{5a^2M}{4EI}\ (\downarrow)$

(7) $I_z=101.5\times10^6\,\text{mm}^4$，选 No.32 工字钢

(8) d=190mm

(9) $\sigma_{AB,\max}=109.1\,\text{MPa}$，$\sigma_{BC,\max}=31.0\,\text{MPa}$，$w_C=8.03\,\text{mm}$

(10) $w_C=-\dfrac{7ql^4}{24EI}\ (\downarrow)$，$\theta_A=\dfrac{17ql^3}{48EI}$

(11) $|w|_{\max}=\dfrac{39Fl^3}{1024EI}$

(12) $\dfrac{a}{l}=\dfrac{2}{3}$

(13) 略

(14) $M_2=2M_1$

第 7 章

(1) (a) $\sigma_A = -\dfrac{4F}{\pi d^2}$

(b) $\tau_A = 79.6\ \text{MPa}$

(c) $\tau_A = 0.42\ \text{MPa}$，$\sigma_B = 2.1\ \text{MPa}$，$\tau_B = 0.31\ \text{MPa}$

(d) $\sigma_A = 50\ \text{MPa}$，$\tau_A = 50\ \text{MPa}$

(2) 略

(3) $\sigma_1 = 10.66\ \text{MPa}$，$\sigma_3 = -0.06\ \text{MPa}$，$\alpha = 4.73^\circ$

(4) (a) $\sigma_\alpha = 25\ \text{MPa}$，$\tau_\alpha = 26\ \text{MPa}$，$\sigma_1 = 20\ \text{MPa}$，$\sigma_3 = -40\ \text{MPa}$

(b) $\sigma_\alpha = -26\ \text{MPa}$，$\tau_\alpha = 15\ \text{MPa}$，$\sigma_1 = -\sigma_3 = 30\ \text{MPa}$

(c) $\sigma_\alpha = -50\ \text{MPa}$，$\tau_\alpha = 0$，$\sigma_2 = -\sigma_3 = -50\ \text{MPa}$

(d) $\sigma_\alpha = 40\ \text{MPa}$，$\tau_\alpha = 10\ \text{MPa}$，$\sigma_1 = 41\ \text{MPa}$，$\sigma_3 = -61\ \text{MPa}$，$\alpha_0 = 39.35^\circ$

(5) (a) $\sigma_1 = 160\ \text{MPa}$，$\sigma_3 = -30\ \text{MPa}$，$\alpha_0 = -23.5^\circ$

(b) $\sigma_1 = 36\ \text{MPa}$，$\sigma_3 = -176\ \text{MPa}$，$\alpha_0 = 65.6^\circ$

(c) $\sigma_1 = -16.25\ \text{MPa}$，$\sigma_3 = -53.75\ \text{MPa}$，$\alpha_0 = -16.1^\circ$

(d) $\sigma_1 = 170\ \text{MPa}$，$\sigma_3 = 70\ \text{MPa}$，$\alpha_0 = -71.6^\circ$

(6) $\sigma_1 = 141\ \text{MPa}$，$\sigma_2 = 31\ \text{MPa}$，$\sigma_3 = 0$；$\alpha_0 = 29.7^\circ$，$\alpha = 75^\circ$

(7) 略

(8) $\sigma_1 = 69.7\ \text{MPa}$，$\sigma_2 = 9.86\ \text{MPa}$，$\alpha_0 = -23.7^\circ$

(9) A 点：$\sigma_1 = \sigma_2 = 0$，$\sigma_3 = -60\ \text{MPa}$，$\alpha_0 = 90^\circ$

B 点：$\sigma_1 = 0.1678\ \text{MPa}$，$\sigma_2 = 0$，$\sigma_3 = -30.2\ \text{MPa}$，$\alpha_0 = 85.7^\circ$

C 点：$\sigma_1 = 3\ \text{MPa}$，$\sigma_2 = 0$，$\sigma_3 = -3\ \text{MPa}$，$\alpha_0 = 45^\circ$

(10) (a) $\sigma_1 = 60\ \text{MPa}$，$\sigma_2 = 30\ \text{MPa}$，$\sigma_3 = -70\ \text{MPa}$，$\sigma_{\max} = 60\ \text{MPa}$，$\tau_{\max} = 65\ \text{MPa}$

(b) $\sigma_1 = 50\ \text{MPa}$，$\sigma_2 = 30\ \text{MPa}$，$\sigma_3 = -50\ \text{MPa}$，$\sigma_{\max} = 50\ \text{MPa}$，$\tau_{\max} = 50\ \text{MPa}$

(11) $\Delta\delta = -0.001886\ \text{mm}$，$\Delta V = 933\ \text{mm}^3$

(12) $\varepsilon_x = 380 \times 10^{-6}$，$\varepsilon_y = 250 \times 10^{-6}$，$\gamma_{xy} = 650 \times 10^{6}$

(13) $\varepsilon_{-45^\circ} = -\varepsilon_{45^\circ} = \dfrac{\tau(1+\mu)}{E}$，$\varepsilon_\delta = 0$

(14) $\sigma_1 = 121.7\ \text{MPa}$，$\sigma_2 = 0$，$\sigma_3 = -33.7\ \text{MPa}$

(15) A 点：$\sigma_1 = 14.75\ \text{MPa}$，$\sigma_2 = 0$，$\sigma_3 = -2.53\ \text{MPa}$

B 点：$\sigma_1 = 6.11\ \text{MPa}$，$\sigma_2 = 0$，$\sigma_3 = -6.11\ \text{MPa}$

(16) $\sigma_1 = 0$，$\sigma_2 = -19.8\ \text{MPa}$，$\sigma_3 = -60\ \text{MPa}$；

$\varepsilon_1 = 0.376 \times 10^{-3}$，$\varepsilon_2 = 0$，$\varepsilon_3 = -0.765 \times 10^{-3}$

(17) 按第三强度理论计算 $p = 1.037\ \text{MPa}$，按第四强度理论计算 $p = 1.198\ \text{MPa}$

(18) F=785.4kN，$M_e = 6.8\ \text{kN·m}$

(19) $F_{Ay}=\dfrac{2bhE\varepsilon_{-45^\circ}}{3(1+\mu)}$

(20) $[F]=763\,\text{kN}$

(21) $\sigma_{r3}=108\,\text{MPa}$，$\sigma_{r4}=106\,\text{MPa}$

(22) $M_e=10.89\,\text{kN}\cdot\text{m}$

(23) $M_e=\dfrac{2Elbh}{3(1+\gamma)}\varepsilon_{45^\circ}$

(24) 集中荷载作用截面上点 a 处 $\sigma_{r4}=176\,\text{MPa}$

(25) $\sigma_{r3}=183\,\text{MPa}$

(26) $\sigma_{r2}=29.8\,\text{MPa}$

(27) F=2.01kN，$M_e=2.01\,\text{kN}\cdot\text{m}$，$\sigma_{r4}=31.2\,\text{MPa}$

第 8 章

(1) ① 略；② $\sigma_{max}=9.84\text{MPa}$；③ $w=0.602\text{cm}$

(2) ① $b=9\text{cm}$，$h=18\text{cm}$；② $w=1.97\times10^{-2}\text{cm}$，$\alpha=81.1^\circ$

(3) 最大拉应力为 5.09MPa，最大压应力为 5.29MPa

(4) 最大正应力为 94.9MPa (压)

(5) $\sigma_{max}^{AB}=\dfrac{3Pl_1}{a^3}$，位于 A 截面上边缘；$\sigma_{min}^{AB}=\dfrac{3Pl_1}{a^3}$，位于 A 截面下边缘

(6) $\sigma_{max}=150.69\text{MPa}$

(7) $a_1=3.89\text{m}$，$a_2=3.50\text{m}$

(8) $d=122\text{mm}$

(9) ① 最大压应力 0.72MPa；② $D=4.16\text{m}$

(10) (a) 核心边界为一正方形，其对角顶点在两对称轴上，相对两顶点间距离为 364mm

(b) 核心边界为一平行四边形，4 个顶点均在两对称轴上，两顶点间的距离：一个为 41.6mm，另一个为 83.4mm

(c) 核心边界为一八边形，其中有 4 个顶点在与截面各边平行的两对称轴上，相对的两顶点间距离为 $12.9\times10^{-2}\text{m}$

(11) 略

(12) $\sigma_1=33.5\text{MPa}$，$\sigma_3=-9.95\text{MPa}$，$\tau_{max}=21.7\text{MPa}$

(13) $\delta=2.65\times10^{-3}\text{m}$

(14) $P=788\text{N}$

(15) $\sigma_1=768\text{MPa}$，$\sigma_2=0$，$\sigma_3=-434\text{MPa}$

(16) $\sigma_{r3}=45.02\text{MPa}$

(17) 略

(18) $d=5.95\text{cm}$

(19) ① 略；② $\sigma_{\max}=158.42\text{MPa}$；③ $\Delta_B=\dfrac{117F}{EI}(\rightarrow)$

(20) $\sigma_{r4}=54.4\text{MPa}<[\sigma]$，安全

第 9 章

(1) 图(a)所示柱的 F_{cr} 小于图(b)所示柱；图(a)所示柱的 μ 即大于 2

(2) 图(e)所示杆 F_{cr} 最小，图(f)所示杆 F_{cr} 最大(根据 μl 值的比较)

(3) 加强后压杆的欧拉公式为 $F_{cr}\approx\dfrac{\pi^2EI}{(1.26l)^2}$

(4) F_{cr}=595kN，F_{cr}=303kN(反向时)

(5) $l/D=65$，$F_{cr}=47.37D^2$

(6) $F_{cr}=36.1\dfrac{EI}{l^2}$

(7) $\theta=\arctan(\cot^2\beta)$

(8) $[F]=302.4\ \text{kN}$

(9) $[F]=180\ \text{kN}$

(10) $\sigma=0.58\ \text{MPa}<\varphi[\sigma]=0.6\ \text{MPa}$

(11) d=193.7mm

(12) $[F]=15.5\ \text{kN}$

(13) $F_N\approx120\ \text{kN}$，$\lambda_{CD}=103$，$\sigma_{CD}=97.8\text{MPa}>\varphi[\sigma]=91.1\text{MPa}$，$CD$ 柱不稳定

(14) $[F]=7.5\ \text{kN}$

(15) $F_{cr}=\dfrac{3\pi^2EI}{4l^2}$

(16) 杆①：$\sigma=67.5\ \text{MPa}<[\sigma]$；杆②：$n=2.87>n_{st}$，能安全工作

(17) AB 梁 $\sigma_{\max}=129\ \text{MPa}<[\sigma]$，$CD$ 杆 $n=1.75<n_{st}$，稳定性不够，不安全

第 10 章

(1) (a) $V_\varepsilon=\dfrac{2F^2l}{\pi Ed^2}$；(b) $V_\varepsilon=\dfrac{7F^2l}{8\pi Ed^2}$；(c) $V_\varepsilon=\dfrac{2F^2l}{3\pi Ed^2}$；(d) $V_\varepsilon=\dfrac{14F^2l}{3\pi Ed^2}$

(2) $V_\varepsilon=\dfrac{9.6M_e^2l}{\pi Gd_1^4}$

(3) (a) $V_\varepsilon=\dfrac{F^2l^3}{96EI}$；(b) $V_\varepsilon=\dfrac{17q^2l^5}{15360EI}$；(c) $V_\varepsilon=\dfrac{3q^2l^5}{20EI}$；(d) $V_\varepsilon=\dfrac{F^2l^3}{16EI}+\dfrac{3F^2l}{4EA}$

(4) (a) $\Delta_{Ax}=\dfrac{17M_ea^2}{6EI}(\rightarrow)$，$\Delta_{Ay}=0$，$\theta_A=\dfrac{M_ea}{3EI}(\curvearrowright)$，$\theta_B=\dfrac{5M_ea}{3EI}(\curvearrowright)$；

(b) $\Delta_{Ax}=\dfrac{ql^4}{2EI}(\rightarrow)$，$\Delta_{Ay}=\dfrac{3ql^4}{32EI}(\uparrow)$，$\theta_A=\dfrac{ql^3}{12EI}(\curvearrowright)$，$\theta_B=\dfrac{ql^3}{2EI}(\curvearrowright)$；

(c) $\Delta_{Ax}=\dfrac{5Fl^3}{12EI}(\rightarrow)$，$\Delta_{Ay}=\dfrac{13Fl^3}{12EI}(\downarrow)$，$\theta_A=\dfrac{5Fl^2}{4EI}(\curvearrowright)$，$\theta_B=\dfrac{3Fl^2}{4EI}(\curvearrowright)$

(5) (a) $\theta=0$；(b) $\Delta_{AB}=\dfrac{7Fa^3}{12EI}(\leftarrow\rightarrow)$，$\theta=\dfrac{5Fa^2}{4EI}(\curvearrowright\curvearrowright)$

(6) (a) $F_B=\dfrac{3F}{32}(\uparrow)$；(b) $F_A=\dfrac{15}{16}F(\uparrow)$

(7) (a) 水平杆中点处横截面上的轴压力为$\dfrac{ql}{12}$，弯矩为$\dfrac{5}{72}ql^2$；

(b) BC杆中点处的剪力为$0.63F$，扭矩为$0.28Fl$

第11章

(1) 梁：$\sigma_{\mathrm{d,max}}=125\,\mathrm{MPa}$；吊索：$\sigma_{\mathrm{d,max}}=27.9\,\mathrm{MPa}$

(2) $\sigma_{\mathrm{d,max}}=12.5\,\mathrm{MPa}$

(3) $\sigma_{\mathrm{d,max}}=15\,\mathrm{MPa}$

(4) $\sigma_{\mathrm{d,max}}=\dfrac{2Wl}{9W_z}\left(1+\sqrt{1+\dfrac{243EIh}{2Wl^3}}\right)$，$w_{\frac{l}{2}}=\dfrac{23Wl^3}{1296EI}\left(1+\sqrt{1+\dfrac{243EIh}{2Wl^3}}\right)$

(5) $\sigma_{\mathrm{d,max}}=\dfrac{v}{W_z}\sqrt{\dfrac{3WEI}{ga}}$，$\Delta_{\mathrm{d,max}}=\dfrac{5v}{6}\sqrt{\dfrac{3Wa^3}{gEI}}$

(6) $\sigma_{\mathrm{d,max}}=\dfrac{v}{W_z}\sqrt{\dfrac{3WEI}{5ga}}$

(7) $\sigma_{\mathrm{d}}=\dfrac{W}{A}\left[1+\sqrt{\dfrac{v^2}{g\left(\dfrac{Wl^3}{3EI}+\dfrac{Ql_1}{EA}\right)}}\right]$

(8) $\sigma_{\mathrm{d,max}}=157\,\mathrm{MPa}$

(9) $\sigma_{\max}=50\,\mathrm{MPa}$，$\sigma_{\min}=-30\,\mathrm{MPa}$，$r=-\dfrac{3}{5}$

(10) $\sigma_{\max}=2\sigma_{\mathrm{a}}/(1-r)$

(11) $\sigma_{\max}=60\,\mathrm{MPa}$，$r=\dfrac{2}{3}$

(12) $\Delta\sigma_E=65.1\,\mathrm{MPa}<[\Delta\sigma]_E=69.8\,\mathrm{MPa}$

附录 A

(1) (a) $S_z = t\left[b\left(h+\frac{t}{2}\right)+\frac{h^2}{2}\right]$， $y_C = \dfrac{b\left(h+\frac{t}{2}\right)+\frac{h^2}{2}}{b+h}$

(b) $S_z = \frac{11}{192}D^3$， $y_C = 0.1367D$

(c) $S_z = t\left[(b-t)\cdot\frac{t}{2}+\frac{h^3}{2}\right]$， $y_C = \dfrac{(b-t)\cdot t+h^2}{2(h+b-t)}$

(2) $I_y = \frac{bh^3}{4}$， $I_z = \frac{bh^3}{12}$， $I_{yz} = -\frac{b^2h^2}{8}$

(3) (a) $I_y = 5.84\times10^6\text{mm}^4$， $I_z = 1.792\times10^6\text{mm}^4$，$x$，$z$ 轴即为形心主轴

(b) $I_y = 4.239\times10^6\text{mm}^4$， $I_z = 1.674\times10^6\text{mm}^4$，$z$ 轴为形心主轴，另一形心主轴在 y 轴下方 3.725mm 处

(4) $b = 111.1\text{mm}$

(5) 略

(6) $I_x = \frac{a^4}{12}$

(7) (a) $I_x = 5.37\times10^7\text{mm}^4$；(b) $I_x = 9.05\times10^7\text{mm}^4$

(8) $\alpha_0 = -30.5°$， $I_u = 1.46b^4$， $I_v = 0.169b^4$

(9) (a) $y_C = \frac{5}{6}a$， $z_C = \frac{5}{6}a$， $\alpha_0 = 45°$， $I_1 = \frac{5}{4}a^4$， $I_2 = \frac{7}{12}a^4$

(b) $y_C = 4.186\text{cm}$， $z_C = 1.936\text{cm}$， $\alpha_0 = 4.36°$， $I_1 = 329.33\text{cm}^4, I_2 = 54.69\text{cm}^4$

(10) 略

(11) $I_x = I_y = 5.413k^4$

(12) $I_1 = 1500\text{cm}^4$， $I_2 = 400\text{cm}^4$

(13) $I_{\max} = 1819.8\times10^4\text{m}^4$， $I_{\min} = 1147.8\times10^4\text{m}^4$

(14) $I_x = 188.9a^4$， $I_y = 190.4a^4$

(15) $I_x = 13069\times10^4\text{mm}^4$， $I_y = 13090\times10^4\text{mm}^4$

(16) $I_x = \frac{11}{64}\pi d^4$

(17) (a) $I_x = 6.58\times10^7\text{mm}^4$；(b) $I_x = 1.22\times10^9\text{mm}^4$

(18) 略

(19) 略

主要符号表

A	面积
A_S	剪切面面积
A_{bs}	挤压面面积
a	间距
b	宽度
D, d	直径
E	弹性模量，杨氏模量
F	集中力
F_{Ax},F_{Ay}	A 点 x,y 方向约束反力
$\boldsymbol{F}_N$	轴力
F_{cr}	临界荷载，临界力
F_d	动荷载
F_S	剪力
$\boldsymbol{F}_R$	合力、主矢
$[F]$	许用荷载
F_x,F_y,F_z	x,y,z 方向力分量
G	剪切模量
h	高度
I	惯性矩
I_P	极惯性矩
I_{xy}	惯性积
i	惯性半径
S	静矩、一次矩
s	路程、弧长
k	弹簧常量、刚度系数，应变计灵敏因数
l,L	长度、跨度
M,M_y,M_z	弯矩、外力偶矩
M_e	外力偶矩
M_O	对 O 点的矩
T	扭矩、周期、摄氏温度
n	转速、螺栓个数
n_s	对应于塑性材料 σ_s 的安全因数

n_b	对应于脆性材料 σ_b 的安全因数
n_{st}	稳定安全因数
N	循环次数、疲劳寿命
p	压强，一点的应力
p_m	做面积上的平均应力
P	重力，功率
q	分布荷载集度
R,r	半径
v_d	形状改变比能
v_v	体积改变比能
V_ε	比能
V_δ	应变能
W_z	抗弯截面系数
W_p	抗扭截面系数
α	倾角、线膨胀系数
β	角度
θ	梁截面转角、单位长度相对扭转角、体积应变
φ	相对扭转角，稳定因数
γ	切应变
Δ	位移
δ	厚度、变形、位移、滚动摩擦系数、延伸率
ψ	截面收缩率
ε	线应变
ε_e	弹性应变
ε_p	塑性应变
λ	柔度、长细比、
μ	长度因数，泊松比
ρ	曲率半径、材料密度
ρg	重度
σ	正应力
σ_n	名义应力
σ_u	极限正应力
σ_t	拉应力
σ_c	压应力
σ_m	平均应力
σ_b	抗拉强度
σ_{bs}	挤压应力

$[\sigma]$	许用应力
σ_{cr}	临界应力
σ_d	动应力
σ_p	比例极限
$\sigma_{0.2}$	名义屈服极限
σ_r	疲劳极限、相当应力、残余应力
σ_n	名义应力
τ	切应力
τ_u	极限切应力
$[\tau]$	许用切应力
w	挠度

参 考 文 献

[1] 孙训方，方孝淑，陆耀洪. 材料力学：上册[M]. 4 版. 北京：高等教育出版社，2004.

[2] 单辉祖. 材料力学(上)[M]. 北京：高等教育出版社，1999.

[3] 单辉祖. 材料力学(下)[M]. 北京：高等教育出版社，1999.

[4] 聂疏琴，孟广伟. 材料力学[M]. 北京：机械工业出版社，2004.

[5] 邱棣华. 材料力学[M]. 北京：高等教育出版社，2004.

[6] 范钦珊，殷雅俊. 材料力学[M]. 北京：清华大学出版社，2004.

[7] 范钦珊，蔡新. 材料力学(土木类)[M]. 北京：清华大学出版社，2006.

[8] J. M. Gere, S. P. Timoshenko. Mechanics of materials. SI Edition.New York: Van Nostrand Reinbold, 1984.

[9] Archer R R, Lardner T J, et al. An introduction to the mechanics of solids. Second Edition(SI Units). New York:McGraw-Hill, 1978.

参考文献

[1] [illegible] 2004
[2] [illegible]
[3] [illegible][M]. [illegible]
[4] [illegible] 2004
[5] [illegible] 2006
[6] [illegible]
[7] [illegible]
[8] [illegible]
[9] [illegible]
New York [illegible]